电机工程经典书系

电机学——理论、运行、应用、调速和控制（原书第 2 版）

[美] 查尔斯·I. 休伯特·P. E.（Charles I. Hubert P. E.） 著

梁得亮　杜锦华　贾少锋　迮弃疾　译

U0218494

机械工业出版社

本书共 13 章，第 1 章介绍了电磁学和机电能量转换理论，即电机和变压器的基本原理；第 2 章和第 3 章分别介绍了变压器的工作原理、联结方式、运行特性和特种变压器；第 4 章和第 5 章分别介绍了三相感应电机的原理，以及分类、性能、运行和应用；第 6 章介绍了单相感应电动机；第 7 章介绍了特种电机；第 8 章介绍了同步电动机；第 9 章介绍了同步发电机；第 10 章、第 11 章和第 12 章分别介绍了直流电机基本原理，直流电动机特性与应用，直流发电机的特性与运行；第 13 章介绍了电动机的控制技术。

本书采用简单易懂的阐述方式介绍了电机的原理、运行、应用、调速和控制。各章节结构紧凑自然，注重基本概念和分析方法在相关内容之间的有效衔接和过渡，更便于读者理解。书中选配具有针对性的大量应用型例题，每章还提供了思考题和习题，进一步强调了对读者应用能力的培养。

图书在版编目（CIP）数据

电机学：理论、运行、应用、调速和控制：原书第 2 版 /（美）查尔斯·I. 休伯特·P. E.（Charles I. Hubert P. E.）著；梁得亮等译 . —北京：机械工业出版社，2024.8

（电机工程经典书系）

书名原文：Electric Machines：Theory，Operation，Applications，Adjustment，and Control，Second Edition

ISBN 978-7-111-75884-6

Ⅰ.①电…　Ⅱ.①查…②梁…　Ⅲ.①电机学　Ⅳ.① TM3

中国国家版本馆 CIP 数据核字（2024）第 104484 号

机械工业出版社（北京市百万庄大街 22 号　邮政编码 100037）
策划编辑：赵玲丽　　　　　　责任编辑：赵玲丽
责任校对：樊钟英　薄萌钰　　封面设计：马精明
责任印制：张　博
北京建宏印刷有限公司印刷
2024 年 9 月第 1 版第 1 次印刷
184mm×260mm・27 印张・654 千字
标准书号：ISBN 978-7-111-75884-6
定价：139.00 元

电话服务　　　　　　　　　网络服务
客服电话：010-88361066　　机 工 官 网：www.cmpbook.com
　　　　　010-88379833　　机 工 官 博：weibo.com/cmp1952
　　　　　010-68326294　　金 书 网：www.golden-book.com
封底无防伪标均为盗版　　机工教育服务网：www.cmpedu.com

译　者　序

电机学是电气工程学科中一门重要的专业基础课程，国内外相关图书众多。本书"以学生为中心、简单易懂的阐述方式"是译者团队翻译本书的缘由之一；而本书的另一独特之处在于，它更关注应用，全书围绕电机原理、运行、应用、调速和控制逐次展开，并选配具有针对性的大量应用型例题讲解。此外，还提供了大量思考题和习题训练，进一步强调对学生应用能力的培养。

本书首先阐述了电机和变压器的基本原理，接着按照变压器、感应电机、特种电机、同步电机、直流电机的顺序依次讲解，最后简要介绍了电机控制技术。全书章节结构紧凑且自然，注重基本概念和分析方法在相关内容之间的有效衔接和过渡，更便于读者理解。相较于直流电机，本书的核心内容更侧重于交流电机和专用电机；相较于电枢绕组，本书的核心内容更关注电机特性；相比于一般电机学教材，本书在电动机和发电机的讲授内容上更加均衡。

需要指出的是，本书在第 1 章采用"磁通聚束（flux bunching）"概念分析相邻导体之间的作用力，并在后续的运动电动势、电机转向分析等内容中继续沿用这一概念。同时在讨论、例题和习题中，本书也广泛采用了 NEMA 标准及表格。这两点与国内相关图书有所不同，经过慎重考虑，译者决定忠实于原著本意及描述特色，保留以上内容，书中物理量的单位也保留了原书表示方式，未按国标修改。

本书的译者均为西安交通大学电气工程学院教师。其中原书前言、第 1 章、第 2 章、第 3 章和第 13 章由杜锦华教授翻译；第 4 章、第 5 章、第 6 章和第 7 章由迮弃疾教授翻译；第 8 章、第 9 章、第 10 章、第 11 章和第 12 章由贾少锋副教授翻译。梁得亮教授负责全书校译和统稿。

当前国内高校已开设能源互联网工程专业，开展实用型专业人才培养。在这样的大背景下，电机和变压器作为机电能量转换和电能变换的关键设备，从系统应用的角度讲授和学习电机学已经成为一个新的课题，本书既适合作为电机专业工程类人才培养的教材，也能为工业界广大工程师提供电机应用的参考。

鉴于译者水平所限，翻译中错误和不妥之处在所难免，敬请读者指正。

原 书 前 言

作为第 2 版，本书保留了第 1 版中以学生为中心、简单易懂的阐述方式。为了更加清晰和更容易理解，本书在部分推导过程补充了必要的步骤，并扩展了一些例题内容。与第 1 版相比，本书增加了新的习题和思考题，以便进一步提高学生的学习效果。最后，本书还增加了一章关于 NEMA 设计标准中 E 类高效交流电动机的内容。

本书是针对一学期或两学期的电机学课程编写的。为了本书的有效使用，建议读者至少应先学习电路课程，并了解复代数和相量图的相关知识。对于需要额外帮助的学生，本书的附录 A 中也回顾了关于三相系统中电流、电压和功率的关系，以及复功率的应用方法。

许多高校教师表达了对当前工业需求应给予更多关注的愿望，而本书的独特之处正是它回应了这一要求。对该类书籍最常见的要求是，允许教师花更多时间讲授电动机而不是发电机，花更多时间讲授电机的性能特性而不是不同类型的电枢绕组。为了做到这一点，本书在介绍发电机之前先介绍了电动机，并提供了丰富的电枢绕组素材，以便使学生熟悉基本的电枢结构和相关的专业术语。同时，为解决与专业工程许可证考试题目类似的应用型问题，本书还引用了 NEMA 标准及表格。

为了更有效地利用学生的学习时间，本书先介绍变压器和交流电机，然后介绍直流电机。这样，可以在课程的前半个部分讲授交流电机，后半个部分讲授直流电机，这种由美国商船学院开发的讲授顺序已经执行了 30 余年。在先修电路课程中交流知识还很新鲜的时候，讲授变压器和交流电机更简单，也更容易接受。特别是，在交流电机和变压器等效串联和等效串并联电路中应用相量图和复数代数的相关知识，直接加强了学生对于交流电路理论的理解。

交流电机和变压器是当今大多数电力和工业系统的重要组成设备，因此比直流电机需要更多的关注。此外，传统的直流电机本质上其实是交流电机，只是由换向器提供了必要的 AC/DC 和 DC/AC 转换。因此，本书在介绍直流电机之前先讲授交流电机可能会收获更好的教学效果。

本书在交流电机和直流电机部分，都是先介绍电动机，后介绍发电机的，并将直流电机分成独立的三章来进行阐述，这给课程讲授提供了很大的自由。比较简单的课程内容可以选择：一学期课程只讲交流电机；一学期课程既讲交流又讲直流电机（不讲发电机的内容）；两学期课程讲述包含交流电机和直流电机的所有章节。

本书内容组织结构

第 1 章介绍了所有电机和变压器的基本原理，包括：由磁场相互作用产生机械力的原理，电磁感应电动势、机械角度、电角度、磁路和磁化曲线的概念。

电机学的正式课程内容从第 2 章和第 3 章的变压器开始。变压器的电路分析相对直观和容易理解，并且能够很好地和先修电路课程中讲过的理想变压器内容联系在一起。

变压器讲授完之后，将变压器的一次侧和二次侧分别类比于感应电机的定子和转子，很自然地就过渡到了第4章和第5章感应电机的学习。在变压器之后立即引入感应电机的内容，可以很容易地通过说明两者之间的共同点，将新学习的变压器等效电路模型和相应的相量图知识应用到感应电机中。为了简化计算和更加实用，近似处理是比较切实可行的做法。

第6章讨论的单相感应电动机是三相感应电动机的自然延续。其中包括电容式单相感应电动机和电阻分相式单相感应电动机。第7章中介绍了特种电机，如罩极式电动机、磁阻电动机、磁滞电动机、步进电动机、交直流两用电动机和直线感应电动机。

第8章对同步电动机进行了介绍，并与感应电动机的旋转磁场理论很好地结合在一起。第9章介绍了从同步电动机向同步发电机的转换过程。随着转轴负载的逐渐移除和驱动转矩的施加，同步电机从电动状态过渡到发电状态的功角变化可以表示在一个共同的相量图上。本章还介绍了同步电机的并联运行、负载分配和功率因数校正。

关于直流电机的内容在本书中分成了独立的三章（第10章、第11章和第12章）。如果有需要的话，也可以在讲授交流电机和变压器之前进行这几章的讲授。对于有特殊教学目标的课程、课程内容有特定要求或者因实验室限制需要在早期引入直流电机内容的课程，本书教学内容的设置都能够很容易适应并进行相应调整。对于讲授半学期或一学期电机学课程的教师，如果把讲授重点放在交流电机上，但是仍想要简单介绍一下直流电机，只讲授第10章就已经足够了。

第13章简要介绍了电机的电子控制和电磁控制技术，包括反转、调速、制动和梯形电路的典型示例。本书也简单涉及了可编程逻辑控制器（PLC），以便给读者提供一个对这个不断扩大的领域深入了解的机会。

核心内容：本书提供了涵盖最基本要素的核心内容，也提供了主题广泛的补充章节，教师可在其中进行选修内容选择，既可以确保学生对电机学有基本的了解，同时也为学生迎接新工科时代做好准备。为此，相比于直流电机，核心内容更关注交流电机和专用电机；相比于电枢绕组，核心内容更关注电机特性；同时在讨论、例题和习题中也广泛使用了NEMA标准及表格。

核心内容的讲授大约需要27个学时，因此建议所有的电机学课程，无论长短（半学期、一个学期或两个学期）至少应保证27个学时。在大多数情况下，半学期的电机学课程（大约30个学时）应在有限的时间内将课程内容限制在核心内容上。然而，如果在先修课程中覆盖了磁路和变压器的内容，那么可以用符合地区工业要求的补充章节替换这些核心内容。

一个学期或两个学期的电机学课程为更广泛地选修补充章节提供了充足的时间，使教师能够根据特定目标定制课程内容。

方程中的粗体字：本书中，方程和电路图中的粗体字用于表示以下相量：电流相量 $\boldsymbol{I}$，电压相量 $\boldsymbol{V}$ 和 $\boldsymbol{E}$、导纳 $\boldsymbol{Y}$、阻抗 $\boldsymbol{Z}$ 和功率相量（复功率）$\boldsymbol{S}$。相应的幅值可以写为 $|I|$、$|V|$、$|E|$、$|Y|$、$|Z|$、$|S|$ 或者 I、V、E、Y、Z、S。

方括号中的数字：方括号中的数字，例如 [5]，表示章末的参考文献编号。参考文献的给出将鼓励学生开展进一步的探究，同时也避免学生为获得具体知识点的附加信息去搜索大量不相关的参考文献。

有效数字：在习题求解过程中，如果某一问题的求解需要以另一个问题的答案为数据依据，其中部分问题的求解需要其他部分问题的数据，则使用未四舍五入的答案来减少进一步的误差。因此，在适当情况下，具有多个问题的习题会既给出未四舍五入的解，也会给出四舍五入的解。例如，如果习题中问题（a）的答案需要 3 位有效数字，本书中可能会显示为 127.1648=>127。尽管 127 是标准答案，但是在问题（b）、（c）等部分中，可能代入 127.1648 更合适。

解题公式总结： 解题公式总结有助于指导学生求解习题，也是专业工程考试中电机学相关部分的一个简便的参考。此外，由于公式是本书中的关键内容，因此解题公式总结可以帮助读者很容易找到相关的应用和推导过程。

习题编号： 习题编号采用三位数字表示法与章节进行关联。例如，习题 5-9/12 表示第 5 章中第 9 道题，和 5.12 节内容相关。这样的编号方法使教师布置作业时更加方便，也使学生在复习时进行习题选择更加容易。用星号标识的习题建议采用计算机软件（可用的商业软件均可）进行求解。

致谢

作者借此机会衷心感谢以下几位审阅专家，他们的宝贵建议和建设性批评在本书的成稿阶段起到了重要作用。

罗伯特·L. 安德森（Robert L. Anderson），普渡大学，卡鲁梅，印第安纳州

查尔斯·L. 巴赫曼（Charles L. Bachman），南方理工学院，佐治亚州

托马斯·J. 宾厄姆（Thomas J. Bingham），圣路易斯社区学院，密苏里州

卢斯·M. 福克伯里（Luces M. Faulkenberry），休斯敦大学，得克萨斯州

艾哈迈德·费尔（Ahmet Fer），普渡大学，印第安纳波利斯，印第安纳州

布兰登·加拉格尔（Brendan Gallagher），米德尔塞克斯县学院，新泽西州

詹姆斯·L. 黑尔斯（James L. Hales），匹兹堡大学，约翰斯敦，宾夕法尼亚州

沃伦·R. 希尔（Warren R. Hill），南科罗拉多大学

杰拉尔德·詹森（Gerald Jensen），西艾奥瓦，艾奥瓦州

约瑟夫·帕维尔茨克（Joseph Pawelczyk），伊利社区学院，纽约州

约翰·斯特拉顿（John Stratton），罗切斯特理工学院，纽约州

康拉德·扬伦（Conrad Youngren），纽约州立大学海事学院，纽约州

库德雷特·尤尔特塞文（Kurdet Yurtseven），宾夕法尼亚州立大学，哈里斯堡，宾夕法尼亚州

特别感谢美国商船学院图书馆的乔治·J. 比利（George J. Billy）博士（图书馆馆长）、唐纳德·吉尔（Donald Gill）先生、玛丽莲·斯特恩（Marilyn Stern）女士、劳拉·科迪（Laura Cody）女士和芭芭拉·艾迪索（Barbara Adesso）女士，感谢他们在参考文献查阅过程中提供的热心帮助。

衷心感谢我贤惠的妻子约瑟芬（Josephine），感谢她多年来在我撰写本书和其他手稿过程中给予的鼓励、信任、建议、耐心和陪伴。在本书成稿过程中，她对手稿的早期评阅为稿件的清晰表达和避免歧义起到了很大的帮助。她多年来为本书和其他著作在打字机和文字处理机上付出的无数辛勤劳动，无疑是源于她对这份工作的深沉热爱。

查尔斯·I. 休伯特·P. E.（Charles I. Hubert P. E.）

目　　录

译者序
原书前言
第1章　电磁学理论和机电能量转换 ····· 1
  1.1　概述 ················· 1
  1.2　磁场 ················· 1
  1.3　磁路定义 ············· 2
  1.4　磁路公式 ············· 3
  1.5　相对磁导率和磁化曲线 ····· 4
  1.6　等效磁路 ············· 8
  1.7　磁滞回线和磁滞现象 ······ 10
  1.8　磁场的相互作用（电动机工作原理）··· 11
  1.9　两极电动机的基本原理 ····· 12
  1.10　磁场中的载流导体受到的机械力
    （BlI 定则）············· 13
  1.11　感应电动势（发电机工作原理）······ 15
  1.12　两极发电机的基本原理 ···· 17
  1.13　旋转电机的能量转换 ····· 19
  1.14　涡流和涡流损耗 ········ 19
  1.15　多极电机——频率和电角度 ··· 21
  解题公式总结 ············· 22
  正文引用的参考文献 ········· 24
  思考题 ················· 24
  习题 ·················· 25

第2章　变压器基本原理 ············ 27
  2.1　概述 ················ 27
  2.2　电力变压器和配电变压器结构 ··· 27
  2.3　变压器工作原理 ········· 28
  2.4　正弦电压变压器 ········· 29
  2.5　空载分析 ············· 30
  2.6　加载和卸载时的暂态过程 ···· 33
  2.7　实际变压器中漏磁通对输出电压的
    影响 ················ 34
  2.8　理想变压器 ··········· 35
  2.9　实际变压器的漏电抗和等效电路 ·· 37
  2.10　变压器等效阻抗 ········ 40
  2.11　电压调整率 ··········· 45

  2.12　变压器绕组的阻抗标幺值和阻抗
    百分比 ··············· 47
  2.13　变压器的损耗和效率 ····· 53
  2.14　变压器参数测定 ········ 56
  解题公式总结 ············· 59
  正文引用的参考文献 ········· 61
  一般参考文献 ············· 61
  思考题 ················· 62
  习题 ·················· 62

第3章　变压器的联结方式、运行和
    特种变压器 ············ 67
  3.1　概述 ················ 67
  3.2　变压器的极性和同名端的标记 ··· 67
  3.3　变压器铭牌值 ·········· 68
  3.4　自耦变压器 ··········· 69
  3.5　降压—升压变压器 ······· 74
  3.6　变压器的并联运行 ······· 75
  3.7　并联变压器的负载分配 ····· 78
  3.8　变压器的励磁涌流 ······· 80
  3.9　变压器励磁电流中的谐波 ···· 81
  3.10　单相变压器构成三相变压器的
    联结方式 ·············· 82
  3.11　三相变压器 ··········· 87
  3.12　三相变压器组并联时相位差30°
    的情况 ··············· 87
  3.13　三相变压器组不同联结方式下的
    谐波抑制问题 ··········· 89
  3.14　测量变压器 ··········· 91
  解题公式总结 ············· 93
  正文引用的参考文献 ········· 93
  一般参考文献 ············· 94
  思考题 ················· 94
  习题 ·················· 95

第4章　三相感应电机的原理 ········· 98
  4.1　概述 ················ 98

4.2 感应电动机的工作原理 ……… 98
4.3 反转运行 …………………… 100
4.4 感应电动机的结构 ………… 100
4.5 同步转速 …………………… 101
4.6 多速固定频率变极电动机 … 102
4.7 转差率及其对转子频率和电压
　　的影响 ……………………… 102
4.8 感应电动机转子的等效电路 … 104
4.9 转子电流的轨迹 …………… 107
4.10 气隙功率 …………………… 108
4.11 机械功率和输出转矩 …… 109
4.12 转矩—转速特性 ………… 112
4.13 寄生转矩 …………………… 114
4.14 最小转矩 …………………… 115
4.15 损耗、效率和功率因数 … 115
解题公式总结 ………………………… 118
正文引用的参考文献 ………………… 119
思考题 ………………………………… 119
习题 …………………………………… 120

第 5 章　三相感应电机的分类、性能、
　　　　应用和运行 ……………… 122
5.1 概述 ………………………… 122
5.2 笼型感应电动机的分类和
　　性能特点 …………………… 123
5.3 NEMA 表格 ………………… 124
5.4 电动机性能与电机参数、转差率和
　　定子电压的关系 …………… 133
5.5 转矩—转速特性分析 …… 137
5.6 笼型电动机正常和过载运行时一些
　　有用的近似 ………………… 140
5.7 电压和频率的 NEMA 约束 … 142
5.8 非额定电压和非额定频率对感应
　　电动机性能的影响 ………… 142
5.9 绕线转子感应电动机 …… 148
5.10 绕线转子感应电动机的正常和
　　　过载运行情况 ………… 151
5.11 电动机铭牌数据 ………… 153
5.12 起动冲击电流 …………… 155
5.13 起动次数对电机寿命的影响 … 157
5.14 重合闸时的失相情况 …… 157
5.15 三相不平衡线电压对感应电动机
　　　性能的影响 …………… 158
5.16 感应电动机参数的标幺值 … 160
5.17 感应电动机参数的确定 … 161

5.18 感应发电机 ………………… 166
5.19 感应电动机的能耗制动 … 172
5.20 感应电动机的起动 ……… 173
5.21 电机分支电路 …………… 179
解题公式总结 ………………………… 179
正文引用的参考文献 ………………… 183
一般参考文献 ………………………… 183
思考题 ………………………………… 184
习题 …………………………………… 185

第 6 章　单相感应电动机 ……… 191
6.1 概述 ………………………… 191
6.2 正交磁场理论和感应电动机的起动 … 191
6.3 通过分相起动感应电动机 … 193
6.4 起动转矩 …………………… 194
6.5 实用的电阻起动分相电动机 … 196
6.6 电容起动分相电动机 …… 197
6.7 单相感应电动机的反转 … 201
6.8 罩极式电动机 …………… 201
6.9 单相感应电动机在 NEMA 标准下
　　的额定值 …………………… 202
6.10 单相线路供电的三相电动机运行 … 202
6.11 单相运行（一种故障状态） … 203
解题公式总结 ………………………… 205
正文引用的参考文献 ………………… 206
思考题 ………………………………… 206
习题 …………………………………… 207

第 7 章　特种电机 ……………… 208
7.1 概述 ………………………… 208
7.2 磁阻电动机 ………………… 208
7.3 磁滞电动机 ………………… 210
7.4 步进电动机 ………………… 214
7.5 变磁阻步进电动机 ……… 214
7.6 永磁步进电动机 ………… 218
7.7 步进电动机的驱动电路 … 219
7.8 直线感应电动机 ………… 220
7.9 交直流两用电动机 ……… 222
解题公式总结 ………………………… 223
正文引用的参考文献 ………………… 224
思考题 ………………………………… 224
习题 …………………………………… 225

第 8 章　同步电动机 …………… 226
8.1 概述 ………………………… 226

8.2 结构 …………………………… 226
8.3 同步电动机的起动 …………… 228
8.4 功角和电磁转矩 ……………… 229
8.5 反电动势和电枢反应电动势 … 230
8.6 同步电动机的等效电路和相量图 … 232
8.7 同步电动机功角特性 ………… 233
8.8 负载变化对电枢电流、功角和功率
　　因数的影响 ………………… 235
8.9 励磁变化对同步电动机性能的影响 … 235
8.10 V 形曲线 …………………… 236
8.11 同步电机的损耗和效率 …… 238
8.12 利用同步电动机提高系统的功率
　　　因数 ……………………… 239
8.13 凸极式同步电动机 ………… 241
8.14 牵入同步转矩和转动惯量 … 243
8.15 同步电动机的调速 ………… 244
8.16 能耗制动 …………………… 244
解题公式总结 ……………………… 245
正文引用的参考文献 …………… 245
一般参考文献 …………………… 245
思考题 …………………………… 246
习题 ……………………………… 246

第 9 章　同步发电机 …………… 249
9.1 概述 …………………………… 249
9.2 电动状态到发电状态的转换 … 249
9.3 同步发电机的功角关系 …… 252
9.4 发电机的负载和电磁转矩 … 254
9.5 负载、功率因数和原动机 … 254
9.6 同步发电机并联运行 ……… 255
9.7 原动机调速的下垂特性 …… 258
9.8 并联发电机之间的有功功率分配 … 259
9.9 发电机的电动状态 ………… 262
9.10 与其他电机并联的同步发电机
　　　安全停机的步骤 ………… 262
9.11 求解并联发电机负载分配问题的
　　　工具：特征三角形 ……… 263
9.12 并联同步发电机之间的无功
　　　功率分配 ………………… 267
9.13 失去励磁电流 ……………… 270
9.14 同步电机参数的标幺值 …… 270
9.15 电压调整率 ………………… 271
9.16 同步电机参数的确定 ……… 275
9.17 同步发电机的损耗、效率和冷却 … 278

解题公式总结 ……………………… 279
正文引用的参考文献 …………… 280
思考题 …………………………… 281
习题 ……………………………… 282

第 10 章　直流电机原理 ………… 286
10.1 概述 ………………………… 286
10.2 直流电机中的磁通分布和产生的
　　　电压 ……………………… 286
10.3 换向 ………………………… 289
10.4 电机结构 …………………… 290
10.5 电枢绕组的布局 …………… 290
10.6 电刷位置 …………………… 291
10.7 直流发电机 ………………… 292
10.8 电压调整率 ………………… 293
10.9 发电模式与电动模式的相互转换 … 294
10.10 直流电动机的反转 ………… 295
10.11 输出转矩 ………………… 296
10.12 直流电动机 ……………… 296
10.13 直流电动机加载和卸载的
　　　　动态过程 ……………… 297
10.14 转速调整率 ……………… 298
10.15 直流电机负载时电枢电感对
　　　　换向的影响 …………… 298
10.16 换向极 …………………… 300
10.17 电枢反应 ………………… 301
10.18 紧急情况下的电刷移位 … 302
10.19 补偿绕组 ………………… 303
10.20 他励发电机的等效电路 … 305
10.21 并励电机的等效电路 …… 305
10.22 直流电动机的机械特性方程 … 306
10.23 调速的动态过程 ………… 308
10.24 弱磁升速的保护措施 …… 310
10.25 机械功率和输出转矩 …… 310
10.26 损耗和效率 ……………… 312
10.27 直流电动机的起动 ……… 315
解题公式总结 ……………………… 317
正文引用的参考文献 …………… 318
一般参考文献 …………………… 318
思考题 …………………………… 318
习题 ……………………………… 319

第 11 章　直流电动机的特性与应用 … 323
11.1 概述 ………………………… 323

11.2 他励电动机 ……………………… 323
11.3 复励电动机 ……………………… 323
11.4 注意串励和并励绕组的连接方式 … 324
11.5 改变复励电动机的旋转方向 …… 324
11.6 串励电动机 ……………………… 325
11.7 磁饱和对直流电动机性能的影响 … 325
11.8 线性近似 ………………………… 332
11.9 直流电动机稳态工作特性的比较 … 334
11.10 可调电压驱动系统 …………… 335
11.11 能耗制动、反接制动和点动 …… 337
11.12 标准端子标记和直流电动机的
连接 …………………………… 339
解题公式总结 ……………………… 339
正文引用的参考文献 ……………… 340
一般参考文献 ……………………… 340
思考题 ……………………………… 340
习题 ………………………………… 341

第12章 直流发电机的运行与特性 … 347
12.1 概述 …………………………… 347
12.2 并励发电机 …………………… 347
12.3 转速对自励发电机建压的影响 … 349
12.4 影响电压建立的其他因素 …… 351
12.5 短路对并励发电机极性的影响 … 352
12.6 并励发电机的负载电压特性 … 353
12.7 空载电压的图形近似 ………… 354
12.8 复励发电机 …………………… 356
12.9 串励绕组分流器 ……………… 358
12.10 转速对复励发电机复合程度的
影响 …………………………… 360
12.11 直流发电机的并联运行 …… 360
12.12 励磁电阻调整对直流发电机
负载电压特性的影响 ………… 361
12.13 并联直流发电机间母线负载的
分配 …………………………… 361
12.14 解决并联直流发电机之间负载分配
问题：特征三角形 …………… 362
12.15 并联直流发电机间的负载转移 … 365
12.16 并联的复励发电机 ………… 366
12.17 逆电流自动切断器 ………… 367
解题公式总结 ……………………… 368
正文引用的参考文献 ……………… 368

一般参考文献 ……………………… 368
思考题 ……………………………… 368
习题 ………………………………… 369

第13章 电动机的控制技术 ………… 373
13.1 概述 …………………………… 373
13.2 控制元件 ……………………… 373
13.3 电动机过载保护 ……………… 374
13.4 控制系统图 …………………… 376
13.5 电源故障自动停机 …………… 378
13.6 交流电动机换向起动器 ……… 379
13.7 交流电动机双速起动器 ……… 380
13.8 交流电动机降压起动器 ……… 380
13.9 直流电动机控制器 …………… 381
13.10 直流电动机定时起动器 …… 381
13.11 直流电动机反电动势起动器 … 382
13.12 具有动态制动和并励磁场控制
功能的直流电动机换向起动器 … 383
13.13 电力电子控制器 ……………… 384
13.14 电动机晶闸管控制器 ………… 384
13.15 电力电子调速驱动器 ………… 385
13.16 变流器驱动 …………………… 386
13.17 可编程序控制器 ……………… 387
正文引用的参考文献 ……………… 388
一般参考文献 ……………………… 389
思考题 ……………………………… 389

附录 …………………………………… 390
附录A 三相对称系统 ……………… 390
附录B 三相定子绕组 ……………… 404
附录C 恒功率、恒转矩和变转矩感应
电动机 ……………………… 411
附录D 控制系统图中使用的部分图形
符号 ………………………… 412
附录E 直流电动机满载电流（A）… 413
附录F 单相交流电动机满载电流（A）… 414
附录G 两相交流电动机满载电流
（四线制）………………… 414
附录H 三相交流电动机满载电流 … 416
附录I 60Hz单相变压器的典型阻抗 … 417
附录J 单位换算系数 ……………… 417

奇数习题答案 ……………………… 418

第 1 章

电磁学理论和机电能量转换

1.1 概述

本章首先简要回顾在电路或物理课程中学过的电磁学和磁路理论，然后讨论由磁场相互作用产生机械力的过程——这也是所有电动机工作的基本原理。在此过程中，以法拉第电磁感应定律为基础进行了电磁感应电动势的推导，利用楞次定律和"磁通聚束"规则推导了作用转矩（主转矩）和反作用转矩（阻转矩）之间直观的数学关系。

1.2 磁场

磁场是由运动的电荷产生的。永磁体的磁场是因为在永磁材料的原子结构中，电子围绕其自身轴的无补偿自旋，以及这些电子与相邻原子中类似的电子无补偿自旋平行排列而产生的。具有平行磁自旋电子的相邻原子群称为磁畴。而载流导体周围的磁场是由电流产生的，电流的本质就是电荷的运动。

为了便于可视化和分析，磁场用闭合回路表示。这些回路被称为磁力线，其上标注的箭头方向和永磁体的极性或者线圈、导体中电流的方向有关。

导体中电流产生的磁通方向可以用右手螺旋定则来判断：用右手握住通电导体，让大拇指指向电流方向，那么四指的指向就是磁力线的方向，如图 1.1a 所示。

同样地，要确定线圈中电流产生的磁通方向，用右手握住通电线圈，使四指弯曲与电流方向一致，那么大拇指的指向就是磁场方向，如图 1.1b 所示。

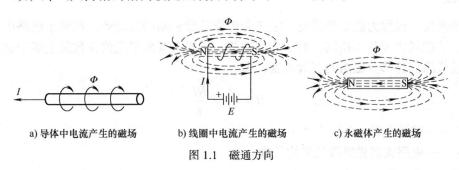

a) 导体中电流产生的磁场　　b) 线圈中电流产生的磁场　　c) 永磁体产生的磁场

图 1.1　磁通方向

⊖　本书中描述平行双导体间产生相互作用力原理的名称——译者注。

永磁体产生的磁通方向在磁体外部为从北极（N 极）出发进入南极（S 极），而在磁体内部则为从 S 极指向 N 极，如图 1.1c 所示。

1.3　磁路定义

图 1.2 所示的两个磁路都是由铁磁材料制作而成的，也称为铁心。铁心形成了一条用以容纳并引导磁通按特定方向闭合的路径。图 1.2a 所示为变压器铁心的磁路。图 1.2b 所示为一台简单的两极电动机的磁路，它包含一个定子铁心、一个转子铁心和两个气隙。需要注意的是，磁通总是沿着穿过气隙的最短路径闭合。

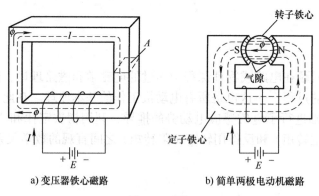

a) 变压器铁心磁路　　　　b) 简单两极电动机磁路

图 1.2　磁路

磁动势

图 1.2 中各线圈的安匝（A·t）是相应磁路中产生磁场的激励，被称为磁动势（magnetiomotive force，mmf）。可以表示为如下形式

$$\mathscr{F} = NI \tag{1-1}$$

式中　$\mathscr{F}$——磁动势（mmf），单位为 A·t；

　　　N——线圈匝数；

　　　I——线圈电流，单位为 A。

磁场强度

磁场强度，也称为磁动势梯度，定义为单位长度磁路的磁动势，在整个磁路中可能每个位置点的磁场强度都不相同。对于均匀磁路，磁场强度的平均值在数值上等于这部分磁路的磁动势除以这部分磁路的有效长度，即

$$H = \frac{\mathscr{F}}{\ell} = \frac{NI}{\ell} \tag{1-2}$$

式中　H——磁场强度，单位为 A·t/m；

　　　ℓ——磁路或者磁路段的平均长度；

　　　$\mathscr{F}$——磁动势（mmf），单位为 A·t。

需要注意的是，对于具有均匀横截面的均匀磁路，磁路中各点的磁场强度都相同。然而，对于包含不同材料或各剖面截面积不同的复合磁路，各部分的磁场强度不同。

磁场强度在磁路计算中有很多有用的应用场景。一个典型的应用是计算一段磁路上的磁位差，即磁压降或磁动势压降。磁路中的磁压降表示单位铁心长度对应的安匝，可以类比于电路中的电压降，它表示单位导体长度对应的伏特。

磁通密度

磁通密度（磁感应强度），是对磁路中某一特定部分磁力线密度的度量。对于图 1.2a 所示的均匀铁心，磁通密度可以表示为

$$B = \frac{\Phi}{A} \tag{1-3}$$

式中　B——磁通密度，单位为 Wb/m^2 或特斯拉（T）；

　　　Φ——磁通，单位为韦伯（Wb）；

　　　A——截面积，单位为 m^2。

1.4　磁路公式

下式是表示磁路中磁通、磁动势和磁阻关系的一个非常有用的公式

$$\Phi = \frac{\mathscr{F}}{\mathscr{R}} = \frac{NI}{\mathscr{R}} \tag{1-4}$$

式中　Φ——磁通，单位为韦伯（Wb）；

　　　$\mathscr{F}$——磁动势，单位为 A·t；

　　　$\mathscr{R}$——磁路的磁阻，单位为 A·t/Wb。

磁阻 $\mathscr{R}$，是度量磁路对磁通反作用的参数，可以类比于电路中的电阻。磁路或磁路段的磁阻和它的长度、截面积和磁导率有关。由式（1-4）求得 $\mathscr{R}$，然后分子和分母同时除以 l，重新整理可得

$$\mathscr{R} = \frac{NI}{\Phi} = \frac{N \times (I/l)}{\Phi/l} = \frac{H}{B \times (A/l)} = \frac{l}{(B/H) \times A}$$

定义

$$\mu = \frac{B}{H} \tag{1-5}$$

则有

$$\mathscr{R} = \frac{l}{\mu A} \tag{1-6}$$

式中　B——磁通密度，单位为 Wb/m^2 或特斯拉（T）；

　　　H——磁场强度，单位为 A·t/m；

　　　l——磁路的平均长度，单位为 m；

　　　μ——材料磁导率，单位为 Wb/（A·t·m）；

　　　A——截面积，单位为 m^2。

式（1-6）适用于具有均匀横截面的均匀磁路。

磁导率

磁导率可以表示为比值 $\mu=B/H$，对于特定铁心材料，它的值随磁化程度不同而不同。

1.5　相对磁导率和磁化曲线

相对磁导率是该材料的磁导率和真空磁导率的比值。实际上，在比较不同磁性材料的磁化能力时，相对磁导率是一个非常有用的数据。可以表示为

$$\mu_\mathrm{r} = \frac{\mu}{\mu_0} \tag{1-7}$$

式中　μ_r——相对磁导率，无量纲；

　　　μ——材料磁导率，单位为 Wb/（A·t·m）；

　　　μ_0——真空磁导率，单位为 Wb/（A·t·m）。

对于常用的铁磁材料，可以用图 1.3 对式（1-5）进行图形化表示。这些曲线称为 B—H 曲线、磁化曲线或饱和曲线，它对于电机或变压器的设计和性能分析非常有用。

一条典型的磁化曲线可以分为 4 个主要区间，如图 1.4 所示。当磁场强度为"低"时，曲线呈上凹状；当磁场强度为"中等"时，曲线表现出某种线性特征（但并不总是）；当磁场强度为"高"时，曲线呈下凹状；当磁场强度为"非常高"时，曲线最终趋于平坦，几乎是一条水平的直线。曲线向下凹的部分被称为曲线的膝区，而平坦部分则被称为饱和区。

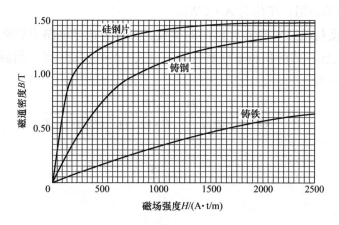

图 1.3　常用铁磁材料的典型 B—H 曲线

当材料的所有磁畴都与所施加的磁动势方向一致时，磁性材料完全饱和。磁饱和现象开始于膝区，在曲线开始变平时基本结束。

根据具体应用，设备的铁心可能工作在线性区或饱和区。例如，变压器和交流电机工作在线性区和膝区的下段；自励直流发电机和电动机工作在膝区的上段并向饱和区延伸；他励直流发电机工作在线性区和膝区的下段。

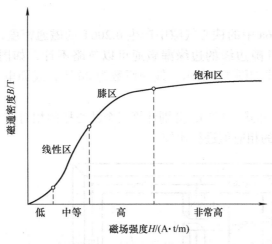

图 1.4　用于描述 4 个主要区间的磁化曲线示意图

由制造商提供的特定电工钢板或铸件的磁化曲线通常绘制在半对数坐标纸上，通常还包括描述相对磁导率与磁场强度关系的曲线，如图 1.5 所示⊖。

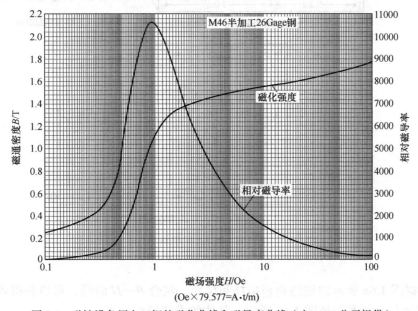

图 1.5　磁性设备用电工钢的磁化曲线和磁导率曲线（由 USX 公司提供）

求解式（1-7）得到 μ，再将其代入式（1-6），可以获得相对磁导率和铁心磁阻的关系，结果如下：

$$\mathscr{R} = \frac{l}{\mu A} = \frac{l}{\mu_r \mu_0 A} \tag{1-8}$$

由式（1-8）可知，磁路的磁阻受图 1.5 所示的材料相对磁导率影响，而相对磁导率与材料的磁化强度有关，因此磁路的磁阻不是一个恒定值。

⊖　由制造商提供的图 1.5 中，磁场强度的单位为奥斯特（Oe），是 CGS 国际通用单位制式。奥斯特值乘以 79.577 可以转换为 A·t/m。尽管图中没有展示，但相对磁导率的最小值为 1，此时磁材料完全饱和，$\mu = \mu_0$。

例 1.1

（a）为了保证图 1.6a 中的铁心气隙中产生 0.200T 的磁通密度，请计算施加到磁化线圈上的电压值。假设气隙边缘的边缘漏磁通可以忽略不计，如图 1.6b 所示。铁心材料（均匀材料）的磁化曲线如图 1.5 所示。线圈匝数为 80 匝，线圈电阻为 0.05Ω，铁心截面积为 0.0400m²。

（b）利用式（1-5）和式（1-7），分别计算三个铁心柱的相对磁导率，并将计算值和由图 1.5 磁导率曲线获得的相应值进行比较。

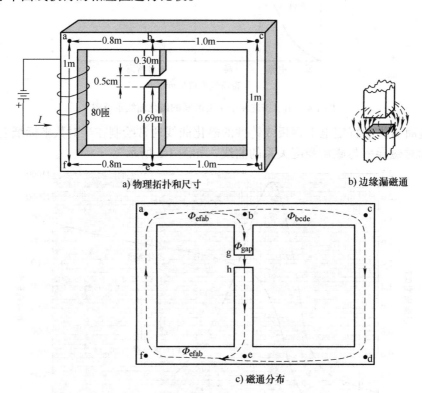

a) 物理拓扑和尺寸   b) 边缘漏磁通

c) 磁通分布

图 1.6   例 1.1 的磁路

解：

（a）根据图 1.6a 所示的磁路物理拓扑和尺寸，结合 $B—H$ 曲线，可以获得各部分的磁场强度。磁通分布示意图如图 1.6c 所示。具体的求解过程如下：

步骤 1：计算 $\varPhi_{\text{gap}}$ 和 $\mathscr{F}_{\text{bghe}}$。

步骤 2：计算 H_{bcde}、B_{bcde} 和 $\varPhi_{\text{bcde}}$。

步骤 3：计算 $\varPhi_{\text{efab}}$、B_{efab}、H_{efab} 和 $\mathscr{F}_{\text{efab}}$。

步骤 4：计算 $\mathscr{F}_{\text{T}}$，并根据线圈匝数计算所需电流。

步骤 5：利用欧姆定律，计算所需电压。

经过铁心中柱的磁通可表示为

$$\varPhi_{\text{gap}} = B_{\text{gap}} A_{\text{gap}} = 0.2 \times 0.04 = 0.008\,\text{Wb}$$

为了保证铁心中柱的两段铁心中磁通密度为 0.2T，由图 1.5 所示的磁化曲线可以获得提供 0.2T 磁通密度所需的磁场强度为

$$H_{0.30} = H_{0.69} \approx 0.47 \times 79.577 = 37.4 \text{A} \cdot \text{t/m}$$

根据式（1-2），可以计算出中柱每段铁心的磁动势压降：

$$\mathscr{F}_{0.30} = Hl = 37.4 \times 0.30 = 11.22 \text{A} \cdot \text{t}$$
$$\mathscr{F}_{0.69} = Hl = 37.4 \times 0.69 = 25.81 \text{A} \cdot \text{t}$$

为了保证气隙中磁通密度为 0.2T，根据式（1-5）可计算出此时气隙中的磁场强度如下，其中 $\mu_{\text{gap}} = \mu_0$。

$$\mu_{\text{gap}} = \frac{B_{\text{gap}}}{H_{\text{gap}}} \quad \Rightarrow \quad 4\pi \times 10^{-7} = \frac{0.2}{H_{\text{gap}}}$$
$$H_{\text{gap}} = 159155 \text{A} \cdot \text{t/m}$$

此时，气隙段的磁动势压降为

$$\mathscr{F}_{\text{gap}} = H_{\text{gap}} l_{\text{gap}} = 159155 \times 0.005 = 795.77 \text{A} \cdot \text{t}$$

因此，中柱总的磁动势压降为

$$\mathscr{F}_{\text{bghe}} = \mathscr{F}_{0.30} + \mathscr{F}_{0.69} + \mathscr{F}_{\text{gap}} = 11.22 + 25.81 + 795.77 = 833 \text{A} \cdot \text{t}$$

需要注意的是，降落在 0.005m 气隙段的磁动势压降为 795.77A·t，而降落在 0.30m 和 0.69m 两段铁心上的总磁动势压降只有 11.22+25.81=37.03A·t。可以看出，磁动势压降主要降落在气隙段。因此，为了减少获得所需磁通密度施加的安匝数，电机中的气隙一般都很小。

因为 $\mathscr{F}_{\text{bghe}}$ 等于铁心段 bcde 段的磁动势压降 $\mathscr{F}_{\text{bcde}}$，因此该段铁心中的磁场强度为：

$$H_{\text{bcde}} = \frac{\mathscr{F}_{\text{bcde}}}{l_{\text{bcde}}} = \frac{833}{1+1+1} = 277.67 \text{A} \cdot \text{t/m}$$

转换为奥斯特值，有

$$277.67 \div 79.577 = 3.49 \text{Oe}$$

根据图 1.5 所示的磁化曲线可以获得对应的磁通密度

$$B_{\text{bcde}} \approx 1.45 \text{T}$$

因此，铁心 bcde 段的磁通为

$$\Phi_{\text{bcde}} = BA = 1.45 \times 0.04 = 0.058 \text{Wb}$$

由线圈励磁产生的总磁通为

$$\Phi_{\text{efab}} = \Phi_{\text{gap}} + \Phi_{\text{bcde}} = 0.008 + 0.058 = 0.066 \text{Wb}$$
$$B_{\text{efab}} = \frac{\Phi}{A} = \frac{0.066}{0.04} = 1.65 \text{T}$$

为了保证铁心左柱中磁通密度为 1.65T，由图 1.5 所示的磁化曲线可以获得提供 1.65T 磁通密度所需的磁场强度约为 37Oe。故有

$$H_{\text{efab}} = 37 \times 79.577 = 2944.35 \text{A} \cdot \text{t/m}$$

铁心 efab 段的磁动势压降为

$$\mathscr{F}_{efab} = Hl = 2944.35 \times (1 + 0.8 + 0.8) = 7655.31 A \cdot t$$

由此可得，由线圈励磁产生的总磁动势为

$$\mathscr{F}_T = \mathscr{F}_{bghe} + \mathscr{F}_{efab} = 7655.31 + 833 = 8488.31 A \cdot t$$

$$\mathscr{F}_{coil} = NI \quad \Rightarrow \quad 8488.31 = 80I$$

$$I = 106.1A$$

$$V = IR = 106.1 \times 0.05 = 5.30V$$

（b）结合式（1-5）和式（1-7）可得

$$\mu_r = \frac{\mu}{\mu_0} = \frac{B/H}{4\pi \times 10^{-7}} = \frac{B}{4\pi \times 10^{-7} H}$$

$$\mu_{left} = \frac{1.65}{4\pi \times 10^{-7} \times 2944} = 446$$

$$\mu_{center} = \frac{0.20}{4\pi \times 10^{-7} \times 37.4} = 4256$$

$$\mu_{right} = \frac{1.45}{4\pi \times 10^{-7} \times 277.67} = 4156.1$$

需要注意的是，尽管铁心是均匀的，但铁心中各部分的磁导率并不相同。铁心左柱磁化程度更高，更接近饱和，因此左柱比其他两个柱的磁导率低得多。

下表将图 1.5 所示磁化曲线中获得的相对磁导率与计算值进行了对比。

铁心	$H/(A \cdot t/m)$	B/T	μ_r（计算值）	μ_r（曲线值）
左柱	2944	1.65	446	450
中柱	37.4	0.20	4256	4000
右柱	277.67	1.45	4156	4100

1.6　等效磁路

磁路中磁动势、磁通和磁阻之间的关系可以类比为电路中电动势、电流和电阻之间的关系，如下所示：

$$\Phi = \frac{\mathscr{F}}{\mathscr{R}} \quad I = \frac{E}{R}$$

式中，磁路中的 Φ 等效为电路中的 I，磁路中的 $\mathscr{F}$ 等效为电路中的 E，磁路中的 $\mathscr{R}$ 等效为电路中的 R。

同电路类似，n 个磁阻串联的等效磁阻可以写为

$$\mathscr{R}_{ser} = \mathscr{R}_1 + \mathscr{R}_2 + \mathscr{R}_3 + \cdots + \mathscr{R}_n \tag{1-9}$$

n 个磁阻并联的等效磁阻可以写为

$$\frac{1}{\mathscr{R}_{\text{par}}} = \frac{1}{\mathscr{R}_1} + \frac{1}{\mathscr{R}_2} + \frac{1}{\mathscr{R}_3} + \cdots + \frac{1}{\mathscr{R}_n}$$

或

$$\mathscr{R}_{\text{par}} = \frac{1}{1/\mathscr{R}_1 + 1/\mathscr{R}_2 + 1/\mathscr{R}_3 + \cdots + 1/\mathscr{R}_n} \tag{1-10}$$

具有和电路类似关系的等效磁路通常用于解决难以可视化的磁路问题。例如，图 1.7a 所示的含串并联回路的元件可以表示为图 1.7b 所示的等效磁路的集总磁阻。采用类比于电路的分析方法，串并联磁路的总磁阻可以表示为

$$\mathscr{R}_{\text{T}} = \mathscr{R}_1 + \frac{\mathscr{R}_2 \mathscr{R}_3}{\mathscr{R}_2 + \mathscr{R}_3}$$

例 1.2

假设图 1.7a 中的磁通 Φ_1 为 0.25Wb，此时的磁路参数如下：

$$\mathscr{R}_1 = 10500\,\text{A} \cdot \text{t}/\text{Wb}$$
$$\mathscr{R}_2 = 40000\,\text{A} \cdot \text{t}/\text{Wb}$$
$$\mathscr{R}_3 = 30000\,\text{A} \cdot \text{t}/\text{Wb}$$

励磁线圈为 140 匝的铜线。试计算：（a）线圈电流；（b）$\mathscr{R}_3$ 上的磁动势压降；（c）$\mathscr{R}_2$ 中的磁通。

解：

（a）将电路的基本概念应用于图 1.7b 所示的等效磁路中，可得

$$\mathscr{R}_{\text{par}} = \frac{\mathscr{R}_2 \mathscr{R}_3}{\mathscr{R}_2 + \mathscr{R}_3} = \frac{40000 \times 30000}{40000 + 30000} = 17142.8571\,\text{A} \cdot \text{t}/\text{Wb}$$

$$\mathscr{R}_{\text{circ}} = \mathscr{R}_1 + \mathscr{R}_{\text{par}} = 10500 + 17142.8571 = 27642.8571\,\text{A} \cdot \text{t}/\text{Wb}$$

$$\Phi = \frac{NI}{\mathscr{R}} \quad \Rightarrow \quad 0.250 = \frac{140I}{27642.8571}$$

$$I = 49.3622 \quad \Rightarrow \quad 49.36\,\text{A}$$

（b）$\mathscr{R}_1$ 上的磁动势压降为

$$\mathscr{F}_1 = \Phi_{\text{T}} \mathscr{R}_1 = 0.25 \times 10500 = 2625\,\text{A} \cdot \text{t}$$

根据图 1.7b，有

$$\mathscr{F}_{\text{T}} = \mathscr{F}_1 + \mathscr{F}_{\text{par}} \quad \Rightarrow \quad 49.3622 \times 140 = 2625 + \mathscr{F}_{\text{par}}$$

$$\mathscr{F}_3 = \mathscr{F}_{\text{par}} = 4285.7143 \quad \Rightarrow \quad 4285.71\,\text{A} \cdot \text{t}$$

（c）
$$\Phi_2 = \frac{\mathscr{F}_{\text{par}}}{\mathscr{R}_2} = \frac{4285.7143}{40000} = 0.1071\,\text{Wb}$$

或者，利用电路中分流原理的磁路类比方法，有

$$\Phi_2 = \Phi_{\text{T}} \frac{\mathscr{R}_3}{\mathscr{R}_2 + \mathscr{R}_3} = 0.25 \times \frac{30000}{40000 + 30000} = 0.1071\,\text{Wb}$$

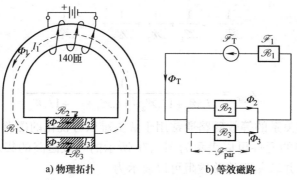

a) 物理拓扑   b) 等效磁路

图 1.7   例 1.2 的磁路

1.7   磁滞回线和磁滞现象

如果给磁性材料施加交变的磁动势，如图 1.8a 所示，并绘制磁通密度 B 和磁场强度 H 的关系曲线，如图 1.8b 所示。可以看出磁通密度 B 不仅和磁场强度 H 的当前值有关，还和 H 的历史值有关，这种现象称为磁滞现象，由此获得的曲线称为磁滞回线。

当铁心尚未被磁化时，工作点位于曲线的原点 O，$H=0$，$B=0$。随着线圈电流沿正方向增加，安匝数也逐渐增加，从而磁场强度增加。根据式（1-1）和式（1-2），有

$$H = \frac{NI}{l}$$

当电流达到最大值时，磁通密度和磁场强度也分别到达了它们的最大值，此时工作点位于曲线的 a 点；用虚线画出的曲线初始轨迹称为初始磁化曲线。随着电流的减小，工作点变化的路径和之前的曲线不同，当电流减小到零时，H 也减小到零，但铁心磁通密度的变化滞后，工作点位于曲线的 b 点。b 点处的磁通密度称为剩磁。磁通密度滞后于磁动势的现象称为磁滞现象。

随着交流电流和相应的磁场强度沿负方向增加，剩磁逐渐减小，但仍保持为正值，直到工作点到达曲线 c 点，此时铁心内磁通密度为零。使剩磁为零所需的反向磁场强度称为矫顽力，用 H 轴上的 O-c 直线段表示。当电流继续交变时，工作点将沿着磁滞回线上的 c-d-e-a-b-c 移动。

磁滞现象会影响磁通对磁动势变化的响应速度。在诸如变压器之类的电气设备中，要求磁通随磁动势变化快、响应关系成正比，同时要求剩磁小，因此常使用高牌号硅钢片。而对于类似自励发电机这样的设备，则要求钢材能够维持足够的剩磁以实现自励建压。步进电机和一些直流电动机则要求永磁体具备非常高的磁保持率（高磁滞）。由此可见，磁性材料的选择取决于应用场景。

磁滞损耗

如果将交流电压连接在励磁线圈上，如图 1.8a 所示，交变磁动势会使磁畴沿着磁化轴不断地重新定向。这种分子运动会产生热量，而且钢材越硬，产生的热量越大。对于给定材料和体积的铁心，磁滞现象引起的功率损耗与磁通密度波形的频率和最大值的 n 次幂

成正比。数学表达式如下：

$$P_h = k_h f B_{max}^n \tag{1-11}$$

式中　P_h——磁滞损耗，单位为 W/ 铁心单位质量；

　　　f——电源频率，单位为 Hz；

　　B_{max}——磁通密度波形的最大值，单位为 T；

　　　k_h——磁滞损耗系数；

　　　n——Steinmetz 指数[⊖]。

磁滞损耗系数 k_h 依赖于材料的磁特性、密度和使用的单位。磁滞回线所包围的面积等于磁滞能量，单位为 J/m^3。

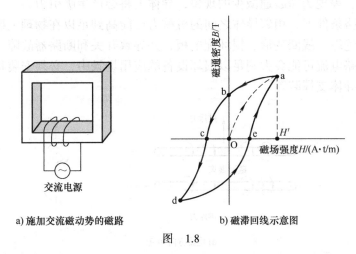

a) 施加交流磁动势的磁路　　　b) 磁滞回线示意图

图　1.8

例 1.3

某电器设备工作在额定电压 240V、额定频率 25Hz 时的磁滞损耗为 846W。如果该设备连接到一个电压频率为 60Hz 的电压源，使得磁通密度达到其额定值的 62%，请计算此时的磁滞损耗。假设 Steinmetz 指数为 1.4。

解：

根据式（1-11）：

$$\frac{P_{h1}}{P_{h2}} = \frac{\left(k_h f B_{max}^n\right)_1}{\left(k_h f B_{max}^n\right)_2} \quad \Rightarrow \quad P_{h2} = P_{h1} \times \frac{\left(k_h f B_{max}^n\right)_2}{\left(k_h f B_{max}^n\right)_1}$$

$$P_{h2} = 846 \times \frac{60}{25} \times \left(\frac{0.62}{1.0}\right)^{1.4} = 1.04 \text{kW}$$

1.8　磁场的相互作用（电动机工作原理）

当两个或多个磁场源产生的磁通或磁通的一部分在一个公共区域内平行分布时，磁场源之间会产生机械力，这种力要么使磁场源相互吸引，要么使它们相互排斥。如果两个磁

⊖　Steinmetz 指数随铁心材料的不同而变化，硅钢片的 Steinmetz 指数平均值为 1.6。

场源产生的磁通分量平行且方向相同，就会产生排斥力，这也表现为公共区域内的净磁通增加，也称为"磁通聚束"。如果两个磁场源产生的磁通分量平行且方向相反，就会产生吸引力，这也表现为公共区域内的净磁通减少。

相邻导体间的力

相邻载流导体之间，因两个磁场的相互作用会产生机械力，这种机械力会使相邻导体相互吸引或排斥。如果相邻导体中流过的电流方向相反，如图 1.9a 所示，则相邻载流导体产生的磁通在公共区域中方向相同，表现为磁通聚束现象，导体上将会产生排斥力[⊖]。如果相邻导体中流过的电流方向相同，如图 1.9b 所示，则相邻载流导体产生的磁通在公共区域中方向相反，表现为净磁通减少的现象，导体上将会产生吸引力。

在严重的短路条件下，相邻导体之间的机械力可能高到足以在物理上破坏变压器、电动机和发电机的绝缘、线圈变形、损坏配电板，并导致开关和断路器故障。因此，对于这些发生故障时短路电流可能会大到足以损坏设备的应用场景中，必须安装特殊的限流装置以及机械支撑和导体支撑装置[1,2]。

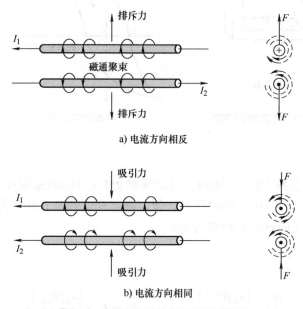

图 1.9   相邻载流导体磁场的相互作用

1.9   两极电动机的基本原理

图 1.10 所示的转子铁心的转子槽中包含了两个导体，转子位于静止磁极（称为定子）的中心。导体端点 A 上的"＋"表示 A 为导体中电流方向箭头的尾部，表示电流流入纸面。导体端点 B 上的"·"表示 B 为导体中电流方向箭头的头部，表示电流流出纸面。每个导体周围的磁通方向由右手螺旋定则决定。

⊖   作用力产生的原理和方向也可以用左手定则判断——译者注。

图 1.10 中的虚线表示了定子或转子单独励磁时的磁通路径。图 1.10 中的虚点线表示了定子和转子同时励磁时的磁通路径。需要注意的是，对于导体 A 的顶部，定子单独励磁时产生的磁通和导体 A 单独励磁时产生的磁通方向相同，有磁通聚束效应，会产生一个向下的机械力 F，如图 1.10 所示。对于导体 B 的底部也会发生类似的作用，从而产生一个向上的机械力。最终会产生一个逆时针方向转动的转矩，这就是电动机的工作原理。

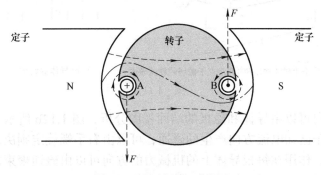

图 1.10　电动机的工作原理

1.10　磁场中的载流导体受到的机械力（*Bll* 定则）

如图 1.11a 所示，在磁场内且垂直于磁场的载流直导体，其受到的机械力大小可以表示为

$$F = Bl_{\text{eff}}I \tag{1-12}$$

式中　F——机械力，单位为 N；

　　　B——定子磁场的磁通密度，单位为 T；

　　　I——流过转子导体的电流，单位为 A；

　　　l_{eff}——转子导体的有效长度，单位为 m。

导体的有效长度只包含在磁场内并垂直于磁场的部分。因此，如果导体不垂直于磁场，如图 1.11b 所示，则导体的有效长度为

$$l_{\text{eff}} = l\sin\alpha$$

图 1.11b 中的角度 β 被称为斜槽角，在电机中一般取 0° ~ 30°。

图 1.11a 中施加在导体上的机械力方向由磁通聚束规则决定。

作用转矩[⊖]

图 1.12a 为一个单回路转子线圈，位于磁通密度均匀的两极定子磁场中。每个导体（线圈边）的有效长度不包括端部连接部分。端部连接部分，是指将导体串联在一起的线圈的端部，由于它们不在磁场中，因此并不会产生有效转矩。轴中心和导体中心之间的距离 d 是作用力臂。

⊖　也称为驱动转矩，或主转矩——译者注。

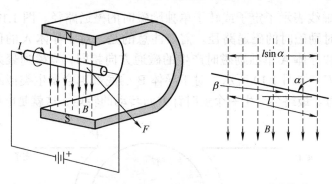

a) 位于永磁体磁场 B 内并垂直于磁场的载流导体   b) 导体偏斜 $\beta°$

图   1.11

作用转矩的方向可以由导体和磁极的端面视图分析，图 1.12b 所示为从电池方向看过去的端面视图。对于已知电流方向产生的磁通，可以由右手螺旋定则决定磁通方向。而由于磁场的相互作用，作用在每根导体上的机械力的方向可以由磁通聚束规则决定。由两个导体力偶产生的合成转矩为逆时针方向，其大小等于

$$T_\text{D} = 2Fd \ (\text{N} \cdot \text{m}) \tag{1-13}$$

将式（1-12）带入式（1-13）可得

$$T_\text{D} = 2Bl_\text{eff}Id(\text{N} \cdot \text{m}) \tag{1-14}$$

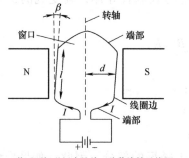
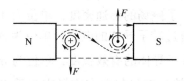

a) 位于两极磁场中的单回路载流转子线圈   b) 说明作用转矩方向的线圈端面视图

图   1.12

例 1.4

假设图 1.12a 中每个线圈边的长度为 0.30m，斜槽角为 15°。每根导体的中心与轴中心之间的距离为 0.60m。线圈（包含其与 36V 电池连接部分）总电阻为 4.0Ω。如果定子磁极之间均匀磁场的磁通密度为 0.23T，请计算作用转矩的大小和方向。

解：

根据图 1.11b：

$$\alpha = 90° - \beta° = 90° - 15° = 75°$$

$$I = \frac{E_\text{bat}}{R} = \frac{36}{4.0} = 9.0\,\text{A}$$

$$T = 2BI(l\sin\alpha)d = 2 \times 0.23 \times 9 \times (0.3\sin75°) \times 0.60 = 0.72\,\text{N} \cdot \text{m}$$

作用转矩的方向为逆时针方向，如图 1.12b 所示。

1.11 感应电动势（发电机工作原理）

线圈中因电磁感应会产生感应电动势，其幅值与线圈串联匝数和线圈匝链的磁通变化率成正比。这种关系被称为法拉第电磁感应定律，其数学表达式为

$$e = N \frac{\mathrm{d}\phi}{\mathrm{d}t} \tag{1-15}$$

式中　e——感应电动势（电动势，emf），单位为 V；

　　　N——串联匝数；

　$\mathrm{d}\phi/\mathrm{d}t$——匝链磁通的变化率，单位为 Wb/s。

式（1-15）所示的基本关系通常可以经过数学运算转化为其他形式，用来解决特定问题。

电动势是由变压器作用或相对运动产生的。变压器作用产生的电动势是由静止线圈匝链的磁通随时间变化产生的，也被称为"变压器电动势"。相对运动产生的电动势是由运动线圈与静止磁极，或静止线圈与运动磁极之间的相对运动产生的，这种由相对运动产生的电动势也被称为"运动电动势"或"磁通切割电动势"。

根据楞次定律，由变压器作用或导体和磁场之间相对运动产生的电压、电流或磁通发生变化时，总是会产生一个阻碍它变化的量[⊖]。在变压器中，变压器线圈中产生的电流所感应出的磁通方向总是与阻碍磁通变化的方向相同。

在导体受外力驱动的情况下，导体中产生的电流会感应出相应的磁通，该磁通会产生一个和外力方向相反的反作用力。在旋转电机中，这个磁通会产生一个和原动机驱动转矩相反的反转矩（电动机作用）。事实上，正如后续章节中所述，所有的发电机都可以作为电动机运行，所有的电动机也都可以作为发电机运行。

运动电动势和 *Blv* 定则

如图 1.13a 所示，在一个均匀磁场内，有一个由两个导体 X、Y 和一组导体轨道构成的闭合回路。导体 Y 固定不动，导体 X 以 v m/s 的速度向右移动。图 1.13a 中的窗口是指导体 X、Y 和导体轨道包围的区域。随着导体 X 向右移动，窗口面积增加，导致通过窗口的磁通随时间增加，从而在闭合回路中产生电动势。

用磁通密度和窗口面积来表示磁通，有

$$\phi = BA$$

对时间求导，得

$$\frac{\mathrm{d}\phi}{\mathrm{d}t} = B \frac{\mathrm{d}A}{\mathrm{d}t}$$

代入式（1-15）

$$e = NB \frac{\mathrm{d}A}{\mathrm{d}t} \tag{1-16}$$

⊖　假设电路闭合，应用楞次定律时，将产生电流和相应的磁通。

从图 1.13a 可以看出，随着导体 X 向右移动，窗口面积的增加量可以用长度 l 和沿导体轨道距离的增加量 $\mathrm{d}s$ 来表示，即

$$\mathrm{d}A = l\mathrm{d}s \tag{1-17}$$

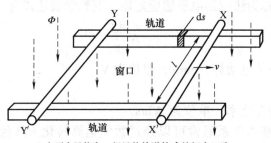

a) 由两个导体和一组导体轨道构成的闭合回路

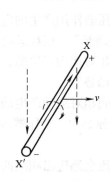

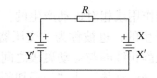

c) 两个导体沿相同方向运动的等效电路

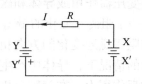

b) 导体X向右移动引起的
电动势和电流方向

d) 两个导体沿相反方向运动的等效电路

图 1.13

代入式（1-16），对于单一闭合回路 $N=1$，则有

$$e = Bl\frac{\mathrm{d}s}{\mathrm{d}t} \tag{1-18}$$

其中，$\mathrm{d}s/\mathrm{d}t$ 表示导体的运动速度，故式（1-18）可以改写为

$$e = Blv \tag{1-19}$$

式中 e——感应电压，单位为 V；

   B——磁通密度，单位为 T；

   l——导体的有效长度，单位为 m；

   v——导体的运动速度，单位为 m/s。

需要注意的是，图 1.13a 中导体和导体轨道组成的闭合回路中，导体 X 是唯一运动的导体。

由于电动势是由外力驱动导体 X 向右移动产生的，因此该电动势及其产生的电流将会产生一个和外力方向相反的反作用力。为此，在导体 X 的右侧应发生磁通聚束效应，如图 1.13b 所示。这样就可以确定导体产生的磁通方向，然后用右手螺旋定则来确定产生磁通的电流方向，进而确定电动势的方向。综上所述，导体内部的电动势方向应为远离读者的方向，如图 1.13b 所示，从而使 X 端为电动势正极，X′ 端为电动势负极。

运动电动势可以由式（1-19）定义，长度为 l 的导体以速度 v 在磁通密度为 B 的磁场中以垂直于磁场的方向切割磁力线会产生运动电动势，这也称为 Blv 定则。

Blv 定则和 $\mathrm{d}\phi/\mathrm{d}t$ 法产生的电动势是等效的，其等效性可以在以下两个示例中得到进一步证明。

1）如果图 1.13a 中的导体 X 和导体 Y 同时在外力作用下以相同的速度向右移动，则它们将以相同的速度和方向切割相同数量的磁力线，从而产生相同的电动势。导体内部的电动势方向分别为从 Y′ 到 Y 和从 X′ 到 X。这样，闭合回路的净电动势（以及回路中的电流）将等于零。对应的等效电路如图 1.13c 所示，电阻 R 为导体与导体轨道的总等效电阻。

采用 $\mathrm{d}\phi/\mathrm{d}t$ 法对相同情况进行分析，可以看出，当两个线圈边以相同的速度和方向运动时，通过窗口的 $\mathrm{d}\phi/\mathrm{d}t$ 将等于零，从而导致回路中产生的电动势为零。

2）如果导体 Y 向左移动，导体 X 向右移动，两者速度相同，它们将以相同的速度切割相同数量的磁力线，但方向相反。此时，导体 Y 内部的电势方向为从 Y 到 Y′，而导体 X 内部的电动势方向为从 X′ 到 X。导体和导体轨道形成的闭合回路中的净电动势将增加一倍。几乎所有使用线圈的旋转电机都是这种情况⊖：相对于磁极产生的磁通，一个线圈的两个线圈边总是朝相反的方向运动。相应的等效电路如图 1.13d 所示。

采用 $\mathrm{d}\phi/\mathrm{d}t$ 法对相同情况进行分析，可以看出，当两个线圈边以相同的速度向相反的方向运动时，通过窗口的 $\mathrm{d}\phi/\mathrm{d}t$ 将加倍，从而导致回路中产生的电动势两倍于只有一个线圈边移动时产生的电动势。

因此，在旋转电机中，没有必要一定通过窗口的磁通变化率来判断是否产生电动势。只要导体"切割磁通"，就会产生电动势。

例 1.5

导体以 8.0m/s 的速度垂直切割 1.2T 的磁场并产生 2.5V 电动势，试计算导体长度。

解：

$$e = Blv \quad \Rightarrow \quad 2.5 = 1.2 \times l \times 8.0$$
$$l = 0.26\mathrm{m}$$

1.12　两极发电机的基本原理

图 1.14a 是一个在磁场内、由原动机拖动、按顺时针方向旋转的闭合线圈。为了满足楞次定律，其感应出的电动势、电流和磁通会产生一个反转矩，其方向和原动机驱动转矩的方向相反。为此，磁通聚束效应应该发生在线圈边 B 的顶部和线圈边 A 的底部，如图 1.14b 所示。在导体产生的磁通方向已知的情况下，可以应用右手螺旋定则确定各自的电流和电动势方向。从而可知线圈边 A 中的电动势和电流方向为流出纸面，而线圈边 B 中的电动势和电流方向为流入纸面。

因此，从图 1.14a 中的南极看过去，线圈中的电流方向为逆时针方向。

在导体受外力驱动的情况下，导体中产生的电流会感应出相应的磁通，该磁通会产生

⊖　单极电机，又名同极电机，采用导电圆柱体代替线圈[3]。

一个和外力方向相反的反作用力。在旋转电机中，这个磁通会产生一个和原动机驱动转矩相反的反转矩（电动机作用）。

正弦波电动势

根据图 1.14a 所示的两极发电机最简单的物理模型，如果线圈在均匀磁场中以恒定的角速度旋转，则通过线圈窗口的磁通变化可以表示为随时间变化的正弦函数。

$$\phi = \Phi_{max} \sin \omega t \tag{1-20}$$

式中　ωt——线圈平面与磁力线之间的瞬时夹角，单位为 rad；

Φ_{max}——通过线圈窗口的磁通最大值，单位为 Wb。

由图 1.14a 可知，当线圈平面与磁极极面平行时，通过线圈窗口的磁通最大。

当线圈在磁场内旋转时，通过线圈窗口的磁通变化率为

$$\frac{d\phi}{dt} = \omega \Phi_{max} \cos \omega t \tag{1-21}$$

将式（1-21）代入式（1-15）：

$$e = N \frac{d\phi}{dt} = N \omega \Phi_{max} \cos \omega t \tag{1-22}$$

式（1-22）中电动势的最大值可以表示为

$$E_{max} = \omega N \Phi_{max} = 2\pi f N \Phi_{max} \tag{1-23}$$

方程两边同时除以 $\sqrt{2}$，得电动势的有效值

$$\frac{E_{max}}{\sqrt{2}} = \frac{2\pi f N \Phi_{max}}{\sqrt{2}} \tag{1-24}$$

$$E_{rms} = 4.44 f N \Phi_{max} \tag{1-25}$$

式中　f——通过线圈窗口的正弦磁通的频率，也是感应电动势的频率，单位为 Hz；

N——线圈串联匝数。

注意：式（1-25）也可以用转速或角速度表示：

$$E_{rms} = n \Phi_{max} k_n \tag{1-26}$$

或

$$E_{rms} = \omega \Phi_{max} k_\omega \tag{1-27}$$

式中　ω——角速度，单位为 rad/s；

n——转速，单位为 r/s 或 r/min；

k_n、k_ω——常数[⊖]。

目前在电力工业中常用的频率有 25Hz、50Hz、60Hz 和 400Hz。北美主要使用 60Hz 系统；整个欧洲和大多数其他国家主要使用 50Hz 系统；400Hz 系统因其质量轻而成为航空航天领域的首选；25Hz 系统则广泛用于轨道牵引电机[4-6]。

⊖　该常数取决于所使用的单位和线圈串联匝数。

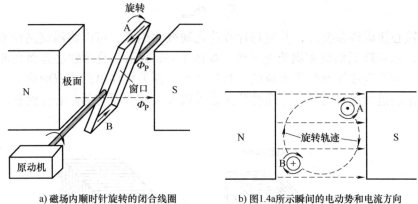

a)磁场内顺时针旋转的闭合线圈　　　　　b)图1.4a所示瞬间的电动势和电流方向

图　1.14

例 1.6

一台 4 极发电机，转子线圈为 6 匝，产生的电动势波形如下：

$$e = 24.2\sin 36t$$

试计算：（a）电动势频率；（b）每极磁通最大值。

解：

（a）　　　　　　　$\omega = 2\pi f \quad \Rightarrow \quad 36 = 2\pi f \quad \Rightarrow \quad f = 5.7296\text{Hz}$

（b）　　　$E_{\text{rms}} = 4.44 f N \Phi_{\text{max}} \quad \Rightarrow \quad \dfrac{24.2}{\sqrt{2}} = 4.44 \times 5.7296 \times 6 \times \Phi_{\text{max}}$

$$\Phi_{\text{max}} = 0.112\text{Wb}$$

1.13　旋转电机的能量转换

所有旋转电机既可以作电动机运行也可以作发电机运行。如果给电机转轴提供机械能，电机将会把机械能转换为电能。如果给电机绕组提供电能，电机就会把电能转换成机械能。然而，无论能量流动的方向如何，所有运行着的电机都会同时产生电动势和转矩。如果作为电动机运行，它会产生作用转矩（驱动转矩，也称为主转矩）和反电动势；如果作为发电机运行，它会产生电动势，带上负载后会产生阻转矩（反转矩）。

1.14　涡流和涡流损耗

涡流是由于变压器作用在电磁设备铁心中产生的环流。图 1.15a 所示是一块可以被看作是无数同心壳或同心环构成的铁心。变化的磁场在这些同心壳中产生的涡流电动势与通过同心壳窗口的磁通变化率成正比。因此有

$$e_{\text{e}} \propto \frac{\text{d}\phi}{\text{d}t}$$

由式（1-25）可以获得涡流电动势和频率、磁通密度的关系：

$$E_e \propto f B_{max} \tag{1-28}$$

如果将铁心切成许多叠片，并使每片叠片之间彼此绝缘，可以将涡流路径限制在非常小的范围内，从而降低涡流和涡流电动势。如图 1.15b 所示。叠片铁心是将彼此绝缘的硅钢片按照所需的厚度或深度叠压而成的。每片硅钢片都采用在单面或双面涂上一层绝缘清漆或氧化物涂层进行绝缘处理。采用叠片铁心可以大大减少原有的同心壳面积，显著降低铁心损耗。

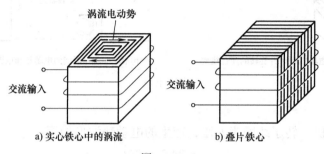

a) 实心铁心中的涡流　　　　b) 叠片铁心

图　1.15

涡流损耗，可以表示为消耗在这些同心壳电阻上的热功率，与涡流电动势的二次方成正比。

$$P_e \propto E_e^2 \tag{1-29}$$

将式（1-28）代入式（1-29）并引入比例常数，可得

$$P_e = k_e f^2 B_{max}^2 \tag{1-30}$$

式中　P_e——涡流损耗，单位为 W/ 铁心单位质量；

f——磁通频率，单位为 Hz；

B_{max}——磁通密度的最大值，单位为 T；

k_e——比例常数。

比例常数 k_e 取决于叠片厚度、电阻率、铁心材料的密度和质量，以及使用的单位。

例 1.7

某电气设备在额定电压 240V、额定频率 25Hz 下工作时，其涡流损耗为 642W。如果设备连接到一个 60Hz 的电压源，并使其磁通密度为额定值的 62%，试计算此时的涡流损耗。

解:

根据式（1-30）:

$$\frac{P_{e1}}{P_{e2}} = \frac{\left(k_e f^2 B_{max}^2\right)_1}{\left(k_e f^2 B_{max}^2\right)_2} \implies P_{e2} = P_{e1} \times \left(\frac{f_2}{f_1}\right)^2 \times \left(\frac{B_{max,2}}{B_{max,1}}\right)^2$$

$$P_{e2} = 642 \times \left(\frac{60}{25}\right)^2 \times \left(\frac{0.62}{1.0}\right)^2 = 1.42\,kW$$

1.15　多极电机——频率和电角度

4 极发电机的磁路示意图如图 1.16a 所示。定子铁心的 4 个磁极按 S 极和 N 极依次交替排列，每个绕制在转子铁心上的电枢线圈节距为 1/4 转子圆周。定子上的位置用空间角度来标记，也称为机械角度。如果转子线圈的中性线位于如图 1.16a 所示的 0° 参考位置，则来自 N 极的最大磁通将从线圈窗口外侧通过线圈。如果转子线圈中性线位于如图 1.16b 所示的 45° 位置，则通过线圈窗口的净磁通为零，进入线圈窗口外侧的磁力线数量和离开线圈窗口同一侧的磁力线数量相等。在 90° 位置时，通过线圈窗口的磁通在相反方向上达到最大值，等等。

假定磁通变化基本为正弦规律，转子旋转一圈时通过线圈窗口的磁通变化曲线如图 1.16c 所示。

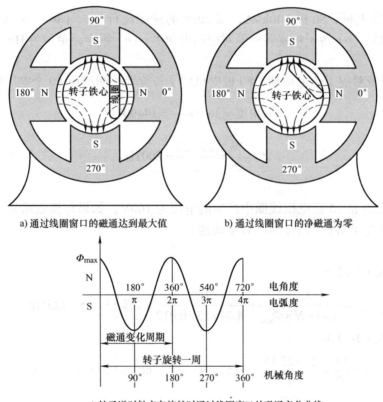

a) 通过线圈窗口的磁通达到最大值　　　　b) 通过线圈窗口的净磁通为零

c) 转子逆时针方向旋转时通过线圈窗口的磁通变化曲线

图 1.16　4 极发电机

需要注意的是，对于如图 1.16 所示的 4 极电机，转子每旋转一圈会使通过线圈窗口的磁通变化两个完整的周期，每一对磁极对应一个周期。同样地，6 极电机每旋转一圈磁通会变化 3 个完整的周期，依次类推。可以用方程表示如下：

$$f = \frac{Pn}{2} \qquad (1\text{-}31)$$

式中　f——频率，单位为 Hz；

P——极数；

n——转速，单位为 r/s。

同样需要注意的是，对于一个 4 极电机，720° 的磁通变化周期对应于 360° 的转子机械角变化。因此，为了区分电参数的变化和空间角度的变化，前者称为电角度，后者称为机械角度。这种区别也用于弧度度量，即电弧度和机械弧度。

正如图 1.16c 所示，电角度与机械角度的关系为

$$电角度 = 机械角度 \times \frac{P}{2} \tag{1-32}$$

式中 P——极数。

除非另有规定，本书和其他电气标准中用于电气描述的角度都采用电角度或电弧度的形式。相邻的两极总是相隔 180° 电角度（π 电弧度）。

例 1.8

一台专用发电机，80 极 100kVA，以 20r/s 的速度运行。试计算：（a）转子每旋转一圈电周期变化数；（b）转子每旋转一圈对应的电角度；（c）频率，单位为 Hz。

解：

（a）2 个磁极对应 1 个电周期，80 极电机转子每旋转一圈对应 40 个电周期变化。

（b）
$$电角度 = 360° \times \frac{80}{2} = 14400°$$

（c）
$$f = \frac{Pn}{2} = \frac{80 \times 20}{2} = 800\,\text{Hz}$$

例 1.9

4 极旋转磁场在 15 匝电枢线圈中产生的电压为 100V。如果每极磁通为 0.012Wb，试计算：（a）产生电动势的频率；（b）转子转速。

解：（a）根据式（1-25）：

$$f = \frac{E_{\text{rms}}}{4.44 \times N \times \Phi_{\text{max}}} = \frac{100}{4.44 \times 15 \times 0.012} = 125.13 \quad \Rightarrow \quad 125\,\text{Hz}$$

（b）根据式（1-31）：

$$n = \frac{2f}{P} = \frac{2 \times 125.13}{4} = 62.57\,\text{r/s} \quad 或 \quad 60 \times 62.57 = 3754\,\text{r/min}$$

解题公式总结

$$\mathscr{F} = NI(\text{A} \cdot \text{t}) \tag{1-1}$$

$$H = \frac{\mathscr{F}}{l} = \frac{NI}{l}(\text{A} \cdot \text{t/m}) \tag{1-2}$$

$$B = \frac{\Phi}{A}(\text{T}) \tag{1-3}$$

$$\Phi = \frac{\mathcal{F}}{\mathcal{R}} = \frac{NI}{\mathcal{R}} \text{(Wb)} \qquad (1\text{-}4)$$

$$\mu = \frac{B}{H} [\text{ Wb} / (\text{A} \cdot \text{t} \cdot \text{m})] \qquad (1\text{-}5)$$

$$\mathcal{R} = \frac{l}{\mu A} (\text{A} \cdot \text{t/Wb}) \qquad (1\text{-}6)$$

$$\mu_r = \frac{\mu}{\mu_0} \qquad (1\text{-}7)$$

$$\mathcal{R} = \frac{l}{\mu_r \mu_0 A} (\text{A} \cdot \text{t} / \text{Wb}) \qquad (1\text{-}8)$$

$$\mathcal{R}_{\text{ser}} = \mathcal{R}_1 + \mathcal{R}_2 + \mathcal{R}_3 + \cdots + \mathcal{R}_n \qquad (1\text{-}9)$$

$$\frac{1}{\mathcal{R}_{\text{par}}} = \frac{1}{\mathcal{R}_1} + \frac{1}{\mathcal{R}_2} + \frac{1}{\mathcal{R}_3} + \cdots + \frac{1}{\mathcal{R}_n}$$

或

$$\mathcal{R}_{\text{par}} = \frac{1}{1/\mathcal{R}_1 + 1/\mathcal{R}_2 + 1/\mathcal{R}_3 + \cdots + 1/\mathcal{R}_n} \qquad (1\text{-}10)$$

$$P_h = k_h f B_{\text{max}}^n (\text{W}) \qquad (1\text{-}11)$$

$$F = B l_{\text{eff}} I \qquad (1\text{-}12)$$

$$\alpha = 90° - \beta$$

$$T_D = 2 B l_{\text{eff}} I d (\text{N} \cdot \text{m}) \qquad (1\text{-}14)$$

$$e = N \frac{d\phi}{dt} (\text{V}) \qquad (1\text{-}15)$$

$$e = B l v (\text{V}) \qquad (1\text{-}19)$$

$$E_{\text{rms}} = 4.44 f N \Phi_{\text{max}} \qquad (1\text{-}25)$$

$$E_{\text{rms}} = n \Phi_{\text{max}} k_n (\text{V}) \qquad (1\text{-}26)$$

$$E_{\text{rms}} = \omega \Phi_{\text{max}} k_\omega (\text{V}) \qquad (1\text{-}27)$$

$$P_e = k_e f^2 B_{\text{max}}^2 (\text{W}) \qquad (1\text{-}30)$$

$$f = \frac{Pn}{2} (\text{Hz}) \qquad (1\text{-}31)$$

$$电角度 = 机械角度 \times \frac{P}{2} \qquad (1\text{-}32)$$

正文引用的参考文献

1. Barnett，R. D.，"The frequency that wouldn't die." *IEEE Spectrum*，Nov. 1990，pp. 120–121.

2. Campbell，J.J.，P. E. Clark，I. E. McShane，and K. Wakeley. Strains on motor end windings. *IEEE Trans. Industry Applications*，Vol. IA–20，No. 1，Jan./Feb. 1984.

3. Hubert，C. I. *Preventive Maintenance of Electrical Equipment*. Prentice Hall，Upper Saddle River，NJ，2002.

4. Jones，Andrew J. Amtrack's Richmond static frequency converter project. *IEEE Vehicular Technology Society News*，May 2000，pp. 4–10.

5. Lamme，B. G. The technical story of the frequencies. Electrical Engineering Papers，Westinghouse Electric&Manufacturing Co.，1919，pp. 569–589.

6. Matsch，L. W.，and J. D. Morgan. *Electromagnetic and Electromechanical Machines*. Harper&Row，New York，1986.

思 考 题

1. 画一个与直流电源相连的线圈，并标出线圈中的电流方向，以及连接导线、线圈和电源附近的磁通方向。

2. 试描述磁场强度和磁动势的区别，并说明各自的单位。

3. 请解释：（a）磁性材料截面的磁阻与材料及其尺寸有何关系？（b）磁性材料的磁阻是否取决于磁化程度？

4. 请解释：一块给定的磁性材料块，它磁导率是恒定的吗？

5. 试描述磁导率和相对磁导率的区别。

6. 请解释什么是边缘漏磁通，它出现在什么位置？

7. 请解释：为什么在任意含有气隙的串联磁路（或磁路的串联支路）中，最大的磁动势压降总位于气隙部分？

8. 请列出电路和磁路之间存在的类比关系。

9. 请说明什么是磁滞现象，它如何影响磁路对外加磁动势的反应速度？

10. 请画出一条磁滞回线。假设铁心最初处于未磁化状态，请讨论一下在前 1.5 个磁化电流周期中磁滞回线的形成过程。

11. 试分析：（a）磁滞损耗产生的原因，磁通变化频率和磁通密度是如何影响磁滞损耗的？（b）磁滞损耗与磁滞回线有什么关系？

12. 请在垂直平面上画出两个电流方向相反的平行导体。标出电流方向、各自磁场的方向、合力磁场的方向，以及施加在每根导体上的机械力的方向。

13. 假设两个导体中电流方向相同，重复问题 12。

14. 在永磁体产生的磁场中，试画出一根通直流电、并垂直于磁场方向的导体。标出电流方向，永磁体和导体的磁场方向，合成磁场的方向，以及施加在导体和磁极上的机械力的方向。

15. 试在永磁体产生的磁场中画出一匝线圈，并解释线圈中的电流如何产生转矩。在图中标出电流方向，永磁体和线圈的磁场方向，以及两个导体力偶产生的合成转矩方向。

16. 利用楞次定律，试通过画图的方式解释：（a）运动电动势是如何产生的，并标出其方向；（b）变压器电动势是如何产生的，并标出其方向。

17. 请解释：为什么所有运行的电机会同时产生转矩和电动势？

18. 请解释：铁心中的涡流是如何产生的，如何将其最小化？

19. 试分析涡流损耗如何受到磁通变化频率和磁通密度影响的？

习　题

1-1/4　一个含有电感线圈的磁路磁阻为 1500A·t/Wb。电感线圈采用 200 匝铝线绕制，连接到 24V 电池上时可以输出 3A 电流。试计算：（a）磁路磁通；（b）线圈电阻。

1-2/4　一个由硅钢片铁心构成的磁路，磁路平均长度为 1.3m，横截面积为 0.024m²。铁心上绕制了 50 匝线圈，其电阻为 0.82Ω，由直流电源供电时电流为 2A。此时铁心磁阻为 7425A·t/Wb。试计算：（a）磁通密度；（b）施加的直流电压。

1-3/4　一个铁心磁路，磁路平均长度为 1.4m，横截面积为 0.25m²。铁心上的励磁线圈为 140 匝，30Ω。试计算建立 1.56T 磁通密度所需的电压，此时磁路磁阻为 768A·t/Wb。

1-4/5　一个环形铁心磁路，横截面积为 0.11m²，磁路平均长度为 1.4m。已知铁心磁导率为 1.206×10^{-3} Wb/（A·t·m），请计算磁路磁阻。

1-5/5　一个铁心磁路，磁路平均长度为 0.80m，横截面积为 0.06m²，相对磁导率为 2167。铁心上绕制了 340 匝励磁线圈，其电阻为 64Ω。如果将励磁线圈连接到直流电源上会导致线圈上产生 56V 的电压压降，请计算铁心中的磁通密度。

1-6/5　图 1.17 所示的铁心磁路，磁化曲线如图 1.5 所示，磁路平均长度为 52cm，横截面积为 18cm²。气隙长度为 0.14cm。为了保证气隙磁通密度达到 1.2T，请计算所需的电池电压。

1-7/5　图 1.18 所示的铁心磁路，磁路平均长度为 1.5m，横截面积为 0.08m²。铁心为铸钢材料，其磁化曲线如图 1.3 所示。铁心上绕制了 260 匝励磁线圈，其电阻为 27.75Ω，并连接到 240V 直流电源上。请计算：（a）磁场强度；（b）铁心中的磁通密度和磁通；（c）铁心的相对磁导率；（d）磁路磁阻。

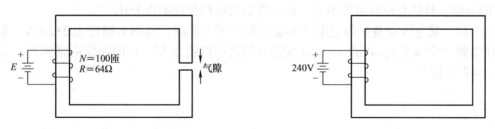

图 1.17　习题 1-6/5 中的磁路　　　　图 1.18　习题 1-7/5 中的磁路

1-8/5　假设铁心为硅钢片，请重复计算 1-7 题。

1-9/5　假设铁心是铸铁材料，请重复计算 1-7 题。

1-10/6　一个环形铁心磁路，由两个不同铁心材料的半环组成。磁路横截面积为 0.14m²，两个半环形的铁心磁阻分别为 650A·t/Wb 和 244A·t/Wb。环形铁心上绕制了 268 匝的线圈，其电阻为 5.2Ω，并连接到一个 45V 的电池上。请计算：（a）铁心磁通；

（b）假设半环形铁心两端各相距 0.12cm（不考虑边缘漏磁通），且两个半环形铁心的磁阻不变，请重新计算铁心磁通；（c）通过（b）中每个气隙的磁动势压降。

1-11/7　绕制在铁心上的线圈由 25Hz 电源供电。如果线圈连接到 60Hz 的电源，并且由此产生的磁通密度减少了 60%，请计算磁滞损耗变化的百分比。（假设 Steinmetz 指数为 1.65，电源电压不变。）

1-12/7　某电气设备在额定电压和额定频率下工作时，其磁滞损耗为 250W。如果频率降低到额定频率的 60%，并调整施加的电压以提供 80% 的额定磁通密度时，请计算此时的磁滞损耗（假设 Steinmetz 指数为 1.6）。

1-13/10　一根导体，位于 1.3T 均匀磁场中并垂直于该磁场，长度为 0.32m，电阻为 0.025Ω。请计算：（a）在导体上能够产生 120N 机械力的导体压降；（b）假设导体和磁场夹角为 25° 时，重复计算（a）。

1-14/10　一个转子线圈，位于 1.34T 均匀磁场中，串联匝数为 30，总电阻为 1.56Ω，每个线圈边长度为 54cm，离转子轴中心距离为 22cm，斜槽角为 8.0°。请画出系统草图并计算获得 84N·m 转矩所需的线圈电流。

1-15/11　请计算 0.54m 导体在 0.86T 磁场中垂直切割磁通时产生 30.6V 电动势时所需的线速度。

1-16/11　一根导体，长度为 1.2m，以 5.2m/s 的恒定速度垂直切割 0.18T 的均匀磁场，请计算此时产生的电动势。

1-17/12　在每极磁通为 0.28Wb 的 4 极磁场中，请计算以 12r/s 旋转的三匝线圈产生的电动势频率及其有效值。

1-18/12　一个 25 匝的线圈在每极磁通为 0.012Wb 的两极磁场中旋转，请计算产生 24V 正弦电压时线圈的转速。

1-19/12　通过 20 匝线圈窗口的磁通随时间的变化表达式如下：

$$\phi = 1.2\sin 28t(\text{Wb})$$

请计算：（a）线圈中产生的电动势频率及其有效值；（b）电动势变化的表达式。

1-20/14　一个绕制在铁心上的线圈由 120V、25Hz 的电源供电。如果线圈连接到 60Hz 的电源，且铁心磁通密度不变，请计算涡流损耗变化的百分比。

1-21/14　某电气设备在额定电压和额定频率下工作时，其涡流损耗为 212.6W。如果频率降低到额定频率的 60.0%，并调整施加的电压以提供 80.0% 的额定磁通密度，请计算此时的涡流损耗。

第 2 章

变压器基本原理

2.1 概述

变压器基本原理的形成源于迈克尔·法拉第（Michael Faraday, 1791—1867）的研究，法拉第在电磁感应的研究中发现：两个电磁耦合线圈中，一个线圈中电流的变化会在另一个线圈中感应出电动势。这种电磁感应产生的电动势也被称为变压器电动势，而能够产生并利用这种电动势的绕组设备被称为变压器。

变压器具有很强的通用性，可用于：交流输配电系统的升压和降压；提供交流电动机减压起动的起动电压；电路之间的隔离；在直流电基础上进行交流电叠加；以及为电池充电器、门铃等的电子控制器提供低压电源。

变压器基本理论在电动机、发电机和控制装置中也有许多应用，例如本章所建立的变压器等效电路模型可以应用于第 4 章感应电动机的性能分析中。

2.2 电力变压器和配电变压器结构

电力变压器和配电变压器有两种基本结构，如图 2.1 所示。可以发现，高压绕组的匝数比低压绕组多，导体的截面积小。图 2.1a 所示的芯式变压器中，一次线圈和二次线圈绕制在不同铁心柱上。图 2.1b 所示的壳式变压器中，一次线圈和二次线圈绕制在同一个铁心柱上。芯式变压器的一、二次侧间距较大，在高压领域中的应用更具优势，而壳式变压器则具有漏磁通少的优点。

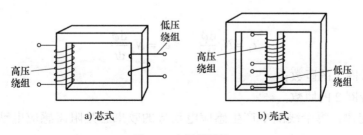

a) 芯式   b) 壳式

图 2.1 变压器结构

变压器铁心采用高磁导率冷轧硅钢片叠制而成。为了减少涡流，每层硅钢叠片的表面采用清漆或氧化物涂层进行绝缘处理。根据设计要求，变压器线圈采用绝缘铝导线或绝缘铜导线绕制。冷却方式通常为自然空气冷却、强迫风冷、油冷或气冷。

风冷干式变压器

风冷干式变压器采用自然空气对流的冷却方式。这种变压器主要用于学校、医院和购物区等人群聚集的场所，主要是基于避免燃烧油或有毒气体对人员造成潜在的危害。风冷干式变压器需要定期维护，例如使用轻刷、真空吸尘或干燥空气吹扫来清除绕组表面的灰尘或污垢。

充气式干式变压器

充气式干式变压器采用氮气或其他介电气体进行冷却，如氟碳化合物气体 C_2F_6、六氟化硫气体 SF_6 等，可以安装在室内、室外或地下环境中。充气式变压器是密封的，只需要定期检查气体压力和温度。

油浸式变压器

油浸式变压器，如图 2.2 所示，其密封储油罐内充满了绝缘油，是变压器绝缘和冷却的主要介质。油箱壁上装有散热器，提供绝缘油的对流冷却通道。大型电力变压器上也采用泵或风扇强迫冷却作为油冷却的附加手段。常用的绝缘油包括矿物油和硅油，早期广泛使用的多氯联苯（PCB，国际市场上的商用名称为 Askarels）[⊖]已被禁止使用。

图 2.2　大型三相油浸式电力变压器剖面图
（由 TECO Westinghouse 提供）

2.3　变压器工作原理

这里采用图 2.3a 来说明变压器的工作原理。图中，线圈 1 通过开关与电压源相连，线圈 2 与电阻相连。闭合开关时，铁心中将产生顺时针方向的磁通，从而在线圈中感应出与匝数和磁通量变化成正比的电动势。假设不考虑漏磁通，两个线圈匝链的磁通（称为互感磁通）相同。

因此

$$e_1 = N_1 \frac{d\phi}{dt} \qquad e_2 = N_2 \frac{d\phi}{dt}$$

式中　N_1——线圈 1 的匝数；
　　　N_2——线圈 2 的匝数。

根据楞次定律，每个线圈中产生感应电动势的效果总是阻碍感应电动势的变化。因

⊖　美国环保局已将 PCB 列为有毒物质，在新建工程中不允许使用。要求在 1990 年 10 月 1 日前完成对现有含 PCB 变压器和电容器的更换或无毒液体的重新填充。

此，线圈 1 产生的感应电动势与电源电压方向相反，如图 2.3a 中 e_1 所示，这种感应电动势称为反电动势（counter-emf，cemf）。

而对于线圈 2，其感应电动势和电流则会产生逆时针方向的磁动势，阻碍磁通的建立。在磁动势方向已知的情况下，感应电动势和电流方向可以通过右手定则来确定。需要注意的是，图 2.3a 中的感应电动势和二次电流为瞬时值，当互感磁通 ϕ_M 达到稳态时，磁通变化率为零，感应电动势为零，$i_2 = 0$。

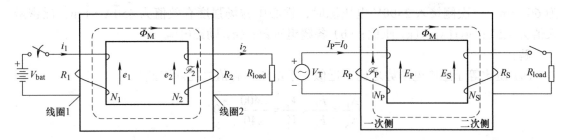

a）一次侧接直流电压源的变压器，用以解释变压器的工作原理　　b）常用的一次侧接正弦电压源、二次侧空载的变压器

图　2.3

2.4　正弦电压变压器

图 2.3b 所示为一个一次绕组接正弦电压源、二次绕组接开关和电阻负载的变压器。可以用相量的方式表示电流和电压。感应电动势的方向和确定方式与图 2.3a 相同。

对于变压器的初步讨论，进行如下的简化假设：1）铁心磁导率在变压器运行范围内是常数，因此铁心磁阻恒定；2）不存在漏磁通，因此一、二次绕组匝链的磁通相同。

一次和二次绕组中匝链的正弦变化的磁通分别在两个绕组中感应的电动势有效值为[⊖]

$$E_P = 4.44 N_P f \Phi_{\max} \tag{2-1}$$

$$E_S = 4.44 N_S f \Phi_{\max} \tag{2-2}$$

式（2-1）除以式（2-2）得

$$\frac{E_P}{E_S} = \frac{N_P}{N_S} \tag{2-3}$$

式中　E_P——一次感应电动势，单位为 V；

　　　　E_S——二次感应电动势，单位为 V；

　　　　N_P——一次线圈匝数；

　　　　N_S——二次线圈匝数。

可以看出，假设不考虑漏磁通，感应电动势之比就等于匝数之比（匝比）。

例 2.1

一台变压器，一次绕组 200 匝，连接到 240V、60Hz、50kVA 的电源上。请计算变压器铁心中正弦磁通的最大值。

⊖　参考 1.12 节。

解：

$$E_P = 4.44 N_P f \Phi_{max}$$

$$\Phi_{max} = \frac{E_P}{4.44 N_P f} = \frac{240}{4.44 \times 200 \times 60} = 4.5 \times 10^{-3}\ Wb$$

例 2.2

一台 15kVA、2400——240V$^{\ominus}$、60Hz 的变压器，铁心截面积为 50cm^2，铁心平均长度为 66.7cm。一次侧接入 2400V 电压源时，铁心中磁场强度有效值为 450A·t/m，磁密最大值为 1.5T；请计算：（a）匝比；（b）各绕组匝数；（c）励磁电流$^{\ominus}$。

解：

（a）匝比等于感应电动势之比，近似等于电压铭牌值之比。因此

$$\frac{N_P}{N_S} = \frac{E_P}{E_S} \approx \frac{V_P}{V_S} = \frac{2400}{240} = 10$$

（b）

$$\Phi_{max} = B_{max} A = 1.5 \times \frac{50}{10^4} = 7.5 \times 10^{-3}\ Wb$$

$$E_P = 4.44 N_P f \Phi_{max} \quad \Rightarrow \quad N_P = \frac{E_P}{4.44 f \Phi_{max}}$$

$$N_P = \frac{2400}{4.44 \times 60 \times 7.5 \times 10^{-3}} = 1201 匝$$

$$\frac{N_P}{N_S} = 10 \quad \Rightarrow \quad \frac{1201}{N_S} = 10$$

$$N_S = 120 匝$$

（c）根据式（1-2）

$$H = \frac{N_P I_M}{l}$$

式中 H——磁场强度有效值，单位为 A·t/m；

N_P——一次绕组匝数；

I_M——励磁电流有效值，单位为 A；

l——铁心平均长度，单位为 m。

代入已知值，解得 I_M：

$$I_M = \frac{Hl}{N_P} = \frac{450 \times 0.667}{1201} = 0.25\ A$$

2.5 空载分析

在空载情况下，一次电流产生的磁通刚好满足变压器工作所需，并提供铁心中的

$\ominus$ 破折号"——"表示电压来自不同绕组。参见 3.3 节的变压器铭牌值。

$\ominus$ 磁场强度与磁动势的关系见 1.3 节。

磁滞和涡流损耗[⊖]。这种空载电流被称为励磁电流，在大型电力变压器中为额定电流的 1% ~ 2%，在小型配电变压器中可达额定电流的 6%。

励磁电流包括两个正交的分量：一个是铁耗分量，用以提供铁心中的磁滞和涡流损耗，另一个是磁化分量，用以建立匝链一次和二次绕组的互感磁通（Φ_M）。这两个分量如图 2.4a 所示，并构成了空载变压器的等效电路模型。励磁电流及其两个正交分量的相量关系如图 2.4b 所示。此时，励磁电流滞后于施加电压一个较大的角度，这个角度在高效变压器中可能高达 85°。励磁电流可以用其正交分量来表示：

$$I_{fe} = \frac{V_T}{R_{fe}}$$

$$I_M = \frac{V_T}{jX_M}$$

$$I_0 = I_{fe} + I_M$$

（2-4）

式中
I_0——励磁电流；
I_{fe}——铁耗分量；
I_M——磁化分量；
X_M——励磁电抗（反映磁化电流的虚拟电抗）；
R_{fe}——励磁电阻（反映铁耗的虚拟电阻）；
V_T——一次电压。

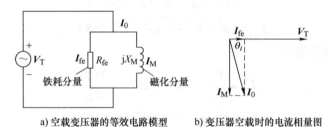

a) 空载变压器的等效电路模型   b) 变压器空载时的电流相量图

图 2.4

例 2.3

一台 25kVA、2400——240V、60Hz 的单相配电变压器，空载降压运行时，功率因数 F_p=0.210（滞后性），消耗有功功率 138W。请利用图 2.4 所示的等效电路计算：（a）励磁电流及其正交分量；（b）等效励磁电抗和励磁电阻；（c）重复变压器升压模式下的（a）；（d）重复变压器升压模式下的（b）。

解：

（a）励磁电流的相位角由功率因数角确定[⊖]

$$\theta = (\theta_v - \theta_i)$$

式中 θ——功率因数角；

⊖ 实际上，空载的变压器就是一个阻抗线圈。
⊖ 参见附录 A.5，单相系统中的功率关系。

θ_v——外加电压的相位角；

θ_i——电流相位角。

除非另有规定，外加电压的相位角一般假定为零。

$$\theta = \arccos F_p = \arccos 0.210 = 77.8776 \implies 77.88°$$

$$77.88° = (0 - \theta_i)$$

$$\theta_i = -77.88°$$

参考图 2.4a，只有铁耗分量消耗有功功率。因此，根据图 2.4b 所示相量图的几何关系可以确定 $|I_0|$ 和 $|I_M|$ 的幅值

$$P_{core} = V_T I_{fe} \implies 138 = 2400 I_{fe}$$

$$I_{fe} = 0.0575\,\text{A}$$

$$\cos \theta_i = \frac{I_{fe}}{I_0} \implies 0.21 = \frac{0.0575}{I_0}$$

$$I_0 = 0.2738\,\text{A}$$

$$\tan \theta_i = \frac{I_M}{I_{fe}} \implies \tan(-77.8776°) = \frac{-I_M}{0.0575}$$

$$I_M = 0.268\,\text{A}$$

或者，在图 2.4b 中应用勾股定理

$$I_0 = \sqrt{I_{fe}^2 + I_M^2} \implies I_M = \sqrt{I_0^2 - I_{fe}^2}$$

$$I_M = \sqrt{0.2738^2 + 0.0575^2} = 0.268\,\text{A}$$

（b）利用高压侧数据得

$$I_M = \frac{V_T}{X_M} \implies 0.2677 = \frac{2400}{X_M}$$

$$X_M = 8965 \implies 8.97\,\text{k}\Omega$$

$$I_{fe} = \frac{V_T}{R_{fe}} \implies 0.0575 = \frac{2400}{R_{fe}}$$

$$R_{fe} = 41739 \implies 41.7\,\text{k}\Omega$$

（c）无论运行在降压模式还是升压模式，铁心损耗和功率因数都是相同的。因此，以 240V 为一次侧：

$$P_{core} = V_T I_{fe} \implies 138 = 240 I_{fe}$$

$$I_{fe} = 0.575\,\text{A}$$

$$\cos \theta_i = \frac{I_{fe}}{I_0} \implies 0.21 = \frac{0.575}{I_0}$$

$$I_0 = 2.738 \implies 2.74\,\text{A}$$

$$\tan \theta_i = \frac{I_M}{I_{fe}} \implies \tan(-77.8776) = \frac{-I_M}{0.575}$$

$$I_M = 2.677 \implies 2.68\,\text{A}$$

（d）利用低压侧数据得

$$I_M = \frac{V_T}{X_M} \quad \Rightarrow \quad 2.677 = \frac{240}{X_M}$$

$$X_M = 89.7\Omega$$

$$I_{fe} = \frac{V_T}{R_{fe}} \quad \Rightarrow \quad 0.575 = \frac{240}{R_{fe}}$$

$$R_{fe} = 417.4\Omega$$

空载磁动势及其分量

将式（2-4）乘以一次线圈匝数，可以获得用正交分量表示的空载磁动势：

$$N_P\boldsymbol{I}_0 = N_P\boldsymbol{I}_{fe} + N_P\boldsymbol{I}_M \tag{2-5}$$

分量 $N_P\boldsymbol{I}_{fe}$ 对互感磁通没有贡献，只是引起了磁畴翻转并在铁心中产生涡流。如果不考虑铁心损耗，则不存在分量 $N_P\boldsymbol{I}_{fe}$，空载磁动势仅用来建立互感磁通。

分量 $N_P\boldsymbol{I}_M$，被称为磁化磁动势，用来产生互感磁通，从而使变压器工作。互感磁通可以用磁化电流的有效值来表示：

$$\Phi_M = \frac{N_P I_M}{\mathscr{R}_{core}} \tag{2-6}$$

式中　Φ_M——空载电流的磁化分量产生的互感磁通；

　　　I_M——磁化电流；

　　　$\mathscr{R}_{core}$——变压器铁心的磁阻。

已知空载时 $\boldsymbol{I}_P=\boldsymbol{I}_0$，利用基尔霍夫电压定律可列写图 2.3b 中一次电路的电压平衡方程，

$$\boldsymbol{V}_T = \boldsymbol{I}_P R_P + \boldsymbol{E}_P \tag{2-7}$$

解得

$$\boldsymbol{I}_P = \frac{\boldsymbol{V}_T - \boldsymbol{E}_P}{R_P} \tag{2-8}$$

式中　V_T——外加电压；

　　　I_P——一次电流；

　　　E_P——一次感应电动势；

　　　R_P——一次绕组的电阻；

　　　E_P 为窗口内正弦变化的磁通在一次绕组上产生的反电动势。

2.6　加载和卸载时的暂态过程

根据楞次定律，二次绕组的感应电动势将阻碍磁通的变化。因此，当二次绕组接负载时，瞬时二次电流产生的磁动势方向将与一次磁动势相反，如图 2.5 所示。这样在很短的时间内，铁心磁通将减小到

$$\phi_M = \frac{N_P i_M - N_S i_S}{\mathscr{R}_{core}} \tag{2-9}$$

磁通的减小会导致反电动势减小，根据式（2-8），这将导致一次电流增大。一次电流的增加（$I_{P,load}$，被称为一次电流的负载分量），使磁动势的磁化分量增加，进而引起磁通增加。因此：

$$\phi_M = \frac{N_P i_M + N_P i_{P,load} - N_S i_S}{\mathscr{R}_{core}} \tag{2-10}$$

一次电流增加到使 $N_P I_{P,load} = N_S I_S$，此时，$\boldsymbol{\Phi}_M$ 和 $\boldsymbol{E}_P$ 基本恢复到负载开关闭合前的值；空载 $\boldsymbol{E}_P$ 与负载 $\boldsymbol{E}_P$ 间的差异是由一次电阻上的压降增加（很小）导致的。因此，负载条件下，一次电流的稳态值为

$$\boldsymbol{I}_P = \boldsymbol{I}_{fe} + \boldsymbol{I}_M + \boldsymbol{I}_{P,load}$$
$$\boldsymbol{I}_P = \boldsymbol{I}_0 + \boldsymbol{I}_{P,load} \tag{2-11}$$

从二次侧切除负载则会产生相反的效果。打开图 2.5 中的负载开关，I_S、$N_S I_S$ 减小到零。互感磁通瞬间增加，反电动势瞬间增加，从而使一次电流减小至初始的空载电流。

尽管上述描述为阶段性的过程，但实际操作中，加载和卸载基本上是瞬间发生的（几分之一秒）。需要注意的是，上述讨论基于磁导率恒定且无漏磁通的假设。

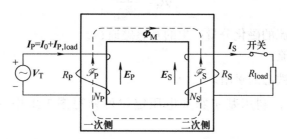

图 2.5   当负载开关闭合时，半周期内二次电流和二次磁动势的方向示意

2.7   实际变压器中漏磁通对输出电压的影响

实际变压器中不是所有磁通都同时匝链一、二次绕组。实际变压器中的磁通有 3 个组成部分：互感磁通、一次漏磁通和二次漏磁通，如图 2.6 所示。其中，为了方便观察和分析，这里只展示了几个具有代表性的磁通路径。对于图 2.6 所示的变压器，一次漏磁通（由一次电流引起）只匝链一次绕组，二次漏磁通（由二次电流引起）只匝链二次绕组，互感磁通（由励磁电流的磁化分量引起）同时匝链两个绕组。

对于图 2.6 所示的一次和二次绕组，绕组磁通、漏磁通和互感磁通之间的关系分别为

$$\Phi_P = \Phi_M + \Phi_{\ell p} \tag{2-12}$$

$$\Phi_S = \Phi_M - \Phi_{\ell s} \tag{2-13}$$

式中 Φ_P——一次绕组匝链的净磁通；

$\quad\quad\Phi_S$——二次绕组匝链的净磁通；

$\varPhi_\text{M}$——互感磁通；

$\varPhi_{\ell\text{p}}$——一次绕组漏磁通；

$\varPhi_{\ell\text{s}}$——二次绕组漏磁通。

式（2-12）和式（2-13）说明了两个绕组中的漏磁通是如何降低二次输出电压的。一次绕组漏磁通的存在使互感磁通小于一次绕组磁通，而二次绕组磁通等于互感磁通减去二次绕组漏磁通。考虑漏磁通时，二次绕组中磁通减少导致二次电压低于无漏磁时的情况。

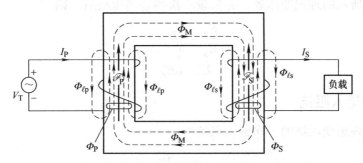

图 2.6　负载时变压器铁心中的磁通组成

漏磁通引起的电压下降与负载电流成正比。负载电流越大，一次和二次的磁动势越大，因此一次和二次绕组中各自的漏磁通也越大。尽管漏磁通对变压器的电压输出有不利影响，但在严重短路条件下，能够起到保护变压器的作用。大量的漏磁通引起的较大压降可以将电流限制在一个比无漏磁情况下的电流更低的值，从而避免变压器损坏。

2.8　理想变压器

理想变压器是一种无漏磁通、无铁心损耗的假想变压器；其铁心磁导率为无穷大，不需要励磁电流来维持磁通，绕组电阻为零。尽管理想变压器并不存在，但其数学关系在实际变压器等效电路的推导、感应电机等效电路的推导以及阻抗变换中都有实际应用价值。

理想变压器的基本关系可以通过图 2.7 进行说明。图 2.7 是一个二次侧带负载的理想变压器物理模型。图中带撇的变量表示理想变压器的感应电动势和输入阻抗。

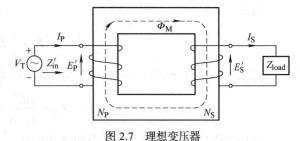

图 2.7　理想变压器

匝比

匝比 a 表示高压绕组匝数与低压绕组匝数之比[3]。它等于理想变压器的电压比，近似等于实际变压器二次侧空载时的电压之比（高压比低压），空载时可以忽略漏磁通和绕组电阻的影响。因此，当匝比未知，又无法进行空载电压测量时，可将铭牌电压比近似看作匝比。

根据高压侧（HS）和低压侧（LS）的参数：

$$a = \frac{N_{HS}}{N_{LS}} = \frac{E'_{HS}}{E'_{LS}} \approx \frac{V_{HS}}{V_{LS}} \quad (2\text{-}14)$$

式中　　a——匝比；

　V_{HS}/V_{LS}——铭牌电压比；

E'_{HS}/E'_{LS}——感应电动势比。

参考图 2.7 所示的理想变压器，并假设一次侧是高压绕组，则

$$\frac{E'_P}{E'_S} = \frac{N_P}{N_S} = a$$

$$E'_P = aE'_S$$

理想变压器的输入阻抗

图 2.7 所示理想变压器的一次输入阻抗为

$$Z'_{in} = \frac{E'_P}{I_P} \quad (2\text{-}15)$$

电压 E_P 和 E'_S 是由相同磁通引起的，因此两者具有相同的相位角，则

$$\frac{E'_P}{E'_S} = \frac{E'_P \big/ \alpha}{E'_S \big/ \alpha} = a \quad (2\text{-}16a)$$

$$E'_P = aE'_S$$

理想变压器的输入视在功率必须等于输出视在功率。用相量功率表示（见附录 A.5），

$$E'_P I^*_P = E'_S I^*_S$$

$$I^*_P = \frac{E'_S}{E'_P} I^*_S \quad \Rightarrow \quad I^*_P = \frac{1}{a} I^*_S$$

因此

$$I_P = \frac{1}{a} I_S \quad (2\text{-}16b)$$

将式（2-16a）和式（2-16b）代入式（2-15）：

$$Z'_{in} = \frac{aE'_S}{I_S/a} = a^2 \frac{E'_S}{I_S} \quad (2\text{-}17)$$

利用欧姆定律可获得图 2.7 中的负载阻抗：

$$Z_{load} = \frac{E'_S}{I_S} \quad (2\text{-}18)$$

将式（2-18）代入式（2-17）：

$$Z'_{in} = a^2 Z_{load} \quad (2\text{-}19)$$

由式（2-19）可知，设计良好且漏磁通极低的变压器可以用作阻抗倍增器。倍增系数等于匝比的二次方。专门为此设计的变压器被称为阻抗匹配变压器，可以用在音频系

统中[2]。

例 2.4

一个理想变压器，一次匝数为 200 匝、二次匝数为 20 匝，其一次侧接到 120V、60Hz 的电源上，二次侧接 $100\underline{/30°}\ \Omega$ 的负载。试计算：（a）二次电压；（b）负载电流；（c）一次输入电流；（d）从一次侧看进去的输入阻抗。为简化求解，除特别说明外，后续内容中均假设输入电压的相位角为零度。

解：

（a）参考图 2.7：

$$a = \frac{N_{\text{HS}}}{N_{\text{LS}}} = \frac{200}{20} = 10$$

$$\frac{E'_{\text{P}}}{E'_{\text{S}}} = a \quad \Rightarrow \quad E'_{\text{LS}} = \frac{120}{10} = 12\,\text{V}$$

（b）
$$\boldsymbol{I}_{\text{S}} = \frac{\boldsymbol{E}'_{\text{LS}}}{\boldsymbol{Z}_{\text{load}}} = \frac{12\underline{/0°}}{100\underline{/30°}} = 0.12\underline{/-30°}\ \text{A}$$

（c）
$$\boldsymbol{I}_{\text{P}} = \frac{1}{a} \times \boldsymbol{I}_{\text{S}} = \frac{0.12\underline{/-30°}}{10} = 0.012\underline{/-30°}\ \text{A}$$

（d）
$$\boldsymbol{Z}'_{\text{in}} = a^2 \boldsymbol{Z}_{\text{load}} = 10^2 \times 100\underline{/30°} = 10\underline{/30°}\ \text{k}\Omega$$

2.9　实际变压器的漏电抗和等效电路

在计算变压器总压降时，对于不同幅值和不同功率因数的负载，必须考虑漏磁通的影响。为了便于计算，漏磁通引起的电压降用虚拟漏电抗表示；这样推导出来的虚拟漏电抗乘以其中的电流得到的电压降就等于相应漏磁通引起的电压降。

图 2.8a 为考虑铁心损耗和漏磁通的实际变压器。一次和二次绕组匝链的净磁通产生的感应电动势分别为

$$E_{\text{P}} = 4.44 N_{\text{P}} f \boldsymbol{\Phi}_{\text{P}} \quad E_{\text{S}} = 4.44 N_{\text{S}} f \boldsymbol{\Phi}_{\text{S}}$$

根据式（2-12）和式（2-13），有

$$\boldsymbol{\Phi}_{\text{P}} = \boldsymbol{\Phi}_{\text{M}} + \boldsymbol{\Phi}_{\ell p} \quad \boldsymbol{\Phi}_{\text{S}} = \boldsymbol{\Phi}_{\text{M}} - \boldsymbol{\Phi}_{\ell s}$$

用磁通分量来表示可得

$$E_{\text{P}} = 4.44 N_{\text{P}} f \boldsymbol{\Phi}_{\text{M}} + 4.44 N_{\text{P}} f \boldsymbol{\Phi}_{\ell p} \tag{2-20}$$

$$E_{\text{S}} = 4.44 N_{\text{S}} f \boldsymbol{\Phi}_{\text{M}} - 4.44 N_{\text{S}} f \boldsymbol{\Phi}_{\ell s} \tag{2-21}$$

式（2-20）和式（2-21）可进一步简化表示为

$$E_{\text{P}} = E'_{\text{P}} + E_{\ell p} \tag{2-22}$$

$$E_{\text{S}} = E'_{\text{S}} - E_{\ell s} \tag{2-23}$$

式中　E_{P}——净磁通在一次绕组中产生的感应电动势；

E'_P——互感磁通在一次绕组中产生的感应电动势；

$E_{\ell p}$——一次漏磁通在一次绕组中感应出的漏磁电动势；

E_S——净磁通在二次绕组中产生的感应电动势；

E'_S——互感磁通在二次绕组中产生的感应电动势；

$E_{\ell s}$——二次漏磁通在二次绕组中感应出的漏磁电动势。

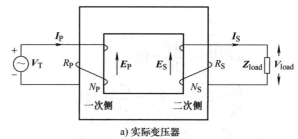

a) 实际变压器

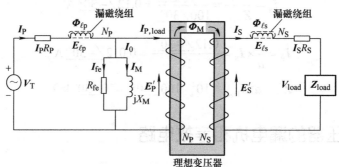

b) 用理想变压器和外部元件等效的实际变压器等效电路

图　2.8

将基尔霍夫电压定律应用于一次电路，有

$$V_T = E_P + I_P R_P \tag{2-24}$$

将式（2-22）代入式（2-24）可得

$$V_T = I_P R_P + E_{\ell p} + E'_P \tag{2-25}$$

式中

$$I_P = I_{fe} + I_M + I_{P,\,load} \tag{2-26}$$

将基尔霍夫定律应用于图 2.8a 所示的二次电路，则有

$$E_S = I_S R_S + V_{load} \tag{2-27}$$

将式（2-23）代入式（2-27）可得

$$E'_S = E_{\ell s} + I_S R_S + V_{load} \tag{2-28}$$

感应电动势 E'_P 和 E'_S 是由互感磁通产生的，感应电动势 $E_{\ell p}$ 和 $E_{\ell s}$ 是由各自的漏磁通引起的。

根据式（2-25）、式（2-26）和式（2-28），图 2.8a 中的实际变压器可以重新绘制为一个与理想变压器有关的等效电路，该理想变压器的绕组与考虑实际变压器损耗、压降和励磁电流的外部元件串联，如图 2.8b 所示。流过图 2.8b 中等效"漏磁绕组"中的漏磁通，可以用实际变压器中相应的绕组电流和漏磁路径的漏磁阻来表示。故可得

$$\Phi_{\ell p}=\frac{N_P I_P}{\mathscr{R}_{\ell p}} \qquad \Phi_{\ell s}=\frac{N_S I_S}{\mathscr{R}_{\ell s}} \tag{2-29}$$

通过任意绕组窗口的正弦变化的磁通所产生的感应电动势可表示为[⊖]

$$e=2\pi f N \Phi_{max} \cos 2\pi ft$$
$$E_{max}=2\pi f N \Phi_{max} \tag{2-30}$$

将式（2-29）用最大磁通（I_{max} 产生 Φ_{max}）表示，依次代入式（2-30），可得

$$E_{\ell p,max}=2\pi f N_P\left(\frac{N_P I_{P,max}}{\mathscr{R}_{\ell p}}\right) \quad E_{\ell s,max}=2\pi f N_S\left(\frac{N_S I_{S,max}}{\mathscr{R}_{\ell s}}\right)$$

$$E_{\ell p,max}=2\pi f\left(\frac{N_P^2}{\mathscr{R}_{\ell p}}\right)I_{P,max} \qquad E_{\ell s,max}=2\pi f\left(\frac{N_S^2}{\mathscr{R}_{\ell s}}\right)I_{S,max}$$

每个方程两边同时除以 $\sqrt{2}$，得到有效值

$$E_{\ell p}=2\pi f\left(\frac{N_P^2}{\mathscr{R}_{\ell p}}\right)I_P \quad E_{\ell s}=2\pi f\left(\frac{N_S^2}{\mathscr{R}_{\ell s}}\right)I_S \tag{2-31}$$

绕组电感与绕组匝数、磁路磁阻有如下关系[2]

$$L=\frac{N^2}{\mathscr{R}} \tag{2-32}$$

将式（2-32）代入式（2-31）得

$$E_{\ell p}=(2\pi f L_{\ell p})I_P \quad E_{\ell s}=(2\pi f L_{\ell s})I_S \tag{2-33}$$

故有

$$E_{\ell p}=I_P X_{\ell p} \quad E_{\ell s}=I_S X_{\ell s} \tag{2-34}$$

式中　$E_{\ell p}$——一次漏磁电动势（有效值）；

$E_{\ell s}$——二次漏磁电动势（有效值）；

$X_{\ell p}$——一次漏电抗，单位为 Ω；

$X_{\ell s}$——二次漏电抗，单位为 Ω；

$L_{\ell p}$——一次漏电感，单位为 H；

$L_{\ell s}$——二次漏电感，单位为 H。

如式（2-34）所示，由漏磁通引起的压降可以用一、二次漏电抗和对应的电流来表示。

⊖　参见第 1 章 1.12 节。

最终的双绕组变压器等效电路，如图 2.9 所示，用漏电抗上的压降表示漏磁通引起的电压降。其中，流过励磁电流 I_0 的路径包含由一个虚拟电阻 R_{fe} 和一个虚拟励磁电抗 X_M 组成的并联支路，虚拟电阻上的损耗与铁心中实际磁滞和涡流损耗相等，虚拟励磁电抗则流过与实际变压器相同的磁化电流。

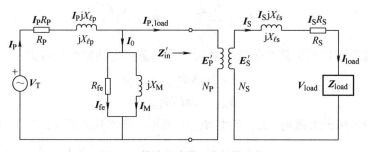

图 2.9　等效电路模型中的漏电抗

2.10　变压器等效阻抗

图 2.8b 和图 2.9 中的变压器等效电路模型，可以有效分析绕组电阻的影响以及一、二次绕组漏磁的影响。然而，为了简化工程问题的计算，实际变压器分析时常采用在电路中串联等效阻抗的形式。

将 2.8 节中针对理想变压器建立的关系式应用于图 2.9 中的理想变压器部分，有

$$Z'_{in} = a^2 \frac{E'_S}{I_S} \qquad (2\text{-}17)$$

将欧姆定律应用于图 2.9 中的二次电路

$$I_S = \frac{E'_S}{R_S + jX_{\ell s} + Z_{load}} \qquad (2\text{-}35)$$

$$\frac{E'_S}{I_S} = R_S + jX_{\ell s} + Z_{load} \qquad (2\text{-}36)$$

将式（2-36）代入式（2-17），故有

$$Z'_{in} = a^2(R_S + jX_{\ell s} + Z_{load}) \qquad (2\text{-}37)$$

$$Z'_{in} = a^2 R_S + ja^2 X_{\ell s} + a^2 Z_{load} \qquad (2\text{-}38)$$

式中　$a^2 R_S$——折算到一次侧的二次电阻；

$a^2 X_{\ell s}$——折算到一次侧的二次漏电抗；

$a^2 Z_{load}$——折算到一次侧的负载阻抗，$a^2 Z_{load} = Z_{load,P}$。

如式（2-37）和式（2-38）所示，阻抗 Z'_{in} 等于二次阻抗及其负载阻抗之和乘以匝比的二次方。阻抗 Z'_{in} 被称为折算后的等效阻抗，它是二次阻抗及其负载阻抗之和折算到一次侧的阻抗。如图 2.10a 所示，折算阻抗位于理想变压器的左侧。

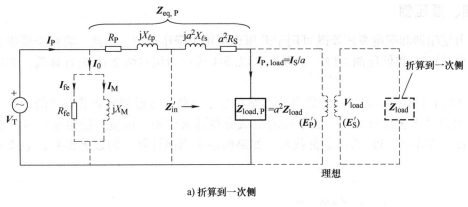

a) 折算到一次侧

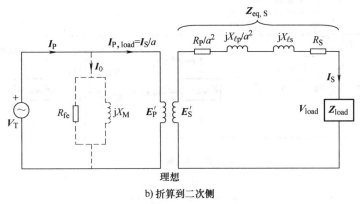

b) 折算到二次侧

图 2.10　等效电路

值得注意的是，图 2.9 中表示励磁电流的并联支路移到了图 2.10 中变压器的输入端。因为变压器在额定负载或接近额定负载下运行时，一次电流的负载分量远大于励磁电流（$I_{P,load} \gg I_0$）。这样，将励磁电流的并联支路移到输入端不会对额定或接近额定负载条件下的变压器计算造成明显误差。因此，也可以忽略励磁电流支路，图 2.10a 中变压器的等效阻抗（折算到一次侧）可以写为

$$Z_{eq,P} = R_P + a^2 R_S + j(X_{\ell p} + a^2 X_{\ell s}) \tag{2-39}$$

$$Z_{eq,P} = R_{eq,P} + jX_{eq,P} \tag{2-40}$$

图 2.10b 是折算到二次侧的变压器等效电路，其中：R_P/a^2 为折算到二次侧的一次电阻；$X_{\ell p}/a^2$ 为折算到二次侧的一次漏电抗。

因此，图 2.10b 所示的折算到二次侧的变压器等效阻抗为

$$Z_{eq,S} = R_S + R_P/a^2 + j(X_{\ell s} + X_{\ell p}/a^2) \tag{2-41}$$

$$Z_{eq,S} = R_{eq,S} + jX_{eq,S} \tag{2-42}$$

虽然如式（2-39）、式（2-40）、式（2-41）和式（2-42）所示的变压器电阻和漏抗参数在给定频率下是恒定的，但二次负载是可调的。因此，对于不同负载和不同功率因数，Z_{load} 也有所不同。变压器的等效电路参数可以从变压器铭牌、制造商或 2.14 节所述的变压器测试中获得。

高压侧、低压侧

电力变压器和配电变压器既可用于升压也可用于降压运行。因此，将两个绕组分别称为高压侧（HS）和低压侧（LS）更方便。以降压运行为例对图 2.10 进行修改，如图 2.11 所示。

图 2.11a 中用折线表示的励磁电流支路在额定负载或接近额定负载运行的计算中可以忽略，因为对于这种负载，一次电流的负载分量远大于励磁电流，励磁电流可以忽略不计。然而，在小于 25% 的额定负载时，如果要避免当前计算中的显著误差，必须考虑空载分量。

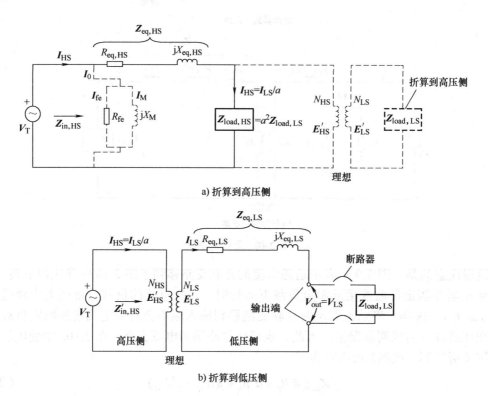

a) 折算到高压侧

b) 折算到低压侧

图 2.11　降压运行时的等效电路

图 2.11 所示的用于降压运行的等效电路可以通过高压侧和低压侧参数互换用于升压运行分析，如图 2.12 所示。高压负载阻抗折算到低压侧为

$$Z_{\text{load,LS}} = \frac{1}{a^2} Z_{\text{load,HS}} \tag{2-43}$$

注意，低压侧较低的额定电压和较高的额定电流（与高压侧相比）要求低压绕组匝数少、截面积大。因此，折算到低压侧的变压器等效阻抗总是小于折算到高压侧的变压器等效阻抗。

$$Z_{\text{eq,LS}} = \frac{Z_{\text{eq,HS}}}{a^2} \tag{2-43a}$$

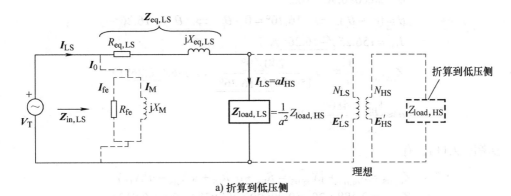

a) 折算到低压侧

b) 折算到高压侧

图 2.12　升压运行时的等效电路

图 2.11a 和图 2.12a 所示的等效电路模型可以用于计算变压器和负载组合的输入阻抗。图 2.11b 和图 2.12b 所示的电路模型可以用于计算空载电压和电压调整率[⊖]。

例 2.5

一台 75kVA、4800——240V、60Hz 的单相变压器，参数如下（单位：Ω）：

$$R_{LS} = 0.00600 \quad R_{HS} = 2.488 \quad R_{fe,HS} = 44202$$

$$X_{LS} = 0.0121 \quad X_{HS} = 4.8384 \quad X_{M,HS} = 7798.6$$

变压器工作在降压模式，额定电压输出，带载 50%，负载功率因数为 0.96（滞后性）。请计算：（a）折算到高压侧的变压器等效阻抗；（b）变压器和负载组合的等效输入阻抗；（c）此时高压侧的实际输入电压；（d）负载断开时的输入阻抗；（e）（d）条件下的励磁电流。

解：

（a）
$$I_{LS} = \frac{S}{V_{LS}} = \frac{75000 \times 1/2}{240} = 156.25\,A$$

对于滞后性的负载功率因数，有

$$\theta = \arccos 0.96 = 16.26°$$

$$\theta = (\theta_v - \theta_i) \implies 16.26° = 0 - \theta_i \implies \theta_i = -16.26°$$

$$\boldsymbol{I}_{LS} = 156.25 \underline{/-16.26°}\,A$$

$$\boldsymbol{Z}_{load,LS} = \frac{\boldsymbol{V}_{load}}{\boldsymbol{I}_{load}} = \frac{240\underline{/0°}}{156.25\underline{/-16.26°}} = 1.536\underline{/16.26°}\,\Omega$$

$$a \approx \frac{V_{HS}}{V_{LS}} = \frac{4800}{240} = 20$$

参考图 2.11a，有

$$\boldsymbol{Z}_{eq,HS} = R_{eq,HS} + jX_{eq,HS} = R_{HS} + a^2 R_{LS} + j(X_{HS} + a^2 X_{LS})$$

$$\boldsymbol{Z}_{eq,HS} = 2.488 + 20^2 \times 0.00600 + j(4.8384 + 20^2 \times 0.0121)$$

$$\boldsymbol{Z}_{eq,HS} = 4.888 + j9.678 = 10.84\underline{/63.2°}\,\Omega$$

（b）忽略励磁电流的并联支路，参考图 2.11a，有

$$\boldsymbol{Z}_{load,HS} = a^2 \boldsymbol{Z}_{load,LS} = 20^2 \times 1.536\underline{/16.26°} = 614.40\underline{/16.26°}\,\Omega$$

$$\boldsymbol{Z}_{load,,HS} = 589.82 + j172.03\,\Omega$$

$$\boldsymbol{Z}_{in} = \boldsymbol{Z}_{load,HS} + \boldsymbol{Z}_{eq,HS} = (589.82 + j172.03) + (4.888 + j9.678)$$

$$\boldsymbol{Z}_{in} = 594.71 + j181.71 = 621.85\underline{/16.99°}\,\Omega$$

（c）
$$I_{HS} = \frac{I_{LS}}{a} = \frac{156.25}{20} = 7.81\,A$$

$$V_T = I_{HS}\boldsymbol{Z}_{in} = 7.81 \times 621.85 = 4857\,V$$

（d）在负载断开的情况下，输出负载电流为零。因此：

$$Z_{load} = \frac{V_{load}}{I_{load}} = \frac{V_{load}}{0} = \infty$$

参考图 2.11a，当负载断开时，变压器输入阻抗即为励磁支路的阻抗。其余部分为开路模型。因此：

$$\boldsymbol{Z}_{in} = \frac{1}{(1/R_{fe}) + (1/jX_M)} = \frac{1}{(1/44202) + (1/j7798.6)}$$

$$\boldsymbol{Z}_{in} = \frac{1}{22.623 \times 10^{-6} - j128.228 \times 10^{-6}} = \frac{10^6}{130.208\underline{/-79.99°}}$$

$$\boldsymbol{Z}_{in} = 7680\underline{/79.99°}\,\Omega$$

（e）
$$\boldsymbol{I}_0 = \frac{\boldsymbol{V}_T}{\boldsymbol{Z}_{in}} = \frac{4857\underline{/0°}}{7680\underline{/79.99°}} = 0.63\underline{/-79.99°}\,A$$

例 2.6

一台 37.5kVA、2400——600V、60Hz 变压器的等效电阻和等效电抗（折算到高压侧）分别为 2.80Ω 和 6.00Ω。若低压侧接入 $10\underline{/20°}\,\Omega$ 的负载阻抗，请计算：（a）变压器和负载组合的等效输入阻抗；（b）一次电压为 2400V 时的一次电流；（c）负载上的电压。

解：

利用如图 2.11a 所示等效电路：

（a）
$$a \approx \frac{V_{HS}}{V_{LS}} = \frac{2400}{600} = 4.0$$

$$Z_{load,HS} = a^2 Z_{load,LS} = 4^2 \times 10\underline{/20°} = 160\underline{/20°} = (150.351 + j54.723)\Omega$$

$$Z_{in} = 2.8 + j6.0 + 150.351 + j54.723 = 164.75\ \underline{/21.63°}\ \Omega$$

（b）
$$I_{HS} = \frac{V_T}{Z_{in}} = \frac{2400\underline{/0°}}{164.75\ \underline{/21.63°}} = 14.57\underline{/-21.63°}\ A$$

（c）根据图 2.11a，等效负载上的电压为

$$E'_{HS} = I_{HS} a^2 Z_{load,\ LS} = 14.57\ \underline{/-21.63°} \times 4^2 \times 10\underline{/20°} = 2330.8\ \underline{/-1.63°}\ V$$

实际负载上的电压为图 2.11a 中理想变压器的二次电压。因此：

$$E'_{LS} = \frac{E'_{HS}}{a} = \frac{2330.8\ \underline{/-1.63°}}{4} = 582.7\ \underline{/-1.63°}\ V$$

2.11　电压调整率

变压器中漏磁通和绕组电阻的存在会引起内部电压下降，从而导致不同负载下输出电压不同。空载和额定负载时的输出电压之差除以额定负载时的输出电压，称为变压器的电压调整率，常用作变压器性能优势比较时的一个重要数据[2]。其数学表达式如下：

$$reg = \frac{E_{nl} - V_{rated}}{V_{rated}} \qquad (2\text{-}44)$$

式中　E_{nl}——空载时的输出电压；

　　　V_{rated}——额定功率负载时的输出电压。

式（2-44）的电压调整率可以用小数形式表示，称为调整率标幺值，也可以用百分数形式表示。

式（2-44）中的空载电压和额定负载电压必须全部用折算到高压侧的数据或者全部用折算到低压侧的数据，这样无论是全用高压侧还是全用低压侧数据，得到的电压调整率都是相同的。

在更换变压器、选择变压器进行并联运行或多相布置、选择给大型感应电动机供电的配电变压器时，变压器的电压调整率以及电压、电流、频率和额定视在功率都是必要的参考数据。

虽然变压器的电压调整率可以通过测量空载和额定负载时的电压并根据式（2-44）进行确定，但这需要在所需功率因数下将变压器加载到其额定值，并不容易实现，而且在大多数情况下也是不切实际的。因此采用图 2.11b 或图 2.12b 中的等效电路进行数学求解是首选。

参考图 2.11b，E'_{LS} 为空载电压，它表示负载断开（断路器断开）时输出端的电压。

负载断开，导致 $I_{LS}=0$，从而 $I_{LS}Z_{eq,LS}=0$，输出电压就等于 E'_{LS}。因此，可以通过对二次回路应用基尔霍夫电压定律求解 E'_{LS}，来确定额定负载条件下指定功率因数时的空载电压。如图 2.11b 所示，假设二次侧加额定负载，有

$$E'_{LS} = I_{LS}Z_{eq,LS} + V_{LS} \tag{2-45}$$

式中　I_{LS}——所需功率因数下的低压侧额定电流；

　　　V_{LS}——低压额定电压（断路器闭合时的输出电压）；

　　　E'_{LS}——低压空载电压（断路器断开时的输出电压）；

　　　$Z_{eq,LS}$——折算到低压侧的变压器等效阻抗。

例 2.7

一台 250kVA、4160——480V、60Hz 的变压器，折算到低压侧的等效参数为 $R_{eq,LS}=0.00920\Omega$、$X_{eq,LS}=0.0433\Omega$。变压器工作在降压模式，额定电压输出，负载功率因数为 0.840（滞后性）输出额定电流。试计算：（a）空载电压；（b）此时高压侧实际输入电压；（c）高压电流；（d）输入阻抗；（e）电压调整率；（f）负载功率因数为 0.840（超前性）时的电压调整率；（g）画出负载功率因数为 0.840（滞后性）时二次回路的相量图，并画出所有电压相量。

解：

（a）　　　$$I_{LS} = \frac{250000}{480} = 520.83\,\text{A} \quad \theta = \arccos 0.840 = 32.86°$$

对于功率因数为滞后性的负载，负载电流滞后于负载电压，如图 2.13a 所示。根据图 2.13a 可以获得：

$$V_{LS} = 480\underline{/0°}\,\text{V} \quad I_{LS} = 520.83\underline{/-32.86°}\,\text{A}$$

根据图 2.11b，有：

$$E'_{LS} = I_{LS}R_{eq,LS} + I_{LS}\text{j}X_{eq,LS} + V_{LS}$$
$$E'_{LS} = 520.83\underline{/-32.86°} \times 0.0092 + 520.83\underline{/-32.86°} \times \text{j}0.0433 + 480\underline{/0°}$$
$$E'_{LS} = 4.79\underline{/-32.86°} + 22.55\underline{/57.14°} + 480\underline{/0°}$$
$$E'_{LS} = 4.024 - \text{j}2.599 + 12.235 + \text{j}18.94 + 480 + \text{j}0 = 496.53\underline{/1.886°}\,\text{V}$$

（b）根据图 2.11b，有：

$$V_T = E'_{HS} = aE'_{LS} = 8.667 \times 496.53\underline{/1.886°} = 4303.4\underline{/1.886°}\,\text{V}$$

（c）　　　$$I_{HS} = \frac{I_{LS}}{a} = \frac{520.83\underline{/-32.86°}}{8.667} = 60.09\underline{/-32.86°}\,\text{A}$$

（d）根据图 2.11b：

$$Z'_{in} = \frac{V_T}{I_{HS}} = \frac{4303.4\underline{/1.886°}}{60.09\underline{/-32.86°}} = 71.62\underline{/34.74°}\,\Omega$$

（e）　　　$$\text{reg} = \frac{E_{nl} - V_{rated}}{V_{rated}} = \frac{496.53 - 480}{480} = 0.0344\,\text{或}\,3.44\%$$

（f）对于功率因数为 0.84（超前性），$I_{LS} = 520.83 \underline{/+32.86°}$

故有：

$$E'_{LS} = 520.83 \underline{/+32.86°} \times 0.0092 + 520.83 \underline{/+32.86°} \times j0.0433 + 480\underline{/0°}$$

$$E'_{LS} = 4.79 \underline{/32.86°} + 22.55 \underline{/122.86°} + 480\underline{/0°}$$

$$E'_{LS} = 4.024 + j2.599 + (-12.235 + j18.94) + 480 + j0 = 472.28 \underline{/2.61°}$$

$$\text{reg} = \frac{E_{nl} - V_{rated}}{V_{rated}} = \frac{472.28 - 480}{480} = -0.0161或 -1.61\%$$

注意，超前性的负载功率因数会导致变压器电压升高，从而使电压调整率为负。电压升高是由变压器漏抗和负载电容特性共同作用产生的谐振效应引起的。

（g）由于等效电阻和等效电抗引起的电压降为

$$I_{LS}R_{eq,LS} = 520.83 \underline{/-32.86°} \times 0.0092 = 4.79 \underline{/-32.86°} \text{ V}$$

$$I_{LS}X_{eq,LS} = 520.83 \underline{/-32.86°} \times j0.0433 = 22.6 \underline{/57.14°} \text{ V}$$

图 2.13b 给出了表示负载功率因数为 0.84（滞后性）时各电压分量的相量图，对应的相量首尾相接的相量图如图 2.13c 所示。由于 V_{LS} 和电压降之间的幅值差异很大，相量没有按比例绘制，但它表明了变压器电阻和漏抗影响输出电压的机理。图 2.13 中的相量图对应于图 2.11b 中的等效电路。

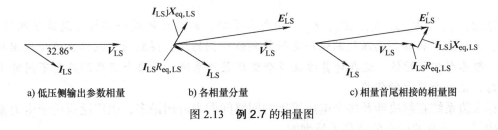

a) 低压侧输出参数相量　　b) 各相量分量　　c) 相量首尾相接的相量图

图 2.13　例 2.7 的相量图

2.12　变压器绕组的阻抗标幺值和阻抗百分比

变压器绕组阻抗的信息通常可从制造商处获得，或从变压器铭牌上获得，如阻抗标幺值（pu）或阻抗百分比[⊖]。阻抗标幺值（Z_{pu}）也称为阻抗电压，是指在额定电流运行时，由变压器阻抗引起的电压降与变压器额定电压的比值。故有

$$\left.\begin{array}{r} Z_{pu} = \dfrac{I_{rated} Z_{eq}}{V_{rated}} \\[2mm] R_{pu} = \dfrac{I_{rated} R_{eq}}{V_{rated}} \\[2mm] X_{pu} = \dfrac{I_{rated} X_{eq}}{V_{rated}} \end{array}\right\} \tag{2-46}$$

式中　Z_{pu}——阻抗标幺值；

⊖　百分比值为标幺值的 100 倍。

R_{pu}——电阻标幺值；

X_{pu}——电抗标幺值。

注意： V_{rated} 和 I_{rated} 也分别称为电压基值和电流基值。

变压器的阻抗基值通常用变压器的额定参数表示：

$$Z_{base} = \frac{V_{rated}}{I_{rated}} \qquad (2\text{-}47)$$

为了用变压器视在功率表示 Z_{base}，将式（2-47）中的分子和分母同时乘以 V_{rated}：

$$Z_{base} = \frac{V_{rated}^2}{V_{rated} I_{rated}} = \frac{V_{rated}^2}{S_{rated}} \qquad (2\text{-}48)$$

由式（2-47）求得 V_{rated}，并代入方程组（2-46）中，用阻抗基值来表示阻抗标幺值、电阻标幺值和电抗标幺值：

$$\left. \begin{array}{l} Z_{pu} = \dfrac{I_{rated} Z_{eq}}{I_{rated} Z_{base}} = \dfrac{Z_{eq}}{Z_{base}} \\[3mm] R_{pu} = \dfrac{I_{rated} R_{eq}}{I_{rated} Z_{base}} = \dfrac{R_{eq}}{Z_{base}} \\[3mm] X_{pu} = \dfrac{I_{rated} X_{eq}}{I_{rated} Z_{base}} = \dfrac{X_{eq}}{Z_{base}} \end{array} \right\} \qquad (2\text{-}49)$$

注意： I_{rated}、V_{rated}、R_{eq}、X_{eq}、Z_{eq} 必须全部是折算到高压侧或全部折算到低压侧的值。这样，无论是用折算到高压侧的值还是折算到低压侧的值，得到的阻抗标幺值（或阻抗百分比）都具有相同的值。这在计算涉及多个变压器的系统，且每个变压器具有不同的电压等级时，是一个很大的优势。

标幺值系统在解决涉及多个电压等级的网络问题中应用最多，也广泛应用于电力系统分析中[4]。所有的标幺值都是无量纲的。

阻抗标幺值，可以用其分量表示为

$$\boldsymbol{Z}_{pu} = R_{pu} + jX_{pu} \qquad (2\text{-}50)$$

$$\boldsymbol{Z}_{pu} = \sqrt{R_{pu}^2 + X_{pu}^2} \qquad (2\text{-}51)$$

$$\alpha = \arctan\left(\frac{X_{pu}}{R_{pu}}\right) \qquad (2\text{-}52)$$

α 为阻抗标幺值的相位角，与阻抗百分比和等效阻抗的相位角相同[⊖]。

额定功率在 100kVA 以上的变压器，其导体截面积较大，从而有 $X_{pu} \gg R_{pu}$。因此，对于大型变压器：

$$\underset{kVA>100}{Z_{pu}} \approx X_{pu} \qquad (2\text{-}53)$$

虽然式（2-53）是一个大型变压器的近似值，但如果没有其他可用数据，它也常用于

⊖　对于额定视在功率≥500kVA 的单相变压器，阻抗角 α 可近似为 76°～80°；对于额定视在功率为 100～500kVA 的单相变压器，阻抗角 α 可近似为 70°～76°。60Hz 单相变压器的典型阻抗可参见附录 I。

小型变压器的计算。

例 2.8

一台 75kVA、2400——240V、60Hz 的变压器，电阻百分比和电抗百分比分别为 0.90% 和 1.30%。试计算：（a）阻抗百分比；（b）高压额定电流；（c）折算到高压侧的等效电阻和等效电抗；（d）一次侧施加 2300V 电压，二次侧发生 0.016Ω（阻性）突然短路时的高压故障电流。

解：

（a）
$$Z = \sqrt{R^2 + X^2} = \sqrt{0.90^2 + 1.30^2} = 1.58\%$$

（b）
$$I_{HS} = \frac{75000}{2400} = 31.25\,\text{A}$$

（c）
$$R_{pu} = \frac{I_{HS}R_{eq,HS}}{V_{HS}} \qquad X_{pu} = \frac{I_{HS}X_{eq,HS}}{V_{HS}}$$

$$0.009 = \frac{31.25 R_{eq,HS}}{2400} \qquad 0.013 = \frac{31.25 X_{eq,HS}}{2400}$$

$$R_{eq,HS} = 0.691\,\Omega \qquad\qquad X_{eq,HS} = 0.998\,\Omega$$

（d）等效电路如图 2.14 所示

$$\boldsymbol{Z}_{in} = \boldsymbol{Z}_{eq,HS} + a^2 \boldsymbol{Z}_{short} \qquad a = \frac{2400}{240} = 10$$

$$\boldsymbol{Z}_{in} = 0.691 + j0.998 + 10^2 \times 0.016 = 2.499\underline{/23.54°}\,\Omega$$

$$\boldsymbol{I}_{HS} = \frac{\boldsymbol{V}_{HS}}{\boldsymbol{Z}_{HS}} = \frac{2300\underline{/0°}}{2.499\underline{/23.54°}} = 920\underline{/-23.54°}\,\text{A}$$

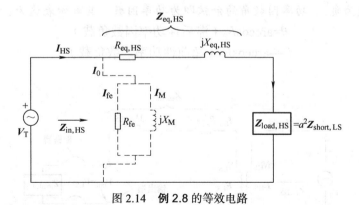

图 2.14　**例 2.8** 的等效电路

根据标幺值计算电压调整率

变压器（运行在额定电压和额定电流下）的电压调整率可以根据负载的功率因数和已知的变压器电抗和电阻标幺值来确定，而不必计算负载电流和电压降。根据图 2.15a：

$$E'_{LS} = I_{LS}R_{eq,LS} + I_{LS}jX_{eq,LS} + V_{LS} \qquad (2\text{-}54)$$

式中 V_{LS}——断路器闭合时的输出电压；

E'_{LS}——断路器断开时的输出电压。

图 2.15b 所示为带滞后性功率因数负载时的相量图，图中给出了式（2-54）中的各相量关系，其中位于 0° 的电流相量为参考相量，相量图并未按比例绘制。

将 V_{LS} 分解为垂直分量和水平分量，并应用勾股定理，可以获得空载时的低压电压。根据图 2.15b，故有

$$E'_{LS} = \sqrt{(I_{LS}R_{eq,LS} + V_{LS}\cos\theta)^2 + (I_{LS}X_{eq,LS} + V_{LS}\sin\theta)^2} \qquad (2\text{-}55)$$

将式（2-55）代入式（2-44），并化简可得

$$\text{reg}_{pu} = \frac{\sqrt{(I_{LS}R_{eq,LS} + V_{LS}\cos\theta)^2 + (I_{LS}X_{eq,LS} + V_{LS}\sin\theta)^2} - V_{LS}}{V_{LS}} \qquad (2\text{-}56)$$

分子和分母同时除以 V_{LS}，得

$$\text{reg}_{pu} = \sqrt{\left(\frac{I_{LS}R_{eq,LS}}{V_{LS}} + \cos\theta\right)^2 + \left(\frac{I_{LS}X_{eq,LS}}{V_{LS}} + \sin\theta\right)^2} - 1 \qquad (2\text{-}57)$$

将方程组（2-46）代入式（2-57）：

$$\text{reg}_{pu} = \sqrt{(R_{pu} + \cos\theta)^2 + (X_{pu} + \sin\theta)^2} - 1 \qquad (2\text{-}58)$$

注意：图 2.15 中 θ 称为功率因数角，对于滞后性功率因数的负载为正，对于超前性功率因数的负载为负[⊖]。功率因数角的余弦即为功率因数。其数学表达为：

$$\theta = \arccos F_P \text{（滞后性功率因数负载）}$$
$$\theta = -\arccos F_P \text{（超前性功率因数负载）}$$

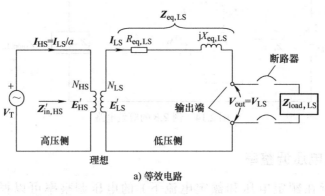

a) 等效电路

图   2.15

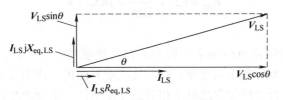

b) 滞后性功率因数负载下的相量图

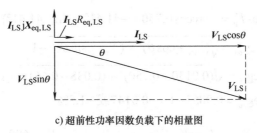

c) 超前性功率因数负载下的相量图

图 2.15（续）

例 2.9

一台 50kVA、7200——600V 的单相配电变压器，负载功率因数为 0.75（滞后性），输出电压 600V，输出额定容量。电阻百分比和电抗百分比分别为 1.3% 和 3.8%。试计算：（a）变压器的电压调整率；（b）负载断开时的二次电压；（c）额定负载且功率因数为 0.75（滞后性）时，为获得和空载电压相等的二次电压，需要施加的一次输入电压。

解：

（a）
$$\theta = \arccos F_{\mathrm{P}} = \arccos 0.750 = 41.41° \quad \sin 41.41° = 0.661$$

$$\mathrm{reg}_{\mathrm{pu}} = \sqrt{(R_{\mathrm{pu}} + \cos\theta)^2 + (X_{\mathrm{pu}} + \sin\theta)^2} - 1$$

$$\mathrm{reg}_{\mathrm{pu}} = \sqrt{(0.0130 + 0.750)^2 + (0.038 + 0.661)^2} - 1$$

$$\mathrm{reg}_{\mathrm{pu}} = 1.035 - 1 = 0.035\text{或}3.5\%$$

（b）
$$\mathrm{reg}_{\mathrm{pu}} = \frac{V_{\mathrm{nl}} - V_{\mathrm{rated}}}{V_{\mathrm{rated}}} \quad \Rightarrow \quad 0.035 = \frac{V_{\mathrm{nl}} - 600}{600}$$

$$V_{\mathrm{nl}} = 621\mathrm{V}$$

（c）根据变压器铭牌上额定电压得到的电压比，近似等于图 2.15a 所示理想变压器的匝比。数学上可以表示为

$$\frac{E'_{\mathrm{HS}}}{E'_{\mathrm{LS}}} = \frac{7200}{600} \quad \Rightarrow \quad E'_{\mathrm{HS}} = E'_{\mathrm{LS}} \times \frac{7200}{600} \tag{2-56a}$$

根据图 2.15a，在二次侧空载（断路器打开）时，$I_{\mathrm{l}} = 0$。此时，二次回路中不存在电压降，且

$$E'_{\mathrm{LS}} = V_{\mathrm{nl}} = 621\mathrm{V}$$

代入式（2-56a）：

$$E'_{HS} = 621 \times \frac{7200}{600} = 7452.5\,V$$

例 2.10

假设例 2.9 中的变压器负载功率因数为 0.75（超前性），输出电压 600V，输出额定容量。试计算：（a）变压器的电压调整率；（b）负载断开时的二次电压；（c）额定负载且功率因数 0.75（超前）时，为获得和空载电压相等的二次电压，需要施加的一次输入电压。

解：

（a）
$$\theta = -\arccos F_{\mathrm{p}} = -\arccos 0.750 = -41.41° \quad \sin(-41.41°) = -0.661$$

$$\mathrm{reg}_{\mathrm{pu}} = \sqrt{(R_{\mathrm{pu}} + \cos\theta)^2 + (X_{\mathrm{pu}} + \sin\theta)^2} - 1$$

$$\mathrm{reg}_{\mathrm{pu}} = \sqrt{(0.0130 + 0.750)^2 + (0.038 - 0.661)^2} - 1$$

$$\mathrm{reg}_{\mathrm{pu}} = 0.9853 - 1 = -0.0147 \text{或} -1.5\%$$

（b）
$$\mathrm{reg}_{\mathrm{pu}} = \frac{V_{\mathrm{nl}} - V_{\mathrm{rated}}}{V_{\mathrm{rated}}} \quad \Rightarrow \quad -0.0147 = \frac{V_{\mathrm{nl}} - 600}{600}$$

$$V_{\mathrm{nl}} = 591.2\,V$$

（c）
$$E'_{HS} = 591.2 \times \frac{7200}{600} = 7094\,V$$

注意： 如例 2.9（b）所示，对于滞后性功率因数负载，变压器的电压调整率为正，对于功率因数为 1 的负载也是如此。然而，对于负载功率因数超前足够大时，如例 2.10 所示，电压调整率将为负。

非额定负载下的电压调整率

式（2-58）只适用于额定负载运行的变压器。如果在非额定负载下运行，必须对式（2-58）进行修改，以反映二次侧接实际负载的电压调整率，修改得

$$\mathrm{reg}_{\mathrm{pu}} = \sqrt{(S_{\mathrm{pu}}R_{\mathrm{pu}} + \cos\theta)^2 + (S_{\mathrm{pu}}X_{\mathrm{pu}} + \sin\theta)^2} - 1$$

$$I_{\mathrm{pu}} = \frac{I}{I_{\mathrm{rated}}} = S_{\mathrm{pu}} = \frac{S}{S_{\mathrm{rated}}} \qquad (2\text{-}58\mathrm{a})$$

式中　S_{pu}——负载的视在功率标幺值（pu）；

　　　S——负载的视在功率，单位为 VA；

　　S_{rated}——变压器的额定视在功率，单位为 VA；

　　I_{pu}——负载电流标幺值；

　　　I——负载电流，单位为 A；

　　I_{rated}——二次额定电流，单位为 A。

例 2.11

一台 25kVA、7620——480V 为配电变压器，负载为 10kVA 且功率因数为 0.65（滞后性）。电阻百分比和电抗百分比分别为 1.2% 和 1.4%。试计算该负载下的变压器电压调整率。

解：

$$S_{pu} = \frac{S}{S_{rated}} = \frac{10}{25} = 0.4 \quad \theta = \arccos 0.65 = 49.49° \quad \sin 49.49° = 0.76$$

代入式（2-58a），得

$$reg_{pu} = \sqrt{(0.4 \times 0.0124 + 0.65)^2 + (0.0394 \times 0.014 + 0.76)^2} - 1$$

$$reg_{pu} = 0.738 或 73.8\%$$

2.13　变压器的损耗和效率

变压器损耗包括一次绕组和二次绕组的铜耗（I^2R），以及铁心中的磁滞损耗和涡流损耗（铁心损耗）。无论变压器是运行在升压模式还是降压模式下，这些损耗都是相同的。

变压器的效率是输出功率与输入功率的比值，可以用小数形式表示，称为标幺效率，也可以乘以 100 用效率百分比来表示。

$$\eta = \frac{P_{out}}{P_{in}} = \frac{P_{out}}{P_{out} + P_{core} + I^2_{HS}R_{HS} + I^2_{LS}R_{LS}} \tag{2-59}$$

式中　η——效率；

$$P_{core} = P_e + P_h \tag{2-60}$$

$$P_e = k_e f^2 B^2_{max} \tag{2-61}$$

$$P_h = k_h f B^{1.6}_{max} \tag{2-62}$$

根据式（2-1）：

$$\Phi_{max} \propto \frac{V_T}{f}$$

将上式分别代入式（2-61）和式（2-62），有：

$$P_e \propto f^2 \left(\frac{V_T}{f}\right)^2 \propto V^2_T \tag{2-63}$$

$$P_h \propto f \left(\frac{V_T}{f}\right)^{1.6} \tag{2-64}$$

铁心损耗中，磁滞分量通常大于涡流分量，即 $P_h > P_e$。

如式（2-63）所示，涡流损耗与施加电压的二次方成正比；而磁滞损耗，如式（2-64）所示，同时受频率和施加电压的影响。因此，假设所施加电压的频率和幅值恒定，在变压器负载小于额定值的情况下，铁心损耗基本恒定。从空载到满载，漏磁通的微小变化对铁心损耗的影响不大。

一次和二次绕组的总损耗可以用高压等效电阻或低压等效电阻表示。即

$$(I^2_{HS}R_{HS} + I^2_{LS}R_{LS}) = I^2_{HS}R_{eq,HS} = I^2_{LS}R_{eq,LS} \tag{2-65}$$

将式（2-65）代入式（2-59）：

$$\eta = \frac{P_{\text{out}}}{P_{\text{out}} + P_{\text{core}} + I^2 R_{\text{eq}}} \tag{2-66}$$

式中　I 和 R_{eq}——全部折算到高压侧或全部折算到低压侧的值。

根据其视在功率等级，配电变压器和电力变压器的效率一般在 96% 以上，且变压器尺寸越大，效率越高。

例 2.12

一台 50kVA、450——230V、60Hz 的变压器，电阻百分比和漏抗百分比分别为 1.25% 和 2.24%。在额定电压、额定频率、额定视在功率、负载功率因数为 0.860（滞后性）时的效率为 96.5%。试计算：（a）铁心损耗；（b）375V、50Hz 电源供电，额定负载电流、负载功率因数为 0.860 时的铁心损耗（假设磁滞损耗占总损耗的 71.0%）；（c）（b）条件下的效率；（d）负载断开时的效率。

解：

（a）

$$I_{\text{HS}} = \frac{50000}{450} = 111.11\text{A}$$

$$R_{\text{pu}} = \frac{I_{\text{rated}} R_{\text{eq}}}{V_{\text{rated}}} \quad \Rightarrow \quad R_{\text{eq}} = R_{\text{pu}} \times \frac{V_{\text{rated}}}{I_{\text{rated}}}$$

使用折算到高压侧的数据：

$$R_{\text{eq,HS}} = 0.0125 \times \frac{450}{111.11} = 0.0506\,\Omega$$

$$P_{\text{out}} = S_{\text{rated}} F_{\text{P}} = 50000 \times 0.860 = 43000\,\text{W}$$

$$P_{\text{in}} = \frac{P_{\text{out}}}{\eta} = \frac{43000}{0.965} = 44559.59\,\text{W}$$

$$P_{\text{out}} = P_{\text{in}} - P_{\text{core}} - I_{\text{HS}}^2 R_{\text{eq,HS}} \quad \Rightarrow \quad P_{\text{core}} = P_{\text{in}} - P_{\text{out}} - I_{\text{HS}}^2 R_{\text{eq,HS}}$$

$$P_{\text{core}} = 44559.59 - 43000 - 111.11^2 \times 0.0506 = 934.9\,\text{W}$$

（b）

$$P_{\text{h,60}} = 0.71 \times 934.9 = 663.78\,\text{W}$$

$$P_{\text{e,60}} = 934.9 - 663.78 = 271.12\,\text{W}$$

根据式（2-63）：

$$\frac{P_{\text{e,60}}}{P_{\text{e,50}}} = \frac{(V_{\text{T}})_{60}^2}{(V_{\text{T}})_{50}^2} \quad \Rightarrow \quad P_{\text{e,50}} = P_{\text{e,60}} \times \left(\frac{V_{\text{T,50}}}{V_{\text{T,60}}}\right)^2$$

$$P_{\text{e,50}} = 271.12 \times \left(\frac{375}{450}\right)^2 = 188.3\,\text{W}$$

根据式（2-64）：

$$\frac{P_{\text{h,60}}}{P_{\text{h,50}}} = \frac{f_{60}(V_{\text{T}}/f)_{60}^{1.6}}{f_{50}(V_{\text{T}}/f)_{50}^{1.6}} \quad \Rightarrow \quad P_{\text{h,50}} = P_{\text{h,60}} \times \frac{50}{60} \times \left(\frac{V_{\text{T,50}}}{V_{\text{T,60}}} \times \frac{60}{50}\right)^{1.6}$$

$$P_{h,50} = 663.78 \times \frac{50}{60} \times \left(\frac{375}{450} \times \frac{60}{50} \right)^{1.6} = 553.15\,W$$

$$P_{core,50} = 188.3 + 553.15 = 741.45\,W$$

（c）
$$P_{out} = 375 \times 111.11 \times 0.860 = 35832.98\,W$$

不考虑频率变化引起的趋肤效应的微小变化，等效电阻基本不变。故有

$$I_{HS}^2 R_{eq,HS} = 111.11^2 \times 0.0506 = 624.68\,W$$

代入式（2-66）：

$$\eta = \frac{35832.98}{35832.98 + 741.45 + 624.68} = 0.963\,\text{或}\,96.3\%$$

（d）负载断开，$P_{out}=0$，因此效率为 0。

根据标幺值计算效率

如果变压器参数和铁心损耗以标幺值或百分比值给出，则可以实现效率的快速简便计算。用视在功率表示式（2-66）中的 P_{out}，从而可推得

$$\eta = \frac{SF_P}{SF_P + P_{core} + I^2 R_{eq}} \tag{2-67}$$

式中　F_P——功率因数；
　　　S——视在功率；
　　　I——负载电流。
将式（2-67）中的分子和分母同时除以变压器的额定视在功率：

$$\eta = \frac{(S/S_{rated}) \times F_P}{(S/S_{rated}) \times F_P + (P_{core}/S_{rated}) + (I^2 R_{eq}/S_{rated})} \tag{2-68}$$

式中　η——效率；
　　　S_{rated}——额定视在功率，也称为视在功率基值 $S_{rated}=V_{rated}I_{rated}$。
定义：

$$\frac{S}{S_{rated}} = S_{pu} = \text{负载视在功率的标幺值} \tag{2-69}$$

$$\frac{P_{core}}{S_{rated}} = P_{core,pu} = \text{铁心损耗的标幺值} \tag{2-70}$$

将式（2-68）中（$I^2 R_{eq}/S_{rated}$）项的分子和分母同时乘以 I_{rated}，整理得

$$\frac{I^2 R_{eq}}{S_{rated}} = \frac{I^2 R_{eq}}{V_{rated} I_{rated}} \times \frac{I_{rated}}{I_{rated}} = \left(\frac{I^2}{I_{rated}^2} \right) \left(\frac{I_{rated} R_{eq}}{V_{rated}} \right)$$

定义：$I_{pu} = (I/I_{rated})$

$$\frac{I^2 R_{eq}}{S_{rated}} = I_{pu}^2 R_{pu} \tag{2-71}$$

将式（2-69）、式（2-70）、式（2-71）代入式（2-68）：

$$\eta = \frac{S_{\text{pu}}F_{\text{P}}}{S_{\text{pu}}F_{\text{P}} + P_{\text{core,pu}} + I_{\text{pu}}^2 R_{\text{pu}}} \tag{2-72}$$

式（2-72）适用于所有负载工况，当运行在额定负载时，S_{pu}=1，I_{pu}=1，式（2-72）可以简化为

$$\eta_{\text{rated}} = \frac{F_{\text{P}}}{F_{\text{P}} + P_{\text{core,pu}} + R_{\text{pu}}} \tag{2-73}$$

式（2-72）和式（2-73）中的变量可以全部以标幺值或百分比值表示，计算出的效率也为标幺值。

例 2.13

一台 100kVA、4800——240V、60Hz 的变压器，额定条件下运行，功率因数为 0.8。以百分比值表示的铁心损耗、电阻和漏抗分别为 0.45%、1.46% 和 3.38%。试计算：（a）额定负载且功率因数为 0.8 下的效率；（b）70% 负载且功率因数为 0.8 下的效率。

解：

（a）代入式（2-73）

$$\eta_{\text{rated}} = \frac{0.800}{0.800 + 0.0045 + 0.0146} = 0.977 \text{ 或 } 97.7\%$$

（b）

$$S_{\text{pu}} = \frac{S_{\text{load}}}{S_{\text{rated}}} = \frac{70}{100} = 0.70$$

由于 I_{load} 和 S_{load} 成正比，有

$$I_{\text{pu}} = S_{\text{pu}} = 0.70$$

代入式（2-72）

$$\eta = \frac{0.70 \times 0.80}{0.70 \times 0.80 + 0.0045 + 0.70^2 \times 0.0146} = 0.979 \text{或} 97.9\%$$

注意： 效率的变化很小。

2.14　变压器参数测定

如果变压器参数无法从铭牌或制造商那里获得，可以通过开路实验（也称为空载实验）和短路实验近似获得。

开路实验

开路实验的目的是测定励磁电抗 X_{M} 和等效铁损电阻 R_{fe}。实验的接线和所需仪器如图 2.16a 所示。

为了实验和仪器的安全，开路实验通常在低压侧进行。低压侧加额定频率和额定电压的电源，高压侧端子应覆盖绝缘材料，以防止意外接触。由于二次侧空载，二次铜耗为零，一次铜耗可以忽略不计。因此，开路实验的功率表读数实际上就是铁心损耗。变压器的等效开路模型如图 2.16b 所示。

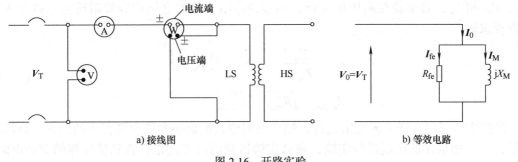

a) 接线图　　　　　　　　　　　　b) 等效电路

图 2.16　开路实验

假设开路实验中，功率表、电压表和电流表读数分别为 P_{OC}、V_{OC} 和 I_{OC}，且实验在低压侧进行，则可以通过以下方程来获得低压侧的开路参数[$\ominus$]：

$$\left.\begin{array}{ll} P_{OC}=V_{OC}I_{fe} & I_{OC}=\sqrt{I_{fe}^2+I_M^2} \\[2mm] R_{fe,LS}=\dfrac{V_{OC}}{I_{fe}} & X_{M,LS}=\dfrac{V_{OC}}{I_M} \end{array}\right\}$$ （2-74）

短路实验

短路实验的目的是测定变压器绕组的等效电阻、等效漏抗和等效阻抗。实验的接线和所需的仪器如图 2.17a 所示。实验变压器的高压侧通过电压可调的自耦变压器与电源连接，低压侧端子用截面积较大的一小截铜线进行短接，即二次侧短路，负载阻抗几乎为零，$Z_{load} \approx 0\Omega$。通过二次侧短路，实验得到的数据包含了一、二次电阻和一、二次漏抗的影响，但不包含负载阻抗的影响。此外，二次侧短路使得磁通密度很小，从而导致铁心损耗很小。因此，短路实验中功率表的读数实际上就是铜耗。等效串联电路模型如图 2.17b 所示。

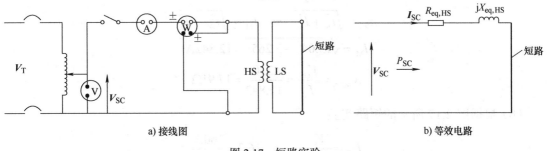

a) 接线图　　　　　　　　　　　　b) 等效电路

图 2.17　短路实验

实验步骤

可变电压源输出为零时，断路器闭合。电压逐渐升高，直到电流表读数近似为高压额定电流，然后读取各仪表读数。假设短路实验的功率表、电压表和电流表读数分别为

P_{SC}、V_{SC} 和 I_{SC}，且实验在高压侧进行，则等效电阻、等效电抗和等效阻抗可通过代入下列方程求得

$$\left.\begin{array}{cc} I_{SC} = \dfrac{V_{SC}}{Z_{eq,HS}} & P_{SC} = I_{SC}^2 R_{eq,HS} \\ \\ Z_{eq,HS} = \sqrt{R_{eq,HS}^2 + X_{eq,HS}^2} \end{array}\right\} \qquad （2\text{-}75）$$

短路实验可以在任一侧绕组进行，但考虑到输入电流小和仪表量程小的因素，高压绕组是首选。如果在低压侧进行实验，那么实验得到的结果就是折算到低压侧的等效电阻、等效电抗和等效阻抗。

例 2.14

一台 75kVA、4600——230V、60Hz 的变压器，短路和开路实验数据如下：

开路实验 （低压侧数据）	短路实验 （高压侧数据）
$V_{OC} = 230\,V$	$V_{SC} = 160.8\,V$
$I_{OC} = 13.04\,A$	$I_{SC} = 16.3\,A$
$P_{OC} = 521\,W$	$P_{SC} = 1200\,W$

试计算：（a）励磁电抗和等效铁损电阻；（b）变压器等效电阻、电抗和阻抗的标幺值；（c）在额定负载且功率因数 0.75（滞后性）下运行时的电压调整率。

解：

（a）根据图 2.16 所示的开路实验

$$P_{OC} = V_{OC} I_{fe} \quad \Rightarrow \quad 521 = 230 I_{fe}$$

$$I_{fe} = 2.265\,A$$

$$R_{fe,LS} = \frac{V_0}{I_{fe}} = \frac{230}{2.265} = 101.5\,\Omega$$

$$I_{OC} = \sqrt{I_{fe}^2 + I_M^2} \quad \Rightarrow \quad I_M = \sqrt{I_{OC}^2 - I_{fe}^2}$$

$$I_M = \sqrt{13.04^2 - 2.265^2} = 12.842\,A$$

$$X_{M,LS} = \frac{V_{OC}}{I_M} = \frac{230}{12.842} = 17.91\,\Omega$$

（b）根据图 2.17 所示的短路实验

$$I_{SC} = \frac{V_{SC}}{Z_{eq,HS}} \quad \Rightarrow \quad 16.3 = \frac{160.8}{Z_{eq,HS}}$$

$$Z_{eq,HS} = 9.865\,\Omega$$

$$P_{SC} = I_{SC}^2 R_{eq,HS} \quad \Rightarrow \quad 1200 = 16.3^2 R_{eq,HS}$$

$$R_{eq,HS} = 4.517\,\Omega$$

$$Z_{eq,HS} = \sqrt{R_{eq,HS}^2 + X_{eq,HS}^2} \quad \Rightarrow \quad X_{eq,HS} = \sqrt{Z_{eq,HS}^2 - R_{eq,HS}^2}$$

$$X_{eq,HS} = \sqrt{9.865^2 - 4.517^2} = 8.77\,\Omega$$

$$I_{HS} = \frac{S}{V_{HS}} = \frac{75000}{4600} = 16.3\,A$$

$$R_{pu} = \frac{I_{HS}R_{eq,HS}}{V_{HS}} = \frac{16.3 \times 4.517}{4600} = 0.016$$

$$X_{pu} = \frac{I_{HS}X_{eq,HS}}{V_{HS}} = \frac{16.3 \times 8.77}{4600} = 0.031$$

$$Z_{pu} = R_{pu} + jX_{pu} = 0.016 + j0.031 = 0.035\,\underline{/62.7°}$$

（c）
$$reg_{pu} = \sqrt{(R_{pu} + \cos\theta)^2 + (X_{pu} + \sin\theta)^2} - 1$$

$$\theta = \arccos 0.75 = 41.41° \quad \sin 41.41° = 0.661$$

$$reg_{pu} = \sqrt{(0.016 + 0.75)^2 + (0.031 + 0.661)^2} - 1$$

$$reg_{pu} = 0.0326 或 3.26\%$$

解题公式总结

$$E_P = 4.44 N_P f \Phi_{max} \qquad (2\text{-}1)$$

$$E_S = 4.44 N_S f \Phi_{max} \qquad (2\text{-}2)$$

$$\boldsymbol{I}_0 = \boldsymbol{I}_{fe} + \boldsymbol{I}_M \qquad (2\text{-}4)$$

$$\Phi_M = \frac{N_P I_M}{\mathscr{R}_{core}} \qquad (2\text{-}6)$$

$$\boldsymbol{I}_P = \boldsymbol{I}_0 + \boldsymbol{I}_{P,\,load} \qquad (2\text{-}11)$$

理想变压器

$$a = \frac{N_{HS}}{N_{LS}} \approx \frac{V_{HS}}{V_{LS}} \qquad (2\text{-}14)$$

$$\boldsymbol{E}'_P = a\boldsymbol{E}'_S \qquad (2\text{-}16a)$$

$$\boldsymbol{I}_P = \frac{1}{a}\boldsymbol{I}_S \qquad (2\text{-}16b)$$

$$\boldsymbol{Z}'_{in} = a^2 \boldsymbol{Z}_{load} \qquad (2\text{-}19)$$

实际变压器

$$\boldsymbol{Z}_{eq,HS} = R_{HS} + a^2 R_{LS} + j(X_{HS} + a^2 X_{LS}) \qquad (参见 2\text{-}39)$$

$$\boldsymbol{Z}_{eq,HS} = R_{eq,HS} + jX_{eq,HS} \qquad (参见 2\text{-}40)$$

$$\boldsymbol{Z}_{eq,LS} = R_{LS} + R_{HS}/a^2 + j(X_{LS} + X_{HS}/a^2) \qquad (参见 2\text{-}41)$$

$$\boldsymbol{Z}_{eq,LS} = R_{eq,LS} + jX_{eq,LS} \qquad (参见 2\text{-}42)$$

$$\boldsymbol{Z}_{\text{load,LS}} = \frac{1}{a^2} \boldsymbol{Z}_{\text{load,HS}} \tag{2-43}$$

$$\boldsymbol{Z}_{\text{eq,LS}} = \frac{\boldsymbol{Z}_{\text{eq,HS}}}{a^2} \tag{2-43a}$$

$$\text{reg} = \frac{E_{\text{nl}} - V_{\text{rated}}}{V_{\text{rated}}} \tag{2-44}$$

$$\text{reg}_{\text{pu}} = \sqrt{(R_{\text{pu}} + \cos\theta)^2 + (X_{\text{pu}} + \sin\theta)^2} - 1 \tag{2-58}$$

$$\text{reg}_{\text{pu}} = \sqrt{(S_{\text{pu}}R_{\text{pu}} + \cos\theta)^2 + (S_{\text{pu}}X_{\text{pu}} + \sin\theta)^2} - 1 \tag{2-58a}$$

$$\left.\begin{array}{l} Z_{\text{pu}} = \dfrac{I_{\text{rated}} Z_{\text{eq}}}{V_{\text{rated}}} \\[2ex] R_{\text{pu}} = \dfrac{I_{\text{rated}} R_{\text{eq}}}{V_{\text{rated}}} \\[2ex] X_{\text{pu}} = \dfrac{I_{\text{rated}} X_{\text{eq}}}{V_{\text{rated}}} \end{array}\right\} \tag{2-46}$$

$$Z_{\text{base}} = \frac{V_{\text{rated}}}{I_{\text{rated}}} = \frac{V_{\text{rated}}^2}{S_{\text{rated}}} \tag{参见 2-48}$$

$$\left.\begin{array}{l} Z_{\text{pu}} = \dfrac{Z_{\text{eq}}}{Z_{\text{base}}} \\[2ex] R_{\text{pu}} = \dfrac{R_{\text{eq}}}{Z_{\text{base}}} \\[2ex] X_{\text{pu}} = \dfrac{X_{\text{eq}}}{Z_{\text{base}}} \end{array}\right\} \tag{2-49}$$

$$\boldsymbol{Z}_{\text{pu}} = R_{\text{pu}} + \mathrm{j}X_{\text{pu}} \tag{2-50}$$

$$\eta = \frac{P_{\text{out}}}{P_{\text{in}}} = \frac{P_{\text{out}}}{P_{\text{out}} + P_{\text{core}} + I_{\text{HS}}^2 R_{\text{HS}} + I_{\text{LS}}^2 R_{\text{LS}}} \tag{2-59}$$

$$P_{\text{core}} = P_{\text{h}} + P_{\text{e}} \tag{2-60}$$

$$P_{\text{e}} = k_{\text{e}} f^2 B_{\text{max}}^2 \tag{2-61}$$

$$P_{\text{h}} = k_{\text{h}} f B_{\text{max}}^{1.6} \tag{2-62}$$

$$P_{\text{e}} \propto f^2 \left(\frac{V_{\text{T}}}{f}\right)^2 \propto V_{\text{T}}^2 \tag{2-63}$$

$$P_{\text{h}} \propto f \left(\frac{V_{\text{T}}}{f}\right)^{1.6} \tag{2-64}$$

$$\eta = \frac{P_{\text{out}}}{P_{\text{out}} + P_{\text{core}} + I^2 R_{\text{eq}}} \tag{2-66}$$

$$\eta = \frac{S_{\text{pu}} F_{\text{P}}}{S_{\text{pu}} F_{\text{P}} + P_{\text{core,pu}} + I_{\text{pu}}^2 R_{\text{pu}}} \tag{2-72}$$

$$\eta_{\text{rated}} = \frac{F_{\text{P}}}{F_{\text{P}} + P_{\text{core,pu}} + R_{\text{pu}}} \tag{2-73}$$

开路实验

$$\left. \begin{array}{ll} P_{\text{OC}} = V_{\text{OC}} I_{\text{fe}} & I_{\text{OC}} = \sqrt{I_{\text{fe}}^2 + I_{\text{M}}^2} \\[2mm] R_{\text{fe,LS}} = \dfrac{V_{\text{OC}}}{I_{\text{fe}}} & X_{\text{M,LS}} = \dfrac{V_{\text{OC}}}{I_{\text{M}}} \end{array} \right\} \tag{2-74}$$

短路实验

$$\left. \begin{array}{ll} I_{\text{SC}} = \dfrac{V_{\text{SC}}}{Z_{\text{eq,HS}}} & P_{\text{SC}} = I_{\text{SC}}^2 R_{\text{eq,HS}} \\[2mm] Z_{\text{eq,HS}} = \sqrt{R_{\text{eq,HS}}^2 + X_{\text{eq,HS}}^2} \end{array} \right\} \tag{2-75}$$

正文引用的参考文献

1. Hubert，C. I. Electric Circuits AC/DC：An Integrated Approach. McGraw-Hill，New York，1982.
2. IEEE standard terminology for power and distribution transformers. ANSI/IEEE C57. 12. 80-1986，IEEE，New York.
3. Standards publication：Dry type transformers for general applications. NEMA Publication No. ST20-1972，National Electrical Manufacturers Association，Washington，DC.
4. Stevenson，W. D.，Jr. Elements of Power System Analysis. McGraw-Hill，New York，1982.

一般参考文献

Heathcote，Martin J. JSP Transformer Book：A Practical Technology of the Power Transformer，12th ed. Oxford，Boston，1998.

Blume，L. F. Transformer Engineering. Wiley，New York，1938. MIT EE Staff. Magnetic Circuits and Transformers. Wiley，New York，1943.

Lawrence，R. R. Principles of Alternating Current Machinery. McGraw-Hill，New York，1940.

Westinghouse Staff. Electrical Transmission and Distribution Reference Book. West-inghouse Electric Corp.，1964.

思 考 题

1. 试描述芯式和壳式变压器在结构上的差异，并说明每种变压器的优点。

2. 试描述用于电力和配电变压器的不同冷却方法。

3. 为什么变压器的铁心是叠片式的？

4. 试解释为什么变压器的铁心损耗不随负载的变化而变化。

5. 试解释为什么当二次侧接负载时，变压器的一次电流会增加。什么原因导致一次电流稳定到刚好足以满足负载需求和变压器损耗？

6. 什么是漏磁通以及它如何影响变压器的输出？

7. 试解释一次漏磁通和二次漏磁通对二次电压的影响。

8. 如果能够设计出无漏磁的变压器，请问这是否可取并解释原因。

9. 变压器的电压调整率是什么意思？电压调整率对工程师在实际应用中有何用处？

10. 试解释为什么超前性功率因数的负载会使电压升高到空载电压以上？

11. 试区分变压器的等效阻抗、阻抗标幺值和阻抗百分比，并说明标幺值系统的独特优势。

12. （a）试解释磁滞损耗和涡流损耗的本质；（b）这些损耗如何受外加电压的幅值和频率影响？（c）在变压器设计过程中如何将铁心损耗降至最低？

13. 试解释为什么变压器负载在千伏安范围内变化时，铁心损耗基本保持不变。

14. 试解释变压器一次电压高于额定值时，（a）对输出电压的影响；（b）对效率的影响。

15. 通过短路实验可以确定变压器的哪些参数？画出电路并说明参数是如何确定的。

16. 通过开路实验可以确定变压器的哪些参数？画出电路并说明参数是如何确定的。

17. 在进行开路实验时需要注意哪些事项？

18. 试解释为什么短路实验时铁心损耗很小。

19. 试解释为什么开路实验时铜耗很小。

习 题

2-1/4　一台 22000V、60Hz 的发电机接在一台 22000——2200V、500kVA 降压变压器的高压侧。若铁心净磁通为 0.0683Wb（max），试计算：（a）二次绕组匝数；（b）电源电压幅值提高 20%、频率降低 5% 时的铁心磁通。

2-2/4　一台 2400——115V 变压器中的正弦磁通为 $\phi=0.113\sin188.5t$。试计算一次和二次匝数。

2-3/4　一台 37.5kVA、2400——480V、60Hz 的芯式变压器，铁心平均长度为 1.07m，截面积为 95cm²。施加额定电压时，变压器铁心中的磁场强度为 352A·t/m（有效值），最大磁密为 1.505T。试计算：（a）一次和二次匝数；（b）作为升压变压器运行时的励磁电流。

2-4/4　一台 2000kVA、4800——600V、60Hz 的芯式变压器。空载降压运行时，其励磁电流为额定电流的 2%。铁心平均长度为 3.15m，并工作在 1.55T 磁通密度下，磁场强度为 360A·t/m。试计算：（a）励磁电流；（b）一、二次匝数；（c）铁心磁通；（d）铁心截面积。

2-5/5　某台 50kVA、480——240V、60Hz 变压器的励磁电流为额定电流的 2.5%，相位角为 79.8°。试画出空载条件下的等效电路和相量图，假设运行在降压模式下，试计算：(a) 励磁电流；(b) 励磁电流的铁耗分量；(c) 磁化电流；(d) 铁心损耗。

2-6/5　一台 200kVA、7200——460V、60Hz 的单相油冷配电变压器，铁心损耗为 1100W，其中磁滞损耗占 74%。磁化电流为额定电流的 1.5%。画出其等效电路和相量图，假设运行在降压模式，试计算：(a) 励磁电流的磁化分量和铁耗分量；(b) 励磁电流；(c) 空载功率因数；(d) 涡流损耗。

2-7/5　一台 75kVA、480——120V、60Hz 的变压器，磁滞损耗和涡流损耗分别为 215W 和 115W。磁化电流为额定电流的 2.5%，变压器运行在升压模式。画出其等效电路和相量图，试计算：(a) 励磁电流；(b) 空载功率因数；(c) 空载时输入的无功功率。

2-8/8　一台 480——120V、60Hz 的变压器，高压绕组接 460V 电源，低压绕组接 $24 \underline{/32.8°}$ Ω 的负载。假设变压器为理想变压器，试计算：(a) 二次电压；(b) 二次电流；(c) 一次电流；(d) 一次输入阻抗；(e) 负载消耗的有功、无功和视在功率。

2-9/8　一台 7200——240V、60Hz 的变压器，作升压运行，二次侧接 $144 \underline{/46°}$ Ω 的负载。假设变压器为理想变压器，电源电压为 220V，频率为 60Hz。试计算：(a) 二次电压；(b) 二次电流；(c) 一次电流；(d) 变压器一次输入阻抗；(e) 变压器输入的有功、无功和视在功率。

2-10/8　一台 200kVA、2300——230V、60Hz 的变压器，运行在额定电压降压模式下，负载为 150kVA，负载功率因数为 0.654（滞后性）。假设变压器为理想变压器。试计算：(a) 二次电流；(b) 负载阻抗；(c) 一次电流。

2-11/8　一台匝比为 5∶1 的 50Hz 理想变压器，运行在降压模式下，负载阻抗为 $8 \underline{/32°}$ Ω，低压电流为 $15.6 \underline{/-32°}$ A。画出其电路图，并计算：(a) 低压电压；(b) 高压电压；(c) 高压电流；(d) 变压器输入的有功、无功和视在功率。

2-12/10　一台 100kVA、60Hz、7200——480V 的单相变压器。参数如下：

$$R_{HS} = 2.98\Omega \qquad X_{HS} = 6.52\Omega$$
$$R_{LS} = 0.021\Omega \qquad X_{LS} = 0.031\Omega$$

试计算：变压器的等效阻抗：(a) 折算到高压侧；(b) 折算到低压侧。

2-13/10　一台 30kVA、60Hz、2400——600V 的变压器，参数如下（单位 Ω）：

$$R_{HS} = 1.86 \qquad X_{HS} = 3.41 \qquad X_{M,HS} = 4962$$
$$R_{LS} = 0.15 \qquad X_{LS} = 0.28 \qquad R_{fe,HS} = 19501$$

试计算：变压器的等效阻抗：(a) 折算到高压侧；(b) 折算到低压侧。

2-14/10　一台 25kVA、2200——600V、60Hz 的单相变压器，工作在降压模型下，参数如下（单位 Ω）：

$$R_{HS} = 1.40 \qquad X_{HS} = 3.20 \qquad X_{M,HS} = 5011$$
$$R_{LS} = 0.11 \qquad X_{LS} = 0.25 \qquad R_{fe,HS} = 18694$$

试画出其等效电路，并计算：(a) 负载功率因数为 0.8（滞后性），输出 600V、25kVA 时所需的输入电压；(b) 一次电流的负载分量；(c) 励磁电流。

2-15/10　一台 100kVA、60Hz、7200——480V 的单相变压器，参数如下（单位 Ω）：

$$R_{HS} = 3.06 \qquad X_{HS} = 6.05 \qquad X_{M,HS} = 17809$$
$$R_{LS} = 0.014 \qquad X_{LS} = 0.027 \qquad R_{fe,HS} = 71400$$

变压器负载功率因数为 0.75（滞后性），输出 480V，输出额定电流。试画出其等效电路，并计算：（a）折算到高压侧的等效电阻和等效电抗；（b）变压器和负载组合的输入阻抗；（c）高压侧电流的负载分量；（d）此时变压器的输入电压；（e）励磁电流及其分量；（f）空载时的输入阻抗。

2-16/10　一台 75kVA、60Hz、4160——240V 的单相变压器，降压运行，给 270V、$1.45 \underline{/-38.74°} \, \Omega$ 的负载供电，变压器的参数如下（单位 Ω）：

$$R_{LS} = 0.0072 \qquad X_{LS} = 0.0128$$
$$R_{HS} = 2.16 \qquad X_{HS} = 3.84$$

试画出其等效电路，并计算：（a）折算到高压侧的等效阻抗；（b）输入阻抗；（c）负载电压为 270V 时的高压侧电压。（d）画出低压侧电压和电流的相量图，并求出变压器高压侧的功率因数。

2-17/11　一台 250kVA、2400——480V 的单相变压器，在额定电压、额定功率下降压运行，负载功率因数为 0.82（滞后性），变压器等效参数 $X_{eq,HS} = 1.08Ω$、$R_{eq,HS} = 0.123Ω$。试画出其等效电路，并计算：（a）折算到低压侧的变压器等效阻抗；（b）空载电压；（c）负载功率因数为 0.82（滞后性）时的电压调整率。

2-18/11　假设 2-17/11 中变压器在负载功率因数为 0.70（超前性）下升压运行，重新求解 2.17/11 中的（b）和（c）。

2-19/11　一台 333kVA、60Hz、4160——2400V 的变压器，降压运行时，折算到高压侧的等效电阻和等效电抗分别为 0.5196Ω 和 2.65Ω。假设在额定电压、额定负载下运行，负载功率因数为 0.95（超前性），试画出其等效电路，并计算：（a）空载电压；（b）电压调整率；（c）变压器和负载组合的输入阻抗。

2-20/11　一台 100kVA、4800——480V、60Hz 的单相配电变压器，6V/匝，折算到高压侧的等效阻抗为 $8.48 \underline{/71°} \, \Omega$。变压器降压运行，负载为 480V、50kVA、功率因数为 1。试计算：（a）负载断开时的输出电压；（b）负载功率因数为 0.78（滞后性）时的固有电压调整率。（注：根据定义，固有电压调整率可根据额定功率计算）。

2-21/11　一台 37.5kVA、6900——230V、60Hz 的单相变压器，在额定负载、额定电压下降压运行，负载功率因数为 0.68（滞后性）。折算到低压侧的等效电阻和等效电抗分别为 0.0224Ω 和 0.0876Ω。励磁电抗和等效铁损电阻（高压侧）分别为 43617Ω 和 174864 Ω。求：（a）负载断开时的输出电压；（b）电压调整率；（c）变压器和负载组合的输入阻抗；（d）空载时的励磁电流和输入阻抗。

2-22/11　一台 500kVA、7200——600V、60Hz 的变压器，在额定功率下降压运行，负载功率因数为 0.83（滞后性）。负载断开时输出电压为 625V。求变压器折算到高压侧的等效阻抗（假设等效电阻可忽略不计）。提示：画出 I、E、V 和阻抗压降的相量图。利用三角公式求解 IX_{eq}，进而求得 X_{eq}。

2-23/12　一台 25kVA、480——120V、60Hz 的变压器的阻抗百分比为 2.1%。试计算：（a）折算到高压侧的等效阻抗；（b）折算到低压侧的等效阻抗。

2-24/12　一台 25kVA、7200——600V、60Hz 的变压器，阻抗百分比和电阻百分比分别为 2.3% 和 1.6%。试计算：（a）电抗百分比；（b）折算到高压侧的等效电阻、等效电抗和等效阻抗；（c）折算到低压侧的等效电阻、等效电抗和等效阻抗。

2-25/12　一台 500kVA、7200——240V、60Hz、阻抗百分比为 2.2% 的变压器，因二次侧短路而严重损坏。试计算：（a）短路电流；（b）将低压侧短路电流限制在 60000 A 所需的变压器阻抗百分比。

2-26/12　一台 167kVA、60Hz、600——240V、阻抗百分比为 4.1%、高压绕组为 46 匝的配电变压器，在额定负载且功率因数为 0.82（滞后性）下运行。试计算：（a）电压调整率；（b）空载电压；（c）铁心磁通；（d）变压器最大磁通密度为 1.4T 时的铁心截面积。

2-27/12　一台 150kVA、2300——240V、60Hz 的变压器，在额定负载且功率因数为 0.9（滞后性）下运行。变压器的电阻标幺值和电抗标幺值分别为 0.0127 和 0.0380。试计算变压器的电压调整率。

2-28/12　一台 75kVA、4160——460V、60Hz 的变压器，在 76% 额定负载且功率因数为 0.85（超前性）下运行。变压器的电阻标幺值和电抗标幺值分别为 0.0160 和 0.0311。试计算变压器的电压调整率。

2-29/12　一台 50kVA、4370——600V、60Hz 的变压器，在 80% 额定负载和功率因数为 0.75（滞后性）下运行。变压器的电阻标幺值和电抗标幺值分别为 0.0156 和 0.0316。试计算变压器的电压调整率。

2-30/12　一台 50kVA、450——120V 的单相配电变压器，当负载功率因数为 0.80（滞后性）时，输出 120V，输出额定容量。电阻百分比和电抗百分比分别为 1.0% 和 4.4%。试计算：（a）变压器电压调整率；（b）负载断开时的二次电压；（c）额定负载且功率因数为 0.80（滞后性）时，为获得和空载电压相等的二次电压，需要施加的一次输入电压。

2-31/12　一台 75kVA、450——230V 的单相配电变压器，当负载功率因数为 0.90（滞后性）时，输出 230V 输出额定容量。电阻百分比和电抗百分比分别为 1.8% 和 3.7%。试计算：（a）变压器电压调整率；（b）负载断开时的二次电压；（c）额定负载且功率因数为 0.9（滞后性）时，为获得和空载电压相等的二次电压，需施加的一次输入电压。

2-32/12　一台 50kVA、480——240V 的单相配电变压器，当负载功率因数为 0.85（滞后性）时，输出 240V，输出额定容量。电阻百分比和电抗百分比分别为 1.1% 和 4.6%。试计算：（a）变压器电压调整率；（b）负载断开时的二次电压；（c）额定负载且功率因数为 0.85（超前性）时，为获得和空载电压相等的二次电压，需施加的一次输入电压。

2-33/12　一台 200kVA、2300——230V、60Hz 的变压器，电阻百分比和漏抗百分比分别为 1.24% 和 4.03%。以 10° 功率因数角为步长，列出功率因数为 0.5（滞后性）和功率因数为 0.5（超前性）之间电压调整率和功率因数之间的关系表，并绘制关系曲线。

2-34/13　一台 150kVA、7200——600V、60Hz 的单相变压器，额定运行，磁滞损耗为 527W，涡流损耗为 373W，绕组损耗为 2000W。现将变压器接于 50Hz 系统，仍保持相同的最大铁心磁通和总损耗。试计算：（a）新的额定电压；（b）新的额定功率。

2-35/13　一台 75kVA、450——120V、60Hz 的单相变压器，电阻百分比和电抗百分比分别为 1.75% 和 3.92%。在额定电压、额定频率、额定负载下运行，负载功率因数为 0.74（滞后性）下运行，效率为 97.1%。试计算：（a）铁心损耗；（b）变压器在相同电压、负载和功率因数下运行，频率为 50Hz 时的铁心损耗和效率。假设铁心损耗比 P_h ： P_e =2.5。

2-36/13　一台 200kVA、7200——600V、60Hz 的变压器，在额定负载、功率因数为 0.9（滞后性）下运行。变压器铁心损耗标幺值、电阻标幺值和电抗标幺值分别为 0.0056、0.0133 和 0.0557。试计算：（a）效率；（b）电压调整率；（c）30% 负载、功率因数为 0.8（滞后性）时的效率和电压调整率。

2-37/13　一台 50kVA、2300——230V、60Hz 的变压器，负载功率因数为 0.8（滞后性），负载从空载到 120% 额定负载可调。电阻百分比、电抗百分比和铁心损耗百分比分别为 1.56%、3.16% 和 0.42%。以 2kVA 负载功率为步长，列出变压器从空载到 120% 额定负载下的变压器效率表，并绘制效率曲线。

2-38/14　一台 150kVA、4600——230V、60Hz 的变压器，短路实验数据如下：

$$V_{SC} = 182\,V \qquad I_{SC} = 32.8\,A \qquad P_{SC} = 1902\,W$$

试计算：（a）电阻和电抗的标幺值；（b）负载功率因数为 0.6（滞后性）下运行时的电压调整率。

2-39/14　一台 50kVA、2400——600V、60Hz 的变压器，短路和开路实验数据如下：

$$V_{OC} = 600\,V \qquad V_{SC} = 76.4\,V$$
$$I_{OC} = 3.34\,A \qquad I_{SC} = 20.8\,A$$
$$P_{OC} = 484\,W \qquad P_{SC} = 754\,W$$

试计算：（a）折算到高压侧的等效参数；（b）电压调整率；（c）额定负载且功率因数为 0.92（滞后性）下运行时的效率。

2-40/14　一台 25kVA、6900——230V、60Hz 的变压器，短路和开路实验数据如下：

$$V_{OC} = 230\,V \qquad V_{SC} = 513\,V$$
$$I_{OC} = 5.4\,A \qquad I_{SC} = 3.6\,A$$
$$P_{OC} = 260\,W \qquad P_{SC} = 465\,W$$

试计算：（a）折算到高压侧的励磁电抗；（b）各参数的标幺值；（c）效率；（d）65% 负载且功率因数为 0.84（超前性）下运行时的电压调整率；（e）负载断开时的低压侧电压；（f）为获得（e）中的低压侧电压所施加的一次电压。

2-41/14　一台 60Hz、100kVA、4600——230V 的变压器，短路和开路实验数据如下：

$$V_{OC} = 230 \qquad V_{SC} = 172.3$$
$$I_{OC} = 14 \qquad I_{SC} = 20.2$$
$$P_{OC} = 60 \qquad P_{SC} = 1046$$

试计算：（a）折算到高压侧的励磁电抗；（b）各参数的标幺值；（c）效率；（d）85% 负载且功率因数为 0.89（滞后性）下的电压调整率；（e）负载断开时的低压侧电压；（f）为获得（e）中的低压侧电压所施加的一次电压。

第 3 章

变压器的联结方式、运行和特种变压器

3.1 概述

正确连接变压器与分析变压器具体性能需要对变压器的铭牌值进行正确的解读并对变压器的极性和相角有全面的了解。

为特殊应用而设计的变压器，如自耦变压器和测量变压器，其工作原理与常规的变压器相同，但电路联结方式不同。

自耦变压器用带有一个或多个抽头的单线圈来实现变压功能。这种变压器在工业上被广泛用于感应电机的减压起动、从三相系统中引出中性点、与三线制直流发电机连接的平衡线圈、小型电机调速、高压输电线路两端的升压或降压、要求电压调整率在 5% 或 10% 的降压和升压等应用场合。

测量变压器将大电流和大电压转换为小电流和小电压以便于测量和控制。电压测量变压器（电压互感器）用于电压测量，而电流测量变压器（电流互感器）则用于电流测量。这两种类型的测量变压器还可用于低电压设备与高电压系统之间的隔离。

三相输配电系统要使用三相的组式变压器或芯式变压器，其一次侧和二次侧以三角形（△）或星形（Y）方式联结。然而，对于特定的三相联结方式，变压器励磁电流中的谐波会导致严重的系统过电压。

变压器空载合闸的最初几个周期内，变压器的励磁涌流的大小取决于开关或断路器关闭时的电压瞬时值。由于励磁涌流可能超过 25 倍的额定电流，因此在选择熔丝或断路器时必须了解并考虑这一现象。

变压器的安全和高效并联运行需要了解匝比、等效阻抗和相角的信息。在并联变压器时，如果不考虑这些因素，即使不接负载，也可能会发生过载现象并损坏变压器。

3.2 变压器的极性和同名端的标记

变压器的极性是指变压器箱体外的变压器引线之间的相对相位关系。在配电变压器或电力变压器并联、将单相变压器进行多相联结或将测量变压器连接到同步指示灯、功率表或功率因数表时，必须考虑变压器的极性。不考虑相对极性可能会造成严重短路，导致操作人员受伤或死亡，以及电气设备的严重损坏。所以在修理或更换变压器时，包括在新的变压器投入使用前，需要对其端子进行适当的测试，以确保同名端标记的正确性[4,7]。

标准的端子标记方式

配电变压器和电力变压器的端子用字母标记相对电压等级，用数字标记不同绕组之间的相对相位关系。双绕组变压器端子的字母标记方法为：H 代表高压绕组，L 代表低压绕组。对于有两个以上绕组的变压器，其最高电压绕组被标记为 H；其他绕组，按电压递减的顺序，分别被标记为 X、Y 和 Z。端子的数字标记方法如下：

1）有相同数字标记的端子具有相同的瞬时极性。

2）当电流进入一个具有特定数字的绕组端子时，另一个标记同样数字的绕组端子则为电流的流出端，如图 3.1a 所示。

对于有绕组分接抽头的变压器，如图 3.1b 所示，按照电压梯度顺序进行数字标注。因此，图 3.1b 中分接抽头间的相对电压差有

$$V_{X1\to X4} > V_{X1\to X3} > V_{X1\to X2}$$

极性标记，如图 3.1c 所示的 ± 标记。图形标记，如●、◆ 等，也被用来表示线圈绕组相对于彼此的极性。这种类型的标记通常与电流互感器和电压互感器一起使用，但也可用于其他应用中。具有相同标记的变压器端子具有相同的瞬时极性。

加极性和减极性接法

端子和变压器高低压绕组的对应关系会影响外部接线上的耐压等级，特别是在高电压等级的变压器中。如图 3.1d 所示，相邻的端子具有相同的瞬时极性，如果任意两个相邻的端子之间发生意外短路，则另一边两个端子间的电压将是高电压和低电压之差。这种端子接法称为减极性接法，也是标准接法。

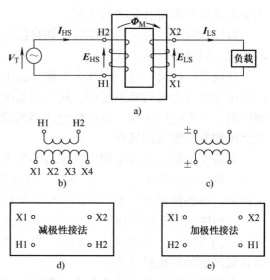

图 3.1　变压器的极性标记

而如果端子接法如图 3.1e 所示，相邻的两个端子之间的意外短路将导致另一边两个端子间的电压等于高电压和低电压之和，这种端子接法则称为加极性接法⊖。

3.3　变压器铭牌值

变压器的铭牌值包括额定电压、额定功率、频率、相数、温升、冷却等级、阻抗百分比和制造商名称。大型电力变压器的铭牌值还包括基本冲击绝缘水平（BIL）、三相运行相量图和分接抽头的信息[7]。

⊖　参见参考文献［4］和［7］中确定变压器极性的简单实验。

电压等级

高压侧和低压侧的额定电压都是空载值,而满载值因为和所连接负载的功率因数有关无法给出。额定电压的表示中用符号来表示电压之间的关系,如长破折号(——)、斜线(/)、叉号(×)、或星形(丫)。这些 NEMA 标准标记符号分别表示如下内容。

破折号(——):表示前后电压来自不同绕组。

斜线(/):表示前后电压来自同一绕组。

叉号(×):表示两部分绕组重新串联或并联得到的电压值。这种绕组不适合三线制运行。

星形(丫):表示丫联结的绕组电压。

下面的例子说明了这些标记符号在单相和三相变压器的应用。

单相

240/120:240V 绕组带中心抽头。

240×120:两部分绕组重新串联获得 240V 绕组,或并联为 120V 绕组。

240——120:一个绕组 240V,而另一个绕组 120V。

三相

4160——480Y/277:一个△联结的绕组电压为 4160V,另一个丫联结的绕组电压为480V 并带有一个可用的中心抽头。注:△联结的绕组电压总是先给出。

频率:变压器的额定频率。

kVA:变压器的额定视在功率。

阻抗百分比:在指定温度下测量得到的变压器阻抗百分比。温度会影响电阻,从而影响阻抗。

温升:基于 30℃ 的环境温度,变压器允许的最大温升。

等级:绝缘介质和冷却方法。

BIL:变压器或任何设备的基本冲击绝缘水平,是衡量绝缘能够承受的瞬时电压水平。一台变压器的 BIL 额定值是采用 1.2μs 内上升到峰值并在 50μs 时衰减到 50% 峰值电压的冲击电压进行绝缘测试的。标准冲击电压测试模拟了输电线路中产生的雷电过电压,取决于避雷器在雷电过电压下的残压[7,9]。

3.4 自耦变压器

图 3.2a 所示的自耦变压器,由带一个或多个抽头的单绕组来实现变压器功能,其运行在降压模式下的输入 / 输出联结方式如图 3.2b 所示,其中:

$$N_{HS} \text{——高压匝数}$$

$$N_{LS} \text{——低压匝数}$$

在需要连续不间断进行电压调整的应用场合中,可以使用滑动式自耦变压器。电压调整是通过电刷沿线圈滑动来完成的。电刷取代了图 3.2b 中的抽头 T,并且可以在线圈的整个长度上滑动。

由于自耦变压器的单绕组结构,其漏磁通少,铜、铁用量少,重量轻,占用空间小，效率高，成本比双绕组变压器低。自耦变压器的主要缺点是一、二次侧之间缺乏电气隔离。因此，自耦变压器只能用于高低压侧之间没有电气隔离也不存在安全隐患的应用场合。

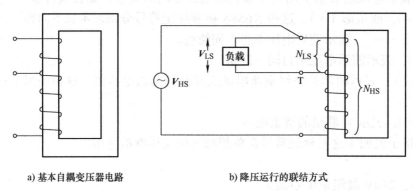

a) 基本自耦变压器电路　　　　　　　　b) 降压运行的联结方式

图 3.2　自耦变压器

在大型电力系统中应用的自耦变压器，必须考虑的另一个因素是等效阻抗。自耦变压器较小的等效阻抗使其产生的压降比双绕组变压器小，但在发生重大故障时其短路电流比双绕组变压器更大。

电流传导关系

自耦变压器的电流传导关系可以从双绕组变压器的电流和电压关系着手进行解释，然后将两个绕组"合并"为一个具有相同输入 / 输出特性的单绕组。图 3.3a 是一个双绕组变压器，其一次绕组为 80 匝并接 120V 电源，其二次绕组为 20 匝并连接 0.50Ω 的电阻负载。一次绕组上的抽头 A2 包含 20 匝线圈，这与 20 匝二次绕组相等。绕组极性可以根据第 2.3 节所述的楞次定律确定。图 3.3a 中所示的二次电压、二次电流和一次电流可以按如下关系确定：

$$a = \frac{N_{\mathrm{HS}}}{N_{\mathrm{LS}}} = \frac{N_{\mathrm{A}}}{N_{\mathrm{B}}} = \frac{80}{20} = 4$$

$$V_{\mathrm{LS}} = \frac{V_{\mathrm{HS}}}{a} = \frac{120}{4} = 30\mathrm{V}$$

$$\boldsymbol{I}_{\mathrm{LS}} = \frac{\boldsymbol{V}_{\mathrm{LS}}}{\boldsymbol{Z}_{\mathrm{load}}} = \frac{30\,\angle\,0°}{0.50} = 60\mathrm{A}$$

$$\boldsymbol{I}_{\mathrm{HS}} = \frac{\boldsymbol{I}_{\mathrm{LS}}}{a} = \frac{60}{4} = 15\mathrm{A}$$

假设该变压器是理想变压器，两个线圈匝链的磁通相同。这样，匝数为 20 的绕组 B 感应的电动势将等于绕组 A 前 20 匝所感应的电动势。而且，端子 A1 与端子 B1 的极性相同，端子 A2 与端子 B2 的极性相同。因此，可以将 A1 和 B1 连接起来、A2 和 B2 连接起来，这并不会改变输入和输出的电流和电压。在这种情况下，线圈 B 的 20 匝可以与线圈 A 的前 20 匝逐匝"合并"，如图 3.3b 所示。值得注意的是，"合并"后绕组中的电流是图 3.3a 中各组成绕组中电流的矢量和。从图 3.3b 可以看出，60A 的负载电流中，有

15A 是由 120V 电源直接传导到负载的（传导容量对应的电流），另外 45A 是利用变压器工作原理电磁感应到负载的（电磁容量对应的电流）。图 3.3b 中所示的自耦变压器端子标记方式符合 NEMA 标准标记方式[7]。

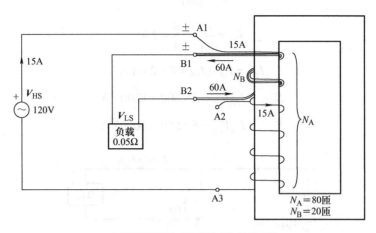

a) 按降压运行方式连接的双绕组变压器

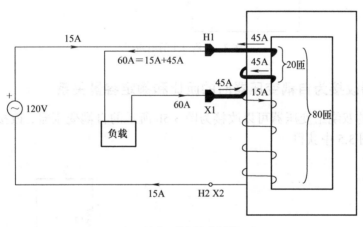

b) 一次和二次绕组"合并"

图　3.3

例 3.1

一台匝数为 400 的自耦变压器，在降压模式下运行，具有一个 25% 抽头，带 4.8kVA、功率因数 $F_p=0.85$（滞后）的负载。该变压器的输入电源为 2400V、60Hz。忽略损耗和漏磁，试计算：（a）负载电流；（b）输入的线电流；（c）变压器作用得到的电磁感应电流；（d）传导容量和电磁容量。

解：

电路图如图 3.4 所示。

（a）
$$a = \frac{N_{\mathrm{HS}}}{N_{\mathrm{LS}}} = \frac{400}{0.25 \times 400} = 4$$

$$V_{LS} = \frac{V_{HS}}{a} = \frac{2400}{4} = 600V$$

$$I_{LS} = \frac{4800}{600} = 8A$$

（b） $$I_{HS} = \frac{I_{LS}}{a} = \frac{8}{4} = 2A$$

（c） $$I_{TR} = I_{LS} - I_{HS} = 8 - 2 = 6A$$

（d） $$S_{cond} = I_{HS}V_{LS} = 2 \times 600 = 1200VA$$

$$S_{trans} = I_{TR}V_{LS} = 6 \times 600 = 3600VA$$

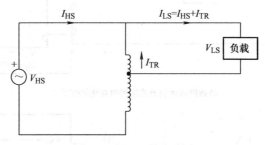

图 3.4　例 3.1 的电路图

双绕组变压器改接为自耦变压器时的匝比和额定容量关系

图 3.5a 中的双绕组变压器可以改接为图 3.5b 所示的自耦变压器，改接后的匝比和功率关系可以从图 3.5 中获得。

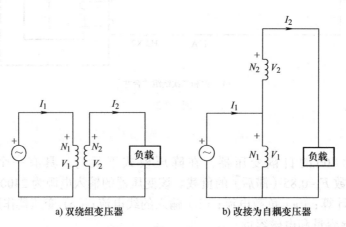

a) 双绕组变压器　　　　b) 改接为自耦变压器

图　3.5

根据图 3.5b，自耦变压器的变压器容量（假设线圈中为额定电流）为

$$S_{at} = (V_1 + V_2)I_2 \tag{3-1}$$

从图 3.5a 中的匝比来看：

$$\frac{V_1}{V_2}=\frac{N_1}{N_2} \quad \Rightarrow \quad V_1=V_2\frac{N_1}{N_2} \tag{3-2}$$

将式（3-2）代入式（3-1），有

$$S_{at}=\left(V_2\frac{N_1}{N_2}+V_2\right)I_2=\left(\frac{N_1}{N_2}+1\right)V_2I_2 \tag{3-3}$$
$$S_{at}=(a+1)S_{2w}$$

式中　a——双绕组变压器的匝比；

　　　S_{at}——自耦变压器的变压器容量；

　　　S_{2w}——双绕组变压器的变压器容量。

如式（3-3）所示，一台双绕组变压器改接为自耦变压器时，其变压器容量等于双绕组变压器的变压器容量乘以（$a+1$）。

例 3.2

一台 10kVA、60Hz、2400——240V 的配电变压器改接为一台 2640V 输出、2400V 输入的升压自耦变压器。试计算：（a）改接为自耦变压器后的一次和二次绕组额定电流；（b）改接为自耦变压器后的额定变压器容量。

解：

（a）图 3.6a 和 b 分别是双绕组变压器的电路图和改接为自耦变压器后的电路图。为防止变压器过热，改接为自耦变压器时，一、二次绕组的额定电流和作双绕组变压器运行时的绕组额定电流相同。图 3.6a 中作双绕组变压器运行时的绕组额定电流为

$$I_{\text{LS, winding}}=\frac{10000}{240}=41.67\,\text{A} \qquad I_{\text{HS, winding}}=\frac{10000}{2400}=4.167\,\text{A}$$

（b）根据图 3.6b，有

$$S_{at}=(a+1)S_{2w}=\left(\frac{2400}{240}+1\right)\times10=110\,\text{kVA}$$

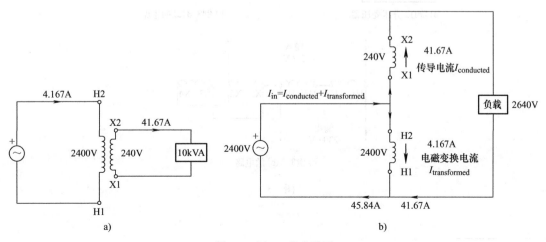

图 3.6　**例 3.2** 的电路图

3.5 降压—升压变压器

所有的电气设备在与铭牌值一致的使用电压下运行时，能获得更有效、更高效的运行效果。使用电压过低会导致电机故障，最典型的例子是空调。空调电机所需的高起动转矩随输入电压的二次方变化。因此，使用电压下降 10% 将导致起动转矩下降 19%，如果产生的转矩无法起动电机，电机可能会烧毁。

降压—升压变压器的使用可以避免使用过程中电压过高或过低的问题。降压—升压变压器是一种特殊用途的双绕组变压器，其绕组可改接为自耦变压器。升压运行时二次绕组输出的低电压叠加到线电压上从而获得所需的使用电压，而降压运行时则从线电压减去该低电压从而获得所需的使用电压。降压—升压变压器特别适用于使用电压比设备额定电压低 5% ～ 15% 或高 5% ～ 15% 的应用场合。

图 3.7a 所示为一种降压—升压变压器的代表性结构，其一次电压为 $120 \times 240V$，二次电压为 $12 \times 24V$ 或 $16 \times 32V$。当工作在 120V（±15%）等级时，一次侧两个绕组并联，H1 接 H3，H2 接 H4；当工作在 240V（±15%）等级时，二次侧两个绕组串联，H2 接 H3。

具有 $12 \times 24V$ 或 $16 \times 32V$ 二次绕组的 120×240 降压—升压变压器的电压比如表 3.1 所示。

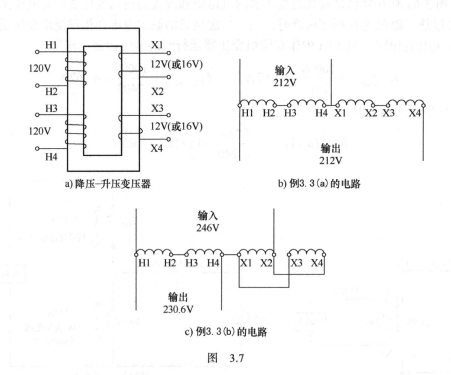

a) 降压-升压变压器   b) 例3.3(a) 的电路

c) 例3.3(b) 的电路

图   3.7

一　使用电压是指输出给负载的电压。
一　降压—降压变压器也有更高电压等级的额定电压。

表 3.1　降压—升压的可用电压比

A：240V 高压侧连接：

$a' = \dfrac{240+12}{240} = 1.050$	$a' = \dfrac{240+24}{240} = 1.100$
$a' = \dfrac{240+16}{240} = 1.0667$	$a' = \dfrac{240+32}{240} = 1.1333$

B：120V 高压侧连接：

$a' = \dfrac{120+12}{120} = 1.100$	$a' = \dfrac{120+24}{120} = 1.200$
$a' = \dfrac{120+16}{120} = 1.1333$	$a' = \dfrac{120+32}{120} = 1.2667$

注：其中 $a' = (V_{us}/V_{is})$ 为自耦变压器的电压比。

例 3.3

一台空调驱动用感应电机，额定电压 230V。使用电压为 212V。

（a）选择一个降压—升压变压器，并说明要获得近似输出电压的联结方式。

（b）假设使用电压为 246V，重复（a）。

解：

（a）最佳性能下的变压器升压电压比为

$$a' = \frac{V_{HS}}{V_{LS}} = \frac{230}{212} = 1.085$$

由表 3.1A 可知，最佳匹配的可用电压比为 1.100。此时，降压—升压变压器的一个二次绕组电压为 12V；一次侧为两个 120V 绕组串联，提供额定 240V 一次电压；二次侧为两个 12V 绕组串联，提供额定 24V 二次电压输出。图 3.7b 显示了相应的电路联结方式，实际输出给空调电机的电压为

$$V_{HS} = a'V_{LS} = 1.100 \times 212 = 233.2V$$

（b）最佳匹配的可用电压比为

$$a' = \frac{V_{HS}}{V_{LS}} = \frac{246}{230} = 1.070$$

最佳匹配的可用电压比为 1.0667。此时，降压—升压变压器的一个二次绕组电压为 16V。一次侧为两个 120V 绕组串联，二次侧为两个 16V 绕组并联，电路联结方式如图 3.7c 所示。采用这种联结方式，实际输出给空调电机的电压为

$$V_{LS} = \frac{V_{HS}}{a'} = \frac{246}{1.0667} = 230.6V$$

3.6　变压器的并联运行

当工业用电或公用设施负荷接近一台变压器的额定值而满负载运行时，通常会将另一台额定值相近的变压器与第一台变压器并联以分担负荷压力。但是，为了获得最佳并联运

行性能，并联变压器应具有相同的匝比、相等的阻抗和相同的电阻电抗比。匝比不同的变压器将在变压器二次侧形成的并联回路中产生环流，阻抗不同的变压器则根据阻抗的反比进行负载分配。

不同匝比对并联运行的影响

图 3.8a 是两个并联的变压器（称为变压器组），二次侧空载。假设两个变压器匝比不同，输出电压 E_A 和 E_B 则不相等，电流会在两个二次绕组形成的回路中形成环流。该环流在图 3.8a 中用虚线箭头表示。环流回路的电势压降矢量和为 $E_A - E_B$，阻抗为 $Z_A + Z_B$。因此，根据欧姆定律，有

$$I_{circulating} = \frac{E_A - E_B}{Z_A + Z_B} \tag{3-4}$$

当负载开关闭合时，如图 3.8b 所示，环流使一个变压器的负载电流增加，而使另一个变压器的负载电流减小。因此，如果变压器组在额定负载下运行，则二次电压较高的变压器将过载，而另一个变压器将欠载。

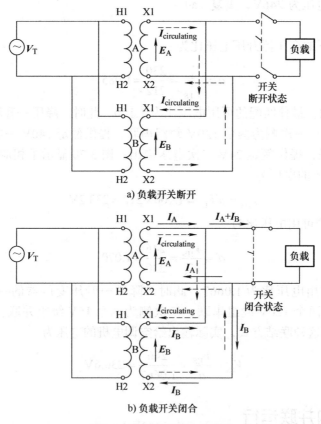

图 3.8 并联变压器中的环流

例 3.4

两台单相变压器 A 和 B 并联运行，100kVA，60Hz。从变压器铭牌上获得的空载电压

比和阻抗值分别为

变压器	电压等级	%R	%X
A	2300——460	1.36	3.50
B	2300——450	1.40	3.32

试计算：(a) 二次侧并联回路中的环流；(b) 环流占变压器 A 中额定电流的百分比；(c) 导致环流的二次电压差占变压器 B 额定电压的百分比。

解：

(a) 低压额定电流为

$$I_A = \frac{100 \times 1000}{460} = 217.39\,A \qquad I_B = \frac{100 \times 1000}{450} = 222.22\,A$$

变压器折算到低压侧的等效电阻和等效电抗为

$$R_{pu} = \frac{I_{rated} R_{eq}}{V_{rated}} \qquad X_{pu} = \frac{I_{rated} X_{eq}}{V_{rated}}$$

$$0.0136 = \frac{217.39 R_{A,eq}}{460} \qquad 0.0350 = \frac{217.39 X_{A,eq}}{460}$$

$$R_{A,eq} = 0.0288\,\Omega \qquad X_{A,eq} = 0.0741\,\Omega$$

$$0.0140 = \frac{222.22 R_{B,eq}}{450} \qquad 0.0332 = \frac{222.22 X_{B,eq}}{450}$$

$$R_{B,eq} = 0.0284\,\Omega \qquad X_{B,eq} = 0.0672\,\Omega$$

两个二次绕组形成的回路中阻抗为

$$Z_{loop} = Z_A + Z_B = 0.0288 + j0.0741 + 0.0284 + j0.0672 = 0.0572 + j0.1413$$

$$Z_{loop} = 0.1524\,\underline{/67.97°}\,\Omega$$

从式（3.4）可得

$$I_{circulating} = \frac{460\,\underline{/0°} - 450\,\underline{/0°}}{0.1524\,\underline{/67.97°}} = 65.62\,\underline{/-67.97°}\,A \quad \Rightarrow \quad 65.6\,\underline{/-68°}\,A$$

(b) $$\frac{65.62}{217.39} \times 100 = 30.2\%$$

(c) $$\frac{460-450}{450} \times 100 = 2.2\%$$

需要注意的是，二次电压 2.2% 的电压差会导致相当于变压器 A 中占额定电流 30.2% 的环流。尽管环流在负载端并不明显，但如果将变压器组加到满载，变压器 A 将严重过载，由此产生的发热将损坏绕组绝缘。为了避免环流及其不利影响，并联变压器的匝比应尽可能接近一致，这一点极为重要。

3.7　并联变压器的负载分配

正如之前在第 2.10 章节中图 2.10a 中的实线所示。变压器可以用和电源电压及负载阻抗串联的等效阻抗表示，等效阻抗和负载阻抗都需折算到一次侧。因此，如果并联变压器的匝比相同，它们可以用并联阻抗来表示，如图 3.9 所示，这适用于任意数量的变压器并联[1]。

对于图 3.9 所示的变压器，可以将阻抗转换为导纳，然后使用分流定律[⊖]来确定任何一个并联阻抗中的电流。

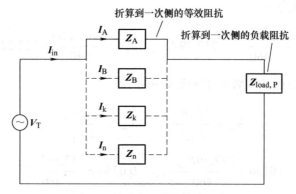

图 3.9　并联变压器的等效电路

$$Y_A = \frac{1}{Z_A} \qquad Y_B = \frac{1}{Z_B} \qquad Y_k = \frac{1}{Z_k} \qquad Y_n = \frac{1}{Z_n}$$

根据分流定律：

$$I_k = I_{bank} \frac{Y_k}{Y_P} \tag{3-5}$$

$$Y_P = Y_A + Y_B + \cdots + Y_k + \cdots + Y_n \tag{3-6}$$

式中　I_k——变压器 k 的一次电流；

　　I_{bank}——变压器组的总输入电流；

　　Y_P——并联变压器的总导纳，单位为 S；

　　Y_k——变压器 k 的等效导纳，单位为 S。

式（3-5）适用于具有相同匝比的并联变压器。如果匝比不同，环流将导致电流的计算值与实际值不符。注：如果变压器参数以阻抗百分比或阻抗标幺值表示，并且它们具有相同的阻抗基值，那么也可以用阻抗百分比或阻抗标幺值代替等效欧姆阻抗来计算每个变压器中的电流。

例 3.5

一台 75kVA 变压器（A）与一台 200kVA 变压器（B）并联。两台变压器的匝比都可近

⊖　参见附录 A.4。

似为电压比 2400——240，运行在降压模式。根据变压器的铭牌值，变压器（A）和（B）的阻抗百分比分别为（1.64+j3.16）% 和（1.10+j4.03）%。试计算：（a）每台变压器的高压额定电流；（b）每台变压器的电流占整个变压器组电流的百分比；（c）在不使任何一台变压器过载的情况下，变压器组所能承受的最大负载。

解：

（a）两个变压器的高压电流分别为

$$I_{A,rated} = \frac{75000}{2400} = 31.25A \qquad I_{B,rated} = \frac{200000}{2400} = 83.333A$$

（b）
$$\%\boldsymbol{Z}_A = 1.64 + j3.16 = 3.5602 \underline{/62.571°}$$
$$\%\boldsymbol{Z}_B = 1.10 + j4.03 = 4.1774 \underline{/74.733°}$$

根据式（2-47），可知：

$$\boldsymbol{Z}_{base,A} = \frac{2400}{31.25} = 76.80\Omega \qquad \boldsymbol{Z}_{base,B} = \frac{2400}{83.333} = 28.80\Omega$$

$$\boldsymbol{Z}_{eq,A} = \boldsymbol{Z}_{base,A}\boldsymbol{Z}_{pu,A} = 76.80 \times 0.035602 \underline{/62.571°} = 2.7342 \underline{/62.571°}\,\Omega$$
$$\boldsymbol{Z}_{eq,B} = \boldsymbol{Z}_{base,B}\boldsymbol{Z}_{pu,B} = 28.80 \times 0.041774 \underline{/74.733°} = 1.2031 \underline{/74.733°}\,\Omega$$

$$\boldsymbol{Y}_{eq,A} = \frac{1}{2.7342 \underline{/62.571°}} = 0.36573 \underline{/-62.571°} = (0.16847 - j0.32462)S$$

$$\boldsymbol{Y}_{eq,B} = \frac{1}{1.2031 \underline{/74.733°}} = 0.83119 \underline{/-74.733°} = (0.21887 - j0.80185)S$$

$$\boldsymbol{Y}_P = (0.16847 - j0.32462) + (0.21887 - j0.80185) = 1.19121 \underline{/-71.0245°}\,S$$

根据式（3-5），可知：

$$|\boldsymbol{I}_A| = |\boldsymbol{I}_{bank}| \times \left|\frac{\boldsymbol{Y}_A}{\boldsymbol{Y}_P}\right| = I_{bank} \times \frac{0.36573}{1.19121} = 0.307I_{bank}$$

$$|\boldsymbol{I}_B| = |\boldsymbol{I}_{bank}| \times \left|\frac{\boldsymbol{Y}_B}{\boldsymbol{Y}_P}\right| = I_{bank} \times \frac{0.83119}{1.19121} = 0.6978I_{bank}$$

因此，75kVA 变压器（A）将承担 30% 的总负荷，而 200kVA 变压器（B）将承担约 70% 的总负荷。

（c）为防止容量较小的变压器过载，变压器组的额定电流必须根据小变压器的额定电流确定。因此：

$$I_A = 0.307I_{bank} \quad \Rightarrow \quad I_{bank} = \frac{I_A}{0.307} = \frac{31.25}{0.307} = 101.79A$$

选择 101.79 A 作为变压器组的额定值是为了防止变压器 A 过载。

$$S_{bank} = V_{bank}I_{bank} = \frac{2400 \times 101.79}{1000} = 244kVA$$

注：在本例中，75kVA 变压器与 200kVA 变压器并联后，变压器组的可用容量小于单独运行的 200kVA 变压器。如果匝比相同但容量不同的变压器并联运行，有可能出现容量

较小的变压器过载、容量较大的变压器轻载的情况。

例 3.6

两台变压器 A 和 B 并联运行，铭牌值均为 60kVA、2300——230V、60Hz，两台变压器额定参数下的阻抗百分比分别为：

$$Z_A = (1.58 - j3.01)\% \qquad Z_B = (1.09 + j3.98)\%$$

试计算每个变压器的电流占整个变压器组的电流百分比。

解：

由于两台变压器的额定容量和额定电压相同，因此它们的阻抗基值也相同，可以使用标幺值系统来求解该问题。

$$Z_{A,pu} = 0.0158 + j0.0301 = 0.033995\underline{/62.3043°}$$

$$Z_{B,pu} = 0.0109 + j0.0398 = 0.041266\underline{/74.6840°}$$

$$Y_{A,pu} = \frac{1}{0.033995\underline{/62.3043°}} = 29.416\underline{/-62.3043°} = 13.672 - j26.046$$

$$Y_{B,pu} = \frac{1}{0.041266\underline{/74.6840°}} = 24.233\underline{/-74.6840°} = 6.401 - j23.373$$

$$Y_{P,pu} = Y_{A,pu} + Y_{B,pu}$$

$$Y_{P,pu} = (13.672 - j26.046) + (6.401 - j23.373) = 53.340\underline{/-67.89°}$$

$$I_A = \frac{Y_{A,pu}}{Y_{P,pu}} \times 100 = \frac{29.416}{53.340} \times 100 = 55.15\%$$

$$I_B = 100 - 55.15 = 44.85\%$$

3.8   变压器的励磁涌流

将交流电压源接入一个 $R\text{–}L$ 串联电路（如空载变压器的等效串联电路）的合闸瞬间，电流将会出现一个自由响应，称为瞬态分量或励磁涌流，以及一个强制响应，称为稳态分量。变压器的瞬态分量会迅速衰减，并在 5 ～ 10 个周期内降至正常空载电流，但在前半个周期内可能超过额定电流的 25 倍。因此，在选择熔断器和 / 或断路器时，必须考虑到这种较大的励磁涌流[2,8]。

励磁涌流的大小取决于合闸瞬间一次电压波形的幅值和相位角，以及铁心中剩磁的幅值和方向。如果没有剩磁，且在一次电压幅值达到最大值的瞬间合闸，则励磁电流可以被限制在变压器正常空载电流范围，不会产生励磁涌流。

如果在一次电压幅值为零的瞬间合闸，并且电流产生的磁通方向和剩磁方向相同，则会发生最严重的励磁涌流。如果出现这种情况，较高的铁心磁通密度会引起铁心饱和，从而降低 $d\phi/dt$，这会使一次反电动势降低，出现较大的励磁涌流。

变压器的空载合闸是一个随机事件。励磁涌流可能为零，也可能非常大，或介于两者之间。励磁涌流还受接入二次负载的类型和大小影响。感性负载会增加励磁涌流，而阻性负载和容性负载则会降低励磁涌流。

3.9　变压器励磁电流中的谐波

变压器的铁心为铁磁材料，其材料的非线性特性导致互感磁通即使为正弦波时，磁化电流也不是正弦波。非正弦的磁化电流经傅里叶级数展开，可以看出，磁化电流由许多不同频率的正弦波组成，这些正弦波称为谐波。在某些三相变压器的联结方式中，三次谐波的存在会导致系统过电压和通信干扰。

磁通波形

在空载变压器的一次侧施加正弦电压，如图 3.10a 所示。将基尔霍夫电压定律应用于一次绕组，有：

$$v_T = i_0 R_p + e_p \tag{3-7}$$

式中　v_T——正弦电压；

　　　e_p——感应电动势；

　　　i_0——励磁电流。

由于空载时 $i_0 R_p$ 压降很小，式（3-7）可简化为

$$v_T \approx e_p \tag{3-8}$$

因此，在变压器一次侧施加正弦电压将产生一个基本正弦的反电动势。根据法拉第定律

$$e_p = N_p \frac{\mathrm{d}\phi_M}{\mathrm{d}t} \tag{3-9}$$

求解 ϕ_M，得

$$\phi_M = \frac{1}{N_p} \int e_p \mathrm{d}t \tag{3-10}$$

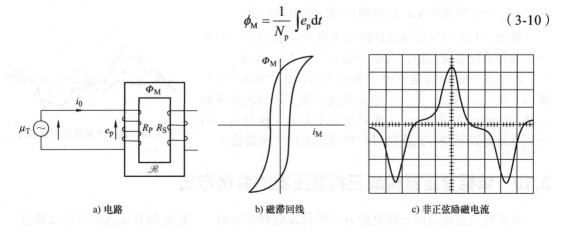

a) 电路　　　　　　　　　　b) 磁滞回线　　　　　　　　　c) 非正弦励磁电流

图 3.10　变压器电流谐波

如式（3-10）所示，互感磁通是正弦反电动势的积分。因此，向变压器施加正弦电压会产生正弦反电动势和正弦磁通。

电流波形

根据第 2 章中的式（2-6），励磁电流的磁化分量可以写为

$$i_{\mathrm{M}} = \frac{\phi_{\mathrm{M}} \mathscr{R}}{N_{\mathrm{P}}} \qquad (3\text{-}11)$$

对于变压器铁心中使用的铁磁材料，根据式（3-11）计算得到的结果就是典型的磁滞回线，如图 3.10b 所示。正如式（3-10）所证明的那样，由于该特性具有非线性，当磁通是正弦波，磁化电流必须是非正弦波。图 3.10c 给出了产生 60Hz 正弦磁通波的变压器非正弦磁化电流。

正如之前在第 2.4 节**例 2.2** 中所述，励磁电流由磁化分量 i_{M} 和铁耗分量 i_{fe} 组成，其中

$$i_0 = i_{\mathrm{M}} + i_{\mathrm{fe}}$$

由于

$$i_{\mathrm{M}} \gg i_{\mathrm{fe}}$$

因此

$$i_0 \approx i_{\mathrm{M}}$$

出于工程实际考虑，励磁电流和磁化电流这两个名称可以互换使用。

对图 3.10c 所示的 60Hz 励磁电流进行傅里叶级数展开，可以看出，它是由一个 60Hz 正弦波加上多个 60Hz 的奇数倍谐波构成的[3,6]。60Hz 的正弦分量称为一次谐波或基波。其他谐波包括 3 次、5 次、7 次、9 次谐波等，分别表示 180Hz、300Hz、420Hz、540Hz 等。故有

$$i_0 \approx i_{\mathrm{M}} = i_{1h} + i_{3h} + i_{5h} + i_{7h} + \cdots + i_{kh} + \cdots + i_{nh} \, ;$$

式中 i_0 ——实际励磁电流；

     i_{1h} ——基波分量；

     i_{kh} ——频率为 $k \times$ 基波频率的磁化电流分量。

基波、3 次和 5 次谐波是磁化电流的主要分量，对于一个具体的配电变压器，其谐波组成如图 3.11 所示。

输电线中的谐波电流会产生令人讨厌的"嗡嗡"声，从而干扰电话通信。此外，电力系统还可能因谐波频率的串联谐振而产生过电压；3 次谐波是主要的干扰分量，当三相变压器以某些方式连接时会出现较大的 3 次谐波。

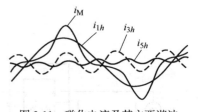

图 3.11　磁化电流及其主要谐波

3.10　单相变压器构成三相变压器的联结方式

大多数交流电是以三相电的方式进行发电和配电的。三相电的升压或降压可以通过三相变压器或由三个单相变压器联结构成的组式变压器（也称为变压器组）实现，如图 3.12

所示。对于 丫 联结的电路，其相电压和线电压之间的关系，以及相电流和线电流之间的关系如下[⊖]：

$$V_{\text{line}} = \sqrt{3} V_{\text{phase}} \qquad I_{\text{line}} = I_{\text{phase}}$$

对于 △ 联结的电路，其相电压和线电压之间的关系，以及相电流和线电流之间的关系如下：

$$I_{\text{line}} = \sqrt{3} I_{\text{phase}} \qquad V_{\text{line}} = V_{\text{phase}}$$

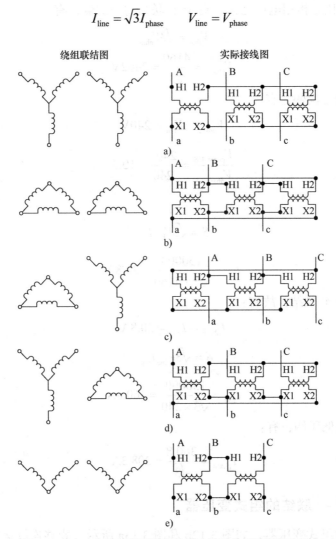

图 3.12　由三个单相变压器联结构成的组式变压器联结方式

例 3.7

一台 150kVA 的组式变压器降压运行，丫 – △ 联结，输入线电压 4160V，输出线电压 240V。

试计算：（a）变压器组的电压比；（b）变压器变比；（c）高压额定线电流和相电流；（d）低压额定线电流和相电流。

⊖ 有关三相电路中的电流和电压关系，请参见附录 A。

解：

（a）丫 – △联结的变压器如图 3.12d 所示。变压器组的电压比是指高压与低压线电压之比：

$$\frac{V_{\text{line,HS}}}{V_{\text{line,LS}}} = \frac{4160}{240} = 17.3$$

（b）变压器变比是指相电压之比。对于丫联结的一次侧，有

$$V_{\text{line}} = \sqrt{3}V_{\text{phase}}$$

$$V_{\text{phase}} = \frac{4160}{\sqrt{3}} = 2402\text{V}$$

对于△联结的二次侧，有

$$V_{\text{phase}} = V_{\text{line}} = 240\text{V}$$

$$\frac{V_{\text{phase,HS}}}{V_{\text{phase,LS}}} = \frac{2402}{240} = 10.0$$

（c）
$$S = \sqrt{3}V_{\text{line}}I_{\text{line}}$$

$$I_{\text{line}} = \frac{150000}{\sqrt{3} \times 4160} = 20.8\text{A}$$

因为高压侧是丫联结，故有：

$$I_{\text{phase}} = I_{\text{line}} = 20.8\text{A}$$

（d）
$$S = \sqrt{3}V_{\text{line}}I_{\text{line}}$$

$$I_{\text{line}} = \frac{150000}{\sqrt{3} \times 240} = 360.8\text{A}$$

对于△联结的低压侧，有：

$$I_{\text{phase}} = \frac{360.8}{\sqrt{3}} = 208.3\text{A}$$

△ – △联结和 V–V 联结的组式变压器

　　△ – △联结的组式变压器，如图 3.12b 和图 3.13a 所示，能够连续运行在三相变压器中任意一相开路的工况，这种开路的△联结也称为 V–V 联结。利用这种联结，在变压器的检查、维护、测试和更换时可以短暂中断供电，非常方便。在预测到未来负荷有可能增加时，还可以利用这种联结提供三相接入服务。例如，通过后期在组式变压器中增加第三台变压器来满足负荷增加的需求。△ – △联结或 V–V 联结运行的变压器必须具有相同的匝比和相同的阻抗百分比，来保证负荷的平均分配。

　　对应△联结的二次绕组，图 3.13b 给出了描述其电流和电压关系的相量图。相电流也称为绕组电流，分别表示为 $I_{aa'}$、$I_{bb'}$、$I_{cc'}$。将基尔霍夫电流定律应用于图 3.13a 中的二次

回路，可得到三相线电流如下：

$$I_1 = I_{aa'} + I_{b'b}$$
$$I_2 = I_{bb'} + I_{c'c}$$
$$I_3 = I_{cc'} + I_{a'a}$$

根据图 3.13b 所示的几何关系，可以看出，三相线电流的幅值等于相电流幅值的 $\sqrt{3}$ 或 1.73 倍。

一相变压器开路，如图 3.13c 所示，并不会改变二次线电压输出。V_{1-2} 和 V_{2-3} 与开路前相同，V_{3-1} 可根据相量叠加原理获得：

$$V_{3-1} = V_{c'c} + V_{b'b}$$

根据图 3.13d 所示的几何关系，应用相量叠加原理，可以看出，无论是 △ – △ 联结还是 V–V 联结，V_{3-1} 的值都是相同的。

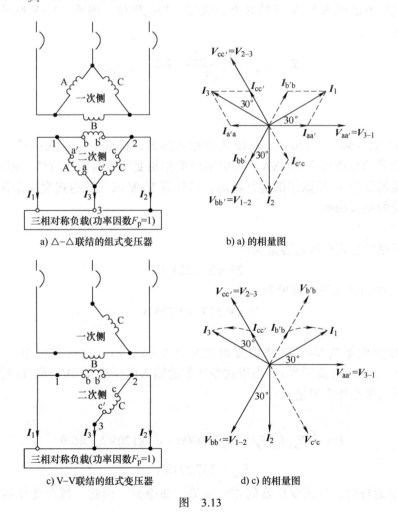

a) △–△联结的组式变压器 b) a) 的相量图

c) V–V联结的组式变压器 d) c) 的相量图

图   3.13

由于三相变压器的二次线电压无论是 △ – △ 联结还是 V–V 联结都相同，因此，当负载阻抗不变时，线电流 I_1、I_2 和 I_3 在两种接法时也应该相同。为了保持线电流不变，图 3.13c 中其余两相变压器的绕组电流必须增加。

$$I_{b'b} \quad \Rightarrow \quad I_1 \qquad I_{cc'} \quad \Rightarrow \quad I_3$$

根据图 3.13d 所示，绕组电流 $I_{cc'}$ 的幅值增大，相位偏移 30°，与线电流 I_3 保持相同；绕组电流 $I_{b'b}$ 的幅值增大，相位偏移 30°，与线电流 I_1 保持相同。因此，如果 △ – △ 联结的组式变压器在额定负载下运行时，移除任意一相变压器，剩余两相变压器中的绕组电流将增加到正常额定值的 1.73 倍。为防止其 V–V 联结运行时绕组过热甚至烧毁，变压器组的额定电流和额定容量必须重新计算（低于单相变压器铭牌值），以正确反映变压器组的供电能力。故有：

$$I_{V-V,\ rated} = \frac{I_{\triangle-\triangle,\ rated}}{\sqrt{3}} = 0.577 I_{\triangle-\triangle,\ rated} \tag{3-12}$$

将组式变压器改接为 V–V 联结并不会改变三相线电压。因此，V–V 联结的变压器组的额定容量为

$$S_{V-V,\ rated} = \frac{S_{\triangle-\triangle,\ rated}}{\sqrt{3}} = 0.577 S_{\triangle-\triangle,\ rated} \tag{3-13}$$

例 3.8

三台 25kVA、480——120V、60Hz 的单相变压器，接成 △ – △ 联结的三相组式变压器。组式变压器的总负载为 50kVA。其中某台单相相变压器因发生故障，需要将其移除，因此组式变压器处于 V–V 联结的运行状态。试计算 V–V 联结的组式变压器在不过热的情况下所能承受的最大功率。

解：
△ – △ 联结的组式变压器容量为

$$25 \times 3 = 75 \text{kVA}$$

V–V 联结的组式变压器容量为

$$75 \times 0.577 = 43.3 \text{kVA}$$

例 3.9

两台单相变压器按 V–V 联结构成组式变压器给三相对称负载供电，负载参数为 50kW、120V、F_p=0.9（滞后性）。当组式变压器的输入电压为 450V、60Hz 时，请计算每台变压器所需的最小额定容量。

解：

$$P = \sqrt{3} E_{line} I_{line} F_P \quad \Rightarrow \quad 50000 = \sqrt{3} \times 120 \times I_{line} \times 0.9$$

$$I_{line} = 267.2918 \text{A}$$

V–V 联结运行时，组式变压器的相电流等于线电流。因此，每台变压器的最小额定容量为

$$\frac{120 \times 267.2918}{1000} = 32.1\text{kVA}$$

3.11　三相变压器

图 3.14a 所示为壳式结构的三相变压器，图 3.14b 所示为芯式结构的三相变压器，它们的三相绕组都绕在一个铁心上。其中，芯式结构的三相变压器结构较为简单，可以将磁通和电压的三次谐波限制在相对小的数值范围[⊖]。

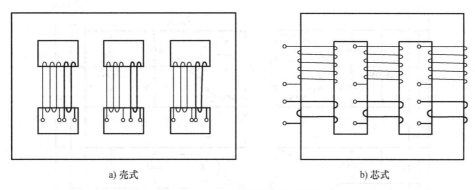

a) 壳式　　　　　　　　　　　　　　　b) 芯式

图 3.14　三相变压器的基本结构

在额定功率和额定电压相同的情况下，三相变压器使用的材料比三台单相变压器构成的组式变压器要少得多。因此，三相变压器的重量更轻，生产成本也更低。此外，由于三相都在一个油箱中，因此可以在内部进行 丫 联结或 △ 联结，从而将外部连接端子的数量从 6 个减少到 3 个。

与组式变压器相比，三相变压器的主要缺点是一相故障会导致整个变压器停运。当然，到底使用三相变压器还是由三台单相变压器构成的组式变压器，取决于许多因素，包括投建成本、运行成本、备件成本、维修成本、停运成本、空间要求以及在单相故障时继续运行的需要。

3.12　三相变压器组并联时相位差 30° 的情况

对于 丫 – △ 联结和 △ – 丫 联结的三相变压器组，它们的一、二次线电压之间存在一个相位差。如图 3.15b 所示，低压线电压滞后于高压线电压 30°。而对于 丫 – 丫 联结、△ – △ 联结或 V–V 联结的三相变压器组，一、二次线电压之间没有相位差。由于丫 – △ 和 △ – 丫 联结的变压器组存在固有相位差，因此无法与 丫 – 丫、△ – △ 或 V–V 联结的变压器组并联，否则即使在空载状态下也会产生较大的环流使绕组严重过热[5]。只有相位差相同的变压器组才能并联运行。值得注意的是，丫 – 丫、△ – △ 或 V–V 联结的变压器组的电压比（线电压之比）等于各自的匝比。这个结论也可以从图 3.12a、b 和 e 获得。

⊖　有关三相变压器中三次谐波的分析，请参见参考文献 [6]。

例 3.10

假设一台 △ - △ 联结的三相变压器组（60Hz，50kVA）与一台 △ - Υ 联结的三相变压器组（60Hz，50kVA）意外并联。两台三相变压器组的电压比均为 2400——240V。两台变压器组折算到二次侧的每相等效阻抗分别为 $Z_\triangle = 0.1106\underline{/60.2°}\ \Omega$ 和 $Z_Y = 0.0369\underline{/60.2°}\ \Omega$。当负载开关断开时，如图 3.15a 所示，试计算：（a）每台变压器组二次绕组中流通的环流；（b）用百分比表示每台变压器组中二次环流和额定相电流的关系。

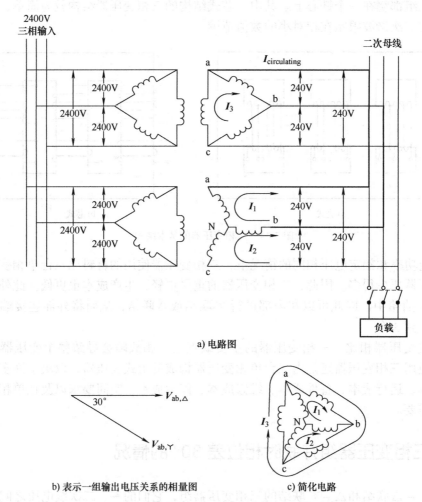

a) 电路图

b) 表示一组输出电压关系的相量图   c) 简化电路

图 3.15   输出电压具有 30° 相位差的三相变压器组并联

解：

（a）本例采用电网络（回路）分析法进行求解。二次相电压分别为[⊖]

$$E_{ab} = 240\underline{/0°}\ V \qquad E_{aN} = 138.6\underline{/-30°}\ V$$

$$E_{bc} = 240\underline{/-120°}\ V \qquad E_{bN} = 138.6\underline{/-150°}\ V$$

$$E_{ca} = 240\underline{/120°}\ V \qquad E_{cN} = 138.6\underline{/90°}\ V$$

⊖ Υ 联结和 △ 联结变压器中的电压关系请参见附录 A 中的 A.7 和 A.9。

在图 3.15a 中选择的网孔回路如下：回路 1（bNab）、回路 2（cNbc）和回路 3（abc）。当负载开关断开时，其电路图可简化为如图 3.15c 所示。考虑图 3.15b 所示的 30° 相位差关系，应用电网络分析法对这 3 个回路进行电压平衡方程式列写，可得：

回路 1　　$(E_{bN} + E_{Na}) \underline{/-30°} + E_{ab} = [2Z_\curlyvee + Z_\triangle]I_1 - Z_\curlyvee I_2 + Z_\triangle I_3$

回路 2　　$(E_{cN} + E_{Nb}) \underline{/-30°} + E_{bc} = -Z_\curlyvee I_1 + [2Z_\curlyvee + Z_\triangle]I_2 + Z_\triangle I_3$

回路 3　　$E_{ab} + E_{bc} + E_{ca} = Z_\triangle I_1 + Z_\triangle I_2 + 3Z_\triangle I_3$

代入电动势和阻抗，并进行化简和求解：

$$-240 \underline{/0°} - 30° + 240 \underline{/0°} = 0.1844 \underline{/60.2°} I_1 - 0.0369 \underline{/60.2°} I_2 + 0.1106 \underline{/60.2°} I_3$$

$$-240 \underline{/-120°} - 30° + 240 \underline{/-120°} = -0.0369 \underline{/60.2°} I_1 + 0.1844 \underline{/60.2°} I_2 + 0.1106 \underline{/60.2°} I_3$$

$$0 = 0.1106 \underline{/60.2°} I_1 + 0.1106 \underline{/60.2°} I_2 + 0.3318 \underline{/60.2°} I_3$$

$$I_\curlyvee = I_1 = 973A \quad I_\triangle = I_3 = 562A$$

（b）　　$I_{phase\triangle} = \dfrac{50000/3}{240} = 69.44A \qquad I_{phase\curlyvee} = \dfrac{50000/3}{240/\sqrt{3}} = 120.28A$

$$I_\triangle = \frac{562 - 69.44}{69.44} = 7.09 \text{ 或} 709\% I_{\triangle rated}$$

$$I_\curlyvee = \frac{973 - 120.28}{120.28} = 7.09 \text{ 或} 709\% I_{\curlyvee rated}$$

从本例可以看出，电压有 30° 相位差的三相变压器组并联会在变压器间产生非常大的环流，这种现象与短路造成的结果类似。

3.13　三相变压器组不同联结方式下的谐波抑制问题

如第 3.9 节所述，产生正弦磁通和正弦输出电压的磁化电流本身是非正弦的，包含许多奇次谐波分量。其中任意次谐波分量被抑制都会导致磁通非正弦，从而导致二次电压非正弦。

图 3.16a 所示是一台由 丫 联结发电机供电的 丫－丫 联结变压器组，且变压器组的中性点与发电机的中性点相连。A、B 和 C 三相绕组磁化电流的基波和 3 次谐波分量如图 3.16b 所示。为了看起来更清楚，三相电流在图中垂直分开绘制，并统一以基波时间为横坐标。相应的相量图如图 3.16c 所示。可以看出，三相磁化电流的基波相差 120°，而相应的 3 次谐波分量相位相同。

3 次谐波及 3 的倍数次谐波均为零序谐波，不具有三相的相量关系。三相变压器组每相的 3 次谐波相位相同，每相的 9 次谐波相位相同，依次类推。而非 3 的倍数次谐波，如 2 次、4 次、5 次和 6 次谐波，都具有三相的相量关系，必须作为三相相量处理。

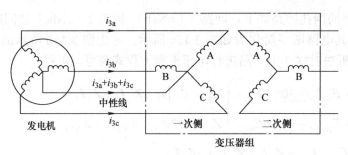

a) 中性点与一次侧连接的丫-丫联结变压器组

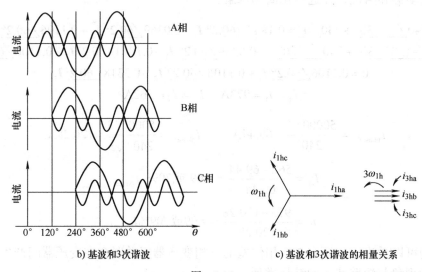

b) 基波和3次谐波　　　　　　　c) 基波和3次谐波的相量关系

图　3.16

　　由于三相丫联结的变压器组中每一相中 3 的倍数次谐波电流都是同相的，或者都流入中性点或者都流出中性点，因此中性点需要与丫接电源相连，如图 3.16a 所示，图中只显示了 3 次谐波电流。如果中性点无连接，3 次谐波电流无法流通，因此磁通不会是正弦波，从而导致二次电压也不是正弦波。二次侧输出将含有明显的 3 次谐波电压，由于线路的容抗和变压器的漏抗在 3 次谐波频率上可能会发生串联谐振，导致谐振过电压和过电流。因此，对于配电系统来说，一般不采用一次侧中性点无连接的丫-丫联结变压器组。

△联结下 3 的倍数次谐波电流

　　图 3.17a 所示为一台由丫接电源供电的△-丫联结变压器组。由于△联结的变压器组没有中性点可供连接，因此电源中没有 3 的倍数次谐波电流入变压器组。这将导致每个变压器铁心中的磁通非正弦，从而使感应电势非正弦。3 次谐波是非正弦感应电势中的主要成分，它会导致 3 次谐波电流在△联结的绕组中形成环流，如图 3.17a 所示。△联结的绕组中 3 次谐波环流可以提供缺失的磁通分量，从而使输出电压正弦。其他 3 的倍数次谐波，如 9 次和 15 次谐波，也会在△联结的绕组中形成环流，但是其幅值与 3 次谐波相比要小得多。

　　同样地，在和发电机无中性点连接的丫-△联结的变压器组中也会出现类似现象，如

图 3.17b 所示。但在这种情况下，3 次谐波电流的流通路径是△联结的二次绕组。

图 3.17a 所示的△ – 丫联结变压器组更适用于工业电力系统。它可以为单相负载、三相输出以及含有并隔离 3 的倍数次谐波电流的闭合回路提供中性点。该中性点也可做安全接地用。

丫–丫–△联结

在某些特定的应用场合，如果不希望丫 – 丫联结的变压器组中性点与电源或负载相连，可以在变压器三相铁心上分别绕上第三个绕组，即第三绕组。3 个第三绕组按△联结连接。如图 3.17c 所示。第三绕组可以为 3 次谐波电流提供通路，从而使二次侧产生正弦磁通和正弦输出电压。

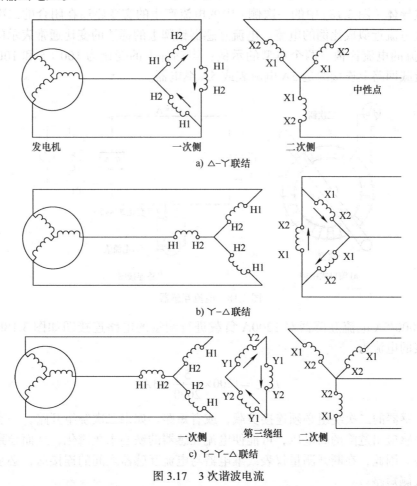

a) △–丫联结

b) 丫–△联结

c) 丫–丫–△联结

图 3.17　3 次谐波电流

3.14　测量变压器

测量变压器（又称互感器）用于将大电流和高电压转换为比较小的电量，以便于仪表显示或者控制。电压互感器用于电压测量，电流互感器用于电流测量。这两种互感器还用于将低压测量仪表与高压电路隔离。

电压互感器（Potential Transformer，PT）是一种非常精确的双绕组变压器，其一次侧并联到待测电压的电路上，而二次侧与电压表或高阻抗继电器相连。电压互感器的工作原理与前面讨论过的所有其他双绕组变压器基本相同。

电流互感器（Current Transformer，CT）用于将相对较大的电流值降低至某一较小电流值，以便于测量仪表和继电器的后续工作。它也用于高压电路中，将电流测量仪表和继电器与高压线路隔离开来。电流互感器的一次侧与待测电流的电路串联，二次侧与电流表和 / 或继电器相连，称为负载电路。

典型的窗口式电流互感器如图 3.18a 所示。其一次侧为一根穿过环形铁心窗口的电源线导体。二次侧为多匝绕制在环形铁心上的绝缘线圈。

电源线导体（图 3.18a 中的一次侧）中的电流产生的交变磁通在闭合的二次回路中感应出与一次电流近似成比例的电流。电流互感器铭牌上的标注的变比通常表示的是相对于 5A 二次电流的电流比值。两个典型的示例：当铭牌上的变比为 100∶5 和 10000∶5 时，分别表示负载回路上连接的是 5A 电流表或 5A 继电器。

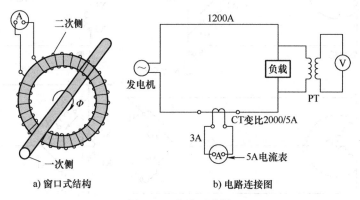

a) 窗口式结构   b) 电路连接图

图 3.18 电流互感器

采用 2000/5A 电流互感器对 1200A 负载进行测量的电路连接图如图 3.18b 所示。流过电流表的电流为

$$I_{\text{meter}} = 1200 \times \frac{5}{2000} = 3\,\text{A}$$

电流互感器的二次绕组必须连接负载，或者短路。如果二次绕组开路，一次电流会在二次绕组中感应出危险的高电压，可能使电流互感器的铁心永久磁化，从而导致互感器变比发生误差。因此，在断开测量仪表或继电器与电流互感器之间的连接前，必须将电流互感器的二次侧短路。

测量变压器的准确度

由铁磁材料非线性造成的铁心损耗和励磁电流非线性，使一、二次电流比值的真实值不可能完全等于匝比的倒数，同时也会造成微小的相位差。为了补偿这个误差，电流互感器的制造厂家一般会让匝比与铭牌上的变比略有不同。尽管在电流互感器制造过程内置相角误差补偿一般不太实用，但在将电流互感器应用于电力电子电路和电力系统继电保护时，必须考虑到这一点。

测量变压器的极性

测量变压器接线端子的相对瞬时极性可以用 ± 标记，也可以用 H_1 和 X_1 标记，一般采用明亮的油漆标记。字母 H_1 表示高压侧接线端子，X_1 表示相同瞬时极性的低压侧接线端子。

功率表、电压表、功率因数表、同步指示灯、继电器等都需要根据极性进行连接。极性连接错误会导致上述测量仪表读数出错，并可能对使用继电保护设备的交流发电机和配电系统造成严重损坏。因此，在测量变压器重新安装、维修或新装时必须要进行极性测试，以确保极性标记正确无误[⊖]。

解题公式总结

自耦变压器

$$S_{at} = (a+1)\, S_{2w} \tag{3-3}$$

变压器的并联运行

$$I_{circulating} = \frac{E_A - E_B}{Z_A + Z_B} \tag{3-4}$$

$$I_k = I_{bank}\, \frac{Y_k}{Y_P} \tag{3-5}$$

$$Y_P = Y_A + Y_B + \cdots + Y_k + \cdots + Y_n \tag{3-6}$$

三相联结关系

$$\curlyvee:\quad V_{line} = \sqrt{3}\, V_{phase} \qquad I_{line} = I_{phase}$$

$$\triangle:\quad I_{line} = \sqrt{3}\, I_{phase} \qquad V_{line} = V_{phase}$$

$$I_{V-V,\,rated} = \frac{I_{\triangle-\triangle,\,rated}}{\sqrt{3}} = 0.577 I_{\triangle-\triangle,\,rated} \tag{3-12}$$

$$S_{V-V,\,rated} = \frac{S_{\triangle-\triangle,\,rated}}{\sqrt{3}} = 0.577 S_{\triangle-\triangle,\,rated} \tag{3-13}$$

正文引用的参考文献

1. Bewley，L. V. Alternating Current Machinery. Macmillan，New York，1949.
2. Huber，W. J. Selection and coordination criteria for current limiting fuses. IEEE Trans. Industry Applications，Vol. IA–13，No. 6，Nov./Dec. 1977.

⊖　参见参考文献［4］，了解测量变压器的极性测试。

3. Hubert, C. I. Electric Circuits AC/DC: An Integrated Approach. McGraw-Hill, New York, 1982.

4. Hubert, C. I. Operating, Testing, and Preventive Maintenance of Electrical Power Apparatus. Prentice Hall, Upper Saddle River, NJ, 2002.

5. Lawrence, R. R. Principles of Alternating Current Machinery. McGraw-Hill, New York, 1940.

6. MIT E. E. Staff. Magnetic Circuits and Transformers. Wiley, New York, 1943.

7. Standards publication: Dry type transformers for general applications. NEMA Pub-lication No. ST 20-1972. National Electrical Manufacturers Association Washing-ton, DC.

8. Say, M. G. Alternating Current Machines. Wiley, New York, 1983.

9. Zalar, D. A. A guide to the application of surge arresters for transformer protection. IEEE Trans. Industry Applications, Vol. IA-15, No. 6, Nov./Dec. 1979.

一般参考文献

Heathcote, Martin J. JSP Transformer Book: A Practical Technology of the Power Transformer, 12th ed. Oxford, Boston, 1998.

Blume, L. F. Transformer Engineering. Wiley, New York, 1938.

Test Code for Liquid Immersed Distribution, Power, and Regulating Transformers, and Guide for Shori-Circuit Testing of Distribution and Power Transformers. ANSI C57. 12. 90-1980, American National Standards Institute, New York, 1980.

Westinghouse Staff. Electrical Transmission and Distribution Reference Book. West-inghouse Electric Corp., 1964.

思 考 题

1. 试阐述如何区分变压器的减极性接法和加极性接法。为什么首选减极性接法？

2. 什么是变压器的基本冲击绝缘水平（BIL）？

3. 试阐述自耦变压器与双绕组变压器在物理结构和电气性能上有何不同？

4. 请绘制降压自耦变压器带负载的电路图，并画出绕组中电流和电压的相对大小。

5. 相比于双绕组变压器，试说明自耦变压器有哪些优缺点？

6. 一台 50kVA 变压器的匝比为 20∶1，如果将其改接为自耦变压器，它的额定功率是多少？

7. 什么叫可使用电压？

8. 什么是降压—升压变压器，它有什么应用场景？

9. 请用电路图解释一下：不同匝比的变压器并联对性能的影响。

10. 在什么情况下，变压器需要以低于铭牌上的额定功率降额运行？请解释。

11. 什么是变压器的励磁涌流？它与什么有关？励磁涌流大概的取值范围是多少？大约能持续多长时间？为什么这些信息很重要？

12. 什么是变压器谐波，它们是如何产生的？

13. 对应的二次侧线电压存在 30° 相位差的三相变压器组并联时，试解释会发生什么情况？

14. 试说明并解释励磁电流中的 3 次谐波分量被抑制会对三相配电系统有什么不利

影响。

15. 相比于由 3 个单相变压器构成的三相组式变压器，三相芯式变压器有哪些优缺点？

16. 请绘制变压器带负载的电路图。包括电流互感器和电压互感器以及一次和二次电路中的相关测量仪表。

习　　题

3-1/4　一台 2300——450V、60Hz 的自耦变压器用作降压运行，负载阻抗为 $2\ \underline{/10°}\ \Omega$。如果忽略变压器的内部阻抗，试计算：（a）负载电流；（b）高压侧电流和变压器作用下的电磁感应电流；（c）绘制电路图，并画出（b）中电流的大小和相对方向。

3-2/4　将自耦变压器 25% 的分接抽头连接到 600V 发电机上，用作升压运行。高压侧负载为 100kVA 且功率因数 F_p=0.80（滞后性）。请绘制电路图，并计算：（a）二次电压；（b）负载电流；（c）一次电流；（d）600V 发电机两端连接的绕组部分中的电流。

3-3/4　一台二次绕组为 200 匝的自耦变压器，总匝数为 600 匝，这 600 匝绕组的输入电压为 60Hz、2400V。二次接入负载为 4.8kVA 且功率因数 F_p=0.6（滞后性）。忽略损耗和漏磁，请计算：（a）二次电压；（b）二次电流；（c）一次电流；（d）传导容量；（e）电磁容量；（f）铁心磁通的瞬时最大值。

3-4/4　一台 100kVA、60Hz、440——240V 的自耦变压器，其负载包括一个 240V、8kW 的加热器和一个 240V、60Hz、10hp 的电动机。电动机运行在 90% 额定负载下，功率因数 F_p=0.86（滞后性），效率为 88%。试计算：（a）变压器提供的总容量；（b）传导容量；（c）电磁容量。

3-5/5　一台 120V、60Hz 的空调，运行在因远距离输电线损导致使用电压只有 102V 的偏远地区。请计算：（a）达到理想性能所需的升压电压比；（b）最接近负载要求的降压—升压变压器的标准电压比；（c）安装降压—升压变压器后的负载电压；（d）绘制相应的电路连接图，并根据 NEMA 标准进行端子标记。

3-6/5　一台额定参数为 50kW、240V、60Hz 的电热水器，运行在 60Hz、使用电压为 269.5V 的系统中。请计算：（a）达到理想性能所需的降压电压比；（b）最接近（a）中要求的降压—升压变压器的标准电压比；（c）安装降压—升压变压器后的负载电压；（d）绘制相应的电路连接图，并根据 NEMA 标准进行端子标记；（e）输入电流和输出电流。

3-7/5　某照明装置由 300 盏电灯组成，每盏电灯的额定参数为 300W、120V，运行在使用电压为 132V 的系统。（a）由于过电压会缩短电灯的使用寿命，因此请选择标准的降压—升压变压器，让使用电压与负载有效匹配；（b）绘制相应的电压变换连接图，并根据 NEMA 标准进行端子标记；（c）计算降压—升压变压器的输入和输出电流。

3-8/6　两台 50kVA、60Hz 的变压器，其电压比和折算到低压侧的等效阻抗如下所示：

变压器	电压比	$R_{eq,Ls}/\Omega$	$X_{eq,Ls}/\Omega$
A	4800——482	0.0688	0.1449
B	4800——470	0.0629	0.1634

两台变压器并联，并由 4800V、60Hz 的系统供电。试计算环流。

3-9/6　一台 75kVA、60Hz、4800——432V 的变压器 A 与一台相似的变压器 B 并联，变压器 B 电压比的准确值未知。变压器组运行在降压模式，其环流为 37.32 $\underline{/-63.37°}$ A。根据短路实验获得的两台变压器折算到低压侧的阻抗分别为

$$\boldsymbol{Z}_{\text{eq,A}} = 0.0799\underline{/62°}\ \Omega \qquad \boldsymbol{Z}_{\text{eq,B}} = 0.0676\underline{/65°}\ \Omega$$

请计算变压器 B 的电压比。

3-10/7　两台变压器 A 和 B 并联运行为配电系统供电，额定参数均为 2400——240V、60Hz、100kVA，负载功率为 150kW、且功率因数 F_{p}=0.8（滞后性）。两台变压器的匝比相同，折算到高压等效阻抗分别为（0.869+j2.38）Ω 和（0.853+j3.21）Ω。如果输入电压为 2470V，请计算每个变压器的高压电流。

3-11/7　两台 4800——480V、167kVA 变压器并联运行，供电负载为 480V、200kVA、且功率因数 F_{p}=0.72（滞后性）。每台变压器的阻抗百分比分别为

$$\boldsymbol{Z}_{\text{A}} = (1.11 + j3.76)\% \qquad \boldsymbol{Z}_{\text{B}} = (1.46 + j4.81)\%$$

请绘制等效电路图并计算：（a）总负载电流；（b）每台变压器二次侧提供的电流。

3-12/7　两台 7200——240V、75kVA 变压器并联运行。两台变压器的阻抗标幺值分别为

$$\boldsymbol{Z}_{\text{A,PU}} = 0.0121 + j0.0551 \qquad \boldsymbol{Z}_{\text{B,PU}} = 0.0201 + j0.0382$$

请计算每台变压器二次侧提供的电流占总负载电流的百分比。

3-13/7　三台 2400——120V、60Hz、200kVA 单相变压器并联运行，为 500kVA 的负载（功率因数 F_{p}=1）供电。各变压器的电阻百分比和电抗百分比分别为

变压器	%R	%X
A	1.30	3.62
B	1.20	4.02
C	1.23	5.31

请绘制电路连接图和等效电路图，并计算每台变压器承担的负载功率占总负载功率的百分比。

3-14/7　三台 7200——600V、500kVA 变压器并联运行，由 7200V 电源供电。变压器铭牌上的阻抗百分比分别为

$$\boldsymbol{Z}_{\text{A}} = 5.34\% \qquad \boldsymbol{Z}_{\text{B}} = 6.08\% \qquad \boldsymbol{Z}_{\text{C}} = 4.24\%$$

请计算变压器 B 提供的电流占总电流的百分比？

3-15/7　两台 2400——240V、60Hz 变压器 A 和 B 并联运行，参数如下：

变压器	kVA	额定阻抗
A	50	3.53%
B	75	2.48%

假设电阻百分比可忽略不计，请问：并联变压器组能否以 125kVA 额定值运行而不过热？写出所有工作模式。

3-16/7　有三台 2400——480V 变压器 A、B、C 具体参数如下所示。它们是否可以并联运行，为 400kVA、且功率因数 F_p=0.8（滞后性）的负载供电，而且任何一台变压器都不会过载？写出所有工作模式。

变压器	kVA	额定阻抗
A	100	3.68%
B	167	4.02%
C	250	4.25%

假设电阻百分比可以忽略不计。

3-17/10　一台 △ – Ｙ 联结的变压器组为 500kVA、且功率因数 F_p=0.8（滞后性）的三相对称负载供电。高压（△联结）输入电压为 2400V、60Hz。每个变压器的匝比均为 6.9。请绘制电路图，并分别计算高压侧和低压侧的线电压、相电压、线电流和相电流。

3-18/10　一台 60Hz、75hp、890r/min 的三相感应电动机由一台 2300——550V 的变压器组（△ – △联结）供电。电动机工作在 3/4 额定负载时，效率为 89%，功率因数 F_p=0.84（滞后性）。请绘制电路图，并在忽略变压器损耗的情况下，计算：（a）变压器组的输入功率；（b）如果其中一个变压器开路，其余每个变压器的负载；（c）△ – △联结下，电动机的线电流；（d）V–V 联结下，重复计算（c）。

3-19/10　为了给 450V、90kW、功率因数为 0.75（滞后性）的三相负载供电，欲购买两台 4160——450V 变压器。两台变压器将按照 V–V 接法联结。请计算每台变压器所需的最小额定功率。

3-20/10　用三台单相变压器构成的组式变压器给总容量为 750kVA 的三相对称负载供电，供电电压为 450V。组式变压器的三相输入电压为 2400V。试计算：（a）△ – Ｙ 联结时，组式变压器的电压比和变比；（b）△ – △联结时，组式变压器的电压比和变比；（c）如果每个变压器的额定容量为 400kVA，且变压器为按 △ – △联结，那么在其中一个变压器断开的情况下，变压器组能否安全地给负载供电？

3-21/12　由三台 500kVA 单相变压器构成的变压器组（△ – △联结）意外地与一台 400kVA 的变压器组（△ – Ｙ 联结）并联运行。虽然并联变压器组没有连接负载，但变压器组之间产生了较大的环流导致断路器跳闸。两台变压器组的电压比均为 7200——240V。△ – △联结变压器组的阻抗百分比为 2.2%，△ – Ｙ 联结变压器组的阻抗百分比为 3.1%，均以各自的额定参数为基值计算获得。请计算：在断路器跳闸前，变压器组之间的环流幅值。

3-22/12　一台 200kVA、60Hz、4600——460Ｙ/266V 的三相变压器组（△ – Ｙ 联结）意外地与一台 200kVA、4600——460V、60Hz 的三相变压器组（△ – △联结）并联运行。△ – △联结变压器组的每相阻抗标幺值为 $0.0448\underline{/72.33°}$，△ – Ｙ 联结变压器组的每相阻抗标幺值为 $0.0420\underline{/68.42°}$，均以各自的额定参数为基值计算获得。请计算：变压器组之间环流的线电流幅值。

第 4 章

三相感应电机的原理

4.1 概述

感应电机代表了一类旋转设备，包括感应电动机、感应发电机、感应变频器、感应换向器和电磁滑动联轴器。感应电动机可以在几乎所有电动机应用中得到充分利用，除非该应用需要非常高的转矩或非常精细的调速控制。感应电动机的功率范围可以从小于 1hp 到超过 10 万 hp 不等，相比于具有同样额定功率和转速的直流电动机，它们更可靠，需要较少的维护，并且更经济实惠。

感应电动机是由尼古拉·特斯拉（Nikola Tesla）（1856—1943）于 1888 年发明的。能量从静止部件传递到旋转部件是通过电磁感应实现的，不需要通过与旋转部件进行电气连接。静止绕组（称为定子）产生的旋转磁场可以在转子中感应出交变的电动势和电流，转子中的感应电流进而与静止绕组生成的旋转磁场相互作用产生电动机转矩。

感应电动机的转矩—转速特性与转子的电阻和电抗直接相关，因此，通过设计转子电路使其具有不同的电阻电抗比，即可以获得不同的电动机转矩—转速特性。

4.2 感应电动机的工作原理

图 4.1a 所示为一个基本的两极三相感应电动机，定子（静止部分）由三个间隔 120° 的铁心组成，缠绕在铁心上的三个线圈以 Y 方式连接，同时采用三相电源供电。转子由层压的硅钢片组成，通过端部导体相互连接形成一个类似锻炼松鼠的笼子，因此也被称为笼型转子。当定子绕组通入三相电时，三个线圈中的电流在不同时刻达到最大值，由于三相电流互差 120° 电角度，对应的磁通也互差 120°，如图 4.1b 所示。图 4.1c 所示为不同时刻定子的磁通穿过转子的方向，和图 4.1b 结合起来分析，在 0° 时，A 相体现为最强的 N 极，而 B 相和 C 相为弱 S 极；在 60° 时，C 相体现为最强的 N 极，而 A 相和 B 相为弱 S 极；在 120° 时，B 相体现为最强的 N 极，而 A 相和 C 相为弱 S 极，其他情况也可以类似分析得出。图中大箭头表示合成磁通的瞬时方向，由合成磁通矢量的不同位置可以看出磁通在沿逆时针方向旋转。虽然每个线圈产生的磁通是交变的，但当三个交错的线圈以适当的顺序相位角载流，其合成磁通为一个两极的旋转磁通。感应电动机的工作即是依靠这个合成的旋转磁通，而不是交变磁通。

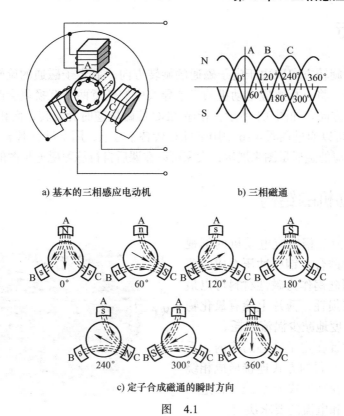

a) 基本的三相感应电动机　　　b) 三相磁通

c) 定子合成磁通的瞬时方向

图　4.1

　　如图 4.2a 所示，在静止线圈中通入三相电流，产生的旋转磁通（也称为旋转磁场）即可以比作磁铁围绕转子旋转时产生的磁场。旋转磁场以逆时针方向旋转扫过转子，切割转子导体，旋转磁场的速度被称为同步转速。

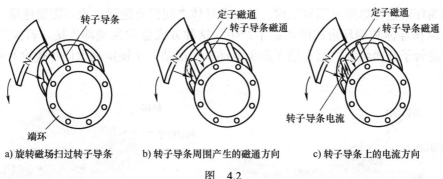

a) 旋转磁场扫过转子导条　　　b) 转子导条周围产生的磁通方向　　　c) 转子导条上的电流方向

图　4.2

　　根据楞次定律，导体与磁场之间相对运动所产生的电压、电流和磁通的方向将阻碍相对运动。因此，导体会在与旋转磁通（逆时针方向）相同的方向上产生力的作用。为了产生该力，如图 4.2b 所示，"磁通聚束"必须发生在导体的右侧，所以转子导条上电流产生的磁通必须是顺时针方向。为了产生这个顺时针旋转的磁通，根据右手定则，转子导条上电流的方向如图 4.2c 所示。

4.3   反转运行

感应电动机的旋转方向取决于定子磁通的旋转方向，而定子磁通的旋转方向又取决于所施加电压的相序。将三相感应电动机的三个导线中的任意两个互换就会改变相序，进而改变电动机的旋转方向。如图 4.1 所示，相序 ABC 使磁场逆时针旋转，而相序 CBA 将使磁场顺时针旋转。这可以通过在图 4.1b 中用字母 C 代替字母 A、用字母 A 代替字母 C，然后重新绘制图 4.1c 中对应的磁通量图来展示，大家可以在课后自行练习磁通量图的重新绘制。

4.4   感应电动机的结构

如图 4.3 所示为三相感应电动机的剖视图，定子铁心是由硅合金钢板冲压而成的薄铁心片构成，使用硅钢作为磁性材料可以最大限度地减少磁滞损耗，薄片上涂有氧化物或清漆，以最大限度地减少涡流损耗。

绝缘的线圈放置在定子铁心的槽内，重叠的线圈以串联或并联的方式连接形成相绕组，相绕组之间的联结方式为 Y 或 △，这些联结方式将由电压和电流的要求决定。

感应电动机的转子有两种基本类型，分别是笼型转子和绕线式转子。如图 4.4a 所示为小型笼型转子，通过在层压铁心的槽中浇

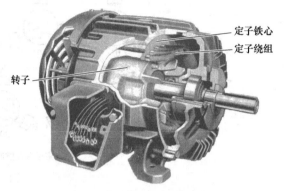

图 4.3   三相感应电动机的剖面图
（由 Siemens Energy and Automation 提供）

注熔融铝形成导体、端环和风扇叶片。而较大的笼型转子，如图 4.4b 所示，使用黄铜导条和黄铜端环通过钎焊形成笼型结构，铁心和导体之间没有绝缘，也不需要绝缘，转子中的感应电流在导体和端环形成的回路中产生，这种方式也称为端部连接。若像图 4.4a 所示的那样将转子开槽倾斜，则有助于避免电动机"蠕动"（锁定在次同步速度）和减少电动机振动。

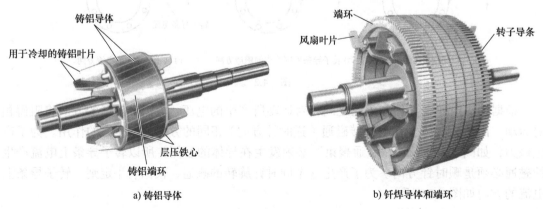

a) 铸铝导体

b) 钎焊导体和端环

图 4.4   笼型转子（由 Siemens Energy and Automation 提供）

如图 4.5 所示为具有绕线转子的感应电动机，绝缘线圈被分布安装在转子槽中并采用丫排列连接，转子回路包括集电环、电刷和丫联结的变阻器。三相变阻器由三个变阻器丫型联结组成，用一个公共连杆同时调节三个变阻器的控制端。变阻器可用来调节绕线转子电动机的起动转矩和运行速度，若将变阻器移至零电阻位置（变阻器的最左端），这时绕线转子电动机将像笼型电动机一样运行[⊖]。

图 4.5　绕线转子感应电动机
（由 Dresser–Rand，Electric Machinery 供图）

无论采用笼型转子还是绕线式转子，能量从定子传递到转子，都是通过电磁感应的方式，其传递方式与变压器类似。因此，电动机的定子通常被称为初级，而转子被称为次级。由于能量是通过定子和转子之间的气隙以电磁方式传递的，因此气隙要做得非常小，以减小磁阻。

感应电动机的极距是指电动机每极在定子圆周上跨越的距离，等于定子周长除以定子极数，可以用相邻两磁极间槽数或角度来表示。而节距是指每组线圈在定子圆周上跨越的距离，通常等于或略小于极距，例如，4 极定子的每个线圈节距为圆周的 1 / 4 或者更小。如果线圈节距等于极距，则称为全距绕组；如果节距小于极距，则称为短距绕组。图 4.6 所示为全距 4 极和 8 极定子绕组[⊜]的线圈节距，3 个黑色圆弧为三组定子线圈的端视图，每个圆弧代表一相绕组，其中的角度为机械角度。

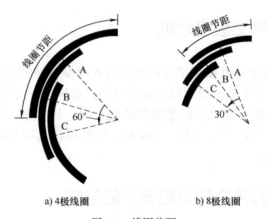

a) 4极线圈　　　　　　　b) 8极线圈

图 4.6　线圈节距

4.5　同步转速

旋转磁通的旋转速度被称为同步转速，与供电电压的频率成正比，与电动机磁极对数

成反比（磁极只能成对出现），其数学表达式为

$$n_s = \frac{f_s}{P/2} = \frac{2f_s}{P}(r/s)$$

$$n_s = \frac{120f_s}{P}(r/min)$$ （4-1）

式中 f_s——三相供电频率；

n_s——同步转速；

P——磁极数。

通过比较定子极数不同的电动机中磁通所经过的机械角度，可以直观地看出旋转磁通的速度与定子极数之间的关系。如图 4.6 所示，假设供电频率和时间相同，4 极电动机的旋转磁场转过的角度是 8 极电动机的两倍，对于 4 极绕组，磁通中心线旋转 60°（A 相到 C 相），而 8 极绕组，磁通中心线旋转 30°（A 到 C）。提高电源的频率来增加定子线圈中电流的频率，进而使磁通等比例地以更高的速度旋转。通过改变定子极数、供电频率或者两者同时改变可以调节感应电动机的同步转速。

例 4.1

试计算当频率降低至额定值 85% 时 6 极感应电动机的同步速度，其中额定电压 460V，额定频率 60Hz。

解：

$$n_s = \frac{120f_s}{P} = \frac{120 \times (60 \times 0.85)}{6} = 1020r/min$$

4.6   多速固定频率变极电动机

变极可以通过为每个速度使用单独的绕组或者改变一种特殊设计电动机的绕组联结方式来实现。当使用两个单独的绕组时，这种电动机被称为双绕组双速电动机；当使用 3 个单独的绕组且每个绕组布置在不同数量的磁极上时，这种电动机被称为三绕组三速电动机。当供电频率 f 为 60Hz 时，2 极、4 极和 6 极电动机的同步转速分别为 3600r/min、1800r/min 和 1200r/min。

4.7   转差率及其对转子频率和电压的影响

同步转速与转子速度之差称为转差，转差与同步转速之比称为转差率，即

$$n = n_s - n_r$$ （4-2）

$$s = \frac{n_s - n_r}{n_s}$$ （4-3）

式中 n——转差，单位为 r/min；

———————

⊖   见附录 B。

n_s——同步转速，单位为 r/min；

n_r——转子转速，单位为 r/min；

s——转差率。

方程式（4-3）所示的是转差率的标幺值[⊖]。假设电源电压和频率不变，转差率取决于连接到转子轴上的机械负载，增加负载会降低转子速度，从而增大转差率。

如果转子被制动器挡住无法转动，则 $n_r=0$，那么式（4-3）可以表示为：

$$s = \frac{n_s - 0}{n_s} = 1$$

当移除制动器，转子开始加速，转差率随着转子的加速而逐渐减小，当所有负载都被移除时，转差率趋近于零。

如果在无负载的情况下运行，并且风阻和摩擦足够小，转子和定子的旋转磁场之间的相对运动非常小，可能导致转子沿着最小磁阻的方向被磁化，这种情况下，转子将与定子产生的旋转磁场同步，即转差率为零，不会产生感应转矩，电动机将像一个磁阻同步电动机一样运行[⊖]。然而施加一个较小的负载就会使其失去同步，再次产生感应转矩。转子转速 n_r 可以由式（4-3）推导得出：

$$n_r = n_s(1-s) \tag{4-4}$$

转差率对转子频率的影响

旋转磁场在转子回路中感应出的转子电压频率由下式可得[⊜]：

$$f_r = \frac{Pn}{120} \tag{4-5}$$

式中　f_r——转子频率，单位为 Hz；

P——定子极数；

n——转差，单位为 r/min。

将式（4-2）代入式（4-5），即

$$f_r = \frac{P(n_s - n_r)}{120} \tag{4-6}$$

根据式（4-3）可知

$$n_s - n_r = sn_s$$

代入式（4-6），即

$$f_r = \frac{sPn_s}{120} \tag{4-7}$$

如果转子堵转转速为 0，则 $s=1$，式（4-7）变为：

⊖　如果转差率以百分比的形式表示，在代入计算公式时需要先除以 100 以获取标幺值。

⊖　见 7.2 节。

⊜　见 1.15 节。

$$f_{BR} = \frac{Pn_s}{120} \qquad (4-8)$$

其中，f_{BR} 为转子堵转时产生的电压频率，将式（4-8）代入式（4-7），可得用电压频率和转差率表示的转子频率的一般表达式：

$$f_r = sf_{BR} \qquad (4-9)$$

转子堵转时，转子和定子之间没有相对运动，转差率为 1，转子中产生的电压频率与施加在定子上的电压频率相同，即

$$f_{BR} = f_{stator}$$

转差率对转子电压的影响

在图 4.2 中，当旋转磁场切割转子回路时，转子回路中产生的电压为[⊖]：

$$E_r = 4.44 N f_r \varPhi_{max}$$

将式（4-9）代入式（1-25）中可得：

$$E_r = 4.44 N s f_{BR} \varPhi_{max} \qquad (4-10)$$

当转子堵转时，$s=1$，式（4-10）变为：

$$E_{BR} = 4.44 N f_{BR} \varPhi_{max} \qquad (4-11)$$

将式（4-11）代入式（4-10）中，即

$$E_r = sE_{BR} \qquad (4-12)$$

方程式（4-12）是转子在任何转速下转子回路中感应电压的一般表达式，用转子堵转电压和转差率表示。

例 4.2

一个 6 极绕线转子感应电动机堵转时的转子频率和感应电压分别为 60Hz 和 100V。试计算转子以 1100r/min 运行时的对应数值。

解：

$$n_s = \frac{120 f_s}{P} = \frac{120 \times 60}{6} = 1200 \text{r/min}$$

$$s = \frac{n_s - n_r}{n_s} = \frac{1200 - 1100}{1200} = 0.0833$$

$$f_r = sf_{BR} = 0.0833 \times 60 = 5.0 \text{Hz}$$

$$E_r = sE_{BR} = 0.0833 \times 100 = 8.33 \text{V}$$

4.8 感应电动机转子的等效电路

三相感应电动机的特性可以通过分析感应电动机转子的单相等效电路模型来获得，如图 4.7 所示。但要注意的是，三相电动机的功率和转矩是仅分析单相时的 3 倍。为简化分

⊖ 见 1.12 节。

析，假设定子为理想定子，即产生恒定大小和恒定转速的旋转磁场，且无铁耗、铜耗和压降[⊖]。转子由一个电气隔离的闭合电路表示，该电路包含转子的电阻和电抗，以及感应出的转子电压 E_r，转子电压由频率为 f_r 的定子旋转磁场切割转子导体产生。图 4.7a 所示的等效电路代表绕线式转子的一相，或转子为笼型时的等效绕线式转子的一相。

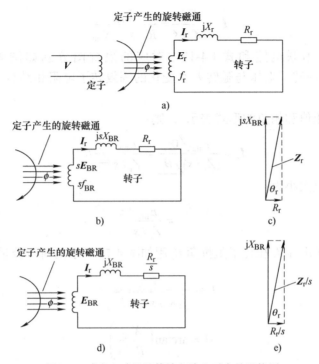

图 4.7 感应电动机的等效电路和对应的阻抗图

转子电阻取决于转子导体的长度、横截面积、电阻率和趋肤效应，如果是图 4.5 所示的绕线式转子，则转子电阻还必须考虑外部变阻器的电阻值。转子的感抗 X_r 称为漏电抗，由漏磁通引起，取决于转子导体的形状、其在铁心中的深度、转子电压的频率以及转子铁心和定子铁心之间气隙大小[⊖]。

转子漏电抗可以通过转子频率和转子电感计算得到：

$$X_r = 2\pi f_r L_r \tag{4-13}$$

将式（4-9）代入式（4-13）并化简得：

$$X_r = 2\pi(sf_{BR})L_r = s(2\pi f_{BR}L_r) \tag{4-14}$$
$$X_r = sX_{BR}$$

将图 4.7a 中的 X_r、E_r 和 f_r 替换为用转差率表示的等效数值即可以得到图 4.7b。根据图 4.7c 中的相关阻抗图确定转子阻抗为

$$\boldsymbol{Z}_r = R_r + jsX_{BR} \tag{4-15}$$

⊖ 定子参数（电阻和电抗）对感应电动机性能影响的讨论见 5.4 节。

⊖ 变压器中也存在漏抗，具体详见 2.9 节。

将欧姆定律应用于图 4.7b 中的转子回路中，则：

$$I_r = \frac{sE_{BR}}{Z_r} = \frac{sE_{BR}}{R_r + jsX_{BR}} \tag{4-16}$$

分子和分母都除以 s 得：

$$I_r = \frac{E_{BR}}{Z_r / s} = \frac{E_{BR}}{R_r / s + jX_{BR}} \tag{4-17}$$

变换后的等效串联电路和式（4-17）对应的阻抗图分别如图 4.7d 和 e 所示。将图 4.7d 中的堵转时的转子电压与随转差率变化的等效转子电阻相结合，可以方便地分析感应电动机的特性。

将转子电流用幅值和相角的形式表示[注]，则：

$$I_r = \frac{E_{BR} \angle 0°}{(Z_r / s) \angle \theta_r} = \frac{E_{BR}}{Z_r / s} \angle -\theta_r$$

转子电流的幅值大小为：

$$l_r = \frac{E_{BR}}{Z_r / s} \tag{4-18}$$

进一步，将转子电流 I_r 和转子阻抗角 θ_r 用如图 4.7e 所示的对应分量表示为：

$$I_r = \frac{E_{BR}}{\sqrt{(R_r / s)^2 + X_{BR}^2}} \tag{4-19}$$

$$\theta_r = \arctan\left(\frac{X_{BR}}{R_r / s}\right) \tag{4-20}$$

例 4.3

某台 25hp、6 极、60Hz 感应电动机的转子单相等效电阻和电抗分别为 0.10Ω 和 0.54Ω，堵转时转子电压（E_{BR}）为 150V。如果转子以 1164r/min 的速度转动，试计算此时的：（a）同步转速；（b）转差率；（c）转子阻抗；（d）转子电流；以及如果改变负载使转差率为 1.24% 时的（e）转子电流和（f）转速。

解：

（a）
$$n_s = \frac{120f}{P} = \frac{120 \times 60}{6} = 1200\text{r/min}$$

（b）
$$s = \frac{n_s - n_r}{n_s} = \frac{1200 - 1164}{1200} = 0.030$$

（c）
$$Z_r = \frac{R_r}{s} + jX_{BR} \quad \frac{0.010}{0.03} + j0.54 = 3.3768\underline{/9.20°} \Rightarrow 3.38\underline{/9.20°}\ \Omega$$

（d）
$$I_r = \frac{E_{BR}}{Z_r} = \frac{150\underline{/0°}}{3.3768\underline{/9.20°}} = 44.421\underline{/-9.2°} \Rightarrow 44.4\underline{/-9.2°}\ \text{A}$$

[注] 为方便分析，E_{BR} 的相角假设为 0。

(e)　　　$Z_r = \dfrac{R_r}{s} + jX_{BR} = \dfrac{0.10}{0.0124} + j0.54 = 8.08257\underline{/3.83} \Rightarrow 8.08\underline{/3.83°}\ \Omega$

$I_r = \dfrac{E_{BR}}{Z_r} = \dfrac{150\ \underline{/0°}}{8.08257\ \underline{/3.83°}} = 18.558\ \underline{/-3.83°} \Rightarrow 18.6\ \underline{/-3.83°}\ A$

(f)　　　$n_r = n_s(1-s) = 1200 \times (1 - 0.0124) = 1185 r/min$

4.9　转子电流的轨迹

图 4.8a 所示为空载感应电动机从停止状态（转子堵转）加速到同步速度时，转子电流 I_r 与转子阻抗角 θ_r 随转差率变化曲线图，两条曲线分别对应式（4-19）和式（4-20）。转子电流和转子阻抗角在转子堵转时具有最大值，随着转子加速，两者的值都减小，当转子转速接近同步速度时，两者的值都接近零。值得注意的是，在低转差率（$s<0.05$）时，转子电流与转差率成正比。

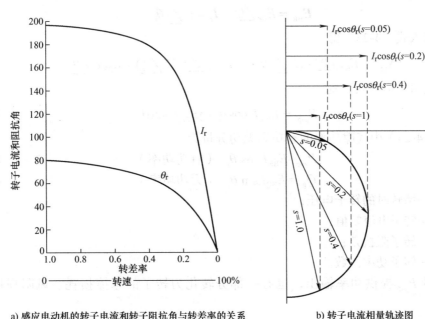

a) 感应电动机的转子电流和转子阻抗角与转差率的关系　　　b) 转子电流相量轨迹图

图　4.8

图 4.8b 所示为转差率从 $s=1$ 到 $s=0$ 变化时转子电流的幅值和相角变化相量图。如图所示，电动机从转子堵转（$s=1$）加速到同步转速（$s=0$）时，电流相量的幅值和相角都会发生变化。电流相量的轨迹是一个半圆，可以通过将 Z_r/s 用 $\sin \theta_r$ 表示，然后代入式（4-18）进行证明。

$$\frac{Z_r}{s} = \frac{X_{BR}}{\sin \theta_r} \qquad (4\text{-}21)$$

将式（4-21）代入式（4-18）并化简：

$$I_r = \frac{E_{BR}}{X_{BR}}\sin\theta_r \qquad (4\text{-}22)$$

方程式（4-22）是一个圆的极坐标方程，该圆在原点与横轴相切，直径为 E_{BR}/X_{BR}。

虽然图 4.8b 中的相量图是针对具有理想定子的电动机，但也很好地描述了感应电动机在加速、带载和减载过程中转子电流和转子相角的变化规律。此外，由于提供给转子的能量是通过气隙传递的，因此转子电流的变化也会导致定子电流的相应变化。

4.10　气隙功率

通过定子和转子之间的气隙以电磁方式传输的功率称为气隙功率。从图 4.7d 可以看出，复数形式下的每相气隙功率为[⊖]

$$\boldsymbol{S}_{gap} = \boldsymbol{E}_{BR}\boldsymbol{I}_r^* \qquad (4\text{-}23)$$

其中

$$\boldsymbol{E}_{BR} = E_{BR}\underline{/0°} \quad \boldsymbol{I}_r = I_r\underline{/-\theta_r}$$

将上式带入式（4-23）得

$$\boldsymbol{S}_{gap} = E_{BR}\underline{/0°}\times(I_r\underline{/-\theta_r})^* = E_{BR}\underline{/0°}\times(I_r\underline{/\theta_r}) = E_{BR}I_r\underline{/\theta_r}$$

转换为直角坐标形式，则

$$\boldsymbol{S}_{gap} = E_{BR}I_r\cos\theta_r + jE_{BR}I_r\sin\theta_r \qquad (4\text{-}24)$$

方程式（4-24）中气隙功率的有功和无功分量为

$$P_{gap}=E_{BR}I_r\cos\theta_r \quad （有功功率）\qquad (4\text{-}25)$$

$$Q_{gap}=E_{BR}I_r\sin\theta_r \quad （无功功率）\qquad (4\text{-}26)$$

式中　E_{BR}——堵转时的转子电压；

　　　I_r——转子电流幅值；

　　　θ_r——转子阻抗角；

　　$\cos\theta_r$——转子功率因数。

有功分量 P_{gap} 提供功率输出，也有一部分转化为转子的摩擦损耗、风阻损耗和热损耗。

无功分量 Q_{gap} 为交变磁场提供无功功率。Q_{gap} 不会消失，当它在定子和转子之间的间隙中传递时，会根据正弦规律变化。

如图 4.9 所示，功率图中的 P_{gap} 和 Q_{gap} 可表示为直角三角形的两边，其对角线为视在功率 S_{gap}。从功率图的几何形状可知

$$S_{gap} = P_{gap} + jQ_{gap} \qquad (4\text{-}27)$$

S_{gap} 的幅值为

$$S_{gap} = \sqrt{P_{gap}^2 + Q_{gap}^2} \qquad (4\text{-}28)$$

⊖　参见附录 A.5 的复功率（也叫相功率）的总结。

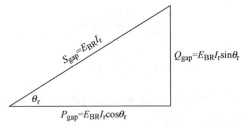

图 4.9 气隙功率的示意图

例 4.4

对于**例 4.3** 中以 1164r/min 运行的电动机，试计算穿过气隙的三相视在功率、有功和无功分量以及转子功率因数。

解：

$$\boldsymbol{S}_{\mathrm{gap}} = 3E_{\mathrm{BR}}\boldsymbol{I}_{\mathrm{r}}^{*} = 3\times150\underline{/0^{\circ}}\times(44.421\underline{/-9.2^{\circ}})^{*}$$
$$\boldsymbol{S}_{\mathrm{gap}} = 3\times150\underline{/0^{\circ}}\times44.421\underline{/+9.2^{\circ}} = 19989\underline{/9.2^{\circ}}\ \mathrm{VA}$$

转换为直角坐标形式，则

$$\boldsymbol{S}_{\mathrm{gap}} = (19732 + \mathrm{j}3197)\mathrm{VA}$$
$$P_{\mathrm{gap}} = 19732\,\mathrm{W} \qquad Q_{\mathrm{gap}} = 3196\,\mathrm{var}$$
$$F_{\mathrm{P}} = \cos 9.2^{\circ} = 0.99$$

圆形轨迹分析

假设转子堵转电压 E_{BR} 为恒定，因为它与假定的恒定磁通密度成正比，因此，式（4-25）中 P_{gap} 与 $I_{\mathrm{r}}\cos\theta_{\mathrm{r}}$ 成正比，这在图 4.8b 中显示为电流相量在水平轴上的投影。

假设电动机以转差率 $s=0.05$ 运行，增加负载会使电动机减速并增加转差率，进而增大了转子电流的幅值和相角，这将引起图 4.8b 中的电流相量伸长并顺时针旋转到一个新的位置，该位置的 $I_{\mathrm{r}}\cos\theta_{\mathrm{r}}$ 恰好可以驱动此时的电动机负载。如果电动机带载过多，电流相量将旋转到一个 $I_{\mathrm{r}}\cos\theta_{\mathrm{r}}$ 无法增加的位置，事实上，$I_{\mathrm{r}}\cos\theta_{\mathrm{r}}$ 还会减小，这时电动机会发生事故停转，转速急速下降，同时产生破坏性的大电流。

4.11 机械功率和输出转矩

本节讨论与转差率、机械功率、转子功率损耗、轴输出功率和输出转矩相关的方程式推导。通过气隙从定子传递到转子的大部分电能转化为机械能，其余部分作为转子导体中的热功率损失而消耗，可以用方程表示为

$$P_{\mathrm{gap}} = P_{\mathrm{mech}} + P_{\mathrm{rcl}}\ (\mathrm{W}) \tag{4-29}$$

式中 P_{rcl}——转子导体功率损耗。

图 4.7d 中的转子单相等效电路没有体现输出机械功率，实际上，所有的气隙功率都以热的形式在等效电阻 R_{r}/s 中耗散，电抗 X_{BR} 不消耗有功功率。因此，以 R_{r}/s 形式表示的从三相定子传递给转子的总气隙功率为

$$P_{\text{gap}} = \frac{3I_r^2 R_r}{s}\,(\text{W}) \tag{4-30}$$

$$P_{\text{gap}} = \frac{P_{\text{rcl}}}{s}\,(\text{W}) \tag{4-31}$$

方程式（4-30）给出了等效转子电阻 R_r/s 所消耗的热功率。然而，如图 4.7a 所示，实际转子电阻 R_r，因此，实际的热功率为

$$P_{\text{rcl}} = 3I_r^2 R_r\,(\text{W}) \tag{4-32}$$

将式（4-30）和式（4-32）代入式（4-29）可得

$$\frac{3I_r^2 R_r}{s} = P_{\text{mech}} + 3I_r^2 R_r \tag{4-33}$$

则机械功率为

$$P_{\text{mech}} = \frac{3I_r^2 R_r(1-s)}{s}\,(\text{W}) \tag{4-34}$$

将式（4-30）代入式（4-34）可得：

$$P_{\text{mech}} = P_{\text{gap}}(1-s)\,(\text{W}) \tag{4-35}$$

方程式（4-35）表示的是转差率为 s 时的总机械功率。

斯坦梅茨等效电路

斯坦梅茨等效电路是一种广泛应用于感应电动机分析的改进型等效电路，将式（4-34）代入式（4-33）并除以 $3I_r^2$，得到：

$$\frac{3I_r^2 R_r}{s} = \frac{3I_r^2 R_r(1-s)}{s} + 3I_r^2 R_r$$
$$\frac{R_r}{s} = \frac{R_r(1-s)}{s} + R_r \tag{4-36}$$

由式（4-36）可知，图 4.7d 中的等效电阻 R_r/s 可拆分为如图 4.10 所示的两个串联分量，其中 R_r 为转子绕组的每相实际电阻，$R_r(1-s)/s$ 为每相等效电阻，其消耗能量的速率等于产生的机械功率[⊖]。

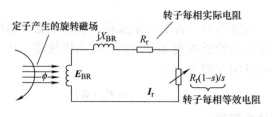

图 4.10　转子等效电路

⊖　图 4.10 所示的转子等效电路模型由查理斯·普罗透斯·斯坦梅茨（Charles Proteus Steinmetz）推导。

输出转矩

由式（4-4）可知：

$$\frac{n_r}{n_s} = (1-s)$$

将其代入式（4-34）并化简得到如下用转子转速表示的三相电动机转子产生的机械功率

$$P_{mech} = \frac{3I_r^2 R_r n_r}{s n_s} \text{(W)} \tag{4-37}$$

电动机铭牌由制造商和美国电气制造商协会（NEMA）提供，以 hp[⊖]、r/min 和 lb·ft[⊖] 为单位。这些单位也将用于之后所有的电动机问题中[⊜]，因此将式（4-37）单位换算为 hp

$$P_{mech} = \frac{3I_r^2 R_r n_r}{746 s n_s} \text{(hp)} \tag{4-38}$$

将 hp 与输出转矩和转子转速联立起来，则

$$P_{mech} = \frac{T_D n_r}{5252} \text{(hp)} \tag{4-39}$$

式中　T_D——输出转矩，单位为 lb·ft；

n_r——转子转速，单位为 r/min；

P_{mech}——转子产生的机械功率，单位为 hp。

将式（4-39）代入式（4-38）求解 T_D

$$\frac{T_D n_r}{5252} = \frac{3I_r^2 R_r n_r}{746 s n_s} \tag{4-40}$$

$$T_D = \frac{7.04 \times 3 I_r^2 R_r}{s n_s} = \frac{21.12 I_r^2 R_r}{s n_s} \text{(lb·ft)}$$

将式（4-30）代入式（4-40），则

$$T_D = \frac{7.04 P_{gap}}{n_s} \text{(lb·ft)} \tag{4-41}$$

式（4-40）和式（4-41）表示三相感应电动机转子产生的输出转矩。

例 4.5

一个三相 460V、25hp、60Hz 的 4 极感应电动机轻载运行需要 14.58kW 的转子功率输入，转子铜耗为 263W，摩擦、风阻和杂散功率的综合损耗为 197W。试计算：（a）转子转速；（b）输出机械功率；（c）输出转矩。

解：

（a）
$$P_{gap} = \frac{P_{rcl}}{s} \quad \Rightarrow \quad 14580 = \frac{263}{s}$$

$$s = 0.018$$

$$n_s = \frac{120 f_s}{P} = \frac{120 \times 60}{4} = 1800 \text{r/min}$$

$$n_r = n_s(1-s) = 1800 \times (1-0.018) = 1767.6 \text{r/min}$$

（b）
$$P_{mech} = P_{gap} - P_{rcl} = 14580 - 263 = 14317 \text{W}$$

以 hp 来表示：

$$P_{mech} = \frac{14317}{746} = 19.19 \text{hp}$$

（c）
$$P_{mech} = \frac{T_D n_r}{5252} \quad \Rightarrow \quad T_D = \frac{5252 P_{mech}}{n_r}$$

$$T_D = \frac{5252 \times 19.19}{1767.6} = 57.0 \text{ lb} \cdot \text{ft}$$

或以式（4-41）来表示

$$T_D = \frac{7.04 P_{gap}}{n_s} = \frac{7.04 \times 14580}{1800} = 57.0 \text{ lb} \cdot \text{ft}$$

4.12　转矩—转速特性

方程式（4-40）中的输出转矩是关于两个变量的方程：转子电流和转差率。将式（4-19）的电流方程代入式（4-40）的转矩方程，得到只含转差率这一个变量的转矩方程式

$$T_D = \frac{21.12 R_r}{s n_s} \times \left(\frac{E_{BR}}{\sqrt{(R_r/s)^2 + X_{BR}^2}} \right)^2$$

$$T_D = \frac{21.12 R_r E_{BR}^2}{s n_s \left[(R_r/s)^2 + X_{BR}^2 \right]} \text{(lb} \cdot \text{ft)} \qquad (4\text{-}42)$$

方程式（4-42）表示的感应电动机转矩—转速特性关系如图 4.11 所示。其中的插图为从图 4.8b 中提取的转子电流相量轨迹，用它来表示具有理想定子的感应电动机的转子电流与输出转矩之间的关系。虽然这一关系是为具有理想定子的电动机推导的，但转矩—转速特性曲线及与其相关的讨论代表了实际电动机的一般行为，可以为读者提供一些电动机正常和过载运行时状况的直观感受。

起动转矩

如果转子处于静止状态，机械惯性会在定子施加电压的瞬间阻止转子转动，表现出来的现象与转子堵转时一样。当转子处于静止状态并在定子上施加三相电压的时刻，转子电流与定子磁通相互作用在转子上产生起动转矩，或称为静止转矩。起动转矩可由式（4-42）计算，其中 $s=1$。

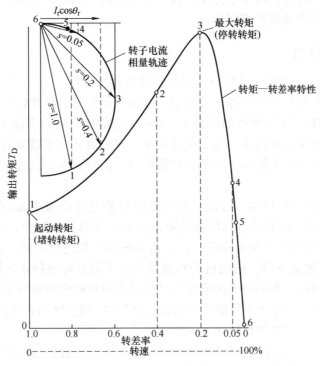

图 4.11　感应电动机的典型转矩—转速特性及对应的转子电流相量轨迹

转子静止时与定子相对位置不同可能影响起动转矩的大小。由于这可能影响电动机的起动，因此制造商提供的起动转矩数据是不同转子位置的起动转矩数值中的最小值。设计不良的电动机，或是为得到不同转速重新绕制的电动机，或是维修时切除了有缺陷的线圈的电动机，可能会在某些角度位置具有明显较低的起动转矩。

如果转子输出轴上的负载转矩等于或超过起动转矩，电动机将堵转不能起动。如果发生这种情况，并且保护装置没有将电动机从线路上切除，电动机将烧毁！堵转的情况在图 4.11 中用点 1 表示。

加速

假设输出轴上的负载转矩小于起动转矩，转子将加速。当电动机从静止位置加速时，转差率减小，导致转子电流的大小和相角减小。从图 4.11 和图 4.8 可以看出，$I_r \cos \theta_r$ 从起动时的较低值增加到一个最大值，然后随着转子进一步加速再次减小。值得注意的是，图 4.11 中输出转矩 (T_D) 与 $I_r \cos \theta_r$ 具有一致的变化趋势。

接近同步速度

如果输出轴所加负载较小，转子转速接近于旋转磁场的转速，转子电流变得非常小，即使它几乎与感应电动势同相，但非常低的 $I_r \cos \theta_r$ 值，导致 T_D 非常低。如果轴上没有负载，转子有时可能与旋转磁场保持同步。当两者之间的相对运动非常小，转子铁心被沿最小磁阻方向磁化，转子转速与旋转磁场转速保持同步就可能发生[⊖]。在这种情况下，电动机不再产生感应电动机转矩，转差率为零，转子上无电流。然而，磁阻转矩非常小，输出轴上的轻微带载就会使电动机脱离同步。

带载和停转时的行为

假设图 4.11 所示的感应电动机空载运行（曲线和相量图 4.11 上的点 6）。在这种情况下，负载转矩本质上是风阻和摩擦。当给输出轴施加负载时，负载转矩大于输出转矩，电动机减速，由此产生的转差率增加导致了 $I_r \cos \theta_r$ 的增加，进而引起了输出转矩的增加。如果给输出轴施加额定负载转矩，电动机将减速，直到由转差率增加引起的输出转矩的增加等于轴上的负载转矩加上风阻、摩擦和杂散负载，然后，电动机将在点 5 所示情况下稳态运行。

输出轴负载的进一步增加（过载）会导致额外的减速以及 $I_r \cos \theta_r$ 的增加，从而增加了输出转矩。然而，如果轴上的负载转矩增加到大于电动机所能产生的最大输出转矩（图 4.11 中点 3），电动机将发生停转。由于负载增加到超过最大值，转差率增加，导致 $I_r \cos \theta_r$ 和输出转矩迅速下降，电动机的转速将急剧下降并可能停止运转。除非保护设备将电动机从线路中切除，否则极大的电流和高转差率将烧毁电动机绕组。电动机带载情况下（在额定电压和额定频率下）所能产生的最大转矩又叫电动机的停转转矩，将负载转矩限制到该值以下可以保证电动机转速不发生陡变。

虽然感应电动机可以在停转点以下短暂过载运行，但这种状态不能持续，持续过载将导致电动机过热，并对定子和转子造成严重损坏。为了防止这种现象发生，电动机控制电路使用过载继电器和 / 或电力电子器件将电动机从线路中切除。

空载情况

如果轴上没有负载，转子将以同步速度或接近同步速度运行，转子电流为零或接近于零。在这种情况下，定子电流只是产生旋转磁场和抵消摩擦、风阻和铁心损耗。因此，在某种程度上，感应电动机定子产生的空载电流类似于仅提供变压器磁通和铁心损耗的变压器励磁电流。

忽略感应电动机的"励磁电流"，定子（pri）电流将与转子（sec）电流成正比[⊖]。增加输出轴负载使转子电流增大会导致定子电流成比例增大：

$$I_{stator} \propto I_{rotor} \tag{4-43}$$

4.13　寄生转矩

由转子和定子槽引起的磁路磁阻的周期性变化导致了旋转磁通的非正弦空间分布。通过对这种旋转磁通分布进行分析表明，它是由许多被称为空间谐波的具有不同转速的旋转磁场叠加而成。一次谐波，也被称为基波，其运行转速与实际绕组极数相对应。5 次空间

　⊖　这被称作磁阻电动机原理，将在 7.2 节进一步讨论。
　⊜　包括定子和转子绕组的感应电动机完整等效电路与变压器的等效电路类似，具体详见 5.4 节。

谐波以基波速度的 1/5 向后旋转，7 次空间谐波以基波速度的 1/7 向前旋转，以此类推。没有空间偶次谐波也没有 3 次以及 3 的倍数次谐波。虽然基波占主导地位，但由 5 次和 7 次谐波产生的转矩分量，称为寄生转矩或谐波转矩，会在电动机加速过程中引起我们不希望出现的电动机转矩—转速特性的颠簸和下降，甚至可能导致转子转速锁定在某些次同步速度并蠕动。图 4.12 显示了寄生转矩对感应电动机转矩—转速特性的影响。感应电动机转矩—转速特性的显著下降表明可能电动机设计有缺陷、转子损坏或对故障定子修理不当[4,5]。

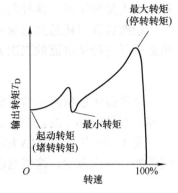

图 4.12 寄生转矩对感应电动机转矩—转速特性的影响

4.14 最小转矩

感应电动机的最小转矩是指电动机在从静止加速到停转发生期间所产生的转矩最小值。对于图 4.12 中的转矩—转速特性，最小转矩为由寄生转矩引起的转矩极小值。如果最小转矩小于轴上的负载转矩，则电动机不会加速超过转矩—转速特性曲线上最小转矩对应点的转速。

4.15 损耗、效率和功率因数

涉及电动机总体效率的计算必须考虑到定子和转子的损耗。定子损耗包括定子和转子中的所有磁滞损耗和涡流损耗（称为铁心损耗），定子绕组中的 I^2R 损耗（称为定子导体损耗或定子铜耗）。因此，当确定了定子输入功率和定子损耗，则通过气隙传递的净功率为

$$P_{gap} = P_{in} - P_{core} - P_{scl} \,(\mathrm{W}) \tag{4-44}$$

式中 P_{in}——输入定子的三相总功率；

  P_{core}——铁心损耗；

  P_{scl}——定子导体损耗；

图 4.13 为功率从定子输入到转轴输出的功率流动图，考虑了定子和转子的损耗。功率流动图是分析功率问题的一个有效辅助工具，如功率流动图所示，电动机的总功率损耗为：

$$P_{loss} = P_{scl} + P_{core} + P_{rcl} + P_{f,w} + P_{stray} \,(\mathrm{W}) \tag{4-45}$$

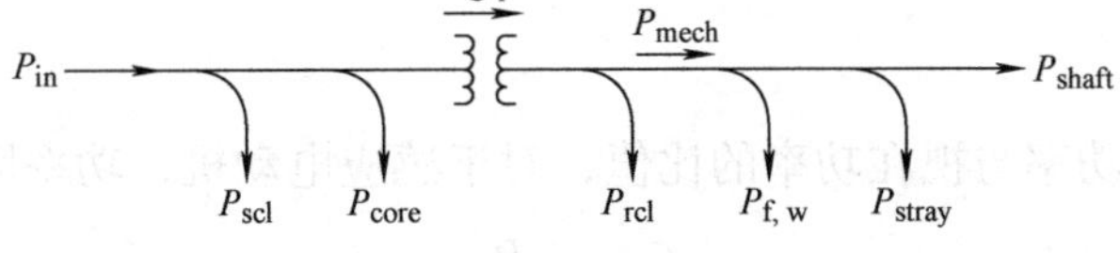

图 4.13 表明从定子输入到转轴输出的功率流动图

对于绕线转子电动机，摩擦损耗（f）是由于轴承摩擦以及电刷和集电环之间的摩擦造成的，而风阻损耗（w）是由于安装在轴上的冷却风扇以及旋转引起的其他空气扰动造成的。在符合 NEMA 标准设计的 A、B、C 类电动机的正常负载范围内，摩擦损耗和风阻损

耗基本上是恒定的。这种电动机从空载到 115% 额定负载区间内，转速的变化很小[⊖]。

杂散负载损耗是其他未考虑的随负载变化的小损耗的集合，为了计算方便，假设杂散负载损耗与转子电流的二次方成正比[1]。

$$P_{stray} \propto I_r^2 \tag{4-46}$$

杂散损耗包括定子槽漏磁引起的定子导体的涡流损耗，杂散磁通引起的端部绕组、端盖和端部其他部分的损耗，定子负载电流产生的谐波引起的转子损耗等[2]。

表 4.1 给出了 NEMA 标准设计的 4 极三相 B 型感应电动机的典型损耗大小，以占总损耗的百分比表示，这些电动机的额定功率在 1 ～ 125hp 之间[3]。

表 4.1　4 极感应电动机的典型损耗

损耗	占总损耗的百分比	影响该损耗的因素
P_{scl}	35 ～ 40	定子导体尺寸
P_{rcl}	15 ～ 25	转子导体尺寸
P_{core}	15 ～ 25	磁材料类型和数量
P_{stray}	10 ～ 15	主要的制造和设计方法
$P_{f,w}$	5 ～ 10	风扇、轴承的选择和设计

资料来源：Keinz J R，Houlton R L.NEMA nominal efficiency–What is it and why［J］.*IEEE Transactions on Industry Applications*，1981（5）：454–457。

有效的转轴功率输出和转矩

有效的转轴功率输出等于三相产生的总机械功率减去摩擦、风阻和杂散功率损耗：

$$P_{shaft} = P_{mech} - P_{f,w} - P_{stray} \text{ (W)} \tag{4-47}$$

转轴转矩是电动机的输出转矩，是传递给负载的转矩，可以由下式确定：

$$P_{shaft} = \frac{T_{shaft}\,n_r}{5252} \tag{4-48}$$

效率

感应电动机的效率等于输出的有效功率与输入的总功率之比，用方程式表示为

$$\eta = \frac{P_{shaft}}{P_{in}} \tag{4-49}$$

式（4-49）中的效率以小数的形式表示，通常称为效率标幺值。

功率因数

功率因数是有功功率与视在功率的比值，对于感应电动机，功率因数可以表示为

$$F_P = \frac{P_{in}}{S_{in}} \tag{4-50}$$

$$S_{in} = \sqrt{3}V_{line}I_{line}$$

⊖　第 5 章讨论了 NEMA 设计分类和它们的工业应用。

式中　F_{P}——功率因数；

　　P_{in}——有功功率，单位为 W；

　　S_{in}——视在功率，单位为 VA；

这里要特别注意功率因数和效率之间的区别。

例 4.6

现有一台 230V、60Hz、100hp 的 6 极三相感应电动机在额定条件下工作，其效率为 91.0%，线电流为 248A，铁心损耗为 1697W，定子铜耗为 2803W，转子导体损耗为 1549W。试计算：(a) 输入功率；(b) 总损耗；(c) 气隙功率；(d) 转轴转速；(e) 功率因数；(f) 风阻、摩擦和杂散负载损耗之和；(g) 转轴转矩。

解：

功率流动图如图 4.14 所示。

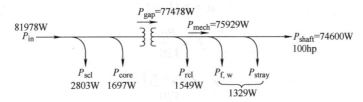

图 4.14　例 4.6 的功率流动图

（a）

$$\eta = \frac{P_{\mathrm{shaft}}}{P_{\mathrm{in}}} \quad \Rightarrow \quad 0.910 = \frac{100 \times 746}{P_{\mathrm{in}}}$$

$$P_{\mathrm{in}} = 81978\,\mathrm{W}$$

（b）

$$P_{\mathrm{loss}} = P_{\mathrm{in}} - P_{\mathrm{shaft}} = 81978 - 100 \times 746 = 7378\,\mathrm{W}$$

（c）由图 4.14 可知

$$P_{\mathrm{gap}} = P_{\mathrm{in}} - P_{\mathrm{core}} - P_{\mathrm{scl}} = 81978 - 1697 - 2803 = 77478\,\mathrm{W}$$

（d）

$$P_{\mathrm{gap}} = \frac{P_{\mathrm{rcl}}}{s} \quad \Rightarrow \quad 77478 = \frac{1549}{s}$$

$$s = 0.0200$$

$$n_{\mathrm{s}} = \frac{120f}{P} = \frac{120 \times 60}{6} = 1200\,\mathrm{r/min}$$

$$n_{\mathrm{r}} = n_{\mathrm{s}}(1-s) = 1200 \times (1 - 0.0200) = 1176\,\mathrm{r/min}$$

（e）

$$S = \sqrt{3}V_{\mathrm{line}}I_{\mathrm{line}} = \sqrt{3} \times 230 \times 248 = 98796\,\mathrm{VA}$$

$$F_{\mathrm{P}} = \frac{P_{\mathrm{in}}}{S_{\mathrm{in}}} = \frac{81978}{98796} = 0.83$$

（f）

$$P_{\mathrm{loss}} = P_{\mathrm{core}} + P_{\mathrm{scl}} + P_{\mathrm{rcl}} + P_{\mathrm{w,f}} + P_{\mathrm{stray}}$$

$$7378 = 1697 + 2803 + 1549 + P_{\mathrm{w,f}} + P_{\mathrm{stray}}$$

$$P_{\mathrm{w,f}} + P_{\mathrm{stray}} = 1329\,\mathrm{W}$$

（g）由式（4-39）得

$$T_{\text{shaft}} = \frac{5252 P_{\text{shaft}}}{n_{\text{r}}} = \frac{5252 \times 100}{1176} = 446.6 \text{ lb} \cdot \text{ft}$$

解题公式总结

$$n_{\text{s}} = \frac{f_{\text{s}}}{P/2} = \frac{2f_{\text{s}}}{P} \text{ (r/s)} \quad n_{\text{s}} = \frac{120 f_{\text{s}}}{P} \text{ (r/min)} \tag{4-1}$$

$$n = n_{\text{s}} - n_{\text{r}} \tag{4-2}$$

$$s = \frac{n_{\text{s}} - n_{\text{r}}}{n_{\text{s}}} \tag{4-3}$$

$$n_{\text{r}} = n_{\text{s}}(1-s) \tag{4-4}$$

$$f_{\text{r}} = \frac{Pn}{120} \tag{4-5}$$

$$f_{\text{r}} = \frac{P(n_{\text{s}} - n_{\text{r}})}{120} \tag{4-6}$$

$$f_{\text{r}} = \frac{sPn_{\text{s}}}{120} \tag{4-7}$$

$$f_{\text{BR}} = \frac{Pn_{\text{s}}}{120} \tag{4-8}$$

$$f_{\text{r}} = sf_{\text{BR}} \tag{4-9}$$

$$E_{\text{r}} = sE_{\text{BR}} \tag{4-12}$$

$$\boldsymbol{I}_{\text{r}} = \frac{s\boldsymbol{E}_{\text{BR}}}{\boldsymbol{Z}_{\text{r}}} = \frac{s\boldsymbol{E}_{\text{BR}}}{R_{\text{r}} + \text{j}sX_{\text{BR}}} \tag{4-16}$$

$$I_{\text{r}} = \frac{E_{\text{BR}}}{\sqrt{\left(R_{\text{r}}/s\right)^2 + X_{\text{BR}}^2}} \tag{4-19}$$

$$\theta_{\text{r}} = \arctan\left(\frac{X_{\text{BR}}}{R_{\text{r}}/s}\right) \tag{4-20}$$

$$P_{\text{gap}} = E_{\text{BR}} I_{\text{r}} \cos\theta_{\text{r}} \tag{4-25}$$

$$P_{\text{gap}} = P_{\text{mech}} + P_{\text{rcl}} \text{ (W)} \tag{4-29}$$

$$P_{\text{gap}} = \frac{3I_{\text{r}}^2 R_{\text{r}}}{s} \text{ (W)} \qquad P_{\text{gap}} = \frac{P_{\text{rcl}}}{s} \text{ (W)} \tag{4-30, 4-31}$$

$$P_{\text{rcl}} = 3I_{\text{r}}^2 R_{\text{r}} \text{ (W)} \tag{4-32}$$

$$P_{\text{mech}} = P_{\text{gap}}(1-s) \text{ (W)} \tag{4-35}$$

$$P_{\text{mech}} = \frac{3I_r^2 R_r n_r}{s n_s} \,(\text{W}) \qquad P_{\text{mech}} = \frac{T_D n_r}{5252} \,(\text{hp}) \qquad (\,4\text{-}37,\ 4\text{-}39\,)$$

$$T_D = \frac{21.12 I_r^2 R_r}{s n_s} \,(\text{lb} \cdot \text{ft}) \qquad T_D = \frac{7.04 P_{\text{gap}}}{n_s} \,(\text{lb} \cdot \text{ft}) \qquad (\,4\text{-}40,\ 4\text{-}41\,)$$

$$P_{\text{loss}} = P_{\text{scl}} + P_{\text{core}} + P_{\text{rcl}} + P_{\text{f,w}} + P_{\text{stray}} \,(\text{W}) \qquad (\,4\text{-}45\,)$$

$$P_{\text{shaft}} = P_{\text{mech}} - P_{\text{f,w}} - P_{\text{stray}} \,(\text{W}) \qquad (\,4\text{-}47\,)$$

$$\eta = \frac{P_{\text{shaft}}}{P_{\text{in}}} \qquad F_P = \frac{P_{\text{in}}}{S_{\text{in}}} \qquad S_{\text{in}} = \sqrt{3} V_{\text{line}} I_{\text{line}} \qquad (\,4\text{-}49,\ 4\text{-}50\,)$$

正文引用的参考文献

1. Institute of Electrical and Electronic Engineers, *Standard Test Procedure for Polyphase Induction Motors and Generators.* IEEE STD 112–1996, IEEE, New York, 1996.

2. Jimoh, A. A., R. D. Findlay, and M. Poloujadoff. Stray losses in induction machines, part I, definition, origin and measurement; part II, calculation and reduction. *IEEE Trans. Power Apparatus and Systems*, Vol. PAS–104, No. 6, June 1985, pp. 1500–1512.

3. Keinz, J., and R. Houlton, NEMA nominal efficiency—What is it and why?*IEEE Trans. Industry and Applications*, Vol. 1A–17, No. 5, Sept./Oct. 1981.

4. Liwschitz, J. M., M.Garik, and C. C. Whipple. *Alternating Current Machines.* Van Nostrand, New York, 1961.

5. Say, M. *Alternating Current Machines.* Halsted Press, New York, 1984.

思　考　题

1. 三相感应电动机的定子是如何产生旋转磁场的?

2. 旋转磁场是如何使笼型转子旋转的?

3. 什么是相序? 它是如何影响感应电动机的运行?

4. 绘制三相感应电动机不同旋转方向的接线图。

5. 阐述转子斜槽的两个原因。

6.（a）如何区分笼型电动机和绕线转子电动机?（b）绕线转子电动机的转速是如何调节的?

7. 如何区分同步速度、转子速度、转差速度和转差率?

8. 改变三相感应电动机同步速度的两种方法是什么?

9. 转差率是如何影响转子频率和转子电压的?

10.（a）绘制感应电动机转子电流的轨迹图。（b）使用绘制的轨迹图辅助分析,并解释转子从静止加速到接近同步速度时气隙功率的变化。

11. 如何区分气隙功率、机械功率和转轴功率?

12.（a）绘制感应电动机转子等效电路及阻抗图。（b）从阻抗图中确定转子阻抗的大小和相角,并且用其分量表示。

13.（a）绘制感应电动机的转子圆形轨迹图。（b）利用转子圆形轨迹图，解释当电动机从静止加速到近同步转速时，气隙功率发生的变化。

14.（a）绘制笼型感应电动机的转矩—转差率特性曲线图，并标出起动、最大转矩、额定转矩对应的点。（b）绘制转子电流的轨迹图，并绘制与（a）中标出的点相对应的电流相量。（c）分析感应电动机从空载、满载到停转时的整个过程，并解释电动机转矩随轴负载增加而变化的原因。假定电动机在负载前已加速到额定转速。

15. 寄生转矩产生的原因是什么？寄生转矩对感应电动机的运行有什么不利影响？

16. 如何区分起动转矩、最小转矩和最大转矩？

17. 如何区分效率和功率因数？

18. 列出感应电动机的损耗类型，并说明影响这些损耗的因素。

19. 绘制感应电动机的功率流动图，并分析输入功率、气隙功率、轴输出功率之间的关系。

习　题

4-1/7　现有一台 60Hz、10hp、460V 的 4 极三相感应电动机，在满载、额定频率和额定电压下以 1750r/min 的转速运行。试计算：（a）同步速度；（b）转差速度；（c）转差率。

4-2/7　现有一台 100hp、460V、60Hz 的 16 极三相感应电动机，在额定条件下运行时的转差率为 2.4%。试计算：（a）同步速度；（b）转子转速；（c）转子频率。

4-3/7　在额定条件下运行的 60Hz、450V 的 4 极三相感应电动机，其转速为 1775r/min。试计算：（a）同步速度；（b）转差率；（c）转差速度；（d）转子频率。

4-4/7　现有一台 200hp、2300V、60Hz 的绕线转子三相感应电动机，其堵转电压为 104V。在额定负载运行时，轴转速为 1775r/min，转差速度为 25r/min。试计算：（a）极数；（b）转差率；（c）转子频率；（d）转差速度时的转子电压。

4-5/7　现有一台 6 极三相感应电动机，在 25Hz、230V 的电源下以 480r/min 运行。堵转时转子感应电压为 90V。试计算：（a）转差速度；（b）480r/min 时的转子频率和转子电压。

4-6/7　现有一台 100hp 的三相感应电动机，在额定负载下运行，当连接 450V、60Hz 电源时，运行速度为 423r/min。这种负载下的转差率是 0.06。试计算：（a）同步速度；（b）定子极数；（c）转子频率。

4-7/7　现有一台多速、60Hz、10ph、240V 的 4 极 /8 极三相感应电动机，以 4 极运行，满载时在额定电压和频率下，运行速度为 1750r/min。试计算：（a）转差速度；（b）转差率；（c）在 8 极和 20% 额定频率下运行时的同步速度。

4-8/11　现有一台 20hp、230V、60Hz 的 4 极三相感应电动机，在额定负载下运行时，转子铜耗为 331W，摩擦、风阻和杂散功率损耗合计为 249W。试计算：（a）输出的机械功率；（b）气隙功率；（c）轴转速；（d）轴转矩。

4-9/11　现有一台 12 极、50Hz、20hp、220V 的笼型电动机，在额定条件下运行，运行速度为 480r/min，效率为 85%，功率因数为 0.73（滞后）。试计算：（a）同步速度；（b）转差率；（c）线电流；（d）额定转矩；（e）转子频率。

4-10/11　现有一台 230V、30hp、50Hz 的 6 极三相感应电动机，在一轴负载下运行，该负载需要 21.3kW 的转子输入。转子铜耗为 1.05kW，该负载的摩擦、风阻和杂散功率损耗合计为 300W。试计算：（a）轴转速；（b）输出的机械功率；（c）输出转矩；（d）转轴转矩；（e）电动机需要传递的额定功率负载的百分比。

4-11/15　现有一台 30hp、460V、60Hz 的 12 极三相感应电动机，在减载状态下运行，线电流为 35A，效率和功率因数分别为 90% 和 79%。定子导体损耗为 837W，转子导体损耗为 485W，铁心损耗为 375W。绘制功率流动图并标出已知值，试计算：（a）输入功率；（b）转轴功率；（c）总损耗；（d）转子转速；（e）转轴转矩；（f）风阻、摩擦和杂散负载损耗之和。

4-12/15　现有一台 60Hz、5000hp、4000V 的 4 极三相感应电动机，在 4130V 和 67% 的额定负载下运行。该负载的损耗细分如下：定子导体 12.4kW；转子导体 9.92kW；铁心 12.44kW；杂散功率 10.2kW；摩擦和风阻 18.2kW。绘制功率流动图并标出已知值，试计算：（a）转轴转速；（b）转轴转矩；（c）输出转矩；（d）定子输入功率；（e）总效率。

4-13/15　现有一台 60Hz、125hp、575V 的 10 极三相感应电动机，在额定条件下工作，其线电流为 125A，总效率为 93%。铁心损耗为 1053W，定子导体损耗为 2527W，转子导体损耗为 1755W。绘制功率流动图并标出已知值，试计算：（a）转轴转速；（b）输出转矩；（c）转轴转矩；（d）功率因数；（e）风阻、摩擦和杂散功率损耗之和。

4-14/15　现有一台 50Hz、40hp、2300V 的 8 极感应电动机，在 80% 额定负载和 6% 的减压下运行。在这些条件下，效率和功率因数分别为 85% 和 90%。风阻、摩擦和杂散功率损耗合计为 1011W，转子导体损耗为 969W，定子导体损耗为 1559W。绘制功率流动图并标出已知值，试计算：（a）输出的机械功率；（b）转轴转速；（c）转轴转矩；（d）转差速度；（e）线电流；（f）铁心损耗。

4-15/15　现有一台 60Hz、5hp、115V 的 4 极三相感应电动机，在额定电压、额定频率和 125% 的额定负载下工作，效率为 85.4%。定子导体损耗为 223.2W，转子导体损耗为 153W，铁心损耗为 114.8W。绘制功率流动并标出已知值，试计算：（a）转轴转速；（b）转轴转矩；（c）由于摩擦、风阻和杂散功率的综合作用而造成的转矩损耗。

4-16/15　现有一台 60Hz、50hp、230V 的 4 极三相感应电动机，在额定负载、额定电压和额定频率下工作。假设系统过载导致频率下降 5%，电压下降 7%。为了帮助减少系统负载，转轴负载降低到 70% 的额定功率，从而产生 100A 的线路电流。假设新工况下的损耗如下：定子导体损耗 1015W；转子导体损耗 696W；铁心损耗 522W；风阻、摩擦和杂散功率损耗之和为 667W。绘制功率流动图并标出给定数据，试计算：（a）效率百分比；（b）转速；（c）转轴转矩；（d）功率因数。

4-17/15　现有一个 60Hz、25hp、230V 的两极三相感应电动机驱动一个负载，该负载需要恒定的转矩，不要求速度（恒定负载转矩）。该电动机在额定电压、额定频率下工作，额定转速为 3575r/min。如果频率降至 54Hz，试计算功率、转速和效率。新条件下的功率因数和线电流分别为 89% 和 55A，定子导体损耗、转子导体损耗和铁心损耗分别为 992.7W、496W 和 546W。

第 5 章

三相感应电机的分类、性能、
应用和运行

5.1　概述

为特定应用选择最佳感应电动机是一个复杂的问题，需要考虑诸多因素才能做出正确的抉择。为了获得最佳驱动性能，必须选择尽可能满足负载运行特性的电动机。为此，必须回答一系列问题：被驱动负载的功率、转矩和转速特性是什么？转速要求是恒定的、可调的还是自动调节的？电动机是连续运行、短时运行还是间歇运行？电动机需要在哪些外部条件下运行？电动机运行的环境温度如何？是否需要特殊绝缘？需要哪种控制方式——手动、电磁控制还是采用电力电子器件？全压还是降压？电压和频率限制是什么？

为了帮助购买者根据特定应用选择和获得合适的电动机，美国电气制造商协会（NEMA）制定了电动机产品标准，包括机架尺寸、电压和频率、额定功率、负载系数、温升和运行特性。这些标准促进了电动机供货量的增加，为准确比较电动机提供了更可靠的依据，使维修服务更迅速，交货时间更短。

电动机铭牌上的 NEMA 数据提供了大量有关电动机运行、特性和应用的信息。在铭牌额定值的范围内正确运用，电动机便可以提供多年高效可靠的服务。但是，如果在非额定频率、非额定电压、过载、错误环境等情况下运行，电机的性能就会不同，与预期正常运行的偏差程度取决于电压、频率、温度等的变化百分比。

电动机在不平衡线电压下持续运行会导致起动转矩和最大转矩下降，以及严重过热，极有可能缩短其使用寿命，除非按照 NEMA 针对特定不平衡条件的规定对电动机采取降额运行。

电动机每次全压起动（或试图全压起动）时产生的高冲击电流会对转子和定子部件造成严重的热应力和机械应力，并在配电系统中造成较大的电压降。可通过使用限流阻抗、自耦变压器、绕组重联、电力电子器件辅助等各种起动方法来降低高冲击电流。

在特定条件下，可以利用电动机绕组的电阻和电抗计算出预期的电动机电流、转矩和转速。通过对正常运行和转子堵转条件的简化近似，计算相对容易。感应电动机参数可从制造商处获得，也可通过适当的电气测试进行近似计算。

感应电动机一个非常有趣的方面是它们作为感应发电机的应用。它们由风力涡轮机、燃气涡轮机等驱动，功率大小从几千瓦到超过 10MW 不等，并用于接序产生两种形式的能量：生产用蒸汽和电能。

5.2　笼型感应电动机的分类和性能特点

美国国家电气制造商协会（NEMA）对感应电动机的 5 个基本设计类别进行了标准化，以满足最常见机械负载类型的转矩—转速要求。图 5.1 显示了其中 4 种基本设计代表性的转矩—转速特性。值得注意的是，C 型电动机的最大转矩发生在堵转时（$s=1$），D 型电动机的最大转矩发生在接近堵转时，而 A 型和 B 型电动机各自的最大转矩发生在转差率约为 0.15 时。E 型（节能）[⊖]电动机（未显示）的转矩—转速特性与图 5.1 所示的 B 型电动机有些类似。

图 5.1 中的特性曲线是"理想"曲线，因为它们不包括寄生转矩[⊖]的影响。寄生转矩会导致转矩—转速特性中出现骤降，并且在一定程度上总是存在。这些骤降的幅度和位置无法通过电动机参数来确定。因此，如果该信息对特定应用至关重要，则应联系制造商以了解特定电动机的实际测试特性。

通过选择适当的转子和定子电阻以及转子和定子漏抗，可以获得图 5.1 所示的不同转矩—转速特性，其中转子参数起主导作用。

图 5.2 显示了 3 种最常用的依据 NEMA 设计的笼型转子的代表性横截面。D 型转子的转子铜条靠近表面，具有相对较高的电阻和较低的电抗。B型和 A 型（未显示）转子的低电阻铜条扩展到了铁心内部，因此 R_r 较低，X_BR 较高。C 型转子结合了 B 型和 D 型转子的特点，表面铜条具有高电阻

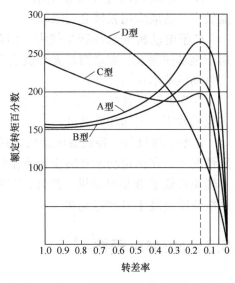

图 5.1　NEMA 设计的基本笼型感应电动机的转矩—转速特性

和低电抗，深层铜条具有低电阻和高电抗。E 型电动机采用较薄的低损耗硅钢片，以最大限度地降低涡流损耗；采用较长的铁心，可以降低磁通密度，从而提高功率因数并最大限度地降低额定电流；采用较大截面积的转子和定子导体，可以降低 I^2R 损耗；采用特殊设计的低损耗冷却风扇和轴承，可以降低风阻和摩擦损耗；采用特殊设计的绕组配置，可以最大限度地降低杂散负载损耗。

⊖　1992 年的《能源政策法案》（EPACT92）要求在 1997 年 10 月 4 日之后制造的通用型、脚式安装、T 型框架、连续运行、单速、2/4/6 极数的 A 型和 B 型 NEMA 感应电动机，必须在电动机铭牌上标明 NEMA 标称效率。这一规定涉及额定功率在 1 ～ 200hp（1hp=745.7W）之间、电压为 230/460V、频率为 60Hz 的电动机。不同功率和极数的标称效率表格可在参考文献［9］中找到。

⊖　请参阅 4.13 节中的寄生转矩。

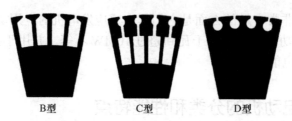

B型　　　　　C型　　　　　D型

图 5.2　具有代表性的 NEMA 设计转子截面图

感应电动机的应用

依据 NEMA 设计的感应电动机几乎适用于所有应用场合：

B 型电动机是比较其他类型电动机性能的参考，它的应用领域最广，可用于驱动离心泵、风扇、鼓风机和机床。

A 型电动机的特性与 B 型基本相同，只是最大转矩稍高一些。然而，由于其起动电流较大，造成应用领域受到限制。

C 型电动机的起动转矩较大，但起动转矩低于 B 型电动机。较高的起动转矩使其适用于驱动柱塞泵、振动筛和无卸载装置的压缩机。其额定转矩下的起动电流和转差率与 B 型电动机基本相同。

D 型电动机具有非常高的起动转矩和转差率，其主要应用领域是大惯量负载，如配备飞轮的冲床、电梯和升降机。

E 型电动机是一种高效电动机，用于驱动离心泵、风扇、鼓风机和机床。然而，除个别情况外，在额定功率和同步转速相同的情况下，E 型电动机的起动转矩、最大转矩和最小转矩略低于 B 型电动机。此外，在额定功率和同步转速相同的情况下，E 型电动机的起动电流明显高于 B 型电动机。

5.3　NEMA 表格[9]

表 5.1 ～表 5.7 分别给出了依据 NEMA 设计的连续额定运行的笼型中型感应电动机在特定功率、频率和同步转速下的起动转矩、最大转矩和最小转矩的最小值，这些转矩的最小值用定子施加额定电压和频率时电动机额定转矩的百分比表示。

要确定特定电机的起动转矩、最大转矩和最小转矩的最小值，需根据铭牌数据计算额定转矩，然后将其乘以 NEMA 表格中的相应百分比。虽然从表中获得的转矩是最小值，但出于应用考虑，最好假设最小值是实际值。

例 5.1

试计算一台额定转速 1150r/min、10hp、460V、60Hz、6 极、NEMA 设计的三相 C 型电动机的起动转矩、最大转矩和最小转矩的最小值。

解：

$$n_s = \frac{120f}{P} = \frac{120 \times 60}{6} = 1200\text{r}/\text{min}$$

$$hp = \frac{Tn}{5252}$$

$$10 = \frac{T \times 1150}{5252}$$

$$T_{rated} = 45.67 \, lb \cdot ft$$

从表 5.1 可知，10hp、同步转速为 1200r/min 的 C 型电动机起动转矩的最小值为额定转矩的 225%，则

$$T_{locked\ rotor} = 2.25 \times 45.67 = 102.8 \, lb \cdot ft$$

从表 5.3 可知，最大转矩的最小值为额定转矩的 190%，则

$$T_{breakdown} = 1.90 \times 45.67 = 86.8 \, lb \cdot ft$$

从表 5.6 可知，最小转矩的最小值为额定转矩的 165%，则

$$T_{pull-up} = 1.65 \times 45.67 = 75.4 \, lb \cdot ft$$

表 5.1　单速、60/50Hz、多相、连续额定运行的中型笼型电动机起动转矩的最小值（以额定转矩的百分比表示），此表适用于 NEMA 设计的 A、B、C、D 型电动机

hp	同步转速 / (r/min)						
	60Hz	3600	1800	1200	900	720	600	514
	50Hz	3000	1500	1000	750	—	—	—
A 型和 B 型								
$\frac{1}{2}$		—	—	—	140	140	115	110
$\frac{3}{4}$		—	—	175	135	135	115	110
1		—	275	170	135	135	115	110
$1\frac{1}{2}$		175	250	165	130	130	115	110
2		170	235	160	130	125	115	110
3		160	215	155	130	125	115	110
5		150	185	150	130	125	115	110
$7\frac{1}{2}$		140	175	150	125	120	115	110
10		135	165	150	125	120	115	110
15		130	160	140	125	120	115	110
20		130	150	135	125	120	115	110
25		130	150	135	125	120	115	110
30		130	150	135	125	120	115	110
40		125	140	135	125	120	115	110
50		120	140	135	125	120	115	110

（续）

hp	同步转速 / (r/min)							
	60Hz	3600	1800	1200	900	720	600	514
	50Hz	3000	1500	1000	750	—	—	—
60		120	140	135	125	120	115	110
75		105	140	135	125	120	115	110
100		105	125	125	125	120	115	110
125		100	110	125	120	115	115	110
150		100	110	120	120	115	115	—
200		100	100	120	120	115	—	—
250		70	80	100	100			
300		70	80	100	—			
350		70	80	100	—			
400		70	80	—				
450		70	80	—				
500		70	80	—				
C 型								
1			285	255	225			
1.5			285	250	225			
2			285	250	225			
3			270	250	225			
5			255	250	225			
$7\frac{1}{2}$			250	225	200			
10			250	225	200			
15			225	210	200			
20–200			200	200	200			

D 型：150hp，比 4、6、8 极小，承受 275% 的额定负载

表 5.2　单速、60/50Hz、多相、连续额定运行的中型笼型电动机起动转矩的最小值（以额定转矩的百分比表示），此表适用于 NEMA 设计的 E 型电动机

hp	同步转速 / (r/min)				
	60Hz	3600	1800	1200	900
	50Hz	3000	1500	1000	750
$\frac{1}{2}$		190	200	170	150

（续）

hp	同步转速 /（r/min）			
	60Hz	3600	1800	1200	900
	50Hz	3000	1500	1000	750
$\frac{3}{4}$		190	200	170	150
1		180	190	170	150
$1\frac{1}{2}$		180	190	160	140
2		180	190	160	140
3		170	180	160	140
5		160	170	150	130
$7\frac{1}{2}$		150	160	150	130
10		150	160	150	130
15		140	150	140	120
20		140	150	140	120
25		130	140	140	120
30		130	140	140	120
40		120	130	130	120
50		120	130	130	120
60		110	120	120	110
75		110	120	120	110
100		100	110	110	100
125		100	110	110	100
150		90	100	100	90
200		90	100	100	90
250		80	90	90	90
300		80	90	90	
350		75	75	75	
400		75	75		
450		75	75		
500		75	75		

资料来源：经美国国家电气制造商协会许可转载自 NEMA Standards Publication MG 1–1998，Motors & Generators。版权所有 1999，华盛顿特区 NEMA。

表 5.3　单速、60/50Hz、多相、连续额定运行的中型笼型电动机最大转矩的最小值
（以额定转矩的百分比表示），此表适用于 NEMA 设计的 A、B 和 C 型电动机

hp	同步转速 / (r/min)						
	60Hz	3600	1800	1200	900	720	600	514
	50Hz	3000	1500	1000	750	—	—	—
A 型和 B 型								
$\frac{1}{2}$		—	—	—	225	200	200	200
$\frac{3}{4}$		—	—	275	220	200	200	200
1		—	300	265	215	200	200	200
$1\frac{1}{2}$		250	280	250	210	200	200	200
2		240	270	240	210	200	200	200
3		230	250	230	205	200	200	200
5		215	225	215	205	200	200	200
$7\frac{1}{2}$		200	215	205	200	200	200	200
10–125		200	200	200	200	200	200	200
150		200	200	200	200	200	200	—
200		200	200	200	200	200	—	—
250		175	175	175	175	—	—	—
300–350		175	175	175	—	—	—	—
400–500		175	175	—	—	—	—	—
C 型								
3				200	225	200		
5				200	200	200		
$7\frac{1}{2}$ –20				200	190	190		
25–200				190	190	190		

资料来源：经美国国家电气制造商协会许可转载自 NEMA Standards Publication MG 1–1998，Motors & Generators。版权所有 1999，华盛顿特区 NEMA。

表 5.4　单速、60/50Hz、多相、连续额定运行的中型笼型电动机最大转矩的最小值
（以额定转矩的百分比表示），此表适用于 NEMA 设计的 E 型电动机

hp	同步转速 / (r/min)			
	60Hz	3600	1800	1200	900
	50Hz	3000	1500	1000	750
$\frac{1}{2}$		200	200	170	160

（续）

hp	同步转速 / (r/min)			
	60Hz	3600	1800	1200	900
	50Hz	3000	1500	1000	750
$\frac{3}{4}$		200	200	170	160
1		200	200	180	170
$1\frac{1}{2}$		200	200	190	180
2		200	200	190	180
3		200	200	190	180
5		200	200	190	180
$7\frac{1}{2}$		200	200	190	180
10		200	200	180	170
15		200	200	180	170
20		200	200	180	170
25		190	190	180	170
30		190	190	180	170
40		190	190	180	170
50		190	190	180	170
60		180	180	170	170
75		180	180	170	170
100		180	180	170	160
125		180	180	170	160
150		170	170	170	160
200		170	170	170	160
250		170	170	160	160
300		170	170	160	—
350		160	160	160	—
400		160	160	—	—
450		160	160	—	—
500		160	160	—	—

资料来源：经美国国家电气制造商协会许可转载自 NEMA Standards Publication MG 1–1998，Motors & Generators。版权所有 1999，华盛顿特区 NEMA。

表 5.5　单速、60/50Hz、多相、连续额定运行的中型笼型电动机最小转矩的最小值（以额定转矩百分比表示），此表适用于 NEMA 设计的 A 型和 B 型电动机

hp	同步转速 / (r/min)						
60Hz	3600	1800	1200	900	720	600	514
50Hz	3000	1500	1000	750	—	—	—
$\frac{1}{2}$	—	—	—	100	100	100	100
$\frac{3}{4}$	—	—	120	100	100	100	100
1	—	190	120	100	100	100	100
$1\frac{1}{2}$	120	175	115	100	100	100	100
2	120	165	110	100	100	100	100
3	110	150	110	100	100	100	100
5	105	130	105	100	100	100	100
$7\frac{1}{2}$	100	120	105	100	100	100	100
10	100	115	105	100	100	100	100
15	100	110	100	100	100	100	100
20	100	105	100	100	100	100	100
25	100	105	100	100	100	100	100
30	100	105	100	100	100	100	100
40	100	100	100	100	100	100	100
50	100	100	100	100	100	100	100
60	100	100	100	100	100	100	100
75	95	100	100	100	100	100	100
100	95	100	100	100	100	100	100
125	90	100	100	100	100	100	100
150	90	100	100	100	100	100	—
200	90	90	100	100	100	—	—
250	65	75	90	90	—	—	—
300	65	75	90	—	—	—	—
350	65	75	90	—	—	—	—
400	65	75	—	—	—	—	—
450	65	75	—	—	—	—	—
500	65	75	—	—	—	—	—

资料来源：经美国国家电气制造商协会许可转载自 NEMA Standards Publication MG 1–1998, Motors & Generators。版权所有 1999，华盛顿特区 NEMA。

表 5.6　单速、60/50Hz、多相、连续额定运行的中型笼型电动机最小转矩的最小值（以额定转矩百分比表示），此表适用于 NEMA 设计的 C 型电动机

hp	同步转速 / (r/min)			
	60Hz	1800	1200	900
	50Hz	1500	1000	750
1		195	180	165
$1\frac{1}{2}$		195	175	160
2		195	175	160
3		180	175	160
5		180	175	160
$7\frac{1}{2}$		175	165	150
10		175	165	150
15		165	150	140
20		165	150	140
25		150	150	140
30		150	150	140
40		150	150	140
50		150	150	140
60		140	140	140
75		140	140	140
100		140	140	140
125		140	140	140
150		140	140	140
200		140	140	140

资料来源：经美国国家电气制造商协会许可转载自 NEMA Standards Publication MG 1-1998，Motors & Generators。版权所有 1999，华盛顿特区 NEMA。

表 5.7　单速、60/50Hz、多相、连续额定运行的中型笼型电动机最小转矩的最小值（以额定转矩的百分比表示），此表适用于 NEMA 设计的 E 型电动机

hp	同步转速 / (r/min)				
	60Hz	3600	1800	1200	900
	50Hz	3000	1500	1000	750
$\frac{1}{2}$		130	140	120	110
$\frac{3}{4}$		130	140	120	110
1		120	130	120	110

（续）

hp	同步转速 /（r/min）			
	60Hz 3600	1800	1200	900
	50Hz 3000	1500	1000	750
$1\frac{1}{2}$	120	130	110	100
2	120	130	110	100
3	110	120	110	100
5	110	120	110	100
$7\frac{1}{2}$	100	110	110	100
10	100	110	110	100
15	100	110	100	90
20	100	110	100	90
25	90	100	100	90
30	90	100	100	90
40	90	100	100	90
50	90	100	100	90
60	80	90	90	80
75	80	90	90	80
100	70	80	80	70
125	70	80	80	70
150	70	80	80	70
200	70	80	80	70
250	60	70	70	70
300	60	70	70	—
350	60	60	60	—
400	60	60	—	—
450	60	60	—	—
500	60	60	—	—

资料来源：经美国国家电气制造商协会许可转载自 NEMA Standards Publication MG 1-1998，Motors & Generators。版权所有 1999，华盛顿特区 NEMA。

电动机的升级问题 [12]

在用额定功率和同步转速相同的 E 型电动机替换 B 型电动机之前，请务必查看 NEMA 表格，以确定 E 型电动机是否具有足够的转矩来起动和加速负载。以下是 B 型和 E 型电动机转速—转矩曲线上重要点的比较，这两种电动机的额定功率均为 60hp，同步转速均为 1800r/min：

来自 NEMA 表格的转矩最小值（额定转矩的百分比）

NEMA 设计	起动转矩	最大转矩	最小转矩
B	140	200	100
E	120	180	90

值得注意的是，对于相同的功率和额定转速（60hp，1800r/min），E 型电动机的各种转矩的最小值均低于 B 型电动机，这可能会造成问题。对于给定的负载，电动机必须能够产生足够的起动转矩来起动，足够的最小转矩来加速，以及足够的最大转矩来应对任何峰值负载。因此，最好和电动机的制造商确认来征求他们的建议。

5.4　电动机性能与电机参数、转差率和定子电压的关系

在图 5.3 中，要分析电动机性能与电机参数、转差率和定子电压的函数关系，需要分析感应电动机的完整等效电路，包括转子电路和定子电路。转子电路与第 4 章中图 4.7d 所示相同；定子电路包括定子电阻 R_s、定子漏抗 X_s、电阻 R_{fe}（考虑到铁心的磁滞和涡流损耗）以及励磁电抗 X_M（考虑到励磁电流的磁化分量）。

图 5.3 所示的等效电路类似于变压器（见第 2 章图 2.9），其中电阻和漏抗分别从一次绕组和二次绕组中分离出来，在两者之间留下一个理想的变压器。由于其相似性，之前针对变压器开发的等效电路可适用于感应电动机。因此，图 5.3 可以简化为图 5.4 所示的简单串并联电路，其中所有参数均折算到定子侧。图 5.3 中的实际参数与图 5.4 中的定子参数（每相）之间的关系为

$$R_2 = a^2 R_r - R_r \quad \text{折算到定子侧}$$
$$X_2 = a^2 X_{BR} - X_{BR} \quad \text{折算到定子侧}$$
$$I_2 = I_r/a - I_r \quad \text{折算到定子侧}$$
$$E_2 = E_s = aE_{BR} - E_{BR} \quad \text{折算到定子侧}$$

式中　　a——定子每相匝数与转子每相匝数之比，$a = N_s/N_r^{\ominus}$。

　　R_{fe}——考虑铁心损耗的每相等效电阻；

　　X_M——考虑了磁化电流的每相等效电抗；

　　I_o——相励磁电流（空载电流）；

　　R_r——实际转子相电阻；

　　I_{fe}——励磁电流的铁心损耗分量；

　　I_M——励磁电流的磁化分量；

　　X_{BR}——实际堵转相电抗；

　　I_r——实际转子相电流；

　　V——实际定子相电压；

　　I_1——实际定子相电流。

$\ominus$　对于笼型转子，该比率是定子每相匝数与等效绕线式转子每相匝数之比。

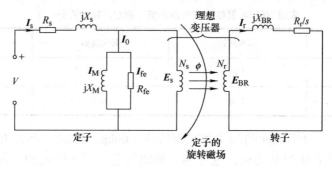

图 5.3 转子和定子为独立电路的感应电动机的等效电路

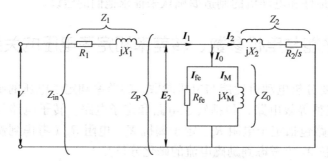

图 5.4 所有参数折算到定子侧时的感应电动机的等效串并联模型

功率、转矩、转速、损耗和效率

首先求解图 5.4 所示等效电路中的 I_1、I_2 和 E_2，然后代入第 4 章中之前建立的相应方程，即可轻松确定定子铜耗、转子铜耗、铁心损耗、气隙功率、产生的机械功率、产生的转矩、轴功率、轴转矩、转速和效率。因此，从图 5.4 可以得出

$$Z_2 = \frac{R_2}{s} + jX_2 \qquad Z_0^{\ominus} = \frac{R_{fe} \times jX_M}{R_{fe} + jX_M}$$

$$Z_P = \frac{Z_2 Z_0}{Z_2 + Z_0} \qquad Z_{in} = Z_1 + Z_P$$

$$I_1 = \frac{V}{Z_{in}} \qquad E_2 = I_1 Z_P \qquad I_2 = \frac{E_2}{Z_2}$$

将第 4 章中的公式应用于图 5.4 中的等效电路：

$$P_{scl} = 3I_1^2 R_1 \qquad P_{rcl} = 3I_2^2 R_2$$

$$P_{gap} = P_{rcl} \times \frac{1}{s} \qquad P_{mech} = P_{rcl} \times \frac{1-s}{s}$$

$$P_{shaft} = \frac{P_{mech} - P_{f,w} - P_{stray}}{746} (hp)$$

⊖ 制造商提供的参数数据、技术论文或专业资格考试中给出的参数数据有时会省略 R_{fe}。要解决未给出 R_{fe} 时的问题，令 $Z_0 = jX_M$ 即可，由此产生的误差将相当小。

根据第 4 章的式（4-40）：

$$T_{\mathrm{D}} = \frac{21.12 I_2^2 R_2}{s n_{\mathrm{s}}} (\mathrm{lb} \cdot \mathrm{ft}) \tag{5-1}$$

图 5.4 中以 R_{fe} 表示的铁心损耗为

$$P_{\mathrm{core}} = \frac{3 E_2^2}{R_{\mathrm{fe}}} \tag{5-2}$$

例 5.2

一台 60Hz、15hp、额定 460V、6 极、丫联结的三相感应电动机驱动一台离心泵，转速为 1185r/min。风阻、摩擦和杂散损耗合计为 166W，电动机定子等效电路的每相参数为（单位为 Ω）

$$R_1 = 0.200 \quad R_2 = 0.250 \quad X_{\mathrm{M}} = 42.0$$
$$X_1 = 1.20 \quad X_2 = 1.29 \quad R_{\mathrm{fe}} = 317$$

试计算：（a）转差率；（b）线电流；（c）电动机的视在功率、有功功率、无功功率和功率因数；（d）等效转子电流；（e）定子铜耗；（f）转子铜耗；（g）铁心损耗；（h）气隙功率；（i）产生的机械功率；（j）产生的转矩；（k）轴功率；（l）轴转矩；（m）效率；（n）绘制功率流动图。

解：

（a）

$$n_{\mathrm{s}} = \frac{120 f}{P} = \frac{120 \times 60}{6} = 1200 \mathrm{r/min}$$

$$s = \frac{n_{\mathrm{s}} - n_{\mathrm{r}}}{n_{\mathrm{s}}} = \frac{1200 - 1185}{1200} = 0.0125$$

（b）根据图 5.4

$$\boldsymbol{Z}_2 = \frac{R_2}{s} + \mathrm{j}X_2 = \frac{0.250}{0.0125} + \mathrm{j}1.29 = 20 + \mathrm{j}1.29 = 20.0416 \underline{/3.6905°}\ \Omega$$

$$\boldsymbol{Z}_0 = \frac{R_{\mathrm{fe}} \times \mathrm{j}X_{\mathrm{M}}}{R_{\mathrm{fe}} + \mathrm{j}X_{\mathrm{M}}} = \frac{317 \times (42.0 \underline{/90°})}{317 + \mathrm{j}42.0} = 41.6361 \underline{/82.4527°} = 5.4687 + \mathrm{j}41.2754\ \Omega$$

$$\boldsymbol{Z}_{\mathrm{P}} = \frac{\boldsymbol{Z}_2 \boldsymbol{Z}_0}{\boldsymbol{Z}_2 + \boldsymbol{Z}_0} = \frac{(20.0416 \underline{/3.6905°}) \times (41.6361 \underline{/82.4527°})}{(20 + \mathrm{j}1.29) + (5.4687 + \mathrm{j}41.2754)}$$

$$\boldsymbol{Z}_{\mathrm{P}} = 16.8226 \underline{/27.0370°} = 14.9841 + \mathrm{j}7.6470\ \Omega$$

$$\boldsymbol{Z}_{\mathrm{in}} = \boldsymbol{Z}_1 + \boldsymbol{Z}_{\mathrm{P}} = (0.200 + \mathrm{j}1.20) + (14.9841 + \mathrm{j}7.6470) = 17.5735 \underline{/30.2271°}\ \Omega$$

$$\boldsymbol{I}_1 = \frac{\boldsymbol{V}}{\boldsymbol{Z}_{\mathrm{in}}} = \frac{(460 / \sqrt{3}) \underline{/0°}}{17.5735 \underline{/30.2271°}} = 15.1126 \underline{/-30.2271°}\ \mathrm{A}$$

（c）

$$\boldsymbol{S} = 3 \boldsymbol{V} \boldsymbol{I}_1^* = 3 \times (460 / \sqrt{3}) \underline{/0°} \times 15.1126 \underline{/+30.2271°}$$
$$\boldsymbol{S} = 12040.857 \underline{/30.2271°} = 10403.7 + \mathrm{j}6061.7\ \mathrm{VA}$$

则

$$P_{\mathrm{in}} = 10404 \mathrm{W} \quad \Rightarrow \quad 10.4 \mathrm{kW}$$
$$Q_{\mathrm{in}} = 6062 \mathrm{var} \quad \Rightarrow \quad 6.06 \mathrm{kvar}$$

$$S_{in} = 12041VA \quad \Rightarrow \quad 12.0kVA$$

$$F_P = \cos 30.23° = 0.864 \text{ 或 } 86.4\%$$

（d）根据图 5.4

$$\boldsymbol{E}_2 = \boldsymbol{I}_1 \boldsymbol{Z}_P = (15.1126 \angle{-30.2271°}) \times (16.8226 \angle{27.037°}) = 254.2332 \angle{-3.1901°} \text{ V}$$

$$\boldsymbol{I}_2 = \frac{\boldsymbol{E}_2}{\boldsymbol{Z}_2} = \frac{254.2332 \angle{-3.1901°}}{20.0416 \angle{3.6905°}} = 12.6853 \angle{-6.8806°} \text{ A}$$

（e）
$$P_{scl} = 3I_1^2 R_1 = 3 \times 15.1126^2 \times 0.20 = 137.03 \quad \Rightarrow \quad 137 \text{W}$$

（f）
$$P_{rcl} = 3I_2^2 R_2 = 3 \times 12.6853^2 \times 0.25 = 120.69 \quad \Rightarrow \quad 121 \text{W}$$

（g）
$$P_{core} = 3\left(\frac{E_2^2}{R_{fe}}\right) = 3 \times \frac{254.2332^2}{317} = 611.68 \quad \Rightarrow \quad 612 \text{W}$$

（h）
$$P_{gap} = \frac{P_{rcl}}{s} = \frac{120.6876}{0.0125} = 9655.20 \quad \Rightarrow \quad 9655 \text{W}$$

（i）
$$P_{mech} = \frac{P_{rcl}(1-s)}{s} = \frac{120.6876 \times (1-0.0125)}{0.0125} = 9534.3 \quad \Rightarrow \quad 9534 \text{W}$$

（j）
$$T_D = \frac{21.12 I_2^2 R_2}{sn_s} = \frac{21.12 \times 12.6853^2 \times 0.25}{0.0125 \times 1200} = 56.64 \text{ lb} \cdot \text{ft}$$

（k）
$$P_{Loss} = P_{scl} + P_{rcl} + P_{core} + P_{f,w} + P_{stray}$$

$$P_{Loss} = 137.03 + 120.69 + 611.68 + 166 = 1035 \text{W}$$

$$P_{shaft} = \frac{P_{in} - loss}{746} = \frac{10404 - 1035}{746} = 12.56 \text{hp}$$

（l）
$$\text{hp} = \frac{Tn}{5252}$$

$$12.56 = \frac{T \times 1185}{5252}$$

$$T = 55.7 \text{ lb} \cdot \text{ft}$$

（m）
$$\eta = \frac{P_{out}}{P_{in}} = \frac{12.56 \times 746}{10404} = 0.900 \text{ 或 } 90.0\%$$

（n）功率流动图如图 5.5 所示。

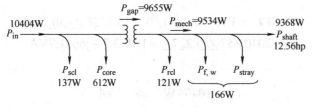

图 5.5　例 5.2 的功率流动图

5.5　转矩—转速特性分析

在给定的电压和频率下，感应电动机能产生的最大转矩取决于 R_1、X_1 和 X_2 的相对大小，与转子电阻 R_2 无关，但产生最大转矩时的转差率与 R_2 成正比。从式（5-1）中不难看出这两个非常重要的关系。

要说明电动机产生的转矩 T_D 与电机参数的关系，需要求解图 5.4 中的 I_2，然后将结果代入式（5-1）。不幸的是，这样杂乱无章的数学表达式会完全掩盖所要寻求的基本关系。通过将图 5.4 中的励磁电流分量移至图 5.6a 中的输入端，可以得到一个更容易解释的简化数学表达式。虽然图 5.6a 所示的近似等效电路非常有用，可以建立一个相当精确的表达式，清楚地显示转子和定子参数如何影响 $T_{D,\,max}$，以及产生 $T_{D,\,max}$ 时的转差率，但它不能用来代替图 5.4 进行精确的电流、功率和效率计算。

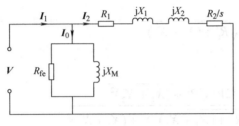
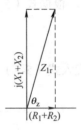

a) 感应电动机的近似等效电路　　　　　　b) 堵转(起动)条件下的相量图(s=1)

图　5.6

求解图 5.6a 电路中的 I_2

$$I_2 \approx \frac{V}{R_1 + \mathrm{j}X_1 + R_2\,/\,s + \mathrm{j}X_2} \tag{5-3}$$

$$|I_2| \approx \frac{|V|}{\sqrt{\left[(R_1 + R_2\,/\,s)^2 + (X_1 + X_2)^2\right]}} \tag{5-4}$$

将式（5-4）代入式（5-1）：

$$T_D \approx \frac{21.12V^2 R_2\,/\,s}{\left[(R_1 + R_2\,/\,s)^2 + (X_1 + X_2)^2\right]n_s} \tag{5-5}$$

如式（5-5）所示，对于给定的转差率和电机参数，产生的转矩与施加定子电压的二次方成正比。也就是说：

$$T_D \propto V^2 \tag{5-6}$$

这个非常有用的关系在电动机起动和停转问题中有着重要的应用。

产生最大转矩时的转差率

观察图 5.1 中的转矩—转差率曲线可以发现，在停转时，曲线的斜率为零。因此，可以通过求式（5-5）相对于 s 的导数，然后求解使斜率（导数）等于零的 s 值，来确定产生最大转矩时的转差率。由此得到的数学表达式为

$$s_{T_{\mathrm{D,max}}} \approx \frac{R_2}{\sqrt{R_1^2 + (X_1 + X_2)^2}} \tag{5-7}$$

值得注意的是，产生 $T_{\mathrm{D,max}}$ 时的转差率与转子电阻 R_2 成正比。因此，在需要较高起动转矩的应用中（如电梯或升降机），转子电路要设计成具有足够大的电阻，以便在转子堵转时（$s=1$）达到 $T_{\mathrm{D,max}}$。将式（5-7）中的转差率代入 1.0 并求解 R_2，即可得到此条件所需的 R_2 值。因此，要使 $T_{\mathrm{D,max}}$ 出现在堵转时，必须满足以下条件：

$$R_{2,s=1} = \sqrt{R_1^2 + (X_1 + X_2)^2} \tag{5-8}$$

最大转矩

通过求解式（5-7）得到 R_2/s，代入式（5-5），然后化简，即可得到感应电动机参数的 $T_{\mathrm{D,max}}$ 的表达式。根据式（5-7）：

$$\frac{R_2}{s} = \sqrt{R_1^2 + (X_1 + X_2)^2} \tag{5-9}$$

将式（5-9）代入式（5-5）并化简

$$T_{\mathrm{D,max}} \approx \frac{21.12V^2 \sqrt{R_1^2 + (X_1 + X_2)^2}}{n_s \left[(R_1 + \sqrt{R_1^2 + (X_1 + X_2)^2})^2 + (X_1 + X_2)^2 \right]}$$

$$T_{\mathrm{D,max}} \approx \frac{21.12V^2}{2n_s \left[\sqrt{R_1^2 + (X_1 + X_2)^2} + R_1 \right]} \tag{5-10}$$

如式（5-10）所示，特定感应电动机可产生的最大转矩（停转转矩）与转子电阻无关。改变转子电阻值会改变产生 $T_{\mathrm{D,max}}$ 时的转差率，但不会改变 $T_{\mathrm{D,max}}$ 的值。

例 5.3

一台三相、40hp、460V、4 极、60Hz 的笼型感应电动机的额定转速为 1751r/min，以下参数的单位以 Ω 表示：

$$R_1 = 0.102 \quad R_2 = 0.153 \quad R_{\mathrm{fe}} = 102.2$$
$$X_1 = 0.409 \quad X_2 = 0.613 \quad X_{\mathrm{M}} = 7.665$$

试计算：（a）产生最大转矩时的转速；（b）电机可产生的最大转矩；（c）额定轴转矩；（d）哪种 NEMA 设计适合该电动机。

解：

（a）
$$s_{T_{\mathrm{D,max}}} = \frac{R_2}{\sqrt{R_1^2 + (X_1 + X_2)^2}} = \frac{0.153}{\sqrt{0.102^2 + (0.409 + 0.613)^2}}$$

$$s_{T_{\mathrm{D,max}}} = 0.1490$$

$$n_s = \frac{120f}{P} = \frac{120 \times 60}{4} = 1800\mathrm{r/min}$$

$$n_r = n_s(1-s) = 1800 \times (1 - 0.1490) = 1532\mathrm{r/min}$$

(b)
$$T_{\mathrm{D,max}} = \frac{21.12V^2}{2n_s\left[\sqrt{R_1^2 + (X_1 + X_2)^2} + R_1\right]}$$

$$T_{\mathrm{D,max}} = \frac{21.12 \times (460/\sqrt{3})^2}{2 \times 1800 \times \left[\sqrt{0.102^2 + (0.409 + 0.613)^2} + 0.102\right]}$$

$$T_{\mathrm{D,max}} = 366.5\,\mathrm{lb \cdot ft}$$

(c)
$$\mathrm{hp} = \frac{Tn}{5252} \quad \Rightarrow \quad 40 = \frac{T \times 1751}{5252}$$

$$T_{\mathrm{D,shaft}} = 120.0\,\mathrm{lb \cdot ft}$$

（d）最大转矩在转差率为 0.1490 时产生。从图 5.1 中的曲线可以看出，这台电机属于 A 型电机。

例 5.4

一台三相、50hp、460V、60Hz、4 极、B 型感应电动机在额定的负载、电压和频率下运行，运行转速为 1760r/min。如果为了减少系统过载，电力公司将母线电压降至额定电压的 90%，试计算：（a）为了保持 1760r/min，必须从电动机轴上卸下的负载转矩；（b）在较低电压下的预期最小起动转矩；（c）系统电压下降 10% 所导致的可产生转矩的变化百分比。

解：

（a）在额定条件下：

$$\mathrm{hp} = \frac{Tn}{5252} \quad \Rightarrow \quad 50 = T \times \frac{1760}{5252}$$

$$T_{\mathrm{rated}} = 149.2\,\mathrm{lb \cdot ft}$$

利用式（5-6）中的关系，在 1760r/min 和 90% 额定电压下产生的转矩为

$$T_{\mathrm{D2}} = T_{\mathrm{D1}}\left(\frac{V_2}{V_1}\right)^2 = 149.2\left(\frac{460 \times 0.90}{460}\right)^2 = 120.9\,\mathrm{lb \cdot ft}$$

所需减少的负载转矩为

$$149.2 - 120.9 = 28.3\,\mathrm{lb \cdot ft}$$

（b）根据表 5.1，在额定电压和额定频率下，预期最小起动转矩为额定转矩的 140%：

$$T_{\mathrm{lr}} = 1.40 \times 149.2 = 208.88\,\mathrm{lb \cdot ft}$$

在 90% 额定电压下的预期最小起动转矩为

$$T_{\mathrm{lr2}} = T_{\mathrm{lr1}}\left(\frac{V_2}{V_1}\right)^2 = 208.88 \times \left(\frac{460 \times 0.90}{460}\right)^2 = 169.2\,\mathrm{lb \cdot ft}$$

（c）系统电压下降 10%，转矩变化百分比如下（转速为 1760r/min 时）：

$$\frac{120.9 - 149.2}{149.2} = -0.19\ 或\ -19\%$$

堵转时

$$\frac{169.2 - 208.88}{208.88} = -0.19 \text{ 或} -19\%$$

值得注意的是，定子电压每下降10%，产生的转矩就会下降19%。

5.6　笼型电动机正常和过载运行时一些有用的近似

正常运行状态是指在额定电压和额定频率下，电动机在空载和15%过载之间运行。电动机铭牌上的负载系数为1.15，表示电动机允许15%的连续过载。当在该条件下运行时，转差率非常小，通常小于0.03，允许非常简化的数学近似，这对解决许多感应电动机问题很有用。

回顾转子电流和产生转矩的方程，分别由式（5-4）和式（5-5）给出：

$$|I_2| \approx \frac{|V|}{\sqrt{\left[(R_1 + R_2/s)^2 + (X_1 + X_2)^2\right]}} \tag{5-4}$$

$$T_D \approx \frac{21.12V^2 R_2/s}{\left[(R_1 + R_2/s)^2 + (X_1 + X_2)^2\right]n_s} \tag{5-5}$$

对于非常小的转差率，有：

$$R_1 \ll \frac{R_2}{s} \gg (X_1 + X_2)$$

因此，当转差率 $s \leqslant 0.03$ 时，式（5-4）和式（5-5）分母括号内的表达式可以用 R_2/s 代替，且不会引入较大误差[⊖]，也就是说：

$$\left[\left(R_1 + \frac{R_2}{s}\right)^2 + (X_1 + X_2)^2\right]_{s \leqslant 0.03} \Rightarrow \left(\frac{R_2}{s}\right)^2$$

代入式（5-4）和式（5-5），近似结果如下：

$$\underset{s \leqslant 0.03}{I_2} \approx \frac{V}{R_2/s} = \frac{Vs}{R_2} \tag{5-11}$$

$$\underset{s \leqslant 0.03}{T_D} \approx \frac{21.12V^2 R_2/s}{(R_2/s)^2 n_s} = \frac{21.12V^2 s}{R_2 n_s} \tag{5-12}$$

观察式（5-4）和式（5-5），可以看出当转差率 $s \leqslant 0.03$ 时，I_2 和 T_D 均与转差率成正比。因此，将它们用比例表示，并假设运行在额定电压和频率下：

$$\underset{s \leqslant 0.03}{I_2} \propto s \tag{5-13}$$

⊖　转差率为0.03是一个任意约束，可为大多数电机提供良好的近似值。然而，在计算转子电流和输出转矩时，需要根据5.4节中的步骤进行计算。

$$T_\mathrm{D} \underset{s \leqslant 0.03}{\propto} s \tag{5-14}$$

将式（5-13）和式（5-14）的比例表达式绘制成曲线图，如图 5.7 所示，曲线显示了电动机从空载状态开始加载情况下的转子电流和转矩的变化规律[⊖]。

本节介绍的近似方法也可应用于转矩额定值的 150% 甚至更高的过载问题，前提是已知转子电流和输出转矩的初始和最终条件接近或位于各自曲线的线性部分。然而，需要注意的是，在高过载条件下运行时，电动机会迅速且严重地发热；在高过载下持续运行将对转子和定子造成严重损害。

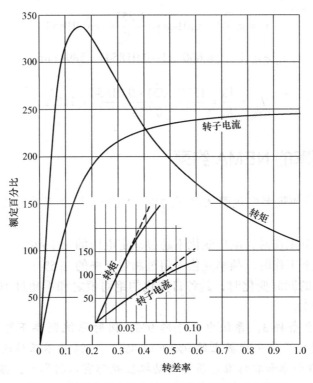

图 5.7 转子电流和输出转矩与转差率的关系曲线图

例 5.5

一台 575V、100hp、60Hz、12 极、丫 联结的笼型电动机，在额定负载转矩、额定电压、额定频率和 591.1r/min 的转速下运行，线电流为 89.2A。电动机参数（单位为 Ω）如下：

$$R_1 = 0.060 \qquad R_2 = 0.055 \qquad R_\mathrm{fe} = 67.0$$
$$X_1 = 0.034 \qquad X_2 = 0.034 \qquad X_\mathrm{M} = 11.22$$

如果负载增加导致 T_D 增加 25%（明显过载），试确定在新的运行条件下的：(a) 转速；(b) 转子电流。假设已知过载工况位于转矩—转差率曲线和转子电流—转差率曲线的线性部分上。

⊖ 图 5.7 中的曲线使用了**例 5.2** 中的电动机参数。

解：

（a）
$$n_s = \frac{120f}{P} = 120 \times \frac{60}{12} = 600 \text{r/min}$$

在额定负载下：

$$s = \frac{n_s - n_r}{n_s} = \frac{600 - 591.1}{600} = 0.01483$$

由式（5-14）可得：

$$s_2 = s_1 \frac{T_{D2}}{T_{D1}} = 0.01483 \times \frac{1.25 T_{D1}}{T_{D1}} = 0.01854$$

$$n_r = n_s(1-s) = 600 \times (1 - 0.01854) = 589 \text{r/min}$$

（b）
$$I_2 \atop{s \leqslant 0.03} = \frac{Vs}{R_2} = \frac{(575/\sqrt{3}) \times 0.01854}{0.055} = 112 \text{A}$$

5.7   电压和频率的 NEMA 约束

只要施加的电压和频率变化服从以下约束，NEMA 标准下的感应电动机就有望在额定负载下成功运行[9]：

1）在额定频率下工作时，电压变化不超过额定电压的 ±10%；

2）在额定电压下工作时，频率变化不超过额定频率的 ±5%；

3）电压和频率的同时变化时，其各自变化的绝对值之和不超过 10%，同时频率变化不超过额定频率的 5%。

注意： 根据约束条件 3，系统电压下降 9%，同时系统频率下降 4%，将导致 9% + 4% = 13% 的组合变化。使用代数上的 9% + （-4%）= 5% 是不正确的！计算时必须是绝对值的加法。非标准频率和非标准电压对电动机性能都有不利影响，频率降低的不利影响不能抵消电压升高的不利影响，反之亦然。

5.8   非额定电压和非额定频率对感应电动机性能的影响

感应电动机的转速、电流、转矩与电源的频率和电压有函数关系。因此，明显偏离电动机额定频率会对电机操作产生严重的不利影响。大型互连电源具有相对稳定的频率和电压。然而，孤立的发电厂，如船舶、海上钻井平台和某些农村地区的发电厂，有时可能会运行在非额定电压和频率下。

对运行转矩的影响

用频率表示式（5-12）中的同步转速，可以确定不同频率和不同电压对转矩的影响，则

$$T_{\underset{s \leqslant 0.03}{D}} \approx \frac{21.12 V^2 s}{R_2 \times (120 f / P)} \qquad (5\text{-}15)$$

方程式（5-15）表明，当 $s \leqslant 0.03$ 时，转矩与转差率和施加电压的二次方成正比，与频率成反比，也就是说：

$$T_{\underset{s \leqslant 0.03}{D}} \propto \frac{V^2 s}{f} \qquad (5\text{-}16)$$

注意：$s \leqslant 0.03$ 时，摩擦、风阻和杂散功率损耗的变化通常非常小。因此，如果这些损耗是未知的，且 $s \leqslant 0.03$，则在式（5-16）中的比例关系中，T_{shaft} 可以代替 T_D，且不会引入较大的误差。

例 5.6

一台 230V、20hp、60Hz、6 极的三相感应电动机在额定频率、额定电压和额定功率下驱动恒转矩负载，转速为 1175r/min，效率为 92.1%。试计算系统扰动导致电压下降10%、频率下降 6% 时的：（a）运行转速；（b）输出功率。假设空气阻力、摩擦和杂散功率损耗基本上是恒定的。

解：

（a）

$$V_2 = 0.90(230) = 207V$$

$$f_2 = 0.94(60) = 56.4Hz$$

$$n_{s1} = 120 f_1 / P = 120 \times 60 / 6 = 1200 r/min$$

$$n_{s2} = 120 f_2 / P = 120 \times 56.4 / 6 = 1128 r/min$$

$$s_1 = (n_{s1} - n_{r1}) / n_{s1} = (1200 - 1175) / 1200 = 0.02083$$

当 $s_1 \leqslant 0.03$ 且负载转矩恒定时

$$\left(\frac{V^2 s}{f} \right)_1 = \left(\frac{V^2 s}{f} \right)_2$$

$$s_2 = s_1 \left(\frac{V_1}{V_2} \right)^2 \times \frac{f_2}{f_1} = 0.02083 \times \left(\frac{230}{0.90 \times 230} \right)^2 \times \frac{60 \times 0.94}{60}$$

$$s_2 = 0.02417$$

$$n_{r2} = n_{s2}(1 - s_2) = 1128 \times (1 - 0.02417) = 1101 r/min$$

（b）

$$P = \frac{Tn}{5252} \quad \Rightarrow \quad \frac{P_2}{P_1} = \frac{T_2 n_{r2}}{T_1 n_{r1}}$$

因此，负载转矩恒定时，$T_2 = T_1$

$$P_2 = P_1 \times \frac{T_2 n_{r2}}{T_1 n_{r1}} = 20 \times \frac{T_1 \times 1101}{T_1 \times 1175} = 18.7hp$$

对起动电流的影响

计算起动电流仅需要基于外加电压和起动（堵转）时的输入阻抗。因此，参考图 5.6a

的近似等效电路，并注意起动时的转差率为 1，则：

$$\left.I_2\right|_{s=1.0} = \frac{V}{Z_{lr}} = \frac{V}{\sqrt{(R_1+R_2)^2+(X_1+X_2)^2}} \tag{5-17}$$

式中，Z_{lr}——起动时的阻抗（Ω）。

除了高转差率电机，如 D 型电动机，或其他特殊的高转差率设计，大多数笼型感应电动机电阻低、电抗高，起动时的阻抗角大于 75°。在图 5.6b 中，

$$\theta_z = \arctan\left(\frac{X_1+X_2}{R_1+R_2}\right) \tag{5-18}$$

值得注意的是，当阻抗角 $\theta_z \geqslant 75°$ 时，

$$|\boldsymbol{Z}_{lr}| \approx X_1 + X_2$$

因此，当 $s=1$ 且 $\theta_z \geqslant 75°$ 时，式（5-17）可以近似为

$$\left.I_2\right|_{s=1.0,\theta_z\geqslant75°} \approx \frac{V}{X_1+X_2} \tag{5-19}$$

用频率表示漏抗，则

$$\left.I_2\right|_{s=1.0,\theta_z\geqslant75°} \approx \frac{V}{f(2\pi L_1+2\pi L_2)} \tag{5-20}$$

由式（5-20）可知，起动电流与外加电压成正比，与外加频率成反比。也就是说：

$$\left.I_2\right|_{s=1.0,\theta_z\geqslant75°} \propto \frac{V}{f} \tag{5-21}$$

此外，由图 5.6a 得：

$$\boldsymbol{I}_1 = \boldsymbol{I}_2 + \boldsymbol{I}_0$$

起动时有

$$|\boldsymbol{I}_2| \gg |\boldsymbol{I}_0|$$

因此，起动时，定子电流（I_1，定义为 I_{lr}）近似等于转子电流（I_2）。

$$I_{lr} = I_1 \approx I_2 \tag{5-22}$$

因此，重写式（5-21）可得：

$$\left.I_{lr}\right|_{s=1.0,\theta_z\geqslant75°} \propto \frac{V}{f} \tag{5-23}$$

例 5.7

一个 20hp、4 极、230V、60Hz 的三相 B 型丫联结电动机在额定电压和额定频率下起动时电流为 151A。如果电动机由 220V、50Hz 的系统供电起动，试计算预期的起动线电流。

解：

利用式（5-23）中的比例关系，则：

$$\frac{I_{lr1}}{I_{lr2}} = \frac{V_1 / f_1}{V_2 / f_2} \quad \Rightarrow \quad I_{lr2} = I_{lr1} \times \frac{V_2 / f_2}{V_1 / f_1}$$

$$I_{lr2} = 151 \times \frac{220 / 50}{230 / 60} = 173\text{A}$$

注意: 在那些混用频率 25Hz 和 60Hz 电力系统的行业中，必须非常小心，以防止 25Hz 电动机意外连接到 60Hz 系统，反之亦然。例如，将额定频率为 25Hz，额定转速为 425r/min 的电动机连接到 60Hz 的系统将导致危险的超速，大约 $425 \times (60/25) = 1020\text{r/min}$[⊖]。而若将一台额定频率 60Hz、堵转电流为 1085A 的电动机连接到 25Hz 系统（线电压相同），则起动电流约为 $1085 \times (60/25) = 2604\text{A}$，会导致电动机烧毁。

对起动转矩的影响

由第 1 章式（1-12）中的 *BLI* 规则可知，转子导体上的力（以及转矩）与导体中的电流和导体处的定子磁通密度成正比。用数学表达为

$$T_D \propto B_{stator} I_{rotor}$$

此外，磁通密度与定子电流成正比:

$$B_{stator} \propto I_{stator}$$

因此

$$T_D \propto I_{stator} I_{rotor}$$

使用图 5.6a 中的符号表示，起动时:

$$T_{lr} \propto I_1 I_2$$

然而，起动时，由式（5-22）得:

$$I_{lr} = I_1 \approx I_2$$

因此，起动时:

$$T_{lr} \propto I_{lr}^2 \tag{5-23a}$$

将式（5-23）中的比例代入式（5-23a）中的比例，得:

$$T_{lr} = \left(\frac{V}{f}\right)^2 \tag{5-23b}$$

式（5-23b）表明，起动转矩与施加电压的二次方成正比，与频率的二次方成反比。虽然没有考虑磁饱和以及导体趋肤效应的影响，但式（5-23b）对于实际应用来说是足够准确的。

例 5.8

（a）根据 NEMA 表，确定一台 75hp、4 极、60Hz、240V、1750r/min 的 E 型电动机需要的最小起动转矩；（b）假设系统过载，必须将电压和频率分别降至 230V 和 58Hz，重复（a）中的计算。

⊖ 感应电动机允许的超速见 5.18 节中的表 5.11。

解：

（a）由表 5.2 可知，最小起动转矩为额定值的 120%。

$$\text{hp}_{\text{rated}} = \frac{T_{\text{rated}} \times n_{\text{rated}}}{5252} \quad \Rightarrow \quad T_{\text{rated}} = \frac{5252 \times \text{hp}_{\text{rated}}}{n_{\text{rated}}}$$

$$T_{\text{rated}} = \frac{5252 \times 75}{1750} = 225 \text{ lb} \cdot \text{ft}$$

$$T_{\text{lr}} = 225 \times 1.20 = 270 \text{ lb} \cdot \text{ft}$$

（b）使用式（5-23b）的比例式：

$$\frac{T_{\text{lr2}}}{T_{\text{lr1}}} = \frac{\left(\dfrac{V_2}{f_2}\right)^2}{\left(\dfrac{V_1}{f_1}\right)^2} \quad \Rightarrow \quad T_{\text{lr2}} = T_{\text{lr1}} \times \left(\frac{V_2}{f_2}\right)^2 \times \left(\frac{f_1}{V_1}\right)^2$$

$$T_{\text{lr2}} = 270 \times \left(\frac{230}{58}\right)^2 \times \left(\frac{60}{240}\right)^2 = 265 \text{ lb} \cdot \text{ft}$$

在 50Hz 的系统上运行额定频率 60Hz 的电动机

在显著低于额定频率的情况下运行感应电动机，例如，在 50Hz 的系统中运行 60Hz 的电动机，会导致励磁电抗明显降低，并且由于磁饱和效应，磁化电流会不成比例地迅速增大，最终的结果是电动机绕组严重过热。为了防止过热，频率的降低必须伴随着外加电压的降低，简单地说，伏特每赫兹的比值必须保持恒定。通用的三相 60Hz、NEMA 标准设计的 2 极、4 极、6 极或 8 极感应电动机能够在 50Hz 系统中正常运行，前提是频率为 50Hz 时，额定功率和额定电压是 60Hz 时对应额定功率和电压的 5/6。以这种方式运行时，电机不会出现过热现象，50Hz 时的起动转矩和停机系数与 60Hz 时基本相同[9]。

这些关系的数学表达式如下：

$$V_{50} = \frac{5}{6} V_{60} \tag{5-23c}$$

$$\text{hp}_{50} = \frac{5}{6} \text{hp}_{60} \tag{5-23d}$$

$$\left(\frac{T n_{\text{r}}}{5252}\right)_{50} = \frac{5}{6} \left(\frac{T n_{\text{r}}}{5252}\right)_{60} \tag{5-23e}$$

代入式（5-16）的比例式并简化：

$$\left.\left(\frac{V^2 s n_{\text{r}}}{f}\right)_{50} = \frac{5}{6}\left(\frac{V^2 s n_{\text{r}}}{f}\right)_{60}\right\} s \leqslant 0.03 \tag{5-23f}$$

例 5.9

一台 40hp、460V、60Hz 的三相 4 极 B 型感应电动机在额定电压，额定频率和额定功率下运行，转速为 1770r/min，线电流为 52.0A。如果电机以 5/6 的额定功率运行，电源电压为 385V，频率为 50Hz，试计算：（a）转速；（b）转差率。

解：

（a）
$$n_{s,60} = \frac{120 \times 60}{4} = 1800 \text{r/min}$$

$$n_{s,50} = \frac{120 \times 50}{4} = 1500 \text{r/min}$$

$$s_{60} = \frac{n_s - n_r}{n_s} = \frac{1800 - 1770}{1800} = 0.01667$$

$$hp_{50} = \frac{5}{6} hp_{60}$$

$$\left(\frac{Tn_r}{5252}\right)_{50} = \frac{5}{6}\left(\frac{Tn_r}{5252}\right)_{60}$$

代入式（5-16）的比例式并简化：

$$\left(\frac{V^2 s n_r}{f}\right)_{50} = \frac{5}{6}\left(\frac{V^2 s n_r}{f}\right)_{60} \Bigg\} s \le 0.03$$

代入所给条件和计算值，求解 s_{50}：

$$\left(\frac{385^2 s_{50} n_{r,50}}{50}\right) = \frac{5}{6}\left(\frac{460^2 \times 0.01667 \times 1770}{60}\right)$$

$$s_{50} = \frac{29.251}{n_{r,50}}$$

由式（4-3）得：

$$s_{50} = \frac{1500 - n_{r,50}}{1500}$$

建立方程并求解 $n_{r,50}$：

$$\frac{29.251}{n_{r,50}} = \left(\frac{1500 - n_{r,50}}{1500}\right)$$

$$n_{r,50}^2 - 1500 n_{r,50} + 43876.5 = 0$$

利用二次方程求根公式：

$$n_{r,50} = \frac{1500 \pm \sqrt{(-1500)^2 - 4 \times 43876.5}}{2}$$

$$n_{r,50} = 1470 \text{r/min} \quad \underset{\text{无效}}{\underline{29.8\text{r/min}}}$$

比例式（5-16）在 $s \le 0.03$ 时有效。然而，电动机转速为 29.8r/min 时的转差率为（1500-29.8）/1500 = 0.980，因此，29.8r/min 是无效的。

（b）
$$s_{50} = \frac{1500 - 1470}{1500} = 0.020$$

5.9 绕线转子感应电动机

在图 5.8 和图 4.5 中，绕线转子感应电动机使用绕线式转子代替笼型转子。绕线式转子具有与定子相似的对称三相绕组，其绕组具有相同的极数。这些相绕组通常是丫联结的，并且连接到集电环。一种带通用杠杆的丫联结变阻器，用于调节转子回路的电阻，变阻器能够实现转速控制、起动时的转矩调节，并在起动和加速时限制电流。

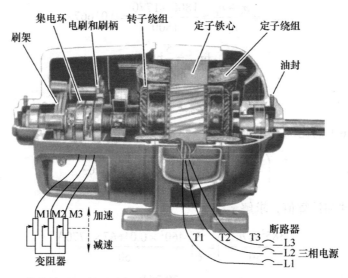

图 5.8 绕线转子电动机的剖面图（由 Magneteck Louis Allis Company 供图）

图 5.9 展示了通过调节转子上的变阻器而获得的一组典型转矩—转差率曲线。曲线 5 是在转子电路中连接最大变阻器电阻时得到的，曲线 1 是在变阻器短路（$R_{rheo}=0\Omega$）时得到的。改变变阻器阻值会改变 $T_{D,max}$ 产生时的转差率，但不会改变 $T_{D,max}$ 的值。值得注意的是，增加变阻器的电阻会导致 $T_{D,max}$ 左移。曲线 3 对应的变阻器阻值导致 $T_{D,max}$ 发生在起动（堵转）时（$s=1$）。较高的转子回路电阻值，如曲线 4 和曲线 5 所示，会导致 $T_{D,max}$ 产生时转差率大于 1。

转差率大于 1 只会在反向制动时发生。反向制动是电动机在停止前的电反转，可以通过交换定子三相线中的任意两相来完成。图 5.9 用折线表示反向制动时的特性。当处于反向制动模式时，n_r 相对于同步转速为负，因此，制动时转差率大于 1。

虽然制动有时用于快速停止或快速反转笼型或绕线转子电动机，但除非电机或控制电路经专门设计用于防止此类操作过程中过大的电流，否则可能会由于过热导致电机损坏，同时由制动产生的高瞬时转矩也可能损坏电机。

考虑到变阻器电阻，修改式（5-7），则 $T_{D,max}$ 产生时的转差率可由电机参数确定。结果为

$$s_{T_{D,max}} = \frac{R_2 + R'_{rheo}}{\sqrt{R_1^2 + (X_1 + X_2)^2}} \tag{5-24}$$

式中 R'_{rheo}——折算到定子侧的转子变阻器阻值，即

$$R'_{\text{rheo}} = a^2 R_{\text{rheo}} \qquad\qquad (5\text{-}24\text{a})$$

式中　a——定转子匝数比。

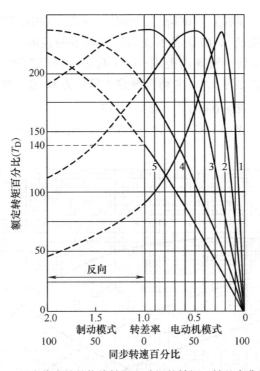

图 5.9　具有代表性的绕线转子电动机的转矩—转差率曲线簇

如式（5-24）所示，$T_{\text{D,max}}$ 产生时的转差率与转子相电阻的值成正比，用比例表示为

$$s_{T_{\text{D,max}}} \propto (R_2 + R'_{\text{rheo}}) \qquad\qquad (5\text{-}25)$$

变阻器调节时电机的行为

假设图 5.9 所示的电机处于静止状态（$s = 1$），调节变阻器使电机特性曲线如曲线 5 所示，将恒定的额定负载施加到电机轴上，并给定子施加额定电压。如曲线 5 所示，电动机将产生 140% 的额定转矩，并且由于 $T_{\text{D}} > T_{\text{load}}$，转子将从静止加速到曲线 5 与额定转矩线相交处的转速。

减小变阻器电阻将使转矩—转差率特性从曲线 5 到曲线 4 再到曲线 3，从而导致更高的转速。将转矩—转差率曲线与额定转矩曲线各自交点连起来的粗线显示了对于确定的电动机、变阻器阻值和额定转矩负载的转速范围。

在空载并且忽略风阻和摩擦的情况下，任意变阻器阻值对应的转速将近似于同步转速，在图 5.9 中，只有当电机负载时，才能通过变阻器控制获得转速变化。

绕线转子电动机的转矩—转差率特性使其适用于需要恒转矩变速、高起动转矩和相对低起动电流的负载，可应用于鼓风机、起重机、压缩机和煤炉等应用场合。然而，应避免在低于 50% 的同步转速下长时间运行，因为在低速下减少通风可能会使电机过热。如果需要电机在这种情况下运行，则需要辅助冷却。

绕线转子感应电动机铭牌上标明的额定转速是该电动机在额定负载、额定电压、额定频率、额定工作温度和转子回路变阻器短路情况下的转速。

例 5.10

图 5.10 所示为一个 丫 联结、400hp、2300V、14 极、60Hz 的绕线转子感应电动机的转矩—转差率曲线簇。曲线 A 和 D 表示变阻器可调节的极值。试计算：（a）假设负载转矩为额定值，变阻器调节转子转速的范围；（b）起动时获得 260% 额定转矩所需的变阻器电阻。每相定转子匝数之比为 3.8，电动机参数（单位为 Ω/ 相）如下：

$$R_1 = 0.403 \qquad R_2 = 0.317$$
$$X_1 = 1.32 \qquad X_2 = 1.32 \qquad X_M = 35.46$$

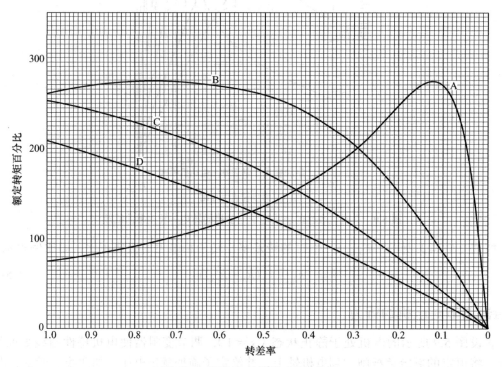

图 5.10   例 5.10 的转矩—转速曲线

解：

（a）
$$n_s = \frac{120 f}{P} = 120 \times \frac{60}{14} = 514.29 \text{r / min}$$

从曲线簇与额定转矩曲线的交点来看，低速发生在 $s \approx 0.395$，高速发生在 $s \approx 0.02$。因此，对于低速（曲线 D）：

$$n_r = n_s(1 - s)$$
$$n_r = 514.29 \times (1 - 0.395)$$
$$n_r \approx 311 \text{r / min}$$

对于高速（曲线 A）：

$$n_r = n_s(1-s)$$
$$n_r = 514.29 \times (1-0.02)$$
$$n_r \approx 504\mathrm{r/min}$$

（b）曲线 B 的起动转矩为 260% 的额定转矩。产生曲线 B 的变阻器阻值将导致 $T_{D,max}$ 产生在 $s \approx 0.74$ 处，如下所示：

$$s_{T_{D,max}} = \frac{R_2 + R'_{rheo}}{\sqrt{R_1^2 + (X_1 + X_2)^2}} \quad \Rightarrow \quad R'_{rheo} = s_{T_{D,max}}\sqrt{R_1^2 + (X_1 + X_2)^2} - R_2$$

$$R'_{rheo} = 0.74 \times \sqrt{0.403^2 + (1.32 + 1.32)^2} - 0.317 = 1.66\Omega$$

由式（5-24a）得

$$R_{rheo} = \frac{R'_{rheo}}{a^2} = \frac{1.66}{3.8^2} = 0.115\Omega/\text{相}$$

5.10　绕线转子感应电动机的正常和过载运行情况

观察图 5.9 和图 5.10 中绕线转子电动机的转矩—转差率曲线可发现，对于所有变阻器阻值，从空载到大约 110% 额定负载转矩，这些曲线基本上是线性的。因此，为解决笼型电动机问题而采用的简化方程，修改为包含变阻器电阻，亦可用于解决绕线转子电动机的问题。修改式（5-11）和式（5-12）为

$$\underset{s \leqslant 0.03}{I_2} \approx \frac{Vs}{R_2 + R'_{rheo}} \tag{5-26}$$

$$\underset{s \leqslant 0.03}{T_D} \approx \frac{21.12V^2 s}{(R_2 + R'_{rheo})n_s} \tag{5-27}$$

对比式（5-26）和式（5-27）可发现，在 $s \leqslant 0.03$ 时，I_2 和 T_D 均与转差率成正比，与 $(R_2 + R'_{rheo})$ 成反比。然而，由于转子回路加入了电阻，笼型电动机中对于 $s \leqslant 0.03$ 的约束不再必须用于绕线转子电动机的所有电阻器设置上。例如，图 5.9 中的曲线 5 从 $s=0$ 到 $s=0.5$ 基本上是线性的。因此，可以用比例表示 I_2 和 T_D，并假设电动机工作在额定电压、额定频率和线性区域：

$$\underset{linear}{I_2} \propto \frac{s}{R_2 + R'_{rheo}} \tag{5-28}$$

$$\underset{linear}{T_D} \propto \frac{s}{R_2 + R'_{rheo}} \tag{5-29}$$

例 5.11

一台 400hp、4 极、380V、50Hz 的三相 丫 联结绕线转子感应电动机运行在额定条件下，变阻器短路，转差率为 0.0159。电动机参数（单位为 Ω）如下：

$$R_1 = 0.00536 \qquad R_2 = 0.00613 \qquad R_{fe} = 7.66$$
$$X_1 = 0.0383 \qquad X_2 = 0.0383 \qquad X_M = 0.5743$$

试计算：（a）转子频率；（b）$T_{D,max}$ 时的转差率；（c）在 50% 额定负载转矩下的转子转速；（d）1000r/min、50% 额定负载转矩下电动机运行所需的每相变阻器阻值（假设电机在转矩—转速曲线的线性段上运行，定转子匝数比为 2.0）；（e）额定转矩。

解：

（a）
$$f_r = s f_{BR} = 0.0159 \times 50 = 0.795 \text{Hz}$$

（b）
$$s_{T_{D,max}} = \frac{R_2 + R'_{rheo}}{\sqrt{R_1^2 + (X_1 + X_2)^2}} = \frac{0.00613 + 0}{\sqrt{0.00536^2 + (0.0383 + 0.0383)^2}}$$

$$s_{T_{D,max}} = 0.0798$$

（c）由于摩擦、风阻和杂散损耗造成的损耗只占一小部分。因此，采用式（5-27）确定负载转矩时，误差很小。因此，使用式（5-29）来设定比值：

$$\frac{T_{D1}}{T_{D2}} = \frac{[s/(R_2 + R'_{rheo})]_1}{[s/(R_2 + R'_{rheo})]_2} \quad \Rightarrow \quad s_2 = s_1 \times \frac{T_{D2}}{T_{D1}} \times \frac{[(R_2 + R'_{rheo})]_2}{[(R_2 + R'_{rheo})]_1}$$

$$s = 0.0159 \times \frac{0.5 T_{rated}}{T_{rated}} \times \frac{0.00613}{0.00613} = 0.00795$$

$$n_s = \frac{120 f}{p} = \frac{120 \times 50}{4} = 1500 \text{r/min}$$

$$n_r = n_s(1-s) = 1500 \times (1 - 0.00795) = 1488 \text{r/min}$$

（d）
$$s = \frac{n_s - n_r}{n_s} = \frac{1500 - 1000}{1500} = 0.3333$$

$$\frac{T_{D1}}{T_{D2}} = \frac{[s/(R_2 + R'_{rheo})]_1}{[s/(R_2 + R'_{rheo})]_2} \quad \Rightarrow \quad R'_{rheo,2} = \frac{s_2}{s_1} \times \frac{T_{D1}}{T_{D2}} \times (R_2 + R'_{rheo})_1 - R_2$$

$$R'_{rheo,2} = \frac{0.3333}{0.0159} \times \frac{T_{rated}}{0.5 T_{rated}} \times (0.00613 + 0.0) - 0.00613 = 0.2509\Omega$$

$$R_{rheo} = \frac{R'_{rheo}}{a^2} = \frac{0.2509}{2^2} = 0.0627\Omega/\text{相}$$

（e）
$$n_r = n_s(1-s) = 1500 \times (1 - 0.0159) = 1476.2 \text{r/min}$$

$$\text{hp} = \frac{Tn}{5252} \quad \Rightarrow \quad 400 = \frac{T \times 1476.2}{5252}$$

$$T = 1423 \text{ lb·ft}$$

例 5.12

一台 50hp、10 极、60Hz、575V、丫联结的三相绕线转子感应电动机，与回路中的转子变阻器一起运行，在转差率为 0.45 时产生最大转矩。确定转子回路电阻需要增加或减少的百分比，使得 $T_{D,max}$ 对应转差率为 0.8。

解：由式（5-25）得：

$$\frac{s_{T_{\text{D,max1}}}}{s_{T_{\text{D,max2}}}} = \frac{(R_2 + R'_{\text{rheo}})_1}{(R_2 + R'_{\text{rheo}})_2} \quad \Rightarrow \quad \left(\frac{0.45}{0.80}\right) = \frac{(R_2 + R'_{\text{rheo}})_1}{(R_2 + R'_{\text{rheo}})_2}$$

$$(R_2 + R'_{\text{rheo}})_2 = 1.78(R_2 + R'_{\text{rheo}})_1 \quad \Rightarrow \quad 78\% \text{ 增加}$$

因此，等效转子回路变阻器阻值需要增加 78%，使得 $T_{\text{D, max}}$ 对应转差率为 0.8。

5.11　电动机铭牌数据

铭牌数据提供了有关电气设备的限制、运行范围和通用特性等非常关键的信息。解读这些数据并遵守其使用规范对于此类设备的正常运行和维护至关重要，与制造商联络时应始终附有设备的完整铭牌数据。图 5.11 展示了一个典型的感应电动机铭牌。

铭牌上列出了制造商保证的电动机额定运行条件。以图 5.11 所示三相电机的铭牌为例，如果定子相数为三的电动机精确地运行在 460V、60Hz，温度为 40℃ 的环境中，并

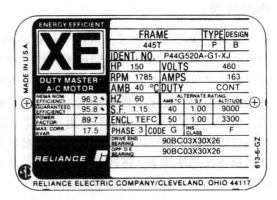

图 5.11　感应电动机铭牌（由 Reliance Electric Company 提供）

且负载为 150hp，则电动机转速约为 1785r/min，线电流约为 163A，效率确保大于 95.8%。

然而，电动机很少运行在由制造商指定的额定条件下。所用的电压（设备电压）很少能与电动机铭牌电压对应，电机几乎不会精确地运行在额定功率下，环境温度也常常不是 40℃。虽然系统频率通常与电动机的频率相匹配，但在某些情况下，特别是在孤立的发电系统（海上钻井或船舶）中，频率可能会发生变化。

铭牌是电动机应用的指南。当施加的电压约为额定电压，频率约为额定频率，负载不超过额定的负载系数，环境温度在铭牌指示的限制范围内，就有令人满意的电机运行性能。多速电动机不同转速下的额定功率取决于工业应用的类型：恒功率、恒转矩或变转矩[二]。

标称效率[二]

铭牌上的标称效率指的是一批相同设计电动机的平均效率。

保证效率

保证效率是指电动机在额定铭牌值下运行时的最低效率。

设计型号

设计型号表明了电机在 NEMA 标准设计下的特性，并用于告知用户电机期望的起动

[一]　见附录 C。
[二]　有关 NEMA 设计的感应电动机标称和最低效率表请参阅参考文献［9］。

转矩，最大转矩和最小转矩的最小值（参见 5.3 节中的表 5.1～表 5.7）。

负载系数

当电压和频率保持在铭牌上规定的值时，电动机的负载系数与额定功率相乘表示允许的负载。需要注意的是，如果感应电动机在大于 1.0 的负载系数下运行，则效率、功率因数和转速将与额定负载时不同。

绝缘等级

表示绝缘等级的字母，给出了最高环境温度 40℃下，电动机绕组允许超过冷却介质温度的最大温度。所有绕组温度都要通过测量绕组电阻来确定。表 5.8 给出了在单相和多相感应电动机中，不同等级绝缘系统的电机绕组允许超过冷却介质温度的最大温度。最大绕组温度适用于连续工作电动机，或运行 5min、15min、30min 和 60min 的短时工作电动机。值得注意的是，表 5.8 不适用于环境温度高于 40℃的情况。有关环境温度 40℃以上、高海拔等情况下更详细的信息，请参见参考文献 [9] 和 [5]。如图 5.11 中铭牌所示，该电动机绝缘等级为 F，负载系数为 1.15，适合连续工作。因此，如表 5.8 所示，该电机在 40℃的环境下，最大允许温升为 115℃。

机座号

机座号，见图 5.11 中的 445T，决定了电动机的一些关键安装尺寸，包括轴长、轴径、轴高、安装孔的位置等。特定机座的安装参见参考文献 [9]。

表 5.8　在最高环境温度为 40℃的条件下[1]，中型单相和多相感应电动机的最大允许温升（℃）

系统绝缘等级（参见 MG1-1.65）	A	B	F[2]	H[2][3]
时间额定值（应是连续的或在 MG1-10.36 中给出的任何短时额定值）				
温升（以环境最高温度 40℃为基准）/℃				
1. 绕组，采用电阻法				
（a）除第 1（c）项和第 1（d）项规定外，负载系数为 1.0 的电动机	60	80	105	125
（b）所有负载系数为 1.15 或更高的电动机	70	90	115	—
（c）负载系数为 1.0 的全封闭不通风电动机	65	85	110	135
（d）负载系数为 1.0 的封装绕组电动机（所有外壳）	65	85	110	—

2. 铁心、笼型绕组、换相器、集电环和其他部件（如电刷架、电刷、极尖、非绝缘罩极线圈）所达到的温度不应在任何方面损害绝缘或电机

[1] 经美国国家电气制造商协会许可转载自 NEMA Standards Publication MG 1-1998, Motors & Generators。版权所有 1999，华盛顿特区 NEMA。

[2] 当使用 F 级或 H 级绝缘系统时，应特别考虑轴承温度、润滑等（脚注被批准为授权工程信息。）

[3] 本栏仅适用于多相感应电机。

外壳

外壳（图 5.11 中的 TEFC）表明电动机是全封闭的，由安装在电动机轴上的外部风扇进行风冷。

代码字母

代码字母用于确定在将额定电压和额定频率直接施加到定子端子上起动电动机时，定子预期的起动冲击电流。代码字母方便读者查阅起动时 kVA/hp 比值的表，从中可以计算出冲击电流（见表 5.9）。

表 5.9　不同 NEMA 代码字母对应起动时的 kVA/hp 值[①]

代码字母	kVA/hp[②]	代码字母	kVA/hp[②]
A	0.0–3.15	K	8.0–9.0
B	3.15–3.55	L	9.0–10.0
C	3.55–4.0	M	10.0–11.2
D	4.0–4.5	N	11.2–12.5
E	4.5–5.0	P	12.5–14.0
F	5.0–5.6	R	14.0–16.0
G	5.6–6.3	S	16.0–18.0
H	6.3–7.1	T	18.0–20.0
J	7.1–8.0	U	20.0–22.4
		V	22.4 and up

① 经美国国家电气制造商协会许可转载自 NEMA Standards Publication MG 1–1998, Motors & Generators。版权所有 1999，华盛顿特区 NEMA。

② 起动时的 kVA/hp 范围包括下界数字但不包括上界数字。例如，3.14 用字母 A 表示，3.15 用字母 B 表示。

5.12　起动冲击电流

在起动时，感应电动机的每一相可看作一个简单的 RL 串联电路。合上这种电路的开关，电流响应为瞬态和稳态的叠加[3]。

因此，感应电动机的起动冲击电流由两部分组成。一部分是稳态分量（$i_{lr,ss}$），称为正常冲击电流，另一部分是在很短时间内衰减到很小的瞬态分量（$i_{lr,tr}$）。若无特别说明，起动电流一词通常指稳态分量。

电动机起动电流的稳态分量可以从制造商处获得，也可以根据印在电动机铭牌上的数据估算得出。稳态分量也可以根据 5.4 节中所述的电机参数和额定电压来计算。使用电机参数并用单相求解：

$$I_{lr,ss} = \left(\frac{V_{phase}}{Z_{in}} \right)_{s=1.0} \tag{5-30}$$

在时域中表示为正弦电流：

$$i_{\text{lr,ss}} = \sqrt{2}\left.\left|\frac{V_{\text{phase}}}{Z_{\text{in}}}\right|\right|_{s=1.0}\sin(2\pi ft - \theta_z) \tag{5-31}$$

每相起动冲击电流的暂态分量可以用以下指数函数近似表示：

$$i_{\text{lr,tr}} = A\varepsilon^{-(R/L)t} \tag{5-32}$$

其中

$$R = Z_{\text{in}}\cos\theta_z$$
$$L = (Z_{\text{in}}\sin\theta_z)/(2\pi f)$$

A 为系数，其值取决于开关闭合时外加电压的大小和相角：

$$Z_{\text{in}}\underline{/\theta_z} = Z_{\text{in}}\cos\theta_z + jZ_{\text{in}}\sin\theta_z = R + jX_{\text{L}}$$

将暂态分量和稳态分量结合：

$$i_{\text{lr}} = i_{\text{lr,ss}} + i_{\text{lr,tr}} \tag{5-33}$$

$$i_{\text{lr}} = \sqrt{2}\left.\left|\frac{V_{\text{phase}}}{Z_{\text{in}}}\right|\right|_{s=1.0}\sin(2\pi ft - \theta_z) + A\varepsilon^{-(R/L)t} \tag{5-34}$$

由于三相电压互差 120°，它们的电压不会同时为零。因此，由式（5-34）表示的电流瞬态行为是每一相的。

如果电动机处于静止状态，在外加电压达到最大值的瞬间，起动电流的瞬态分量将为零。如果开关在电压过零的瞬间关闭，则瞬态分量将达到最大值，图 5.12 所示为一个代表性电动机的单相电流[⊖]。

在前面关于起动冲击电流的讨论中以及在图 5.12 中，假设转子被堵，不能旋转。然而，电动机正常运行时，在相对较低的惯性负载下，加速过程中转差率的减少将导致起动电流的急剧减少，从而使额定负载下的额定电流在 2 ~ 5s 或更短的时间内衰减。

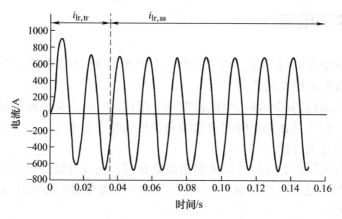

图 5.12   起动时的冲击电流

例 5.13

某电动机的铭牌如图 5.11 所示，试计算其冲击电流。

解：

电动机是 150hp、460V、60Hz 的 NEMA 标准设计的 B 型电机，它的额定电流为 163A，标称效率为 96.2%，在堵转时的 kVA/hp 表上的代码字母为 G。参考表 5.9，代码字母为 G 的电动机起动 kVA/hp 的范围为

$$5.6 \leqslant kVA / hp < 6.3$$

起动电流的范围可由下面的视在功率方程确定：

$$kVA / hp \times hp \times 1000 = \sqrt{3} V_{\text{line}} I_{\text{line}}$$

因此，冲击电流的下限为

$$5.6 \times 150 \times 1000 = \sqrt{3} \times 460 I_{\text{line}}$$
$$I_{\text{lr, ss}} = 1054A$$

上限为

$$6.3 \times 150 \times 1000 = \sqrt{3} \times 460 I_{\text{line}}$$
$$I_{\text{lr,ss}} = 1186A$$

因此，对定子施加额定电压和额定频率时，起动冲击电流的范围为

$$1054A \leqslant I_{\text{lr,ss}} < 1186A$$

对于一台满载时额定电流为 163A 的电机来说，这是很大的电流。

5.13　起动次数对电机寿命的影响

每次起动或试图起动电机时产生的高冲击电流会在转子和定子部件产生严重的热应力和机械应力，这些应力的影响是累积的，会减少电机的使用寿命。大型电动机（50hp 以上）和具有大惯量负载的电动机特别容易因频繁起动而损坏。因此，大型电动机的制造商通常会提供有关允许起动次数和两次起动之间所需等待时间的信息。起动次数和两次起动之间所需的等待时间取决于电动机和负载的惯性、负载的类型和电机的温度[9]。

操作人员和维护人员应避免不必要的起动，电机因故障或过载而跳闸后反复尝试起动会对其造成巨大损坏。在尝试重新起动之前，必须确定跳闸或起动失败的原因并进行纠正[4]。

5.14　重合闸时的失相情况

当感应电动机的定子与线路断开时，由转子导体和集电环形成的闭合回路可防止磁通的快速衰减。不断旋转的转子中的磁通在定子绕组中感应出三相电压，该电压出现在定子端子上。这个残余电压衰减的速率由电动机的开路时间常数决定。在一个时间常数的时间内，残余电压将衰减到线电压的 36.8%。0.3s 的开路时间常数并不罕见。

如果电源断电后，电动机重新连接到供电线路，残余电压与线电压不相等，他们的冲

击电流将高于电动机静止时起动的冲击电流。最坏的情况是断电后后立即重连，残余电压几乎等于线电压并且相位差接近 180°，此时的冲击电流几乎是起动时冲击电流的两倍，可能严重损害电动机，若是大型电机，可能发生停电事故。

当从故障电源迅速切换到备用电源或应急电源时，可能会在高残余电压和失相的情况下重合闸。交流电源的快速和安全合闸可以借助相位监测器完成，相位监测器会测量电源电压和电动机残余电压之间的相角，并在相角接近零时起动重合闸。

另一种方法是将电压表永久地连接在电机端子上，当残余电压降至低于 20% 的额定电压或更低时手动重合闸。该方法可以相对快速地重新起动电机，同时避免异常的高冲击电流。如果在残余电压为额定电压的 20% 且与线电压相位差为 180° 时，施加到定子绕组的净电压将仅为额定电压的 120%。值得注意的是，若将用于功率因数改善的电容器直接连接在电动机端子上，残余电压将需要更长的时间衰减，电容器会使电动机发挥自激感应发电机的作用（见 5.18 节）。

5.15   三相不平衡线电压对感应电动机性能的影响

如果提供给三相感应电动机的三相线电压不相等，不仅会导致转子和定子绕组的相电流不相等，而且这个电流不平衡的百分比可能比电压不平衡的百分比大 6 到 10 倍，由此增加的 I^2R 损耗将使绝缘过热，缩短其寿命。不平衡电压也会导致起动转矩和最大转矩的减小，因此，在起动转矩和负载转矩差距很小时，严重的电压不平衡可能使电动机无法起动。同时由于电压不平衡，电动机满载运行时的转速也会略有降低。

电压不平衡百分数由 NEMA 定义为最大线电压偏差和三个线电压平均值的比再乘以 100。用方程表示为

$$\%\mathrm{UBV} = \frac{V_{\max\,\mathrm{dev}}}{V_{\mathrm{avg}}} \times 100 \qquad\qquad (5\text{-}35)$$

式中   %UBV ——不平衡电压百分数；

$V_{\mathrm{avg}} = (V_1 + V_2 + V_3)/3$；

$V_{\max\,\mathrm{dev}}$ ——线电压与 V_{avg} 之间的最大电压偏差。

注意：为确定电压不平衡而进行的电压测量应尽可能靠近电动机端子，并且读数应使用数字电压表以获得更高的准确度。

从实验中获得的经验结果表明，由电压不平衡引起的电动机温升百分数大约等于电压不平衡百分数二次方的两倍[2]。用方程表示为

$$\%\Delta T \approx 2(\%\mathrm{UBV})^2 \qquad\qquad (5\text{-}36)$$

式中   %ΔT ——电动机温升百分数。

因此，假设电机在额定负载下运行，电压不平衡引起的预期温升为

$$T_{\mathrm{UBV}} \approx T_{\mathrm{rated}}\left(1 + \frac{\%\Delta T}{100}\right) \qquad\qquad (5\text{-}37)$$

式中 T_{rated} ——从表 5.8 得出的预期温升，单位为℃；

T_{UBV} ——电压不平衡导致的预期温升，单位为℃。

较高的运行温度对电气绝缘寿命的影响可以用十度法则来近似表示。这一法则是由蒙辛格 . A. M（Montsinger. A. M）在一项经典研究中提出的，该法则表明，温度每升高10℃，绝缘寿命减少近半，反之，温度每降低10℃，绝缘寿命翻倍[1]。虽然不够精确，但十度法则已随着时间的推移被证实，并对电动机温度对绝缘寿命的影响做出了粗略的近似。将十度法则表示为方程形式：

$$RL \approx \frac{1}{2^{(\delta T/10)}} \qquad (5\text{-}38)$$

式中　RL——绝缘的相对寿命；

　　　$\delta T = T_{UBV} - T_{rated}$。

因此，一台额定负载下运行的预期寿命为 20 年的电动机，如果由于相位不平衡导致 $\delta T = 15℃$，由式（5-38）可得，其绝缘相对寿命 RL = 0.35。假设电机在这一较高温度下持续运行，则其绝缘的预期寿命将为 0.35 × 20 = 7 年。

如果电机必须运行在电压不平衡状态下，电动机应降额运行，即以较低的功率运行。在图 5.13 中的降额运行曲线可用于确定所需的降额运行幅度[9]。1% 的不平衡不会造成严重的问题。但是，不建议在电压不平衡大于 5% 的情况下运行电动机。

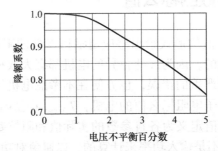

图 5.13 感应电动机的降额运行曲线（由美国国家电气制造商协会提供，来自 NEMA Standards Publication MG1-1998，著作权归 NEMA 所有，1999 年）

例 5.14

一台 30hp、460V、60Hz、4 极的全封闭不通风 B 型感应电动机，绝缘等级为 F，负载系数为 1.0，在额定功率下运行，由不平衡三相电力系统供电，电动机在正常运行条件下的预期寿命为 20 年。如果三相线电压分别为 460V、455V 和 440V，试计算：（a）电压不平衡百分数；（b）在 40℃ 环境下以额定负载运行时的预期温升；（c）预期绝缘寿命；（d）为防止绝缘寿命缩短所需的降额运行幅度。

解：

（a）
$$V_{avg} = \frac{460 + 455 + 440}{3} = 451.667V$$

各电压与平均值之间的差值：

$$|460 - 451.667| = 8.333V$$
$$|455 - 451.667| = 3.333V$$
$$|440 - 451.667| = 11.667V$$

$$\% \, UBV = \frac{V_{\max dev}}{V_{avg}} \times 100 = \frac{11.667}{451.667} \times 100 = 2.5831 \quad \Rightarrow \quad 2.58$$

（b）
$$\% \Delta T \approx 2(\% UBV)^2 = 2 \times 2.5831^2 = 13.344 \quad \Rightarrow \quad 13.34$$

绝缘等级为 F、负载系数为 1.0 的全封闭不通风电动机的额定温升（见表 5.8）为 110℃，因此：

$$T_{UBV} \approx T_{rated}\left(1 + \frac{\% \Delta T}{100}\right) = 110 \times \left(1 + \frac{13.344}{100}\right) = 124.6784 \quad \Rightarrow \quad 125℃$$

（c）
$$\delta T = T_{UBV} - T_{rated} = 124.6784 - 110 = 14.6784℃$$

$$RL \approx \frac{1}{2^{(\delta T/10)}} = \frac{1}{2^{(14.6784/10)}} = 0.361$$

因此，如果以 2.58% 的不平衡电压运行，预期寿命为 $0.361 \times 20 \approx 7.2$ 年。

（d）由降额运行曲线可得，2.58% 电压不平衡的降额系数≈0.92。因此，为了防止过热和缩短寿命，输出功率应限制在 $30 \times 0.92 = 27.6$hp。

5.16　感应电动机参数的标幺值

电机制造商经常以标幺值的形式给出感应电动机参数的阻抗值，而不是实际阻抗值。标幺值在电机设计中是有用的，因为尺寸各异的电机都有大致相同的阻抗值，这使得在设计电机的计算中很容易发现严重的错误，也方便在不考虑电机尺寸的情况下比较电机的相对性能。例如，具有较高转子电阻标幺值的电机，$T_{D,max}$ 产生时的转差率更大。

感应电动机参数的标幺值定义为各自参数的实际值和阻抗基值的比值。感应电动机的阻抗基值是根据输出功率而不是输入功率来计算的，以避免对功率因数和效率进行假设[6]。

对三相感应电动机的基值定义如下：

$$P_{base} = 相基准功率 = 轴额定输出功率 \div 3 \,（W）$$
$$V_{base} = 基准电压 = 额定相电压 \,（V）$$
$$I_{base} = 基准电流 = 额定相电流 \,（V）$$

$$I_{base} = \frac{P_{base}}{V_{base}} \tag{5-39}$$

$$Z_{base} = \frac{V_{base}}{I_{base}} \tag{5-40}$$

电动机参数用标幺值表示如下：

$$\left. \begin{array}{ccc} r_1 = \dfrac{R_1}{Z_{base}} & r_2 = \dfrac{R_2}{Z_{base}} & r_{fe} = \dfrac{R_{fe}}{Z_{base}} \\[2mm] x_1 = \dfrac{X_1}{Z_{base}} & x_2 = \dfrac{X_2}{Z_{base}} & x_M = \dfrac{X_M}{Z_{base}} \end{array} \right\} \tag{5-41}$$

注意：Z_{base} 也可由 P_{base} 表示，推导如下：

$$Z_{\text{base}} = \frac{V_{\text{base}}}{I_{\text{base}}} = \frac{V_{\text{base}}}{P_{\text{base}} / V_{\text{base}}} = \frac{V_{\text{base}}^2}{P_{\text{base}}} \tag{5-41a}$$

例 5.15

给定一台 50hp、460V、6 极、60Hz 的 丫 联结感应电动机的标幺值如下：

$$r_1 = 0.021 \quad r_2 = 0.020 \quad r_{\text{fe}} = 20.0$$
$$x_1 = 0.100 \quad x_2 = 0.0178 \quad x_{\text{M}} = 3.68$$

试计算电机参数（用 Ω 表示）。

解：

$$V_{\text{base}} = \frac{460}{\sqrt{3}} = 265.58\text{V}$$

$$P_{\text{base}} = 50 \times 746 \div 3 = 12433.33\text{W}$$

$$Z_{\text{base}} = \frac{V_{\text{base}}^2}{P_{\text{base}}} = \frac{265.58^2}{12433.33} = 5.67\Omega$$

由式（5-41）得：

$$R_1 = r_1 Z_{\text{base}} = 0.021 \times 5.67 = 0.119\Omega$$
$$X_1 = x_1 Z_{\text{base}} = 0.100 \times 5.67 = 0.567\Omega$$
$$R_2 = r_2 Z_{\text{base}} = 0.020 \times 5.67 = 0.113\Omega$$
$$X_2 = x_2 Z_{\text{base}} = 0.0178 \times 5.67 = 0.101\Omega$$
$$R_{\text{fe}} = r_{\text{fe}} Z_{\text{base}} = 20.0 \times 5.67 = 113.40\Omega$$
$$X_{\text{M}} = x_{\text{M}} Z_{\text{base}} = 3.68 \times 5.67 = 20.87\Omega$$

5.17　感应电动机参数的确定

在制造商无法提供感应电动机参数时，这些参数可以从直流实验、空载实验和堵转实验中估算[7]。

直流实验

直流实验的目的是为了确定 R_1。在图 5.14a 中，直流实验可以通过将任意两个定子引线接到电压可变的直流电源上来实现。调节直流电源使定子电流值约为额定电流，两个定子引线之间的电阻由电压表和电流表读数确定。因此，由图 5.14a 得：

$$R_{\text{DC}} = \frac{V_{\text{DC}}}{I_{\text{DC}}}$$

如果定子为 丫 联结$^{\ominus}$，在图 5.14b 中

$\ominus$　如果没有说明是 丫 联结还是 △ 联结，则默认为 丫 联结。

$$R_{DC} = 2R_{1,\,wye}$$

$$R_{1,\,wye} = \frac{R_{DC}}{2} \qquad\qquad (5\text{-}42)$$

如果定子为△联结，在图 5.14c 中

$$R_{DC} = \frac{R_{1\triangle} \cdot 2R_{1\triangle}}{R_{1\triangle} + 2R_{1\triangle}} = \frac{2}{3}R_{1\triangle} \qquad\qquad (5\text{-}43)$$

$$R_{1\triangle} = 1.5R_{DC}$$

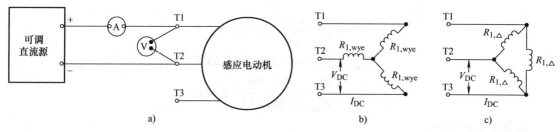

图 5.14　确定参数 R_1 的直流实验电路

堵转实验

　　堵转实验用于确定 X_1 和 X_2，当将其与直流实验的数据相结合时，也可以确定 R_2 的值。

　　进行堵转实验时，阻挡转子使其不能转动，并测量线电压、线电流和输入定子的三相功率，堵转实验的接线如图 5.15 所示。用一个电压可调的交流电源（图中未画出）来调节堵转电流，使其接近额定电流。如果使用互感器和单相功率表，则必须考虑互感器变比和功率表读数方向（正负）的影响[3]。

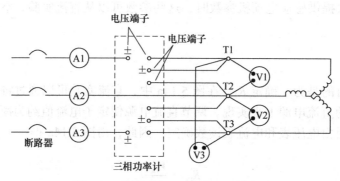

图 5.15　堵转测试和空载测试基本电路

　　由于堵转时的励磁电流（I_0）远小于转子电流（I_2），因此可以忽略励磁电流，从而简化等效电路。在图 5.16 中，其中 X_M 和 R_{fe} 用虚线绘制并在进行堵转计算时将其忽略。

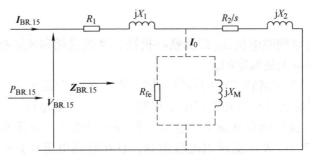

图 5.16　堵转实验中的相等效电路

为了尽量减少在额定电压和额定频率下进行实验的磁饱和以及电阻趋肤效应引起的误差，IEEE 实验规范建议使用 25% 的额定频率进行堵转实验，并调整实验电压使电流近似于额定电流[7]。因此，一台 60Hz 的电动机将使用 15Hz 的实验电压。在 15Hz 的实验中计算出总电抗，然后通过乘以 60/15 得到 60Hz 实验的数据。在 15Hz 下进行的实验中计算出的总电抗基本是准确的，因此，根据图 5.16 可得（其中所有值均为相值）：

$$R_1 + R_2 = R_{BR,15} \tag{5-44}$$

$$Z_{BR,15} = \frac{V_{BR,15}}{I_{BR,15}} \tag{5-45}$$

$$R_{BR,15} = \frac{P_{BR,15}}{I_{BR,15}^2} \tag{5-46}$$

将直流实验中的 R_1 代入式（5-44），得到由 $R_{BR,15}$ 表示的电阻 R_2：

$$R_2 = R_{BR,15} - R_1 \tag{5-47}$$

由图 5.16 得

$$Z_{BR,15} = \sqrt{R_{BR,15}^2 + X_{BR,15}^2}$$
$$X_{BR,15} = \sqrt{Z_{BR,15}^2 - R_{BR,15}^2} \tag{5-48}$$

将 $R_{BR,15}$ 转换到 60Hz：

$$X_{BR,60} = \frac{60}{15} X_{BR,15} \tag{5-49}$$

其中

$$X_{BR,60} = X_1 + X_2 \tag{5-50}$$

如果已知感应电动机的 NEMA 标准设计类型，则可根据表 5.10[7]确定式（5-50）中堵转电抗 X_1 与 X_2 的划分。如果不知道 NEMA 标准设计类型，则通常假设 X_1 与 X_2 等分。

表 5.10　NEMA 标准设计电动机的堵转电抗分配

	A, D	B	C	绕线式转子
X_1	$0.5X_{BR}$	$0.4X_{BR}$	$0.3X_{BR}$	$0.5X_{BR}$
X_2	$0.5X_{BR}$	$0.6X_{BR}$	$0.7X_{BR}$	$0.5X_{BR}$

空载实验

空载实验用于确定励磁电抗 X_M 以及铁心损耗、摩擦损耗和风阻损耗之和，这些损耗在所有负载条件下基本上是恒定的。

空载实验与图 5.15 中堵转实验的接线相同，唯一的区别是实验的操作：对于空载实验，不需要阻止转子旋转且允许在额定电压和额定频率下空载运行。

空载运行时的转速与同步转速非常接近，转差率约为 0，导致 R_2/s 支路上的电流很小。因此，在图 5.17 中，R_2/s 支路用虚线绘制，且在空载电流计算中忽略。此外，由于 $I_M \gg I_{fe}$，$I_0 \approx I_M$，因此，R_{fe} 支路也用虚线绘制，并在负载电流计算中忽略。

参考图 5.17 中的空载实验的近似等效电路，可见每相输入的视在功率为

$$S_{NL} = V_{NL} I_{NL}$$

相无功功率由下式确定

$$S_{NL} = \sqrt{P_{NL}^2 + Q_{NL}^2} \tag{5-51}$$

求解 Q_{NL}

$$Q_{NL} = \sqrt{S_{NL}^2 - P_{NL}^2} \tag{5-52}$$

用电流和电抗表示无功功率，求解空载等效电抗

$$Q_{NL} = I_{NL}^2 X_{NL} \tag{5-53}$$

因此

$$X_{NL} = \frac{Q_{NL}}{I_{NL}^2} \tag{5-54}$$

其中，在图 5.17 中

$$X_{NL} = X_1 + X_M \tag{5-55}$$

将堵转实验测得的 X_1 代入式（5-55），可确定 X_M。

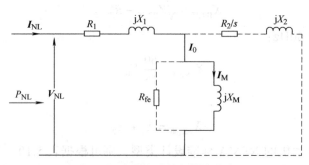

图 5.17 空载实验的相等效电路

空载时每相输入功率包括铁心损耗、定子铜耗、风阻损耗和摩擦损耗。也就是说：

$$P_{NL} = I_{NL}^2 R_1 + P_{core} + P_{f,w} \tag{5-56}$$

通过绘制低压时空载功率与电压二次方的关系图，然后延长曲线到电压为零时，可以将摩擦损耗和风阻损耗从空载损耗中分离出来[7]。

例 5.16

对一台 40hp、60Hz、460V，额定电流为 57.8A 的三相丫联结 B 型感应电动机进行空载、堵转和直流实验，测得数据如下所示，其中堵转实验在 15Hz 下进行。

堵转	空载	直流
$V_{\text{line}}=36.2\text{V}$	$V_{\text{line}}=460.0\text{V}$	$V_{\text{DC}}=12.0\text{V}$
$I_{\text{line}}=58.0\text{A}$	$I_{\text{line}}=32.7\text{A}$	$I_{\text{DC}}=59.0\text{A}$
$P_{\text{3 phase}}=2573.4\text{W}$	$P_{\text{3 phase}}=4664.4\text{W}$	

（a）确定 R_1、X_1、R_2、X_2、X_M 以及铁心损耗、摩擦损耗和风阻损耗之和；

（b）将空载电流表示为额定电流的百分比。

解：

（a）对于丫联结的电动机，将交流实验数据转换为相应的相值

$$P_{\text{BR,15}} = \frac{2573.4}{3} = 857.80\text{W}$$

$$V_{\text{BR,15}} = \frac{36.2}{\sqrt{3}} = 20.90\text{V}$$

$$I_{\text{BR,15}} = 58.0\text{A}$$

$$P_{\text{NL}} = \frac{4664.4}{3} = 1554.80\text{W}$$

$$V_{\text{NL}} = \frac{460}{\sqrt{3}} = 265.581\text{V}$$

$$I_{\text{NL}} = 32.7\text{A}$$

确定 R_1：

$$R_{\text{DC}} = \frac{V_{\text{DC}}}{I_{\text{DC}}} = \frac{12.0}{59.0} = 0.2034\Omega$$

$$R_{\text{1,wye}} = \frac{R_{\text{DC}}}{2} = \frac{0.2034}{2} = 0.102\Omega\,/\,相$$

确定 R_2：

$$Z_{\text{BR,15}} = \frac{V_{\text{BR,15}}}{I_{\text{BR,15}}} = \frac{20.90}{58.0} = 0.3603\Omega$$

$$R_{\text{BR,15}} = \frac{P_{\text{BR,15}}}{I_{\text{BR,15}}^2} = \frac{857.8}{58^2} = 0.2550\Omega\,/\,相$$

$$R_2 = R_{\text{BR,15}} - R_{\text{1,wye}} = 0.2550 - 0.102 = 0.153\Omega\,/\,相$$

确定 X_1 和 X_2：

$$X_{\text{BR,15}} = \sqrt{Z_{\text{BR,15}}^2 - R_{\text{BR,15}}^2} = \sqrt{0.3603^2 - 0.255^2} = 0.2545\Omega$$

$$X_{\text{BR,60}} = \frac{60}{15}X_{\text{BR,15}} = \frac{60}{15} \times 0.2545 = 1.0182\Omega$$

由表 5.10 可知，对于 B 型电动机：

$$X_1 = 0.4X_{BR,60} = 0.4 \times 1.0182 = 0.4073\Omega / 相$$
$$X_2 = 0.6X_{BR,60} = 0.6 \times 1.0182 = 0.6109\Omega / 相$$

确定 X_M:

$$S_{NL} = V_{NL}I_{NL} = 265.581 \times 32.7 = 8684.50VA$$
$$Q_{NL} = \sqrt{S_{NL}^2 - P_{NL}^2} = \sqrt{8684.50^2 - 1554.8^2} = 8544.19var$$
$$X_{NL} = \frac{Q_{NL}}{I_{NL}^2} = \frac{8544.19}{32.7^2} = 7.99\Omega$$
$$X_{NL} = X_1 + X_M \quad \Rightarrow \quad 7.99 = 0.4073 + X_M$$
$$X_M = 7.58\Omega / 相$$

确定铁心损耗、摩擦损耗和风阻损耗之和:

$$P_{NL} = I_{NL}^2 R_{1,wye} + P_{core} + P_{f,w}$$
$$1554.8 = 32.7^2 \times 0.102 + P_{core} + P_{f,w}$$
$$P_{core} + P_{f,w} = 1446W / 相$$

（b）
$$\%I_{NL} = \frac{I_{NL}}{I_{rated}} \times 100 = \frac{32.7}{57.8} = 56.6\%$$

注意: 三相感应电动机的空载电流（励磁电流）较大，一般为额定电流的 40% 或更大。

5.18 感应发电机

感应发电机的基本结构与感应电动机相同。事实上，当电机转速大于同步转速，所有的感应电动机都能够有效地作为感应发电机运行。然而，在感应发电机的应用中，电机不会作为电动机起动，因此也不需要高起动转矩。感应发电机通常设计成具有较低的电阻值，以便在额定负载下提供较低的转差率和较高的效率。

感应发电机适用于风力发电机、水轮机、汽轮机和以天然气或沼气为动力的燃气发电机。它们的功率大小从几千瓦到 10MW 或更高，广泛用于联产运行。联产是指相继生产两种形式的能源，通常是用于生产操作的蒸汽能和用于工厂使用并出售给公用事业的电能。

电动机到发电机的转变

图 5.18 是一台与三相电力系统连接的感应电动机，其转子轴与汽轮机机械耦合。假设汽轮机阀门关闭，没有蒸汽进入汽轮机，并通过闭合断路器使电动机全电压起动，感应电动机加速并以略低于定子旋转磁场的同步转速驱动汽轮机。逐渐打开汽轮机阀门使得汽轮机转矩逐渐建立起来，由感应电动机产生的输出转矩也增大，导致转子转速增大。当汽轮机组转速达到定子同步转速时，转差率为零，R_2/s 为无限大，转子电流 I_2 为零，电动机转矩不再变化。转差率为零时，感应电机既不是电动机也不是发电机；它"悬浮"在母线上。定子中唯一的电流是产生旋转磁场和铁耗的励磁电流。

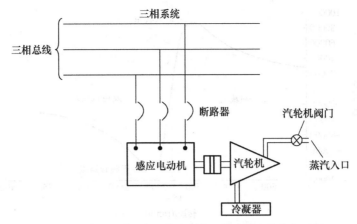

图 5.18　感应电动机与涡轮机耦合，作为感应发电机运行

原动机只能提供有功功率，例如，涡轮机、柴油机和水轮机。因此，当连接到励磁系统时，无论电机是作为电动机还是发电机运行，励磁电流都由电力系统提供。

定子磁场的转速与转子的转速无关，它是定子极数和所连接电力系统频率的函数。通过增加涡轮机的输入功率使得转子转速超过同步转速将导致转差率变成负数，使气隙功率（$P_{gap}=P_{rcl}/s$）的方向相反。因此，有功功率不是像电动机一样通过气隙从定子传递到转子，而是负的转差率导致功率以相反的方向从转子传递到定子，然后进入配电系统。

图 5.19 为感应电机运行时的气隙功率、输出转矩、线电流与转子转速之间的关系图。作为电动机运行时，转子转速低于同步转速，作为发电机运行时，转子转速高于同步转速。曲线是由例 5.3 中 40hp、460V、60Hz 的 4 极电动机计算出的参数绘制的。值得注意的是，当转轴转速高于同步转速时，功率从电动机运行到发电机运行是平滑过渡的。

当作为感应发电机运行时，定子磁通和转子磁通相互作用，电机产生与原动机拖动转矩方向相反的反转矩。随着原动机的转速增加，感应发电机提供给配电系统的电力增加导致反转矩增加。反转矩随着转速的增加而增加，直到达到一个最大值，我们把这个值称作极限转矩。感应发电机运行时的极限转矩对应于感应电动机运行时的最大转矩。

在图 5.19 中，当增加原动机转速超过极限转矩点对应的转速时，输出功率减小，这会导致原动机负载（反转矩）减小，转速迅速上升，而过高的转速会损坏感应电机和原动机。当电机运行于超过极限转矩点的状态时，有必要利用涡轮机阀门的自动关闭来防止过高转速带来的危害。当感应发电机负载运行，同时连接发电机与电力系统的断路器跳闸时，也会发生类似的效果。发电机突然由负载变为空载状态，将导致涡轮机转速过高。

为了确保对意外超速造成的损坏有一定程度的防护，NEMA 规范要求，在紧急情况下，笼型和绕线转子电动机（起重机除外）的构造能够承受表 5.11 中的各种超速而不会受到机械损坏[9]。

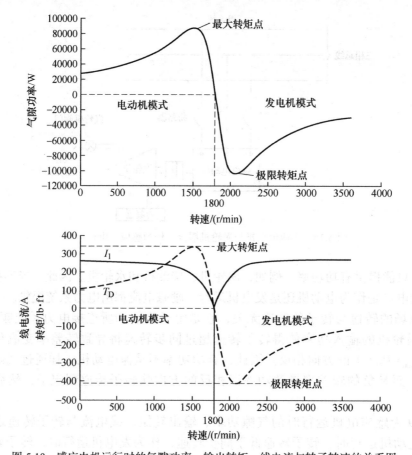

图 5.19　感应电机运行时的气隙功率、输出转矩、线电流与转子转速的关系图

表 5.11　笼型和绕线转子电动机在紧急情况下允许的超速

hp	同步转速 / (r/min)	允许超速百分比
≤200	>1200	25
	≤1200	50
250 ~ 500	>1800	20
	≤1800	25

感应发电机与其他三相电源连接时的起动与运行

起动感应发电机与母线并联的正常流程是使用原动机将电机加速到同步转速或略高于同步转速，然后闭合断路器。在断路器闭合前，都不会产生可测量的电压；闭合断路器后，三相母线提供建立旋转磁场所需的励磁电流。

与电力系统相连的感应发电机的电压和频率不能调节，它的频率和电压分别是它所连接的电力系统的频率和电压，唯一能控制的是通过调节原动机转速来控制感应发电机的负荷。

例 5.17

在图 5.18 中，一台转速为 1215r/min 的涡轮机驱动一台额定功率为 15hp、额定转速为 1182r/min 的 460V、60Hz 三相 6 极感应电动机。等效电路图如图 5.20 所示，电动机参数为（单位为 Ω）

$$R_1 = 0.200 \qquad R_2 = 0.250 \qquad R_{\text{fe}} = 317$$
$$X_1 = 1.20 \qquad X_2 = 1.29 \qquad X_M = 42.0$$

试确定这台作为感应发电机工作的电动机传递给电力系统的有功功率。值得注意的是，这台电机与例 5.2 中作为电动机工作的电机是同一台。

解：

$$s = \frac{n_s - n_r}{n_s} = \frac{1200 - 1215}{1200} = -0.0125$$

$$Z_2 = \frac{R_2}{s} + jX_2 = -20.0 + j1.29 = 20.0416\underline{/176.30°}\ \Omega$$

注意： 作为感应发电机运行时，等效电阻表现为负值（$R_2/s = -20$）

$$Z_0 = \frac{R_{\text{fe}} \times jX_M}{R_{\text{fe}} + jX_M} = \frac{317 \times (42.0\underline{/90°})}{317 + j42.0} = 41.6361\underline{/82.4527°} = 5.4687 + j41.2754\Omega$$

$$Z_P = \frac{Z_2 Z_0}{Z_2 + Z_0} = \frac{(20.0416\underline{/176.30°}) \times (41.6361\underline{/82.4527°})}{(-0.20 + j1.29) + (5.4687 + j41.2754)}$$

$$Z_P = 18.5527\underline{/149.91°} = -16.0530 + j9.301\Omega$$

$$Z_{\text{in}} = Z_1 + Z_P = (0.2 + j1.2) + (-16.0530 + j9.301) = 19.0153\underline{/146.4802°}\ \Omega$$

$$I_1 = \frac{V}{Z_{\text{in}}} = \frac{460/\sqrt{3}\ \underline{/0°}}{19.0153\underline{/146.4802°}} = 13.9667\ \underline{/-146.4802°}\ A$$

$$S = 3VI_1^* = 3 \times (460/\sqrt{3}\ \underline{/0°}) \times (13.9667\ \underline{/-146.4802°})^* = 11127.87\underline{/146.48°}\ VA$$

$$S = -9277 + j6145VA$$

$$P = -9277\,W$$

负号表示功率从感应电机流向配电网。

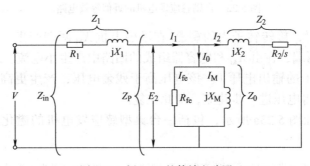

图 5.20　例 5.17 的等效电路图

孤立发电机的运行

在孤立于其他电源的感应发电机中，电压的建立需要使用与定子绕组并联的电容器，如图 5.21 所示，电容器提供了建立旋转磁场所需的励磁电流。不依赖于电力系统来建立旋转磁场的感应发电机被称为自励发电机。

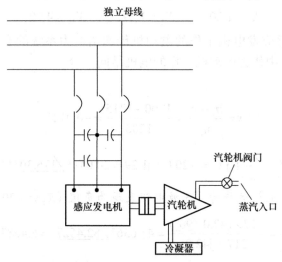

图 5.21　用于单独感应发电机运行的与定子绕组并联的电容器

借助图 5.22 中的近似等效电路图解释电压建立过程，图中显示了连接在输出端上的电容器。电阻 R_{fe}（用虚线表示）与 X_M 相比较大，可以忽略不计，因为它对电压建立的影响很小。此外，在电机空载的情况下，转差率为零，导致 R_2/s 变为无穷大，并且由 R_1、jX_1、R_2/s 和 jX_2 组成的支路中没有电流，因此该支路也用虚线绘制并忽略不计。

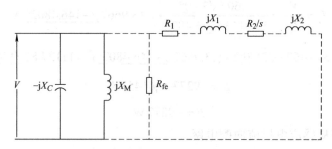

图 5.22　自励感应发电机的近似等效电路

当原动机起动时，旋转转子内的剩磁[⊖]在励磁电抗 X_M 两端产生一个低电压。这个低电压出现在电容器两端，在由 X_M 和电容器组成的回路中产生小电流。X_M 中的小电流产生电压 $I_M X_M$，即端子上的输出电压 V。该电压高于残余电压，产生更高的电容器电流，该电流也流过 X_M，使得电压进一步建立，如此往复。

电压建立过程如图 5.23a 所示，包括一台典型感应发电机的磁化曲线和电容线。磁

⊖　失去剩磁的感应发电机单机运行不能产生电压，但当接入有残余电压的电容组或者将其短暂作为电动机运行，就可以建立磁通了。

化曲线是励磁电抗 X_M 的电压与电流的关系曲线，通过将感应电机作为电动机空载运行获得，如图 5.23b 所示，进而绘制施加电压与电流的曲线，其中电压从零逐渐升高到额定电压。磁化曲线的非线性部分是由定转子铁心的磁饱和引起的。电容线是单独测量电容器电压与电流，并依据欧姆定律得到，如图 5.23c 所示。对于图 5.23a 中的电容线，$V=IX_C$，其中 X_C 为该线的斜率。

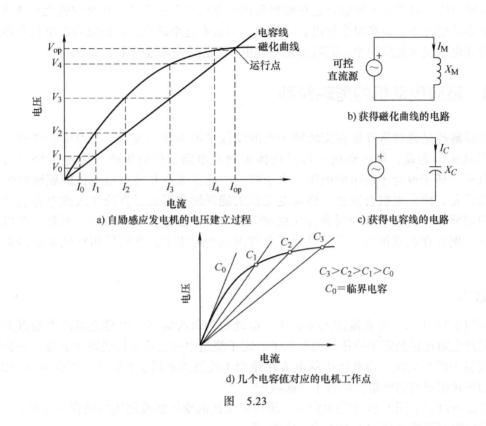

a) 自励感应发电机的电压建立过程

b) 获得磁化曲线的电路

c) 获得电容线的电路

d) 几个电容值对应的电机工作点

图　5.23

电压的建立

参考图 5.23a，由剩磁产生的电压 V_0 在电容器中产生电流 I_0。电流 I_0 也出现在电抗 X_M 中，如磁化曲线所示，使得其两端的电压增大到 V_1。电容器两端的电压 V_1 将产生更高的电流 I_1，这反过来又导致电抗电压上升到 V_2，如此往复。磁化曲线与电容线的交点为感应发电机的空载运行点。虽然这一过程被描述为一个循序渐进的过程，但实际上，电压是平稳且相当迅速地上升到运行点的。

空载电压的调节是通过改变电容线的斜率来实现的。由于 X_C 为电容线的斜率，$X_C=1/2\pi fC$，增加电容会减小斜率，从而使电压升高。几个电容值对应的电机运行点如图 5.23d 所示，使电容线与磁化曲线相切的电容值称为临界电容，小于临界电容的电容值不能支撑电压的建立。

感应发电机自励工作时的频率可以由运行点的容抗来确定。因此，由图 5.23a 和欧姆定律可知：

$$X_C = \frac{V_{op}}{I_{op}} \quad \Rightarrow \quad \frac{1}{2\pi f C} = \frac{V_{op}}{I_{op}}$$

$$f = \frac{I_{op}}{V_{op}} \times \frac{1}{2\pi C} \tag{5-57}$$

自励感应发电机的主要缺点是在施加负载时电压将迅速下降，在负载更大且功率因数滞后更多的情况下需要高得多的电容。然而，尽管有这个缺点，自励感应发电机仍然适用于电池充电系统这类应用中，其特点是终端电压急剧变化不会干扰设备运行。

5.19   感应电动机的能耗制动

能耗制动是通过将存储在旋转转子中的动能转换为转子或定子绕组中的热能，从而使电机减速。为此，将电动机从母线切换至制动电路，使电机成为带连接负载的发电机，负载为转子或定子绕组的电阻。由于唯一的能量来源是感应电动机的旋转部件和被驱动的设备，因此电机会减速。感应电动机的能耗制动可通过直流注入或电容制动来实现，但需要注意的是，这种制动方式在制动结束时不能提供保持转矩。因此，在需要的情况下，例如在起重机或其他停机后不允许滚动的应用中，必须使用机械制动器来固定转轴。

直流注入

如图 5.24 所示，在直流注入方法中，电动机与母线断开，由整流器提供的直流电源通过限流电阻连接到定子的任意两个端子。定子绕组中的直流电形成固定磁场，在旋转的转子绕组中产生电压。由此产生的电流在笼型（或绕线式转子）形成的闭合回路中以 I^2R 损耗的形式消耗旋转能量，使转子迅速减速。

可以通过调节图 5.24 中的电阻 R、使用可变比的变压器或使用晶闸管（SCR）控制电路代替电阻来调整直流注入方法的减速率[10]。

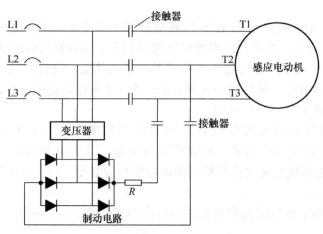

图 5.24   使用直流注入进行能耗制动

电容制动

如图 5.25 所示，在电容制动方法中，电动机与母线断开，然后在定子端子上连接一个电容器组。制动时，电动机表现为 5.18 节所述的自励磁感应发电机。电容制动期间，旋转能量在定子和转子绕组中以 I^2R 损耗的形式消耗，可以通过增加图 5.25 中虚线部分所示的电阻负载来增强制动效果。

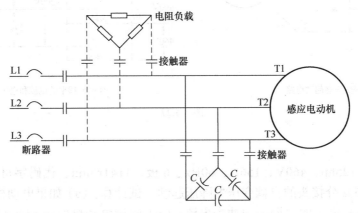

图 5.25　使用电容器进行能耗制动

5.20　感应电动机的起动

如图 5.26 所示，几乎所有功率的感应电动机都可以通过全电压起动，并且大多数电动机都是以这种方式起动的。但在许多情况下，全电压起动时产生的高冲击电流会导致配电系统电压大幅下降，灯光可能会变暗或闪烁，未受保护的控制系统可能会因电压过低而停机，未受保护的计算机可能会断电或丢失数据。此外，全电压

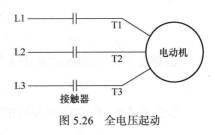

图 5.26　全电压起动

起动时产生的冲击转矩如果足够大，可能会损坏齿轮和被驱动设备的其他部件。

减少冲击电流的常用方法有：使用自耦变压器降低起动电压、通过定子绕组的 丫 – △ 联结、部分绕组联结、串联阻抗和采用电力电子器件控制来限制电流。

自耦变压器起动

图 5.27a 中的自耦变压器起动，使用的是 丫 联结的自耦变压器（称为补偿器），其抽头可以提供全电压的 50%、65% 和 80%[⊖]。接近额定转速时，S 触点打开，R 触点闭合，定子两端连接全电压。自耦变压器起动的最大优点是，在相同的电动机起动电流下，它比使用其他任何起动器时的线电流都要小。

⊖　△联结的自耦变压器由于无法获得高于 2∶1 的变比，故不能用在降压起动上，并且在相同的输出功率下，电压比小于 2∶1 所需的额定功率大于丫联结和开口△联结。此外，对于非 2∶1 的电压比，一次绕组和二次绕组之间有一个相移[11]。

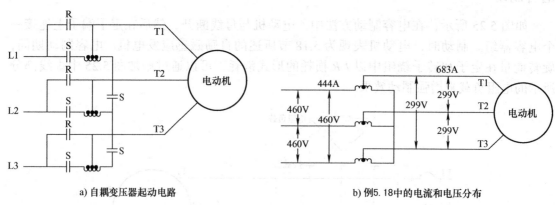

a) 自耦变压器起动电路　　　　　　　b) 例5.18中的电流和电压分布

图　5.27

例 5.18

一台三相、125hp、460V、156A、60Hz、6 极、1141r/min、代码字母为 H 的 B 型电动机将使用带 65% 分接头的自耦变压器降压起动。试计算：（a）如果电动机在额定电压下起动，起动转矩和定子的预期平均冲击电流；（b）假设电动机使用 65% 分接头的自耦变压器在降压起动，再次求解（a）；（c）降压起动时的冲击线电流，如图 5.27b 所示。

解：

（a）
$$P = \frac{Tn}{5252} \quad \Rightarrow \quad 125 = \frac{T \times 1141}{5252}$$

$$T_{\text{rated}} = 575.37 \text{ lb} \cdot \text{ft}$$

根据表 5.1，125hp 的 B 型 6 极电动机的最小起动转矩为额定转矩的 125%

$$T_{\text{lr,460}} = 575.37 \times 1.25 = 719.2 \text{ lb} \cdot \text{ft}$$

根据表 5.9，代码字母为 H 的电动机的平均起动 kVA/hp 为

$$\frac{6.3 + 7.1}{2} = 6.70 \text{kVA / hp}$$

定子的预期平均冲击电流为

$$\text{kVA / hp} \times 1000 \times \text{hp} = \sqrt{3} V_{\text{line}} I_{\text{line}}$$
$$6.70 \times 1000 \times 125 = \sqrt{3} \times 460 \times I_{\text{lr,460}}$$
$$I_{\text{lr,460}} = 1051\text{A}$$

（b）采用 65% 分接头时，起动时定子两端电压为

$$V_2 = 0.65 \times 460 = 299 \text{ V}$$

由于起动时电动机的输入阻抗是恒定的，因此定子的平均冲击电流将与施加在定子上的电压成正比。因此：

$$I = 1051 \times 0.65 = 683\text{A}$$

起动转矩与电压的二次方成正比。因此：

$$T_2 = T_1 \left(\frac{V_2}{V_1}\right)^2 = 719.2 \times \left(\frac{0.65 \times 460}{460}\right)^2 = 303.9 \text{ lb} \cdot \text{ft}$$

图 5.28a 和 b 分别显示了在额定电压和 65% 额定电压下起动时的电流和转矩曲线。假定该起动器从低电压到额定电压的过渡假定发生在 $s = 0.125$ 时，这相当于轴转速为

$$n_r = n_s (1-s) = 1200 \times (1-0.125) = 1050 \text{r/min}$$

实线表示电机在使用自耦变压器起动时的整体运行情况。

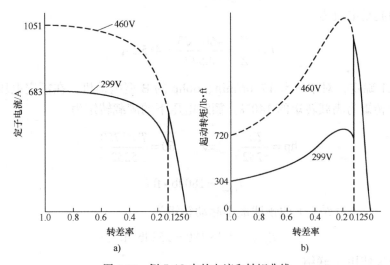

图 5.28　例 5.18 中的电流和转矩曲线

（c）丫联结自耦变压器的一、二次电压比等于匝数比，因此

$$a = \frac{V_{\text{HS, line}}}{V_{\text{LS, line}}} = \frac{V_{\text{HS, line}}}{0.65 V_{\text{HS, line}}} = \frac{1}{0.65}$$

$$I_{\text{HS}} = \frac{I_{\text{LS}}}{a} = 683 \times 0.65 = 444\text{A}$$

丫 – △ 联结起动

图 5.29 所示为 "丫 – △ 联结" 起动电路，在起动过程中，定子三相绕组为丫联结，当起动电流充分减小后，再以 △ 重新联结。所有丫 – △ 起动的电动机实际上都是 △ 联结的，只是在起动时才连接为丫。S 触点提供的是丫联结，而 R 触点提供的是 △ 联结。当丫联结时，定子绕组各相电压为 $V_{\text{line}}/\sqrt{3}$ 。

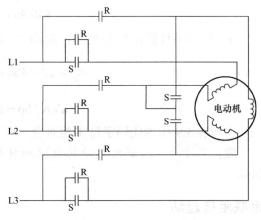

图 5.29　丫 – △ 联结起动器

例 5.19

一台 60hp、460V、60Hz、77A、1750r/min

的 B 型三相电动机的每相起动阻抗为 $0.547 \underline{/69.1°}$ Ω。假定电机为 丫 – △ 联结起动，试计算：（a）起动时的每相起动电流和预期的最小起动转矩；（b）假定电动机起动时为△联结，求相起动电流；（c）电机代码字母。

解：

（a）当为 丫 联结时的相电压为

$$\frac{460}{\sqrt{3}} = 265.6\,\text{V}$$

对应的相起动电流为

$$I_{\text{lr}} = \frac{V}{Z} = \frac{460/\sqrt{3}}{0.547} = 485.5\,\text{A}$$

根据表 5.1 确定，对于一台 1750r/min、60hp 的 B 型电动机，在额定电压和额定频率下的最小起动转矩为满载转矩的 140%。额定电压下的满载转矩为

$$\text{hp} = \frac{Tn}{5252} \quad \Rightarrow \quad 60 = \frac{T \times 1750}{5252}$$

$$T_{\text{rated}} = 180\,\text{lb} \cdot \text{ft}$$

则额定电压（△联结）下的预期最小起动转矩为

$$T_{\text{lr}(460)} = 1.4 \times 180 = 252\,\text{lb} \cdot \text{ft}$$

因此，如果使用 丫 联结

$$\frac{T_2}{T_1} = \left(\frac{V_2}{V_1}\right)^2 \quad \Rightarrow \quad T_2 = 252 \times \left(\frac{460/\sqrt{3}}{460}\right)^2 = 84\,\text{lb} \cdot \text{ft}$$

（b）如果以△联结的方式起动（全电压起动），则相起动电流为

$$I_{\text{lr},\triangle} = \frac{V}{Z} = \frac{460}{0.547} = 840.95\,\text{A} / \text{相}$$

对应的线电流为

$$840.95 \times \sqrt{3} = 1457\,\text{A}$$

（c）代码字母是在额定电压下确定的，因此

$$S_{\text{lr}} = \sqrt{3} \times 460 \times \frac{1457}{1000} = 1161\,\text{kVA}$$

$$\text{kVA} / \text{hp} = 1161 / 60 = 19.4$$

这与表 5.9 中的代码字母 T 相对应。

注：用于 丫 – △ 联结起动的电流和转矩曲线与图 5.28 中用自耦变压器起动的曲线相似。

串联阻抗起动

图 5.30a 所示为串联阻抗起动器，它使用一个电阻或电感串联在定子绕组的每一相以

限制起动时的电流。当电动机起动时，运行触点（R）打开以限制冲击电流，当电动机接近额定转速时再闭合触点将阻抗短接。电阻器或电抗器的欧姆值一般选择使得起动时电机端电压大约为额定电压的 70%。串联阻抗起动器可提供平稳的加速度，是起动感应电动机最简单的方法。

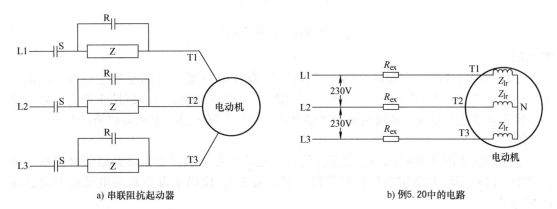

a) 串联阻抗起动器　　　　　　　　　b) 例5.20中的电路

图　5.30

例 5.20

在额定温度和频率下，一台 30hp、230V、60Hz、78A、1748r/min 的 B 型三相丫联结电动机的相起动阻抗为 $0.273 \underline{/69°}\ \Omega$。电动机起动时，每条线路都要使用串联电阻。试计算：（a）将起动电流限制为额定电流 3 倍以下所需的电阻阻值；（b）起动时的定子相电压；（c）起动时起动转矩占额定转矩百分比的预期最小值。

解：

（a）参考图 5.30b，其中，R_{ex} 是外部起动电阻，从线路到中性线的一条支路的阻抗为

$$\boldsymbol{Z} = R_{ex} + \boldsymbol{Z}_{lr} = R_{ex} + 0.273 \underline{/69°}\ \Omega$$

$$\boldsymbol{Z} = R_{ex} + 0.0978 + j0.2549\Omega$$

从线路到中性点的电压为 $230/\sqrt{3} = 132.79V$，起动电流被限制在

$$I_{lr} = 3 \times 78 = 234A$$

三相定子和串联电阻构成了平衡的三相电路，因此，各支路中的电流大小相等。对一条支路应用欧姆定律

$$I_{lr} = \frac{V_{branch}}{Z_{branch}} \quad \Rightarrow \quad 234 = \frac{132.79}{\sqrt{(R_{ex} + 0.0978)^2 + 0.2549^2}}$$

$$R_{ex} = 0.4093\Omega$$

（b）起动时定子相电压是图 5.30b 中 T1 和 N 之间的电压，它是电机绕组一相上的阻抗压降：

$$V_{T1-N} = IZ_{lr} = 234 \times 0.273 = 63.88\,V$$

（c）表 5.1 中额定电压和频率下的最小起动转矩为额定转矩的 150%

$$T_{lr} = 1.5T_{rated}$$

值得注意的是，必须始终根据定子上的实际电压进行计算，因此：

$$\frac{1.5T_{rated}}{T_{63.88}} = \left(\frac{132.79}{63.88}\right)^2$$

$$T_{lr,63.88} = 0.347T_{rated} \quad 或 \quad 34.7\%T_{rated}$$

例 5.21

一台 208V、7.5hp、60Hz、4 极、代码字母为 H 的 B 型丫联结感应电动机，额定电流为 24A，转速为 1722r/min。电动机将采用串联阻抗法起动，每条线路上都有电感。试计算将起动电流限制在约额定电流的 2 倍所需的每个串联电感的电感量和额定电压。

解：

电路类似于图 5.30b 中，R_{ex} 由 jX_{ex} 代替。电动机起动阻抗的粗略近似值可根据电动机功率、代码字母和额定电压计算得出。根据表 5.9，代码字母为 H 的电动机平均起动 kVA/hp 为

$$\frac{6.3 + 7.1}{2} = 6.7kVA / hp$$

对应的起动电流近似值为

$$kVA / hp \times 1000 \times hp = \sqrt{3}V_{line}I_{line}$$

$$6.7 \times 1000 \times 7.5 = \sqrt{3} \times 208I_{lr}$$

$$I_{lr} = 139.5A$$

对于丫联结的定子，$I_{phase} = I_{line}$，将欧姆定律应用于一相

$$Z_{lr} \approx \frac{V_{phase}}{I_{lr}} = \frac{208 / \sqrt{3}}{139.5} = 0.861\Omega$$

假定 B 型电动机的起动阻抗相位角为 70°[⊖]

$$\boldsymbol{Z}_{lr} \approx 0.861 \underline{/70°} \approx 0.294 + j0.809\Omega$$

根据欧姆定律，可以确定将电流限制在 2 倍额定电流所需的外部电感。假设所用电感的电阻可忽略不计，则

$$\boldsymbol{I} = \frac{\boldsymbol{V}}{\boldsymbol{Z}} = \frac{V}{R_{lr} + jX_{lr} + jX_{ex}} \quad \Rightarrow \quad |\boldsymbol{I}| = \frac{|\boldsymbol{V}|}{\sqrt{R_{lr}^2 + (X_{lr} + X_{ex})^2}}$$

$$2 \times 24 = \frac{208 / \sqrt{3}}{\sqrt{0.294^2 + (0.809 + X_{ex})^2}}$$

$$X_{ex} = 1.675\Omega$$

⊖　A 和 B 型电机在起动时电阻相对较低，电抗较高，阻抗相位角约为 75°。D 型和其他高转差率电机在起动时的阻抗比高，起动阻抗相位角约为 50°。

$$X_{ex} = 2\pi fL \quad \Rightarrow \quad 1.675 = 2\pi 60L \quad \Rightarrow \quad L = 4.44\text{mH}$$

$$额定电压 = IX_L = 2 \times 24 \times 1.675 = 80.4\,\text{V}$$

电力电子起动

图 5.31 中的电力电子起动器使用双向晶闸管（SCR）来限制电流，其控制电路（未显示）允许电流逐渐增大，平稳的电流积累能够实现在无冲击负载和无明显电压骤降的情况下软起动。电力电子器件起动器可以设计成具有许多特殊功能，例如，转速控制、功率因数控制、过载保护和单相运行。

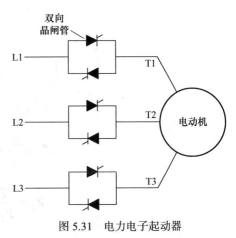

图 5.31　电力电子起动器

分段绕组法

分段绕组法使用带有两个相同三相绕组的定子，每个绕组可提供额定功率的 1/2，起动分段绕组电动机的电路如图 5.32 所示。触点 1 首先闭合，给一个绕组通电。经过短暂延时后，触点 2 闭合，给两个绕组通电。分段绕组起动器是成本最低的起动器之一，但仅限于在低电压运行的双电压电动机。

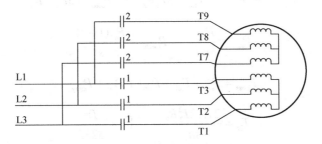

图 5.32　分段绕组起动器

5.21　电机分支电路

在计划安装电动机时，必须考虑到隔离装置、分支电路过电流和接地故障保护装置、电动机运行过载保护装置、电动机、电动机控制器、绕线转子变阻器以及所有连接导体的额定值。要为特定电动机正确选择保护装置、电缆尺寸和断开装置，必须熟悉美国国家电气规范（NEC）第 430 条[8]。遵守 NEC 要求是绝对必要的，否则可能会导致设备损坏和人员受伤。

解题公式总结

注：如果是绕线式转子，将 R_2 替换成 $(R_2 + R'_{\text{rheo}})$。

精确解

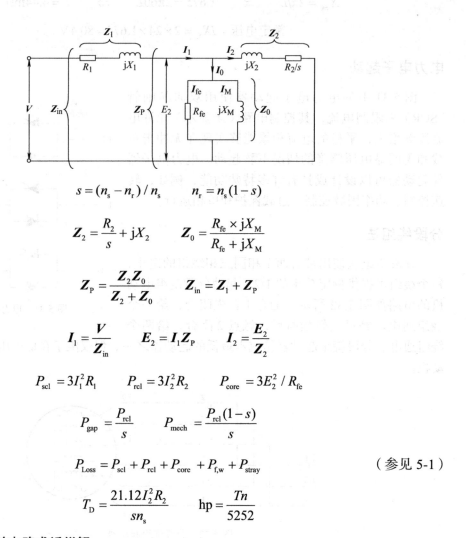

$$s = (n_s - n_r) / n_s \qquad n_r = n_s(1 - s)$$

$$\boldsymbol{Z}_2 = \frac{R_2}{s} + jX_2 \qquad \boldsymbol{Z}_0 = \frac{R_{fe} \times jX_M}{R_{fe} + jX_M}$$

$$\boldsymbol{Z}_P = \frac{\boldsymbol{Z}_2 \boldsymbol{Z}_0}{\boldsymbol{Z}_2 + \boldsymbol{Z}_0} \qquad \boldsymbol{Z}_{in} = \boldsymbol{Z}_1 + \boldsymbol{Z}_P$$

$$\boldsymbol{I}_1 = \frac{\boldsymbol{V}}{\boldsymbol{Z}_{in}} \qquad \boldsymbol{E}_2 = \boldsymbol{I}_1 \boldsymbol{Z}_P \qquad \boldsymbol{I}_2 = \frac{\boldsymbol{E}_2}{\boldsymbol{Z}_2}$$

$$P_{scl} = 3I_1^2 R_1 \qquad P_{rcl} = 3I_2^2 R_2 \qquad P_{core} = 3E_2^2 / R_{fe}$$

$$P_{gap} = \frac{P_{rcl}}{s} \qquad P_{mech} = \frac{P_{rcl}(1 - s)}{s}$$

$$P_{Loss} = P_{scl} + P_{rcl} + P_{core} + P_{f,w} + P_{stray} \qquad （参见 5-1）$$

$$T_D = \frac{21.12 I_2^2 R_2}{s n_s} \qquad hp = \frac{Tn}{5252}$$

利用近似等效电路求近似解

值得注意的是，如果是绕线式转子，将 R_2 替换成 $(R_2 + R'_{rheo})$。

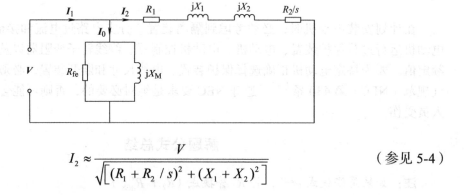

$$I_2 \approx \frac{V}{\sqrt{\left[(R_1 + R_2 / s)^2 + (X_1 + X_2)^2\right]}} \qquad （参见 5-4）$$

$$T_{\mathrm{D}} \approx \frac{21.12V^2 R_2 / s}{\left[(R_1 + R_2 / s)^2 + (X_1 + X_2)^2 \right] n_{\mathrm{s}}} \tag{5-5}$$

$$s_{T_{\mathrm{D,max}}} \approx \frac{R_2}{\sqrt{R_1^2 + (X_1 + X_2)^2}} \tag{5-7}$$

$$T_{\mathrm{D,max}} \approx \frac{21.12V^2}{2n_{\mathrm{s}} \left[\sqrt{R_1^2 + (X_1 + X_2)^2} + R_1 \right]} \tag{5-10}$$

正常运行和过载情况下的近似

$s \leqslant 0.03$ 的笼型电动机

$$\underset{s \leqslant 0.03}{I_2} \approx \frac{Vs}{R_2} \qquad \underset{s \leqslant 0.03}{T_{\mathrm{D}}} \approx \frac{21.12V^2 s}{R_2 n_{\mathrm{s}}} \tag{5-11, 5-12}$$

$$\underset{s \leqslant 0.03}{I_2} \propto s \qquad \underset{s \leqslant 0.03}{T_{\mathrm{D}}} \propto s \tag{5-13, 5-14}$$

绕线转子电动机

$$S_{T_{\mathrm{D,max}}} = \frac{R_2 + R'_{\mathrm{rheo}}}{\sqrt{R_1^2 + (X_1 + X_2)^2}} \tag{5-24}$$

$$R'_{\mathrm{rheo}} = a^2 R_{\mathrm{rheo}} \tag{5-24a}$$

$$\underset{\mathrm{linear}}{I_2} \propto \frac{s}{R_2 + R'_{\mathrm{rheo}}} \qquad \underset{\mathrm{linear}}{T_{\mathrm{D}}} \propto \frac{s}{R_2 + R'_{\mathrm{rheo}}} \tag{5-28, 5-29}$$

非额定电压和频率时的近似

$$\underset{s \leqslant 0.03}{T_{\mathrm{D}}} \propto \frac{V^2 s}{f} \tag{5-16}$$

$$\underset{s = 1.0, \theta_z \geqslant 75^\circ}{I_{\mathrm{lr}}} \approx I_2 \propto \frac{V}{f} \qquad \theta_2 = \arctan\left(\frac{X_1 + X_2}{R_1 + R_2}\right) \tag{5-23, 5-18}$$

在 50Hz 系统中运行额定 60Hz 的电动机

$$V_{50} = \frac{5}{6}V_{60} \tag{5-23c}$$

$$\mathrm{hp}_{50} = \frac{5}{6}\mathrm{hp}_{60} \tag{5-23d}$$

$$\left(\frac{Tn_{\mathrm{r}}}{5252}\right)_{50} = \frac{5}{6}\left(\frac{Tn_{\mathrm{r}}}{5252}\right)_{60} \tag{5-23e}$$

$$\left.\left(\frac{V^2 s n_{\mathrm{r}}}{f}\right)_{50} = \frac{5}{6}\left(\frac{V^2 s n_{\mathrm{r}}}{f}\right)_{60}\right\} s \leqslant 0.03 \tag{5-23f}$$

冲击电流

$$I_{\text{lr,ss}} = \left(\frac{V_{\text{phase}}}{Z_{\text{in}}} \right)_{s=1.0} \tag{5-30}$$

$$i_{\text{lr,ss}} = \sqrt{2} \left| \frac{V_{\text{phase}}}{Z_{\text{in}}} \right|_{s=1.0} \sin(2\pi ft - \theta_z) \tag{5-31}$$

线电压不平衡的影响

$$\%\text{UBV} = \frac{V_{\text{max dev}}}{V_{\text{avg}}} \times 100 \qquad \%\Delta T \approx 2(\%\text{UBV})^2 \tag{5-35, 5-36}$$

$$T_{\text{UBV}} \approx T_{\text{rated}} \left(1 + \frac{\%\Delta T}{100} \right) \qquad \delta T = T_{\text{UBV}} - T_{\text{rated}} \tag{5-37}$$

$$\text{RL} \approx \frac{1}{2^{(\delta T/10)}} \tag{5-38}$$

标幺值换算

$$P_{\text{base}} = \text{额定三项输出功率} \div 3 \ (\text{W})$$
$$V_{\text{base}} = \text{每相额定电压}$$
$$I_{\text{base}} = \text{基准电流} = \text{每相额定电流}$$

$$I_{\text{base}} = \frac{P_{\text{base}}}{V_{\text{base}}} \qquad Z_{\text{base}} = \frac{V_{\text{base}}}{I_{\text{base}}} = \frac{V_{\text{base}}}{P_{\text{base}}/V_{\text{base}}} = \frac{V_{\text{base}}^2}{P_{\text{base}}} \tag{5-39, 5-41a}$$

$$\left. \begin{array}{ccc} r_1 = \dfrac{R_1}{Z_{\text{base}}} & r_2 = \dfrac{R_2}{Z_{\text{base}}} & r_{\text{fe}} = \dfrac{R_{\text{fe}}}{Z_{\text{base}}} \\[3mm] x_1 = \dfrac{X_1}{Z_{\text{base}}} & x_2 = \dfrac{X_2}{Z_{\text{base}}} & x_{\text{M}} = \dfrac{X_{\text{M}}}{Z_{\text{base}}} \end{array} \right\} \tag{5-41}$$

感应电动机参数测定

直流测试

$$R_{1,\text{wye}} = \frac{R_{\text{DC}}}{2} \qquad R_{1,\triangle} = 1.5 R_{\text{DC}} \tag{5-42, 5-43}$$

堵转测试

$$Z_{\text{BR,15}} = \frac{V_{\text{BR,15}}}{I_{\text{BR,15}}} \qquad R_{\text{BR,15}} = \frac{P_{\text{BR,15}}}{I_{\text{BR,15}}^2} \tag{5-45, 5-46}$$

$$R_2 = R_{\text{BR,15}} - R_1 \qquad X_{\text{BR,15}} = \sqrt{Z_{\text{BR,15}}^2 - R_{\text{BR,15}}^2} \tag{5-47, 5-48}$$

$$X_{\text{BR,60}} = \frac{60}{15} X_{\text{BR,15}} \qquad X_{\text{BR,60}} = X_1 + X_2 \tag{5-49, 5-50}$$

空载测试

$$S_{NL} = V_{NL} I_{NL} \qquad Q_{NL} = \sqrt{S_{NL}^2 - P_{NL}^2} \qquad X_{NL} = \frac{Q_{NL}}{I_{NL}^2} \qquad （5\text{-}52，5\text{-}54）$$

$$X_{NL} = X_1 + X_M \qquad P_{NL} = I_{NL}^2 R_1 + P_{core} + P_{w,f} \qquad （5\text{-}55，5\text{-}56）$$

正文引用的参考文献

1. Brancato，E. L. Insulation aging. A critical and historical review. *IEEE Trans. Electrical Insulation*，Vol. EI–13，No. 4，Aug. 1978.

2. Brighton，R. J. ，Jr. ，and P. N. Ranade. Why overload relays do not always protect motors. *IEEE Trans. Industry Applications*，Vol. IA–18，No. 6，Nov. /Dec. 1982.

3. Hubert，C. I. *Electric Circuits AC/DC：An Integrated Approach*. McGraw–Hill，New York，1982.

4. Hubert，C. I. *Operating，Testing，and Preventive Maintenance of Electrical Power Apparatus*. Prentice Hall，Upper Saddle River，NJ，2002.

5. Institute of Electrical and Electronics Engineers. *General Principles for Temperature Limits in the Rating of Electrical Equipment*. IEEE STD 1–2000，IEEE，New York，2000.

6. Institute of Electrical and Electronics Engineers. *Standard Definitions of Basic Per–Unit Quantities for Alternating–Current Machines*. IEEE STD 86–1975，IEEE，New York，1975.

7. Institute of Electrical and Electronics Engineers. *Standard Test Procedure for Polyphase Induction Motors and Generators*. IEEE STD 112–1996，IEEE，New York，1996.

8. National Fire Protection Association. Motors circuits，and controllers. Article 430，National Electrical Code NFPA No. 70，NFPA，Quincy，MA，1999.

9. National Electrical Manufacturers Association. *Motors and Generators*. Publication No. MG 1–1998，NEMA，Rosslyn，VA，1999.

10. Shemanske，R. Electronic motor braking. *IEEE Trans. Industry Applications*，Vol. IA–19. No. 5 Sept. /Oct. 1983.

11. Blume，L. F. *Transformer Engineering*，Wiley，New York，1938.

12. DeDad，J. Design E motor：You may have problems. *Electrical Construction and Maintenance*，Sept. 1999，pages 36，38.

一般参考文献

Heathcote，M. *J. &P Transformer Book，A Practical Technology of the Transformer*，12th ed. Newnes Butterworth–Heineman，Boston，1998.

Lawrence，R. R. *Principles of Alternating Current Machinery*. McGraw–Hill，New York，1940.

Matsch，L. W. ，and J. D. Morgan. *Electromagnetic and Electromechanical Machines*. Harper&Row，New York，1986.

Smeaton, R. W. *Motor Application and Maintenance Handbook*, 2nd ed. McGraw-Hill, New York, 1987.

Wildi, T. *Electrical Power Technology*. Wiley, New York, 1981.

思 考 题

1. 在一组坐标轴上画出 A、B、C、D 型电动机的转矩—转速特性，并说明每种设计的应用场景。

2. 画出 A、B、C、D 型转子的代表性截面，并说明为什么各自的结构带来了期望的特性。

3. 画出笼型电动机的完整等效电路，并标注所有元件。

4. 输出转矩如何随施加电压变化？

5. 增加转子回路电阻对最大转矩有什么影响，对停转发生时的转差率呢？

6. NEMA 设计的笼型电动机在空载和额定负载系数之间的转差率大概范围是多少？假定额定电压和额定频率。

7. 当 $s \leqslant 0.03$ 时，偏离额定电压和额定频率运行对转矩有什么影响？

8. 在什么约束条件下 60Hz 电动机可以在 50Hz 系统中运行？

9. NEMA 设计的电动机在额定负载下能够正常运行的最大允许频率和电压变化是多少？

10. （a）画出绕线转子感应电动机的转矩—转速曲线簇，并标出每条曲线上转子电阻的相对值。（b）如果空载运行，调整变阻器对电动机转速有什么影响？（c）说明绕线转子电动机的应用。

11. 定义利用电压、标称效率、代码字母、设计型号、负载系数和绝缘等级，并说明如何使用这些信息。

12. （a）什么是冲击电流，是什么引起的？（b）在什么条件下暂态冲击最小，（c）什么情况下最大？

13. 说明如何从铭牌数据估算冲击电流。

14. 冲击电流对感应电动机的使用寿命有哪些具体的不利影响。

15. "重合闸失相"是什么意思？（a）它对感应电动机有什么影响？（b）可以采取什么措施避免重合闸失相？

16. （a）NEMA 如何定义电压不平衡？（b）允许的最大电压不平衡是多少？

17. （a）线路电压不平衡对感应电机性能有什么不利影响？（b）如果不能纠正电压不平衡，应该做什么来保护电动机？

18. 电气绝缘的十度定律是什么？

19. 使用标幺值表示感应电动机的优点是什么？

20. 什么是感应电动机？它是如何工作的？它的主要应用领域是什么？

21. 画出感应电机的气隙功率—转速关系图，显示其速度从 0 到 2 倍同步转速的行为。指出最大转矩点和极限转矩点。

22. 是什么决定了感应发电机与其他三相电源并联时的输出电压和频率？

23. 起动感应发电机并将其与带电三相母线并联的正常程序是什么？

24. 使用合适的图表，解释一个孤立的感应发电机如何作为一个自励电机建立电压。

25. 解释动态制动是如何完成的，使用：（a）直流注入；（b）电容器。

26. 几乎任何额定功率的感应电动机都可以通过全电压连接起动，为什么要使用降压起动器？

习　　题

5-1/3　一台三相、230V、25hp、60Hz、两极、NEMA 设计的 A 型感应电动机在额定工况下运行转速为 3564r/min。确定下面的各种转矩，单位为 lb·ft：（a）起动转矩；（b）最大转矩；（c）最小转矩。

5-2/3　一台 50Hz、380V 的 B 型三相 4 极感应电动机，转轴额定输出功率为 45kW，转速为 1490r/min。确定下面的各种转矩，单位为 lb·ft：（a）起动转矩；（b）最大转矩；（c）最小转矩。

5-3/3　一台 60Hz、440V、5hp 的 C 型三相 4 极感应电动机，额定转速为 1776r/min，确定其（a）起动转矩；（b）最大转矩；（c）最小转矩，单位为 lb·ft。

5-4/3　（a）一台 60Hz、240V、100hp 的三相 6 极感应电动机，当其分别为 A、B、C、D 和 E 型电动机时，用表格列出其 NEMA 最小期望起动转矩，最大转矩和最小转矩。（b）参考（a）中的表格，在什么条件下用 B 型电动机代替 E 型电动机是安全的。

5-5/4　一台 25hp、60Hz、575V 的 6 极电动机运行时转差率为 0.03。该负载下的杂散功率损耗为 230.5W，风阻和摩擦损耗为 115.3W。电动机丫联结，电动机参数（单位为 Ω/ 相）如下：

$$R_1 = 0.3723 \qquad R_2 = 0.390 \qquad X_M = 26.59$$
$$X_1 = 1.434 \qquad X_2 = 2.151 \qquad R_{fe} = 354.6$$

确定：（a）电动机的每相输入阻抗；（b）线电流；（c）有功功率、无功功率、视在功率和功率因数；（d）等效转子电流；（e）定子铜耗；（f）转子铜耗；（g）铁耗；（h）气隙功率；（i）产生的机械功率；(j) 产生的转矩；(k) 轴上的功率；(1) 轴上的转矩；(m) 效率；(n) 绘制功率流图并输入所有数据。

5-6/4　一台 40hp、60Hz、460V 的 4 极感应电动机轴上所带负载使其运行时转速为 1447r/min。该负载下杂散负载损耗为 450W，风阻和摩擦损耗为 220W。电动机参数（单位为 Ω/ 相）如下：

$$R_1 = 0.1418 \qquad R_2 = 1.10 \qquad X_M = 21.27$$
$$X_1 = 0.7273 \qquad X_2 = 0.7284 \qquad R_{fe} = 212.73$$

D 型 NEMA 设计电动机，丫联结，确定：（a）电动机的每相输入阻抗；（b）线电流；（c）有功功率、无功功率、视在功率和功率因数；（d）等效转子电流；（e）定子铜耗；(f) 转子铜耗；(g) 铁耗；(h) 气隙功率；(i) 产生的机械功率；(j) 产生的转矩；(k) 轴功率；(1) 轴转矩；(m) 效率；(n) 绘制功率流图并输入所有数据；(o) 如果额定负载下转速为 1190r/min，确定期望的最小起动转矩。

5-7/4　一台三相 8 极感应电动机，额定参数为 847r/min、30hp、60Hz、460V，减载运行时，转速为 880r/min。杂散功率损耗、风阻损耗和摩擦损耗之和为 350W。电动机参数（单位为 Ω/ 相）如下：

$$R_1 = 0.1891 \quad R_2 = 0.191 \quad X_M = 14.18$$
$$X_1 = 1.338 \quad X_2 = 0.5735 \quad R_{fe} = 189.1$$

C 型 NEMA 电动机，丫联结，确定：（a）电动机的每相输入阻抗；（b）线电流；（c）有功功率、无功功率、视在功率和功率因数；（d）等效转子电流；（e）定子铜耗；（f）转子铜耗；（g）铁耗；（h）气隙功率；（i）机械功率；（j）输出转矩；（k）轴功率；（l）轴转矩；（m）效率；（n）绘制功率流图并输入所有数据；（o）确定期望的最小起动转矩、最大转矩和最小转矩。

5-8/5　对于问题 5-5/4 中的电动机，确定：（a）转矩最大时的转速；（b）最大转矩的值。

5-9/5　对于问题 5-7/4 中的电动机，确定：（a）转矩最大时的转速；（b）最大转矩的值。

5-10/5　一台 60Hz、75hp、460V 的三相 6 极 C 型感应电动机，在额定条件下运行，其转差率为 0.041。确定：（a）期望的最小起动转矩；（b）如果定子连接到 400V、60Hz 电源，期望的最小起动转矩；（c）施加电压变化百分比；（d）起动转矩的最终变化百分比。

5-11/5　三相、丫联结，额定参数为 50Hz、240V、20hp 的 A 类 8 极电动机在额定条件下运行时的转差率为 1.8%。电动机由 208V、50Hz 的电源供电，用于驱动 145 lb·ft 的恒转矩负载。起动电动机所需的起动转矩为 155 lb·ft。电动机能起动吗？写出全部分析过程。

5-12/6　一台 75hp、两极、丫联结的电动机，在 60Hz、2300V 的线路上运行，在转速为 3500r/min、定子电流为 18.9A 的情况下，输出功率为 75.4hp。确定：（a）负载转矩减少 25% 时新的转速；（b）转子电流；（c）气隙功率。电动机参数（单位为 Ω/ 相）如下：

$$R_1 = 1.08 \quad R_2 = 2.14 \quad R_{fe} = 1892$$
$$X_1 = 8.14 \quad X_2 = 3.24 \quad X_M = 147.5$$

5-13/6　一台 250hp、4 极、丫联结的电动机，在 60Hz、460V 的线路上运行，转速为 1777r/min，输出功率为 255hp。如果转轴上的负载转矩减少 25%，大致确定：（a）转差率；（b）转速；（c）转子电流；（d）轴功率。电动机参数（单位为 Ω/ 相）如下：

$$R_1 = 0.0626 \quad R_2 = 0.0118 \quad R_{fe} = 32.25$$
$$X_1 = 0.027 \quad X_2 = 0.040 \quad X_M = 2.465$$

5-14/6　一台 10hp、440V、60Hz 的两极感应电动机运行在额定负载时，转速为 3492r/min，产生的转矩为 15.5 lb·ft。电动机参数（单位为 Ω/ 相）如下：

$$R_1 = 0.740 \quad R_2 = 0.647 \quad R_{fe} = 未知$$
$$X_1 = 1.33 \quad X_2 = 2.01 \quad X_M = 77.6$$

如果负载转矩减少 30%，大致确定：（a）转差率；（b）转速；（c）转子电流；（d）轴功率。

5-15/6　一台 15hp、440V、60Hz 的 6 极电动机带额定负载运行时的转速为 1173r/min。电动机参数（单位为 Ω/ 相）如下：

$$R_1 = 0.301 \quad R_2 = 0.327 \quad R_{fe} = 496$$
$$X_1 = 0.833 \quad X_2 = 1.25 \quad X_M = 30.3$$

如果负载转矩过载 15%，大致确定：（a）转速；（b）转子电流；（c）轴功率。

5-16/8　一台 150hp、三相、丫联结、60Hz、4000V 的 6 极感应电动机在额定条件下运行，由独立系统供电，转速为 1175r/min。电力系统的巨大电力需求导致电压和频率分别下降了 15% 和 5%。为了补偿这种非正常情况，电动机上的负载转矩减少到额定转矩的 82%。确定新条件下的转速。

5-17/8　在额定条件下，一台 50hp、60Hz、460V 的三相丫联结 4 极感应电动机的效率、功率因数和转差率分别为 89.6%、79.5% 和 3.0%。电动机由 430V、55Hz 的电源供电，导致转速为 1620r/min。确定新运行条件下的轴功率。假设风阻、摩擦和杂散负载损耗相同。

5-18/8　一台 4 极、60hp、440V、60Hz、1760r/min 的三相感应电动机在额定电压和频率下驱动负载输送机，产生的最大转矩为额定转矩的 161%。起动时的负载转矩为电动机额定转矩的 114%。为了补偿惯性和静摩擦，产生的最大转矩必须至少大于负载转矩的 15%。如果电力系统的功率需求非常大，导致电压下降 15%，频率下降 3%，电动机能起动吗？写出全部分析过程。

5-19/8　一台三相、125hp、60Hz、8 极、575V 的 B 型感应电动机由 50Hz 系统供电。确定：(a) 50Hz 时允许的电压；(b) 允许的转轴负载功率（单位为 hp）；(c) 新的同步速度；(d) 转差率为 2.1% 时的转速；(e) 转差率为 2.1% 时的轴转矩。

5-20/9　一台三相、丫联结、25hp、60Hz、575V 的 6 极绕线转子电动机在额定条件下运行。在变阻器短路的情况下，转速为 1164r/min。定子 / 转子匝比为 2.15。电动机参数（单位为 Ω/ 相）如下：

$$R_1 = 0.3723 \qquad R_2 = 0.390 \qquad R_{fe} = 26.59$$
$$X_1 = 1.434 \qquad X_2 = 2.151 \qquad X_m = 354.6$$

确定：(a) 转矩最大时的转差率；(b) 最大转矩；(c) 电机带额定负载运行，转速为 1074r/min 时，所需的变阻器每相电阻。

5-21/9　一台 40hp、60Hz、460V、4 极、丫联结、集电环短路的绕线式电动机，转差率为 25% 时产生最大转矩。折算到定子侧的转子阻抗为 0.158+j0.623Ω/ 相，电压比为 1.28。要使最大转矩在转差率为 60% 时发生，确定所需的变阻器电阻。

5-22/12　一台 75hp、460V、6 极 NEMA 设计的 A 型电机（代码字母为 H）在额定负载下运行，效率为 89%，功率因数为 84%，转差率为 2.36%。试确定：(a) 额定电流；(b) 采用额定电压和额定频率时起动电流的预期范围。

5-23/12　一台 30hp、60Hz、230V、两极、设计为 E 型的电动机（代码字母为 C），在额定条件下运行，效率为 91.8%，功率因数为 86.2%。试确定：(a) 额定电流；(b) 起动电流的预期范围。

5-24/12　一台 150hp、60Hz、460V、4 极的 B 型电动机（代码字母为 R）在额定条件下运行时，效率为 94.5%，功率因数为 86.2%。试确定：(a) 额定电流；(b) 起动电流的预期范围。

5-25/15　一台 60hp、C 型设计、230V、60Hz、6 极电动机（负载系数为 1.15，绝缘等级为 B 级）在不平衡三相系统的额定功率下运行。三相线间电压分别为 232V、238V 和 224V。该电机是新的，预计使用寿命为 20 年。试确定：(a) 电压不平衡百分比；(b) 如果在 40℃环境下以额定负载运行，在（a）中不平衡百分比的情况下，预计的大致温升；
（c）预计的绝缘寿命；（d）为防止缩短绝缘寿命而需要的额定值（如有）。

5-26/15　一台三相、30hp、460V、60Hz、1770r/min、F 级绝缘、负载系数 1.0 的 B
型感应电动机正在 40℃的环境中以额定轴负载运行，预期寿命为 20 年。预防性维护检查
显示线电压为 449.2V、431.3V 和 462.4V。试确定：（a）电压不平衡百分比；（b）预期温升；
（c）预期绝缘寿命；（d）是否需要调整电动机等级以防止缩短绝缘寿命。

5-27/16　一台三相、丫联结、功率为 10hp、频率为 60Hz、电压为 230V 的 4 极感应
电动机的单位参数如下：

$$R_1 = 0.0358 \quad R_2 = 0.0264 \quad R_{fe} = \text{未知}$$
$$X_1 = 0.0964 \quad X_2 = 0.1450 \quad X_M = 3.02$$

试以 Ω/ 相为单位确定电机参数。

5-28/16　一台 460V、丫联结、200hp、60Hz、B 型三相 8 极笼型感应电动机的单位
参数如下：

$$R_1 = 0.011 \quad R_2 = 0.011 \quad R_{fe} = \text{未知}$$
$$X_1 = 0.123 \quad X_2 = 0.210 \quad X_M = 2.994$$

试以 Ω 为单位确定相应的值。

5-29/16　一台功率 100hp、频率 60Hz、电压 440V、丫联结的三相 10 极感应电动机
的参数如下（以 Ω 为单位）：

$$R_1 = 0.0864 \quad R_2 = 0.078 \quad R_{fe} = 110$$
$$X_1 = 0.146 \quad X_2 = 0.218 \quad X_M = 3.185$$

试确定相应标幺值。

5-30/17　一台在额定条件下运行、丫联结、25hp、575V、60Hz 的 B 型三相感应电
动机的线电流为 27A，15Hz 堵转测试、60Hz 空载测试和直流测试的数据如下：

	堵转	空载	直流
	$V_{line} = 54.7 \text{V}$	$V_{line} = 575 \text{V}$	$V_{DC} = 20 \text{V}$
	$I_{line} = 27.0 \text{A}$	$I_{line} = 11.8 \text{A}$	$I_{DC} = 27 \text{A}$
	$P_{3-phase} = 1653 \text{W}$	$P_{3-phase} = 1264.5 \text{W}$	

试确定 R_1、R_2、X_1、X_2、X_M 以及铁心、摩擦和风动损耗的总和。

5-31/17　以下数据来自一台 30hp、460V、60Hz、40A、C 型的三相 4 极感应电动机
的空载测试、15Hz 堵转测试以及直流测试：

	堵转	空载	直流
	$V_{line} = 42.39 \text{V}$	$V_{line} = 458.6 \text{V}$	$V_{DC} = 15.4 \text{V}$
	$I_{line} = 40 \text{A}$	$I_{line} = 17.0 \text{A}$	$I_{DC} = 40.2 \text{A}$
	$P_{3-phase} = 1828.8 \text{W}$	$P_{3-phase} = 1381.4 \text{W}$	

试确定 R_1、R_2、X_1、X_2、X_M 以及铁心、摩擦和风动损耗的总和。

5-32/17　一台三相、A 型、丫联结、15hp、460V、60Hz 的感应电动机在额定条件

下运行时，线电流为 14A。60Hz 空载测试、15Hz 堵转测试和直流测试提供了以下数据：

	堵转	空载	直流
	$V_{line} = 18.5\text{V}$	$V_{line} = 459.8\text{V}$	$V_{DC} = 5.6\text{V}$
	$I_{line} = 13.9\text{A}$	$I_{line} = 6.2\text{A}$	$I_{DC} = 14.0\text{A}$
	$P_{3-phase} = 264.6\text{W}$	$P_{3-phase} = 799.5\text{W}$	

试确定 R_1、R_2、X_1、X_2、X_M 以及铁心、摩擦和风动损耗的总和。

5-33/18　一台由蒸汽轮机以 3650r/min 速度驱动的 75hp、2300V、60Hz、两极、丫联结的电动机连接到一个 2300V、60Hz 的配电系统上。电动机参数（单位为 Ω）如下：

$$R_1 = 1.08 \qquad R_2 = 2.14 \qquad R_{fe} = 1892$$
$$X_1 = 8.14 \qquad X_2 = 3.24 \qquad X_M = 187.5$$

试确定电机为系统提供的有功功率。

5-34/18　一台 60Hz、15hp、460V、6 极、丫联结的三相感应电动机连接到 460V 的配电系统，并由柴油机以 1210r/min 的速度驱动。电动机参数（单位为 Ω）如下

$$R_1 = 0.200 \qquad R_2 = 0.250 \qquad X_M = 42.0$$
$$X_1 = 1.20 \qquad X_2 = 1.29 \qquad R_{fe} = 317$$

试确定电机为系统提供的有功功率。

5-35/18　风力涡轮机以 1515r/min 的速度驱动一台丫联结、400hp、380V、50Hz 的三相 4 极感应电动机。电动机参数（单位为 Ω）如下

$$R_1 = 0.00536 \qquad R_2 = 0.00613 \qquad R_{fe} = 7.66$$
$$X_1 = 0.0383 \qquad X_2 = 0.0383 \qquad X_M = 0.5743$$

试确定电机为系统提供的有功功率。

5-36/20　一台 200hp、1150r/min、440V、60Hz 的泵电动机使用了一个用于降压起动的丫联结的自耦变压器。变压器的分接头为 65%。额定电压下的起动转矩为额定转矩的 150%。请绘制单线图并确定：（a）在额定电压下起动时的堵转转矩；（b）在降压起动时的堵转转矩。

5-37/20　一台三相 12 极、220V、60Hz、50hp 的笼型电动机在额定负载下运行，转速为 595r/min，效率为 89%，滞后功率因数为 81%。在额定电压和额定频率下，起动电流和起动转矩分别为 725A 和 120%。试确定：（a）额定电流；（b）额定转矩；（c）获得 70% 额定转矩的起动转矩所需的最小电压；（d）提供（c）中最小电压所需的自耦变压器电压比；（e）自耦变压器在电路中时，起动时的定子电流；（f）在（c）中电压下起动电动机时变压器的相应输入电流。

5-38/20　一台 50hp、450V、60Hz、1120r/min 的三相 6 极感应电动机在额定条件下运行时，效率为 91%，功率因数为 89%。在额定电压下起动时，电动机的转矩为额定转矩的 170%，电流为额定电流的 5 倍。试确定：（a）在额定条件下的转差率；（b）额定转矩；（c）堵转转矩；（d）额定线电流；（e）设计一个匝数比正确的 V–V 变压器，将定子线电流限制在额定电流的 200%；（f）确定（e）中条件下的初级线电流；（g）在降压下起动时的电动机线电流。

5-39/20　一台三相 4 极、460V、60Hz、200hp、B 型感应电动机在额定电压下的起动转矩等于额定转矩的 125%。额定条件下的效率、功率因数和转差率分别为 92%、82% 和 2.0%。额定电压下的起动电流为 1450A。该电动机将用于驱动离心泵，其规格要求电动机的最小起动转矩为 357ft·lb。试确定：（a）额定线电流；（b）额定转矩；（c）起动负载所需的最小定子电压；（d）所需的变压器电压比；（e）绘制显示电动机和丫联结的自耦变压器的示意图。

5-40/20　一台、C 型、25hp、60Hz、27A、575V、三相 6 极电动机的额定转速为 1164r/min。起动阻抗为 3.49 $\underline{/78.18°}$ Ω/ 相，电动机设计为丫－△联结起动。试确定：（a）当采用丫联结起动时，起动时的线电流和相电流；（b）当采用△联结起动时，起动时的线电流和相电流；（c）如果采用△联结，预计的最小起动转矩；（d）如果采用丫联结，预计的最小起动转矩。

5-41/20　一台 4 极、30hp、60Hz、460V、B 型的丫联结感应电动机在额定条件下运行，电流为 40A，转差率为 2.89%。起动阻抗为 1.93 $\underline{/79.02°}$ Ω/ 相。试确定：（a）设计一个串联电阻起动器，将起动电流限制在额定电流的 200%；（b）确定起动时每相的定子电压；（c）确定使用起动电阻时预期的最小起动转矩。

5-42/20　一台 75hp、60Hz、2300V、20A、两极、代码字母为 K 的 B 型电动机以 3500r/min 的速度输出额定功率。假设起动阻抗的相位角为 75°。试确定：（a）将起动电流限制在额定电流的 350% 的串联电抗起动器所需的电抗；（b）使用串联电抗器起动时，预期最小起动转矩是额定转矩的百分之多少。

第6章

单相感应电动机

6.1 概述

单相感应电动机被广泛应用于工业、商业和家庭生活中，在时钟、冰箱、冰柜、风扇、鼓风机、泵、洗衣机、机床中都能看到单相感应电动机的身影，它们的功率大小从几分之一 hp 到 15hp 不等。

大型单相感应电动机是一种分相电动机，它有两个分开的绕组，这两个绕组在空间中的相位差为 90° 电角度。分相电路使一个绕组中的电流和磁通滞后或领先于另一个绕组中的电流和磁通，从而产生一个切割笼型转子的旋转磁场，使感应电动机起动。容量较小的单相感应电动机使用更为简易的罩极线圈实现分相效果。

分相电路也用于由单相电源驱动的三相感应电动机，使大型电动机可以在没有三相电源的情况下运行。值得注意的是，不能将这种操作与单相故障混淆，单相故障是指由三相电源供电的三相电动机在三条线路中的某一条线路中出现开路。在单相故障中没有分相器参与，如果保护装置不起作用，单相故障产生的过大电流和振动可能会损坏电动机。

6.2 正交磁场理论和感应电动机的起动

单相感应电动机自身无法产生旋转磁场，除非依靠外力或外部设备使转子转动，否则单相感应电动机不能产生电动机转矩。如图 6.1a 所示，固定的笼型转子相当于短路的变压器二次侧。在图示瞬间，定子磁通（也被称为主磁通）增加，方向向下，导致转子磁动势 $\mathscr{F}_r$ 方向向上。然而由于定转子磁场轴线一致，电动机不会产生旋转磁场，因此无法作为电动机运行。

在图 6.1b 中，如果转子以机械方式旋转（用手动或其他方式），转子中的电流会产生旋转磁场，此时感应电动机能够起动，并且转子将加速到接近同步转速。该现象可以用正交磁场理论或双旋转磁场理论来解释[5]。

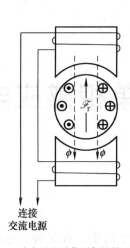
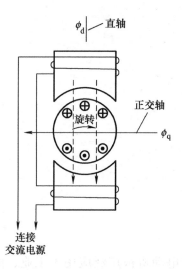

a) 由变压器动作引起的转子
导条内电流的瞬时方向

b) 由感应电动势引起的转子
导条内电流的瞬时方向

图 6.1

正交磁场理论

在图 6.1b 中，以机械方式旋转转子会导致转子中的导条切割主磁通。在图示瞬间，由感应电动势引起的转子导条中的电流产生了一个与主磁通中心线呈 90° 电角度的磁场。主磁通被称为直轴磁通，由感应电动势引起的磁通被称为交轴磁通。感应电动势、转子电流和交轴磁通的瞬时方向由楞次定律确定。当转子转动时，转子中的导条会改变它们与定子的相对位置，但转子中的其他导条会取代它们的位置，从而始终维持交轴磁通。值得注意的是，定子绕组产生的磁通沿直轴方向呈正弦波变化。

图 6.2a 显示了直轴磁通、感应电动势、转子电流和交轴磁通之间的相位关系，值得注意的是，转子电抗与转子电阻的高比值产生了滞后于感应电压近 90° 的转子电流和交轴磁通。

感应电动势总是与引起它的磁通相位一致，而磁通也总是与引起它的电流相位一致。因此，如图 6.2a 所示，交轴磁通滞后于直轴磁通近 90° 电角度。与相量图对应的磁通波形如图 6.2b 所示。

图 6.2c 给出了图 6.2b 中各个相位角下直轴磁通、交轴磁通和合成磁通（大箭头）的瞬时方向。如图 6.2c 所示，合成磁通方向沿顺时针方向旋转。以机械方式旋转转子，转子中的电流会产生正交磁场，该正交磁场与直轴磁场结合产生旋转磁通，磁通的旋转方向与转子的初始旋转方向一致。该旋转磁通使转子加速旋转，直到接近电动机的同步转速。

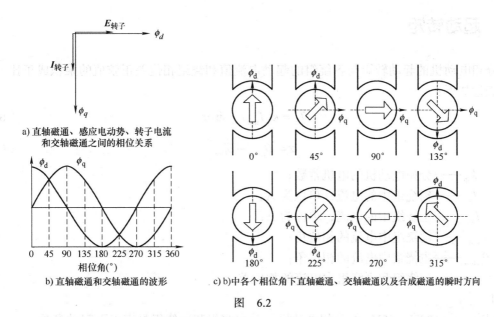

a) 直轴磁通、感应电动势、转子电流
和交轴磁通之间的相位关系

b) 直轴磁通和交轴磁通的波形

c) b)中各个相位角下直轴磁通、交轴磁通以及合成磁通的瞬时方向

图　6.2

6.3　通过分相起动感应电动机

无需采用机械方式，只需使用两个定子绕组和分相电路，就能够使单相电源产生一个旋转磁场。基本的两极分相电动机绕组如图 6.3a 所示，等效电路如图 6.3b 所示。主绕组提供直轴磁通（ϕ_d），与主绕组相位相差 90° 的辅绕组提供交轴磁通（ϕ_q）。辅绕组也被称为起动绕组。

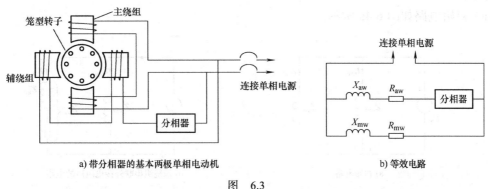

a) 带分相器的基本两极单相电动机

b) 等效电路

图　6.3

分相器与辅绕组串联，使辅绕组中的电流与主绕组中的电流不同相。由于电流产生的磁场与电流是同相的，所以交轴磁场和直轴磁场不同相，从而产生旋转磁通并使感应电动机起动。

分相还可以依靠电容或电阻实现。如果使用电容实现分相，则电动机被称为电容分相起动电动机；如果使用电阻实现分相，则电动机被称为电阻分相起动电动机。然而，无论采用何种方式（分相或机械方式）使转子转动，一旦转子开始转动，正交磁场都将通过自励维持，此时带分相器的辅绕组可以断开。

6.4　起动转矩

分相电动机的起动转矩与各绕组的起动电流值和绕组相位差正弦值的乘积成正比[6]。数学表达如下：

$$T_{\mathrm{lr}} = k_{\mathrm{sp}} I_{\mathrm{mw}} I_{\mathrm{aw}} \sin\alpha \tag{6-1}$$

$$\alpha = \left| \theta_{i,\mathrm{mw}} - \theta_{i,\mathrm{aw}} \right| \tag{6-2}$$

式中　　k_{sp}——分相电动机的电机常数；

I_{aw}——辅绕组中的电流，单位为 A；

I_{mw}——主绕组中的电流，单位为 A；

$\theta_{i,\mathrm{aw}}$——辅绕组中电流的相位角；

$\theta_{i,\mathrm{mw}}$——主绕组中电流的相位角；

α——辅绕组和主绕组中电流的相位差。

例 6.1

现有一台 120V、60Hz 的分相电动机，其主绕组和辅绕组具有以下起动参数：

$$R_{\mathrm{mw}} = 2.00\Omega \qquad X_{\mathrm{mw}} = 3.50\Omega$$
$$R_{\mathrm{aw}} = 9.15\Omega \qquad X_{\mathrm{aw}} = 8.40\Omega$$

该电动机连接到一个 120V、60Hz 的系统。试计算：（a）各绕组的起动电流；（b）两绕组电流的相位差；（c）用电机常数表示的起动转矩；（d）欲使两个绕组的电流相位差为 30°，与辅绕组串联的外接电阻的值；（e）条件（d）下电动机的起动转矩；（f）由于外接电阻而增加的起动转矩百分比。

解：

（a）初始电路如图 6.4a 所示。

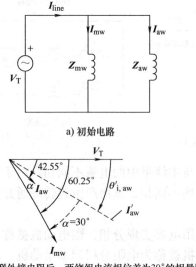

c) 串联外接电阻后，两绕组电流相位差为 30° 的相量图

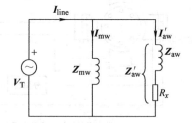

b) 辅绕组串联外接电阻后的电路

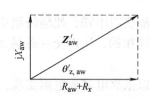

d) 串联外接电阻后的辅绕组回路阻抗图

图　6.4

$$\boldsymbol{Z}_{\text{mw}} = 2.00 + \text{j}3.50 = 4.0311 \underline{/60.2551^\circ}\ \Omega$$

$$\boldsymbol{Z}_{\text{aw}} = 9.15 + \text{j}8.40 = 12.4211 \underline{/42.5530^\circ}\ \Omega$$

$$\boldsymbol{I}_{\text{mw}} = \frac{120 \underline{/0^\circ}}{4.0311 \underline{/60.2551^\circ}} = 29.7688 \underline{/-60.2551^\circ} \ \Rightarrow\ 29.8 \underline{/-60.3^\circ}\ \text{A}$$

$$\boldsymbol{I}_{\text{aw}} = \frac{120 \underline{/0^\circ}}{12.4211 \underline{/42.5530^\circ}} = 9.6610 \underline{/-42.5530^\circ} \ \Rightarrow\ 9.66 \underline{/-42.6^\circ}\ \text{A}$$

(b)　　　$\alpha = \left| \theta_{i,\text{mw}} - \theta_{i,\text{aw}} \right| = \left| -60.2551^\circ - (-42.5530^\circ) \right| = 17.7021^\circ \ \Rightarrow\ 17.7^\circ$

(c)　　　　　　　　　$T_{\text{lr}} = k_{\text{sp}} I_{\text{mw}} I_{\text{aw}} \sin \alpha$

$$T_{\text{lr}} = k_{\text{sp}} \times 29.7688 \times 9.6610 \times \sin 17.7021^\circ = 87.45 k_{\text{sp}}$$

（d）辅绕组串联外接电阻后的电路如图 6.4b 所示。图 6.4c 的相量图显示了辅绕组串联外接电阻前后的电流相位。由图 6.4c 可知，$\boldsymbol{I}'_{\text{aw}}$ 相位角为

$$\theta'_{i,\text{aw}} = -60.2551^\circ + 30^\circ = -30.2551^\circ$$

由欧姆定律可得，图 6.4b 的辅绕组电路中

$$\boldsymbol{I}'_{\text{aw}} = \frac{\boldsymbol{V}_{\text{T}}}{\boldsymbol{Z}'_{\text{aw}}} \ \Rightarrow\ I'_{\text{aw}} \underline{/-30.2551^\circ} = \frac{V_{\text{T}} \underline{/0^\circ}}{Z'_{\text{aw}} \underline{/\theta'_{\text{z,aw}}}}$$

$$\theta'_{\text{z,aw}} = 30.2551^\circ$$

由图 6.4d 中的辅绕组电路阻抗图可得：

$$\tan \theta'_{\text{aw}} = \frac{X_{\text{aw}}}{R_{\text{aw}} + R_x} \ \Rightarrow\ R_x = \frac{X_{\text{aw}}}{\tan \theta'_{\text{aw}}} - R_{\text{aw}}$$

$$R_x = \frac{8.40}{\tan 30.2551^\circ} - 9.15 = 5.2508 \ \Rightarrow\ 5.25\ \Omega$$

(e)　　　$\boldsymbol{I}'_{\text{aw}} = \frac{\boldsymbol{V}_{\text{T}}}{\boldsymbol{Z}'_{\text{aw}}} = \frac{120 \underline{/0^\circ}}{9.15 + 5.2508 + \text{j}8.40} = 7.1979 \underline{/-30.2551^\circ}\ \text{A}$

$$T_{\text{lr}} = k_{\text{sp}} I_{\text{mw}} I_{\text{aw}} \sin \alpha$$

$$T_{\text{lr}} = k_{\text{sp}} \times 29.7688 \times 7.1979 \times \sin 30^\circ = 107.1 k_{\text{sp}}$$

(f)　　　$\dfrac{107.1 - 87.45}{87.45} \times 100 = 22.5\%$（增加）

值得注意的是，在辅绕组电路中串联电阻使辅绕组中的电流减小，但起动转矩增大。

例 6.1 的图形分析

因为只有辅绕组中有串联元件来实现分相，所以主绕组中的电流可以看作恒定电流，式（6-1）可以写成

$$T_{\text{lr}} \propto I_{\text{aw}} \sin \alpha \qquad\qquad\qquad (6\text{-}3)$$

当 R_x 从 0Ω 增加到 20Ω 时，**例 6.1** 中 I_{aw}、α、$I_{aw}\sin\alpha$ 与辅绕组电路总电阻的关系如图 6.5 所示。值得注意的是，辅绕组中的电流随着电阻增大而减小；相位差 α 随电阻增大而增大；以 $I_{aw}\sin\alpha$ 表示的起动转矩在辅绕组电路电阻为 14.2Ω 时达到最大值，然后随着电阻的增大而减小。

对于每一台分相电动机，都有一个最优的辅绕组电路阻抗值，使电动机的起动转矩最大，此时绕组相位差 α 通常在 25° ～ 30° 之间。

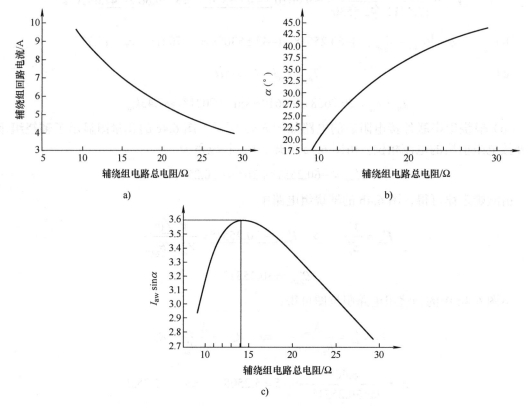

图 6.5　**例 6.1** 中分相电动机辅绕组电流 I_{aw}、相位差 α、$I_{aw}\sin\alpha$ 与辅绕组电路总电阻关系图

6.5　实用的电阻起动分相电动机

通用电阻起动分相电动机电路图如图 6.6a 所示。辅绕组由比主绕组绕线直径更小的导线绕制，使辅绕组的电阻电抗比比主绕组更高。辅绕组电路中的开关可以是磁继电器、电力电子开关或离心操作开关。图 6.6a 电路图中所示的离心开关在电动机静止时闭合，在转子达到同步转速的 75% ～ 80% 时断开。图 6.6a 中的折线表示一种被称为三端双向晶闸管开关的电力电子开关，开关在起动时处于闭合状态，并被设定在转速达到同步转速的大约 75% 时断开。磁继电器（未画出）在电动机起动时因较大的起动电流闭合，当电动机转速增大，电流降低到起动电流的 80% 时继电器断开。电阻起动分相电动机起动时的典型相量图如图 6.6b 所示，转矩—转速特性如图 6.6c 所示。

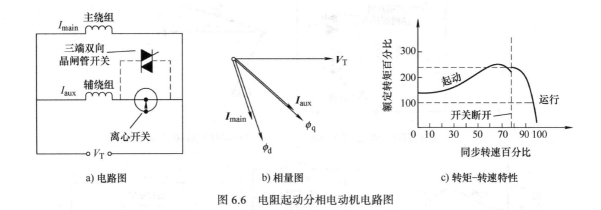

| a) 电路图 | b) 相量图 | c) 转矩–转速特性 |

图 6.6　电阻起动分相电动机电路图

　　电阻起动分相电动机适用于离心泵、燃油机、鼓风机等需要适中转矩和恒定转速的负载。这种电动机不能通过固定频率的电源实现转速控制，只能通过重新连接不同的磁极分布来调速。

　　通用分相感应电动机的剖面图如图 6.7 所示，值得注意的是安装在笼型转子上的离心装置和安装在尾端的相关开关。

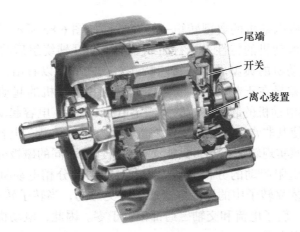

图 6.7　分相感应电动机的剖面图（由 Magnetek–Century Electric Company 供图）

6.6　电容起动分相电动机

　　电容起动分相电动机的 $I_{aw}\sin\alpha$ 要比电阻起动分相电动机大得多，因此起动转矩也要大得多。起动转矩达到最大值时，电容起动分相电动机中的电容导致绕组的相位差在 $75° \sim 88°$ 之间，而电阻起动分相电动机的相位差为 $25° \sim 30°$。电容起动分相电动机的电路图和相位关系分别如图 6.8a 和 b 所示。

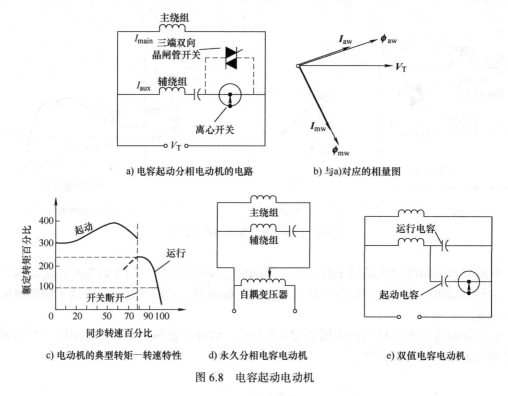

a) 电容起动分相电动机的电路

b) 与a)对应的相量图

c) 电动机的典型转矩—转速特性

d) 永久分相电容电动机

e) 双值电容电动机

图 6.8 电容起动电动机

电容起动分相感应电动机的典型转矩—转速特性如图 6.8c 所示。起动曲线显示了辅绕组和主绕组通电时电动机的特性。运行曲线显示了断开辅绕组后的特性。与图 6.6c 中电阻起动分相感应电动机的典型转矩—转速特性对比之后可以看出，两种电动机的运行特性基本相同，主要差异在于起动特性：电阻起动分相电动机的起动转矩约为额定值的 130%，电容起动分相电动机的起动转矩约为额定值的 300%。电容起动电动机的高起动转矩和良好的调速性能使其非常适合煤炉、压缩机、往复泵等负载；电容起动分相电动机不能通过固定频率的电源实现转速控制，只能通过重新连接不同的磁极分布来调速。

值得注意的是，电阻起动的分相电动机和电容起动的分相电动机都不能达到同步转速。电动机运行需要依靠转子中的感应电流产生正交磁场，当转子转速接近同步转速时，转子中的感应电动势、转子电流和交轴磁通都接近于零。因此，电动机的加速转矩将在转速略低于同步转速时变为零。

然而，永久分相电容电动机和双值电容电动机（下文将介绍）实际上是两相电动机，在空载时可以达到同步转速。

永久分相电容电动机

一种永久分相电容电动机使用了含电容器并永久连接的辅电路，辅电路中没有开关。永久分相电容电动机在运行时比额定功率相同的电容起动或电阻起动电动机更平稳、更安静。这类电动机的电容值比电容起动电动机的电容值小，兼顾最佳起动性能和最佳运行性能。永久分相电容电动机主要应用于单元加热器的轴装风扇和换气扇，它的转速可以通过主电路中带抽头的自耦变压器或滑线自耦变压器来调节，如图 6.8d 所示。其他调速方式还有：将外接电阻或电抗与主绕组串联或与主绕组和辅绕组串联，使用抽头、选择开关，或通过电力电子器件控制来调节主绕组的匝数[8]。

双值电容电动机

在图 6.8e 中，双值电容电动机在起动时的电容大于运行时的电容，这使得它的起动转矩比永久分相电容电动机更大。此外运行时电动机电容的减小能够提高它的功率因数、效率和最大转矩[8]。

例 6.2

使用**例 6.1** 中分相电动机绕组的给定数据，试计算：（a）欲在起动时使主绕组电流和辅绕组电流相位差为 90°，辅绕组串联的电容值；（b）以电机常数表示的起动转矩。

解：

（a）**例 6.1** 中的绕组阻抗为

$$Z_{mw} = 2.00 + j3.50 = 4.0311 \underline{/60.2551°}\ \Omega$$
$$Z_{aw} = 9.15 + j8.40 = 12.4211 \underline{/42.5530°}\ \Omega$$

初始条件下的电路如图 6.9a 所示：

$$I_{mw} = \frac{120 \underline{/0°}}{4.0311 \underline{/60.2551°}} = 29.7688 \underline{/-60.2551°}\ A$$

$$I_{aw} = \frac{120 \underline{/0°}}{12.4211 \underline{/42.5530°}} = 9.6610 \underline{/-42.5530°}\ A$$

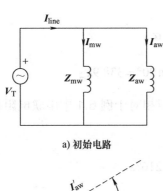

a) 初始电路

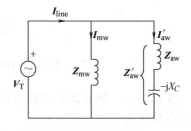

b) 辅绕组串联电容后的电路

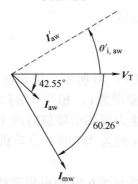

c) 串联电容后，两绕组电流相位差为 90° 的相量图

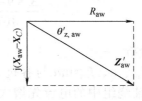

d) 串联电容后的辅绕组电路阻抗图

图　6.9

辅绕组串联电容后的电路如图 6.9b 所示，图 6.9c 的相量图显示了辅绕组串联电容前后的电流相位。由图 6.9c 可知，I'_{aw} 相位角为

$$\theta'_{i,\,aw} = 90° - 60.26° = 29.74°$$

由欧姆定律可得，图 6.9b 的辅绕组电路中

$$\boldsymbol{Z}'_{aw} = Z'_{aw} \underline{/\theta'_{z,aw}} = \frac{V_T \underline{/0°}}{I'_{aw} \underline{/29.74°}}$$

因此

$$\theta'_{z,aw} = -29.74°$$

由图 6.9d 所示的新的辅绕组电路阻抗图可得

$$\tan\theta'_{z,aw} = \frac{X_{aw} - X_C}{R_{aw}} \quad \Rightarrow \quad X_C = X_{aw} - R_{aw}\tan\theta'_{z,aw}$$

$$X_C = 8.40 - 9.15 \times \tan(-29.74°) = 13.628\,\Omega$$

$$C = \frac{1}{2\pi f X_C} = \frac{1}{2\pi 60 \times 13.628} = 194.6\mu F$$

(b)
$$\boldsymbol{I}'_{aw} = \frac{120\underline{/0°}}{9.15 + j8.40 - j13.628} = 11.387\underline{/29.74°}$$

$$T_{lr} = k_{sp} I_{mw} I_{aw} \sin\alpha$$

$$T_{lr} = k_{sp} \times 29.7688 \times 11.387 \times \sin 90° = 338.9 k_{sp}$$

值得注意的是，**例 6.2** 中串联电容后的起动转矩相对于**例 6.1** 中串联电阻后的起动转矩增加的百分比为

$$\frac{338.9 - 107.1}{107.1} \times 100 = 216\%$$

例 6.2 的图形分析

例 6.2 中 I_{aw}、α、$I_{aw}\sin\alpha$ 与容抗 X_C 的关系如图 6.10 所示。值得注意的是，随着容抗的增大，辅绕组中的电流先增大后减小（谐振现象）；相位差 α 随容抗增大而增大；随着容抗的增大，以 $I_{aw}\sin\alpha$ 表示的起动转矩增大到某个峰值后减小。还值得注意的是，对于给定的绕组参数，当容抗值使相位差 α 约为 75° 时，电动机产生最大的起动转矩。

将图 6.10c 中电容起动分相电动机的 $I_{aw}\sin\alpha$ 曲线与图 6.5c 中电阻起动分相电动机的 $I_{aw}\sin\alpha$ 曲线进行对比可以发现，在绕组相同的情况下，电容移相产生的起动转矩明显大于电阻移相产生的起动转矩。

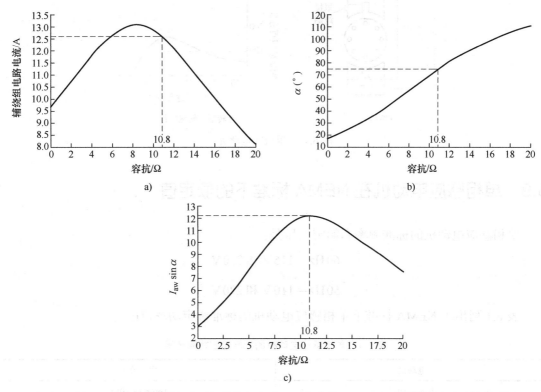

图 6.10　例 6.2 中电容起动分相电动机辅绕组电流 I_{aw}、相位差 α、$I_{aw}\sin\alpha$ 与辅绕组电路容抗关系图

6.7　单相感应电动机的反转

单相感应电动机的反转需要电动机先停机，交换辅绕组电路的引线后重新起动来实现。这一操作逆转了交轴磁通的方向，导致磁通反向旋转。

6.8　罩极式电动机

罩极式电动机如图 6.11a 所示，该电动机利用短路线圈或铜环（又被称为罩极线圈）提供起动转矩。罩极线圈绕在部分磁极上，相当于短路的变压器二次侧。根据楞次定律，罩极线圈中的感应电流生成的磁动势方向与产生其的磁场磁动势方向相反，导致磁极的罩极部分的磁通出现时延。磁通在磁极的非罩极部分先达到最大值，然后在罩极部分达到最大值，宏观上表现为磁通从非罩极部分向罩极部分移动，移动的磁通切割笼型转子，使感应电动机起动。图 6.11b 显示了罩极电动机的典型转矩—转速特性。罩极式电动机不能直接反转，需要给罩极式电动机的磁极装上两组带两个开关的罩极线圈，一组罩极线圈对应一个旋转方向。罩极式电动机主要应用在时钟、唱片机、小型风扇等设备中。

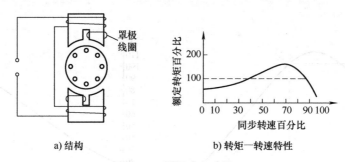

a) 结构　　　　　　　　b) 转矩—转速特性

图 6.11　罩极式电动机

6.9　单相感应电动机在 NEMA 标准下的额定值

单相感应电动机的标准频率和额定电压是：

$$60\,\mathrm{Hz}—115\,\mathrm{V}\ 和\ 230\,\mathrm{V}$$

$$50\,\mathrm{Hz}—110\,\mathrm{V}\ 和\ 220\,\mathrm{V}$$

表 6.1 列出了 NEMA 标准下单相感应电动机的标准额定功率范围[⊖]。

表 6.1　单相感应电动机的标准额定功率范围

电动机	功率范围
电容起动式	1mhp ~ 10hp
电阻起动式	1mhp ~ 10hp
双值电容式	1mhp ~ 10hp
永久分相电容式	1mhp ~ 1.5hp
罩极式	1mhp ~ 1.5hp

6.10　单相线路供电的三相电动机运行

在许多发展中国家和发达国家的部分偏远地区，单相电力系统是唯一的电力来源。然而，单相电动机的额定功率通常被限制在 10hp，为了满足更高的功率需求，人们只能购买三相电动机并使用电容器进行相位转换，才能由单相电源供电。

为获得令人满意的起动和运行性能，使用单相电源为三相电动机供电时的电容连接和开关布置如图 6.12 所示[4]。电路中的接触器 S 在电动机起动时处于闭合状态，当转子达到同步转速的约 80% 时关断。

对于由单相电源供电、使用电容换相器的 220V、60Hz 三相感应电动机，想要获得最佳的电动机起动性能，需使

$$C_1 + C_2 \approx 230\mu\mathrm{F}\,/\,\mathrm{hp} \tag{6-4}$$

⊖　有关额定功率、转速、起动转矩和最大转矩的完整表格，请参阅参考文献 [7]。

要获得最佳运行性能，需使

$$C_1 \approx 26.5\mu F / hp \tag{6-5}$$

由于电动机最大转矩的减小和工作温度的升高，由单相电源供电、使用电容换相器的三相电动机的额定功率应限制在由三相电源供电时额定功率的 2/3，即

$$P_{\text{rated } 1\phi} = \frac{2}{3} P_{\text{rated } 3\phi} \tag{6-6}$$

具有 6 根可用引线的三相丫联结电动机被称为开放式丫联结电动机，这种电动机为三相—单相转换系统赋予了较大的灵活性。大型开放式丫联结电动机已经可以由单相电源驱动，它们被用于拖动碎石机等设备，功率能够达到 100hp[2]。

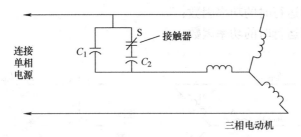

图 6.12 单相电源驱动三相电动机运行的电容连接和开关布置

例 6.3

某农场建设大型排气扇需要一台 35hp、1175r/min 的电动机，但只能使用 220V、60Hz 的单相电力系统为电动机供电。该农场计划购置一台使用电容换相器的三相 B 型电动机，以满足功率和转速需求。试计算：（a）该农场需要购置的 NEMA 标准下三相 B 型电动机的额定功率；（b）电动机运行时所需的电容；（c）电动机起动时所需的附加电容。

解：

（a）由式（6-6）得

$$P_{\text{rated } 3\phi} = 35 \times \frac{3}{2} = 52.5\text{hp}$$

由第 5 章的表 5.1 可得，在不过载的情况下，4 极、220V、60Hz 的电动机最接近农场需求。

（b）

$$C_1 = 26.5\mu F \times 60 = 1590\mu F$$

（c）

$$C_1 + C_2 = 230\mu F \times 60 = 13800\mu F$$

$$C_2 = 13800 - 1590 = 12210\mu F$$

6.11 单相运行（一种故障状态）

单相运行是一种故障状态，指三相电动机在某一条线路断开的情况下运行，如图 6.13b 和图 6.14b 所示。三相电动机无法在单相状态下起动，但如果电动机在运行过程中发生单相运行故障，只要负载小于电动机额定负载的 80%，且其余相电压正常，电动

机就会继续运行，此时转子会产生一个旋转的正交磁场。单相运行与 6.10 节中讨论的带换相器运行不同，单相运行会引起电动机的过度振动，可能会对电动机和电动机所带负载造成损伤。

假设单相运行和三相运行时电动机的负载不变，有

$$\sqrt{3}V_{\text{line}} I_{\text{line }3\phi} F_{\text{P}3\phi} = V_{\text{line}} I_{\text{line }1\phi} F_{\text{P}1\phi}$$

$$I_{\text{line }1\phi} = \sqrt{3}I_{\text{line }3\phi} \times \frac{F_{\text{P}3\phi}}{F_{\text{P}1\phi}} \tag{6-7}$$

式中 $I_{\text{line }1\phi}$——单相运行时的线电流；

$\quad\quad I_{\text{line }3\phi}$——三相运行时的线电流；

$\quad\quad F_{\text{P}1\phi}$——单相运行时的功率因数；

$\quad\quad F_{\text{P}3\phi}$——三相运行时的功率因数。

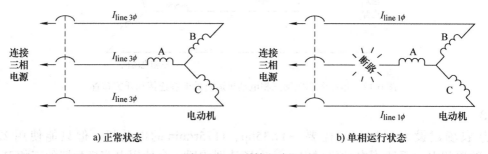

图 6.13　丫联结电动机

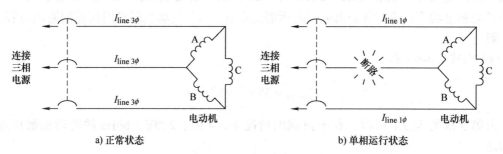

图 6.14　△联结电动机

因此，对于图 6.13 中的丫联结电动机定子和图 6.14 中的△联结电动机定子，当发生单相运行故障时，未断开的两条线路中的电流将增加 73%[⊖]。定子绕组中的电流分布取决于绕组是丫联结还是△联结。

在图 6.13b 中的丫联结绕组中，相电流和线电流大小相同。因此，

$$I_{\text{丫A}} = 0$$

$$I_{\text{丫B}} = I_{\text{丫C}} = I_{\text{line }1\phi} \tag{6-8}$$

在图 6.14b 中的△联结绕组中，相电流与并联阻抗成反比。因此，△联结的电流分布为

$$I_{\triangle A} = I_{\triangle B} = \frac{1}{3} I_{\text{line } 1\phi}$$

$$I_{\triangle C} = \frac{2}{3} I_{\text{line } 1\phi}$$

（6-9）

如果电动机在额定负载或接近额定负载时发生单相运行故障，相电流的增加将导致绕组温度迅速升高，此时必须使用保护装置切断供电，否则可能严重损坏定子绕组和转子绕组[1,3]。

例 6.4

现有一台 4 极丫联结三相 B 型电动机，额定电压 2300V，额定功率 350hp，额定电流 78A，额定频率 60Hz，当电动机运行负载为额定负载的一半时，其效率和功率因数分别为 93.6% 和 84.4%。试计算：（a）电动机线电流和相电流；（b）一条线路断开时电动机的线电流和相电流（假设效率和功率因数与断路前基本相同）；（c）电动机单相运行且功率因数为 82.0% 时的线电流和相电流。

解：

（a） $P_{\text{in}} = \sqrt{3} V_{\text{line}} I_{\text{line}} F_{\text{P}}$ $\Rightarrow$ $\dfrac{(350/2) \times 746}{0.936} = \sqrt{3} \times 2300 I_{\text{line}} \times 0.844$

$$I_{\text{line}} = 41.5\text{A}$$

$$I_{\text{phase}} = I_{\text{line}} = 41.5\text{A}$$

（b）单相运行时：

$$I_{\text{line } 1\phi} = \sqrt{3} \times I_{\text{line } 3\phi} \times \frac{F_{\text{P}3\phi}}{F_{\text{P}1\phi}} = \sqrt{3} \times 41.5 \times \frac{0.844}{0.844} = 71.9\text{A}$$

$$I_{\text{phase}} = I_{\text{line}} = 71.9\text{A}$$

（c） $$I_{\text{line}} = 71.9 \times \frac{0.844}{0.820} = 74.0\text{A}$$

$$I_{\text{phase}} = I_{\text{line}} = 74.0\text{A}$$

单相运行是一种不应该被允许继续运行的故障状态。

解题公式总结

起动状态（单相电动机）

$$T_{\text{lr}} \propto I_{\text{mw}} I_{\text{aw}} \sin \alpha \quad \alpha = \left| \theta_{i,\text{mw}} - \theta_{i,\text{aw}} \right|$$ （参见 6-1，6-2）

单相电源为三相 220V 电动机供电

$$C_1 + C_2 \approx 230 \mu\text{F} / \text{hp}$$ （6-4）

$$C_1 \approx 26.5\mu F / hp \tag{6-5}$$

$$P_{\text{rated }1\phi} = \frac{2}{3} P_{\text{rated }3\phi} \tag{6-6}$$

单相运行（故障状态）

$$I_{\text{line}1\phi} = \sqrt{3} I_{\text{line}3\phi} \times \frac{F_{P3\phi}}{F_{P1\phi}} \tag{6-7}$$

$$I_{\text{YA}} = 0 \qquad I_{\text{YB}} = I_{\text{YC}} = I_{\text{line}1\phi} \tag{6-8}$$

$$I_{\Delta\text{A}} = I_{\Delta\text{B}} = \frac{1}{3} I_{\text{line}1\phi} \qquad I_{\Delta\text{C}} = \frac{2}{3} I_{\text{line}1\phi} \tag{6-9}$$

正文引用的参考文献

1. Brighton, R. S. Jr. and P. N. Ranade. Why overload relays do not always protect motors. *IEEE Trans. Industry Applications*, Vol. IA–18, No. 6, Nov. /Dec. 1982.

2. Elliott, K. C., Jr. Open–wye–type phase conversion systems. *IEEE Trans. Industry and General Applications*, Vol. IGA–6, No. 2, Mar. /Apr. 1970.

3. Griffith, M. S. A penetrating gaze at one open phase：Analyzing the polyphase induction motor dilemma. *IEEE Trans. Industry Applications*, Vol. IA–13, No. 6, Nov. /Dec. 1977.

4. Habermann, R., Jr. Single–phase operation of a three–phase induction motor with a single–phase converter. *Trans. AIEE–PAS*, 1954, p. 833.

5. Matsch, L. W., and J. D. Morgan. *Electromagnetic and Electromechanical Machines*. Harper&Row, New York, 1986.

6. McPherson, G. *An Introduction to Electrical Machines and Transformers*. Wiley, New York, 1981.

7. National Electrical Manufacturers Association. *Motors and Generators*. Publication No. MG 1–1998, NEMA, Rosslyn, VA, 1999.

8. Vienott, C. G., and J. E. Martin. *Fractional and Sub–fractional Horsepower Electric Motors*. McGraw–Hill, New York, 1986.

思 考 题

1. 请解释电阻起动分相感应电动机如何产生旋转磁场。

2. 请解释电容起动分相感应电动机如何产生旋转磁场。

3. 请解释罩极式电动机如何产生旋转磁场。

4. 由电阻起动分相电动机驱动的磨石机，只有在用手拨动使转子旋转时，电动机才会起动，起动后电动机会加速到接近额定转速，然后进入减速、加速、再减速、再加速的循环状态。请解释该过程。

5. 电容起动电动机在开关闭合时不起动，还会大声轰鸣并冒烟。但如果在用手拨动转子使转子旋转时闭合开关，电动机就会正常运行。在这期间可能会出现三种故障，它们分别是什么？

习　题

6-1/4　现有一台 120V、1/4hp、60Hz 的分相电动机，其主、辅绕组有如下起动参数：

$$R_{mw} = 3.94\Omega \qquad X_{mw} = 4.20\Omega$$
$$R_{aw} = 8.42\Omega \qquad X_{aw} = 6.28\Omega$$

试计算：（a）欲使主、辅绕组电流相位差为 30°，与辅绕组串联的外接电阻值；（b）各绕组的起动电流；（c）起动时的转子线电流。

6-2/4[⊖]　（a）请绘制题 6-1/4 中的电动机 $I_{aw}\sin\alpha$ 和辅绕组电路总电阻关系曲线图。电阻范围为 0 ～ 15Ω，坐标间隔 0.5Ω。（b）从曲线中确定能提供最大起动转矩的电阻的值。

6-3/6　根据题 6-1/4 给出的数据，试计算：（a）欲使主绕组电流与辅绕组电流相位差为 80.6°，与辅绕组串联电容的值；（b）当辅绕组电路中有电容，且电动机起动时的转子线电流。

6-4/6[⊖]　（a）请绘制题 6-3/6 中的电动机 $I_{aw}\sin\alpha$ 和容抗的关系曲线图。容抗范围为 0 ～ 20Ω，坐标间隔 2/3Ω；（b）从曲线中确定能提供最大起动转矩的容抗值；（c）计算（b）条件下的电容值；（d）计算电动机起动时的转子线电流。

6-5/10　现有一台 50hp 功率、60Hz、220V、△联结、带电容换相器的三相电动机，该电动机由一个 220V 的单相电力系统供电。试计算：（a）电动机起动所需的总电容；（b）运行电容；（c）电动机额定功率。

6-6/10　现有一台离心泵，需要 20hp、1185r/min 的电动机拖动，该电动机必须由 220V、60Hz 的单相电力系统供电。（a）根据离心泵的特性选择该场景下最合适的三相电动机（与电容换相器一起使用）；（b）计算电动机运行时所需的电容；（c）计算电动机起动时所需的附加电容。

6-7/11　现有一台 460V、25hp、60Hz、6 极、△联结字母代码为 G 的 B 型电动机，其运行于 75% 额定输出时的效率、功率因数和转差率分别为 94.4%、83.0% 和 1.67%。试计算：（a）电动机的线电流和相电流；（b）忽略功率因数和效率的微小变化，试计算发生单相运行故障时电动机的线电流和相电流。

6-8/11　现有一台 4000V、150hp、890r/min、60Hz 的丫联结三相 B 型电动机，电动机满载电流为 21A，起动电流为 120A。该电动机运行时的负载为额定负载的 60%，在该负载下，电动机效率和功率因数分别为 93.0% 和 73.8%。此时电源发生故障，导致给电动机供电的三条导线中的一条发生断路。（a）假设电动机效率基本保持不变，但功率因数下降到 70.1%，试计算电动机线电流和每相的电流。（b）假设电动机停转，通过断开开关，它是否能够在一条供电导线断路的情况下重新起动？请解释原因。

⊖，⊜　建议使用计算机求解。

第7章

特种电机

7.1 概述

本章简要介绍了具有特殊应用的电机。磁阻电动机、磁滞电动机可用在定时装置、磁带录音机、匀速转盘等对电动机有恒转速要求的设备中，也可以用在人造纤维工业等对生产线上部件同步运行要求较高的制造业中。步进电动机可与脉冲驱动电路配合，用于机械系统的精确定位，是磁盘驱动器、打印机、绘图仪、机器人等有精确定位需求的设备的重要组成部分。直线感应电动机可以输出机械力拖动物体沿直线或曲线运动，可以用于输送系统、开门机、飞机发射器、电磁炮、核反应堆的液态金属泵、高速轨道交通等领域。交直流两用电动机适用于吸尘器、小型电动工具和厨房电器等低功率设备。

7.2 磁阻电动机

磁阻电动机也被称为磁阻式同步电动机，是一种带有变结构笼型转子的感应电动机，如图 7.1 所示，磁阻电动机转子叠片上的凹槽、平面槽、屏障槽提供了等间距的高磁阻区域。高磁阻区域之间的转子叠片外围部分被称为凸极，转子凸极的数量必须与定子磁极的数量相匹配。定子绕组可以是三相的（如第 5 章所述），也可以是单相的（如第 6 章所述）。

给磁阻电动机的定子通电时，转子像笼型感应电动机一样加速。当转子接近同步转速时转差率很小，定子的旋转磁场缓慢切割转子的凸极。在某个临界转速下，凸极提供的低磁阻路径使它们与定子的旋转磁场保持同步，此时转差率为零，笼型转子导条中不再产生感应电流，转子受磁场吸引而旋转，此时的转矩被称为磁阻转矩。

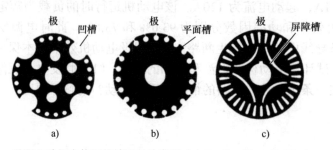

图 7.1　磁阻电动机中使用的转子叠片类型（由 Bodine Electric Company 供图）

图 7.2 显示了磁阻式转子在不同负载条件下的示意图，转子与旋转的定子磁通同步运行。在图 7.2a 中，假设没有轴负载且旋转损耗忽略不计，转子磁极中心线与定子产生的旋转磁极中心线保持重合。

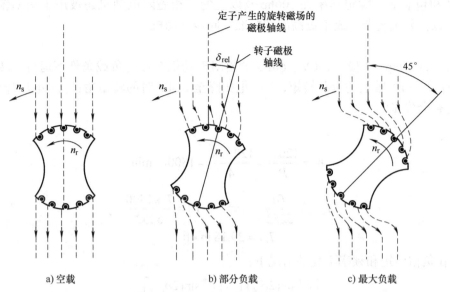

a) 空载   b) 部分负载   c) 最大负载

图 7.2 磁阻电动机的示意图，表示不同负载条件下，转子相对于定子旋转磁场的位置

当轴负载阶跃式增大时，转子瞬间减速，导致转子凸极滞后于定子的旋转磁极，滞后角称为转矩角，如图 7.2b 所示。当角度调整完成，转子的瞬态减速过程结束，转子就会以新的转矩角恢复到同步转速。转矩角增大导致磁阻转矩增大，与轴上的转矩负载和风阻、摩擦平衡。如图 7.2c 所示，磁阻转矩随着转矩角的增大而增大，在 $\delta_{rel}=45°$ 时达到最大值。

如果轴负载超过临界值，导致 $\delta_{rel}>45°$，则旋转定子磁极中心线与对应转子磁极中心线之间的磁通路径变长，导致磁通量减少，进而导致磁吸引力下降。此时定转子之间的磁通线被"过度拉伸"，转子失去同步，转子导条内重新产生感应电流，磁阻电动机以感应电动机的方式运行，转差速度由过载量决定。

由外加电压、外加频率和转矩角表示的磁阻转矩平均值为[⊖]

$$\underbrace{T_{rel}}_{s=0} = K\left(\frac{V}{f}\right)^2 \times \sin(2\delta_{rel}) \tag{7-1}$$

式中 T_{rel}——磁阻转矩的平均值；

         V——供电电压，单位为 V；

         f——供电频率，单位为 Hz；

         δ_{rel}——转矩角（电角度）。

常数 K 由电动机磁阻、导线匝数等电动机参数及其所用单位决定。

如式（7-1）和图 7.2 所示，轴负载增加导致转矩角增加，在 $\delta_{rel}=45°$ 时产生最大磁阻

⊖ 更详细的分析和推导，请参阅参考文献 [3]。

转矩，也被称为失步转矩。

磁阻电动机具有恒转速特性，并且结构简单、坚固耐用、成本低廉，非常适合用于低成本的定时装置、匀速转盘和磁带录音机。磁阻电动机还可用于自动机械加工行业，如食品加工业和包装业。额定功率在 100hp 及以上的三相磁阻电动机还被用于功率较大的应用场合，以代替更复杂、成本更高的"标准"同步电动机[○]。

例 7.1

现有一台 10hp、4 极、240V、60Hz 的磁阻电动机在额定负载条件下运行，转矩角为 30°，试计算：（a）轴上的负载转矩；（b）电压降至 224V 时的转矩角；（c）电压降至 224V 时转子是否会失步？

解：

（a）
$$n_s = \frac{120f}{P} = \frac{120 \times 60}{4} = 1800\text{r/min}$$

$$P_{\text{shaft}} = \frac{Tn}{5252} \quad \Rightarrow \quad 10 = \frac{T \times 1800}{5252}$$

$$T_{\text{rel}} = 29.18\ \text{lb} \cdot \text{ft}$$

（b）在负荷转矩和频率不变的情况下：
$$\left[V^2 \sin(2\delta_{\text{rel}})\right]_1 = \left[V^2 \sin(2\delta_{\text{rel}})\right]_2$$
$$240^2 \sin(2 \times 30°) = 224^2 \sin(2\delta_{\text{rel}})$$
$$\delta_{\text{rel}} = 41.90°$$

（c）δ_{rel} 小于 45°，转子不会失步。

7.3 磁滞电动机

磁滞电动机（也被称为磁滞同步电动机）的定子与感应电动机的定子相同，但转子由非磁性支架和坚硬光滑的永磁合金圆柱体组成，如图 7.3 所示。

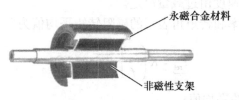

永磁合金材料

非磁性支架

图 7.3 磁滞电动机转子（由 Bodine Electric Company 提供）

图 7.4 所示是一台简易的磁滞电动机，可用于解释其工作原理。图中的磁体代表定子磁通，用于在转子上产生相反的磁极。如图 7.4a 所示，磁体静止时，转子磁极的磁轴与定子的磁轴重合。

○ "标准"同步电动机指电动机转子为需要通入直流电的电磁铁的同步电动机。更多详细信息请参阅第 8 章。

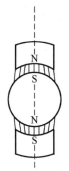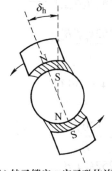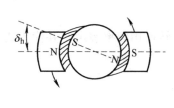

| a) 磁体和转子静止 | b) 转子锁定，定子磁体旋转 | c) 转子锁定，定子磁体旋转 |

图 7.4　磁滞电动机的状态

在图 7.4b 和 c 中，在转子锁定的情况下，"定子磁体"旋转产生旋转磁场，在转子的感应磁极上产生转矩。定子磁体旋转过程中，转子中的磁极方向会跟随旋转磁场不断变化，然而，由于磁滞的原因，转子磁极与定子磁极间总是存在滞后角 δ_h。恒定的滞后角产生恒定的吸引力，进而产生恒定的加速转矩。释放转子后，在未过载的情况下，转子会在恒定转矩的作用下加速到同步转速。

定子产生的旋转磁场传递给转子的能量以磁滞能的形式存在，当转子被锁定时，磁滞能以热损耗的形式在转子上消耗。根据 1.7 节，用频率和磁通密度表示的磁滞损耗功率为

$$P_h = k_h f_r B_{max}^n \qquad (1\text{-}11)$$

式中　　f_r——转子中磁通反转的频率，单位为 Hz；

$\qquad B_{max}$——气隙中磁通密度的最大值，单位为 T；

$\qquad P_h$——磁滞导致的热损耗功率，单位为 W；

$\qquad k_h$——常数。

而当转子自由转动时，磁滞能会转化为机械能。转子加速过程中的机械功率可表示为磁滞损耗和转差率的函数：

$$P_{mech} = P_h \left(\frac{1-s}{s} \right) \qquad (7\text{-}2)$$

磁滞电动机机械功率的计算与第 4 章中感应电动机机械功率的计算相似，式（7-2）可看作式（4-34）的延伸。将式（1-11）代入式（7-2），P_{mech} 可用转矩和转子转速表示：

$$\frac{T_h n_r}{5252} = k_h f_r B_{max}^n \left(\frac{1-s}{s} \right) \qquad (7\text{-}3)$$

根据 4.7 节：

$$n_r = n_s(1-s) \qquad (4\text{-}4)$$

$$f_r = s f_s \qquad (4\text{-}9)$$

式中　　f_s——定子频率，单位为 Hz。

将式（4-4）和式（4-9）代入式（7-3）并简化：

$$\frac{T_\text{h} n_\text{s}(1-s)}{5252} = k_\text{h} s f_\text{s} B_\text{max}^n \left(\frac{1-s}{s}\right)$$

$$T_\text{h} = \frac{5252 k_\text{h} f_\text{s} B_\text{max}^n}{n_\text{s}}$$

（7-4）

将同步转速用频率表示，并代入式（7-4），可得

$$n_\text{s} = \frac{120 f_\text{s}}{P}$$

$$T_\text{h} = \frac{5252 k_\text{h} f_\text{s} B_\text{max}^n}{(120 f_\text{s})/P}$$

$$T_\text{h} = \frac{5252 k_\text{h} B_\text{max}^n}{120/P}$$

（7-5）

　　式（7-5）表明磁滞电动机的磁滞转矩是恒定的，与频率和转速无关。事实上，磁滞转矩完全由转子磁滞环的面积决定。

　　磁滞电动机在从静止到同步转速（不包括同步转速）的所有转速下，都能产生恒定的磁滞转矩。在同步转速下，转子会沿着某个随机轴线被磁化，并被定子磁场吸引而旋转，此时电动机的磁滞功率 P_h 为零，磁滞转矩为零，磁滞电动机作为永磁同步电动机运行，产生磁转矩。

　　图 7.5 为磁滞转子在不同负载条件下以同步转速运行的示意图。如图 7.5a 所示，假设没有轴负载且旋转损耗可忽略不计，转子感应磁极的中心线与定子旋转磁极的中心线保持重合。在图 7.5b 中，当电动机轴负载阶跃增加时，转子瞬间减速，导致感应出的转子磁极滞后定子的旋转磁极，滞后角为 δ_mag。当角度调整完成，转子的瞬态减速过程结束，转子就会以新的转矩角恢复到同步转速。转矩角增大引起的磁转矩增量正好平衡了轴上增加的负载转矩。值得注意的是，在轴负载增加的瞬间电动机也会产生磁滞转矩。

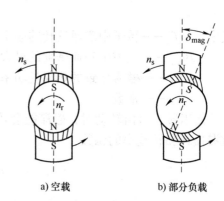

a) 空载　　　　　　　　b) 部分负载

图 7.5　以同步转速运行的磁滞电动机示意图

　　磁转矩仅在同步转速下产生，与转矩角的正弦值成正比[⊖]：

$$\underset{s=0}{\underline{T_\text{mag}}} \propto \sin \delta_\text{mag}$$

（7-6）

　　磁转矩随着转矩角的增大而增大，在 $\delta_\text{mag}=90°$ 时达到最大值。

　　如果轴负载增加，导致 $\delta_\text{mag}>90°$，转子就会失去同步，磁转矩下降到零，虽然此时电动机会产生磁滞转矩，但不足以拖动导致转子失步的负载转矩。

　　⊖　式（7-6）中的比例可以从第 8 章中计算圆柱形转子同步电动机磁体功率的式（8-14）中得到。

磁滞电动机的典型转矩—转速特性曲线如图 7.6 所示。深色垂直线表示以同步转速运行时输出的磁转矩范围。可表示为

$$\underbrace{T_{\mathrm{mag}}}_{s=0} \leqslant T_{\mathrm{h}} \tag{7-7}$$

$$\underbrace{T_{\mathrm{mag,\,max}}}_{s=0} = T_{\mathrm{h}} \tag{7-8}$$

值得注意的是，电动机在失步之前的最大磁转矩等于磁滞转矩。

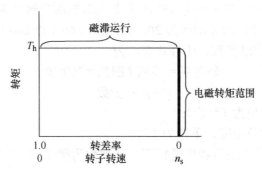

图 7.6　磁滞电动机的典型转矩—转速特性曲线

磁滞电动机独一无二的特性

1）磁滞电动机的转子从起动到加速到同步转速期间，磁滞转矩始终恒定，使任意可加速的负载加速到同步转速，其他任何电动机都无法以这种方式运行。

2）平滑的转子可以使电动机安静地运行，不会像其他电动机的转子因为存在凹槽或凸极而承受磁脉动。

3）磁滞电动机的转子电阻和电抗较高，能够将起动电流限制在额定电流的 150% 左右。作为对比，磁阻电动机的转子电抗和电阻较低，会导致起动电流达到额定电流的600%。

虽然磁滞电动机的价格比同等功率的磁阻电动机价格高，但磁滞电动机的运行噪声非常小，特别适合驱动留声机和磁带录音机。此外，磁滞电动机空载和带载加速到同步转速的过程非常平稳，可作为驱动装置用在合成纤维的生产中，防止产品因电动机转子的快速同步而损坏。

磁滞—磁阻电动机

在磁滞电动机的磁滞环上切割出磁阻凹槽可产生凸极效应，这种电动机叫磁滞—磁阻电动机，它结合了磁滞电动机和磁阻电动机的转矩特性，可应用于机器人、机床和纺织行业[5]。

7.4　步进电动机

步进电动机是一种高精度的脉冲驱动电动机，可将数字控制系统的脉冲输入信号，按步转换为相应的角位移。步进电动机可用于机械系统的精确定位，可以在无反馈的情况下使用。一些典型的应用包括计算机磁盘驱动器中的磁头定位，打字机和打印机中纸带、打印头和进纸装置的定位，机器人等。

步进电动机转子每接收到一次脉冲输入信号后的旋转量被称为步进电动机的步距角，步距角的大小取决于步进电动机的结构和控制系统。步进电动机的分辨率指步进电动机旋转一圈所需的步数，例如，步距角为 45° 的步进电动机的分辨率为 8 步 / 转（360/45=8），步距角为 1.8° 的步进电动机的分辨率为 200 步 / 转（360/1.8=200）。步进电动机的转子旋转的总角度等于步距角乘以步数，用等式表示为

$$分辨率 = 步数 / 圈数 = 360°/\beta \tag{7-9}$$

$$\theta = \beta \times 步数 \tag{7-10}$$

式中　β——步距角，单位为（°/ 步）；

θ——转子转过的总角度，单位为（°）。

步进电动机的转速是步距角和步进频率（又被称为脉冲频率）的函数。即

$$n = \frac{\beta f_\mathrm{p}}{360} \tag{7-11}$$

式中　n——转速，单位为 r/s；

f_p——步进频率，单位为步 /s。

例 7.2

步进电动机的步距角为 2.0°，试计算：（a）步进电动机的分辨率；（b）转子转 20.6 圈所需的步数；（c）步进频率为 1800 步 /s 时，步进电动机的转速。

解：

（a）　　　　　　　　分辨率 =360/2.0=180

（b）　　　　$\theta = \beta \times 步数$　　⇒　　$20.6 \times 360 = 2.0 \times 步数$

　　　　　　　　　　步数 =3708

（c）　　　　$n = \beta \times f_\mathrm{p}/360 = 2.0 \times 1800/360 = 10\mathrm{r/s}$

7.5　变磁阻步进电动机

变磁阻步进电动机的简单结构和一般工作原理如图 7.7 所示。齿形定子和齿形转子由剩磁极小的软磁硅钢制成。绕在定子齿上的线圈提供电磁吸力，保证了转子位置。图 7.7 中所示电动机被称为变磁阻步进电动机，变磁阻是指转子齿和定子齿之间形成的磁路磁阻随着转子角度位置变化。给一个或多个绕在定子齿上的线圈通电，会使转子正向或反向旋转到励磁定子和转子之间磁路磁阻最小的位置。

控制定子线圈电流通电顺序的简单电路如图 7.7f 所示。8 个定子线圈成对连接，形成

4 个相互独立的电路，每个电路都有自己独立的开关。图 7.7f 中的开关是机械开关，但在实际应用中，电路的切换是通过电力电子器件控制完成的。

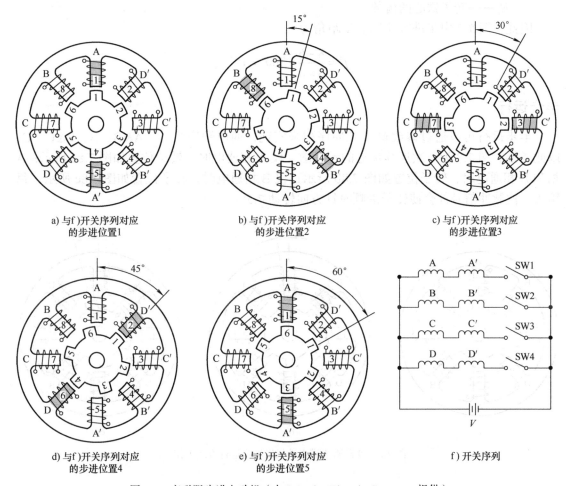

a) 与 f) 开关序列对应
的步进位置 1

b) 与 f) 开关序列对应
的步进位置 2

c) 与 f) 开关序列对应
的步进位置 3

d) 与 f) 开关序列对应
的步进位置 4

e) 与 f) 开关序列对应
的步进位置 5

f) 开关序列

图 7.7　变磁阻步进电动机（由 Superior Electric Company 提供）

图 7.7a 展示了开关 SW1 闭合、A 相通电时转子的位置，此时转子齿 1 和齿 4 分别与定子齿 1 和齿 5 对齐，被磁化的定子齿和转子形成的磁路磁阻最小。在图 7.7b 中，关断开关 SW1，闭合开关 SW2，使 B 相通电，转子齿 3 和齿 6 与定子齿 4 和齿 8 对齐，转子顺时针转过 15°。在图 7.7c 中，关断开关 SW2，闭合开关 SW3，使 C 相通电，转子齿 2 和齿 5 与定子齿 3 和齿 7 对齐。随着每个开关的闭合和前一个开关的关断，转子都顺时针移动 15° 的步距角，步进序列如图 7.7a ～ e 所示。按照图 7.7f 中 SW1 至 SW4 的开关顺序，重复闭合和关断开关，变磁阻步进电动机持续步进，直至转过所需的圈数和角度。

按照图 7.7 中 SW1 ～ SW4 的顺序闭合和关断开关，转子朝顺时针方向步进。如果按照 SW4 ～ SW1 的顺序闭合和关断开关，则会使转子朝逆时针方向步进。

步距角与转子齿数和定子齿数之间的关系为

$$\beta = \frac{|N_s - N_r|}{N_s N_r} \times 360° \tag{7-12}$$

式中　　β——以空间度数表示的步距角；

　　　　N_s——定子铁心的齿数；

　　　　N_r——转子铁心的齿数。

因此，图 7.7 中步进电动机的步距角为

$$\beta = \frac{8-6}{8 \times 6} \times 360° = 15°$$

半步运行

半步运行可以通过修改输入脉冲序列来实现，通电顺序为 A、A&B、B、B&C、C，以此类推。图 7.8 为三次连续步进的示意图。仅 A 相通电时，转子位置如图 7.8a 所示；A 相和 B 相通电时，转子位置如图 7.8b 所示；仅 B 相通电时，转子位置如图 7.8c 所示。每输入一次脉冲信号都会使转子沿顺时针方向转动 7.5°。

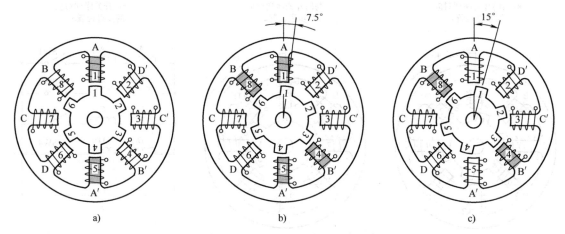

图 7.8　变磁阻步进电动机以半步运行方式工作

微步距角

通过调整两个相位中的电流大小可实现变磁阻步进电动机的微步进。在图 7.8b 中，不对 A 相和 B 相通入相同的电流，而是先保持 A 相电流不变，以极小的增量（脉冲）增加 B 相电流，直至 B 相电流达到最大值，然后以同样大小的增量将 A 相电流降至 0。转子以极小的步距角转动，步进电动机以较高的分辨率平稳低速运行。分辨率为 200 步 / 转（步距角为 1.80°）的步进电动机通过这种方法，可以以 20000 步 / 转的分辨率（0.0180°的步距角）运行。

保持转矩

保持转矩，也被称为静态转矩，是指通电的步进电动机在转子不发生滑动的前提下所能承受的最大负载转矩[⊖]。

⊖　变磁阻步进电动机仅在绕组通电时存在保持转矩。剩磁对转矩没有显著影响。

在图 7.9a 中，一台变磁阻步进电动机的 A 相已通电，其转子处于静止状态。此时如果采用机械方式强制使转子从静止位置沿顺时针方向转动 15°（前进一步，如图 7.9b 所示），则转子齿 1 和齿 4 在磁化的定子齿 1 和齿 5 产生的磁场中会受到恢复转矩的作用，若释放转子其将回到图 7.9a 中的原始位置。在图 7.9c 中，A 相仍然通电，强制使转子从静止位置沿顺时针方向转动 30°（前进两步），转子达到不稳定的平衡位置，此时转子齿 1 和齿 6 受到的来自定子齿 1 的磁转矩大小相等，方向相反，净转矩为零，当转子被释放时可能向任一方向转动：既可能逆时针转动 30° 到图 7.9a 所示的原始位置（后退两步），也可能顺时针转动 30° 到图 7.9d 所示的新位置（前进两步）。

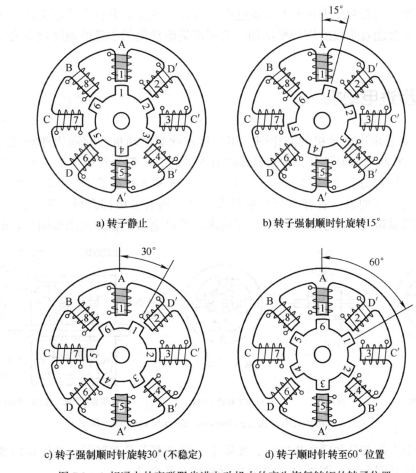

a) 转子静止　　　　　　　　　　b) 转子强制顺时针旋转15°

c) 转子强制顺时针旋转30°(不稳定)　　d) 转子顺时针转至60°位置

图 7.9　A 相通电的变磁阻步进电动机中的产生恢复转矩的转子位置

图 7.10 为变磁阻步进电动机的典型静态转矩曲线，表示转子恢复转矩与强制步进数的关系。值得注意的是，转子在步进一次时受到的恢复转矩最大，在步进两次时受到的恢复转矩为零，此时转子处于不稳定状态，被释放时可能后退两步回到初始位置，也可能步进两次，距离初始位置共 4 步。

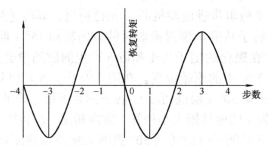

图 7.10   变磁阻步进电动机的典型静态转矩曲线

步进准确度

步进准确度（以百分比表示）表示步进电动机在单步运动中引入的总误差。该误差为非累积误差，不会随着步数的增加而增加。商用步进电动机的步进准确度通常为步距角的 1% ～ 10%。

7.6   永磁步进电动机

图 7.11 为永磁步进电动机的简化图，用于展示此类电动机的共同物理特征。转子如图 7.11b 所示，有两个齿形部分，被永磁体隔开并磁化，一部分形成 5 个 N 极，另一部分形成 5 个 S 极，两部分相互偏移 1/2 个齿距。图 7.11a 和 c 展示了定子和转子组合的两个端面视图。值得注意的是，所有 5 个 N 极都在一端，所有 S 极都在另一端。图 7.11a 和 c 所示的定子线圈横跨两个转子部分。组装好的永磁步进电动机轴向视图如图 7.11d 所示。

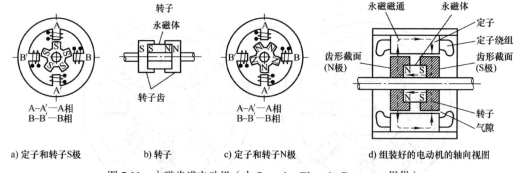

a) 定子和转子S极   b) 转子   c) 定子和转子N极   d) 组装好的电动机的轴向视图

图 7.11   永磁步进电动机（由 Superior Electric Company 提供）

转子的两个齿形部分共同产生转矩，实际上，这些部分是并联的，总转矩由 5 个转子齿和 4 个定子齿共同作用。图 7.11 中步进电动机的步距角为

$$\beta = \frac{|N_s - N_r|}{N_s \times N_r} \times 360° = \frac{|4-5|}{4 \times 5} \times 360° = 18°$$

永磁步进电动机的工作原理如图 7.12 中的电路图、开关表和相应的转子位置所示。为简单起见，图中仅显示转子的 S 极部分。转子位置与开关顺序一致，用于实现顺时针旋转，其中 A 相由 SW1 供电，B 相由 SW2 供电。永磁同步电动机的半步运行方式和微步距角也可以通过类似于变磁阻步进电动机的方法来实现。

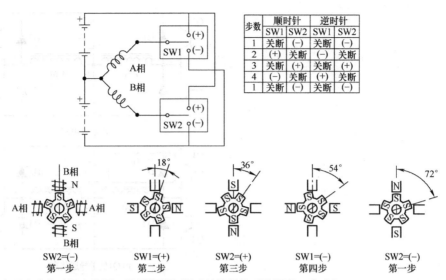

步数	顺时针		逆时针	
	SW1	SW2	SW1	SW2
1	关断	(−)	关断	(−)
2	(+)	关断	(−)	关断
3	关断	(+)	关断	(+)
4	(−)	关断	(+)	关断
1	关断	(−)	关断	(−)

图 7.12　永磁步进电动机电路图，转子位置与顺时针旋转的开关顺序一致（由 Superior Electric Company 供图）

7.7　步进电动机的驱动电路

图 7.13 展示了图 7.7 中的变磁阻步进电动机驱动电路的一般结构。控制电动机的输入脉冲在模块 F 中滤波后传递到双向计数器 C，计数器 C 的输出信号作为解码器 D 的输入信号，控制电子开关 S1、S2、S3 和 S4 闭合和关断，进而控制绕组的开断顺序。

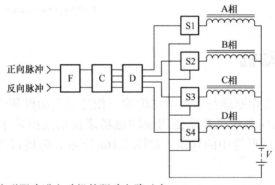

图 7.13　变磁阻步进电动机的驱动电路（由 Superior Electric Company 提供）

典型的电力电子器件控制的开关电路如图 7.14 所示。放大器 A 将来自解码器的逻辑电平转换为足够大的电压和电流，以开通和关断晶体管 Q_A。当 Q_A 关断时，电阻器 R_s 用于释放线圈中的能量。

永磁步进电动机的驱动电路中滤波器、计数器和解码器的连接方式基本相同，但由于磁通反转的要求，绕组、开关和电源之间的连接有较大区别。图 7.15 给出了用于控制图 7.12 中永磁步进电动机的开关布置示例。每当一个晶体管关闭时，二极管都会为衰减的相电流提供一个通路。例如，在图 7.15b 中，Q_1 处于导通状态，电流 i_1 为 A 相供电。当 Q_1 关断时，A 相的电感将阻止电流立即衰减。在图 7.15c 中，二极管 D_2 提供了一条使 V_2 放电的路径，可以迅速抑制电流。这种开关布置的主要缺点是电路中需要两个电源[7]。

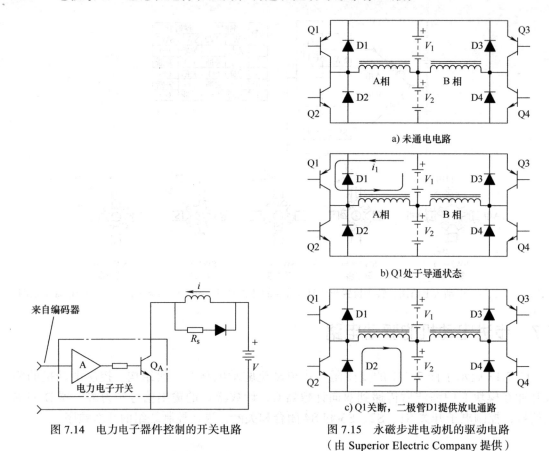

a) 未通电电路

b) Q1处于导通状态

c) Q1关断，二极管D1提供放电通路

图 7.14 电力电子器件控制的开关电路

图 7.15 永磁步进电动机的驱动电路
（由 Superior Electric Company 提供）

7.8 直线感应电动机

直线感应电动机的工作原理与第 4 章讨论的三相感应电动机和第 6 章讨论的单相感应电动机相同。但直线感应电动机并非使用旋转磁场来切割笼型转子，而是使用线性移动的磁场来切割导电轨或梯形笼中的导条。如图 7.16a 所示，磁场以大小为 U_s 的速度运动，切割铝梯的导条。

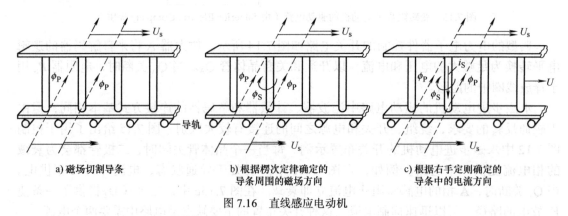

a) 磁场切割导条

b) 根据楞次定律确定的导条周围的磁场方向

c) 根据右手定则确定的导条中的电流方向

图 7.16 直线感应电动机

根据楞次定律，导条与磁场之间的相对运动所产生的电压、电流和磁通的方向与相对运动的方向相反。因此，要满足楞次定律，导条必须产生与磁场切割方向相同的机械力。如图 7.16b 所示，导条左侧必须产生"磁通聚束"。根据右手定则确定的导条感应电流方向如图 7.16c 所示。若把产生切割磁通的部分称为初级，导电片、导轨或导条称为次级。因此，如果初级固定不动，次级（铝梯）就会向右移动。如果初级可以自由移动，而次级受阻，则初级会向左移动。

直线感应电动机的反转是通过反转初级电路电压的相序来实现的。

三相直线感应电动机的初级绕组与笼型电动机类似，但绕组呈直线排列，如图 7.17 所示，两极电动机每极每相都有一个线圈，极间的连接未在图中示出。次级电路是由铜或铝制成的导电片或导电轨。虽然导轨上没有笼型转子的导条结构，但导轨上的感应涡流会产生相应方向上的力用于抵消相对运动[2,6]。

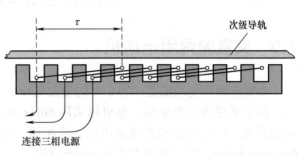

图 7.17　显示导轨和磁极间距的直线感应电动机

初级磁通的速度（又被称为同步速度）是外加电压频率和初级绕组跨度（磁极间距）的函数[⊖]，在外加电压的一个周期中，磁场传播的直线距离等于 2 倍极距[4]。即

$$U_s = 2\tau f \tag{7-13}$$

式中　U_s——同步速度，单位为 m/s；

　　　τ——极距，单位为 m；

　　　f——电源频率，单位为 Hz。

与旋转感应电动机不同，直线感应电动机的同步速度与极数无关，电动机的极数可以为任意奇数或偶数。不过，极数越多，产生的合力就越大。同步速度和转差率可用来表示次级的速度：

$$U = U_s(1-s) \tag{7-14}$$

和

$$s = \frac{U_s - U}{U_s} \tag{7-15}$$

式中　s——转差率；

　　　U——次级的速度，单位为 m/s。

直线感应电动机中相对较大的气隙会导致其在额定负载下的转差率远高于对应笼型感应电动机的转差率。

大型三相直线感应电动机被广泛应用于移动式起重机、飞机和导弹发射、高速铁路牵引用电动机、输送机、液态金属泵以及其他需要直线运动的大功率设备。使用分相式初级绕组的小型直线感应电动机可用于闭门器和其他需要低功率定位的设备中。

⊖　有关电机绕组的更多详细信息请参见附录 B，其中笼型电动机定子的展开图可用于理解三相直线电动机。

例 7.3

三相移动导轨式直线感应电动机有 3 个极，极距为 0.24m，在频率为 50Hz 的系统中运行。试计算：（a）同步速度；（b）转差率为 16.7% 时的轨道速度。

解：

（a）
$$U_s = 2\tau f = 2 \times 0.24 \times 50 = 24 \text{m/s}$$

（b）
$$U = U_s(1-s) = 24 \times (1-0.167) = 20.0 \text{m/s}$$

7.9 交直流两用电动机

交直流两用电动机是一种小型的串激电动机。电动机以相对恒定的转速和输出功率运行，既可采用直流电驱动，也可以采用 60Hz 或更低频率的单相交流电驱动，采用交流电时的供电电压有效值与直流电电压大致相同。这种类型电动机的 NEMA 标准额定功率为 0.010 ~ 1.0hp，额定转速为 5000r/min 或以上。

图 7.18a 和 b 所示为一台简易的交直流两用电动机，其旋转部分被称为电枢，与串激磁场绕组串联。旋转换向器和静止电刷构成一个旋转开关，当线圈旋转时，旋转开关使电枢线圈中的电流方向反向。等效电路如图 7.18c 所示。

电枢所受到的转矩的方向以及电枢旋转的方向与交流电源的极性无关，图 7.18a 和 b 中交流电源的极性不同，但电枢旋转方向相同，这可以根据"磁通聚束"原理得到的导体受力方向来证明。

交直流两用电动机产生的转矩与串激磁场的磁密和电枢导体中的电流成正比。也就是说：

$$T_D \propto B_p I_a \tag{7-16}$$

式中 T_D——产生的转矩；

B_p——串激磁场绕组电流引起的磁密；

I_a——电枢电流。

在图 7.18c 中，串激磁场中的电流是电枢电流。因此，忽略磁饱和效应

$$B_p \propto I_a$$

代入式（7-16）

$$T_D \propto I_a^2 \tag{7-17}$$

如式（7-17）所示，交直流两用电动机产生的转矩与电枢电流的二次方成正比[⊖]。

与相同额定功率的感应电动机相比，交直流两用电动机可以产生更大的转矩，达到更高的转速，并且具有更高的功率重量比。

要使交直流两用电动机反向旋转，可通过改变串激磁场绕组或电枢中的电流方向来实现，但不能同时改变两者的电流方向。通过使用自耦变压器或电力电子器件控制调节电动机上的电压可以调节电动机转速，电压降低会使电枢电流减小，从而减小电枢转矩，进而降低转速。

⊖ 第 10 章和第 11 章给出了换向器式电动机更详细的理论和特性。

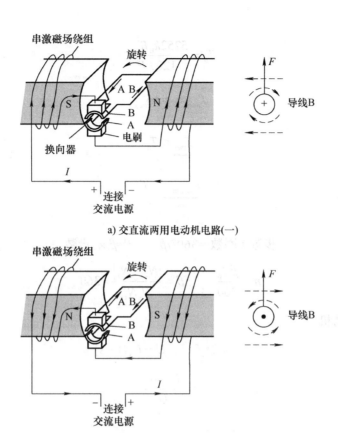

图 7.18 交直流两用电动机：图 a) 和 b) 表明，无论电压源的极性如何，电枢的旋转方向都相同

  无论使用交流电还是直流电驱动，交直流两用电动机的转矩和转速特性基本相同。此外，交直流两用电动机尺寸相对较小，空载转速超过 12000r/min 也不容易损坏，可用于吸尘器、便携式电动工具和厨房电器。

  在一些电气化的铁路上，由 25Hz 单相系统驱动的串激电动机可用做牵引电动机[1]。

解题公式总结

磁阻电动机

$$\underset{s=0}{\underline{T_{\mathrm{rel}}}} = K\left(\frac{V}{f}\right)^2 \times \sin(2\delta_{\mathrm{rel}}) \qquad (7\text{-}1)$$

磁滞电动机

$$T_\mathrm{h} = \frac{5252 k_\mathrm{h} B_\mathrm{max}^n}{120 / P} \tag{7-5}$$

$$\underbrace{T_\mathrm{mag}}_{s=0} \propto \sin\delta_\mathrm{mag} \tag{7-6}$$

$$\underbrace{T_\mathrm{mag}}_{s=0} \leqslant T_\mathrm{h} \tag{7-7}$$

$$\underbrace{T_\mathrm{mag,\,max}}_{s=0} = T_\mathrm{h} \tag{7-8}$$

步进电动机

$$\text{步数 / 圈数} = 360°/\beta \qquad \theta = \beta \times \text{步数} \tag{7-9, 7-10}$$

$$n = \frac{\beta f_\mathrm{p}}{360} \qquad \beta = \frac{|N_\mathrm{s} - N_\mathrm{r}|}{N_\mathrm{s} N_\mathrm{r}} \times 360 \tag{7-11, 7-12}$$

直线感应电动机

$$U_\mathrm{s} = 2\tau f \qquad U = U_\mathrm{s}(1 - s) \tag{7-13, 7-14}$$

$$s = \frac{U_\mathrm{s} - U}{U_\mathrm{s}} \tag{7-15}$$

串激电动机

$$T_\mathrm{D} \propto I_\mathrm{a}^2 \tag{7-17}$$

正文引用的参考文献

1. Jones，A. J. Amtrack's Richmond static frequency converter project. *IEEE Vehicular Technology Society News*，May 2000，pages 4–10.

2. Laithwaite，E. R. Linear electric machines—A personal view. *Proc. IEEE*，Vol. 63，No. 2，Feb. 1975.

3. Mablekos，V. E. *Electric Machine Theory for Power Engineers*. Harper &Row，New York，1980.

4. Nasar，S. A.，and I. Boldea. *Linear Motion Machines*. Wiley，New York，1976.

5. Rahman，M. A.，and A. M. Osheiba. Steady–state performance analysis of polyphase hysteresis–reluctance motors. *IEEE Trans. Industry Applications*，Vol. IA–21，No. 4，May/June 1985.

6. Say，M. G. *Alternating Current Machines*. Wiley，New York，1978.

7. Superior Electric Company. Step motor systems. Tech. Paper A–1–A.

思 考 题

1. 请解释磁阻电动机的工作原理：电动机如何起动、加速和同步。

2. 在磁阻电动机运行的哪些阶段（转子起动、加速、稳态同步转速、同步转速下增加负载和减小负载），电动机会产生：（a）感应电动机转矩；（b）磁阻电动机转矩？

3. 请解释磁滞电动机的工作原理：电动机如何起动、加速和同步。

4. 在磁滞电动机运行的哪些阶段（转子起动、加速、稳态同步转速、同步转速下增加负载和减小负载）电动机会产生磁滞转矩？

5.（a）请解释步进电动机的工作原理，（b）它与笼型感应电动机的工作原理有何不同？

6. 请解释步进电动机如何实现半步进和微步进。

7. 步进电动机运行 100 步时的步进准确度是否比运行 10 步时的步进准确度更高？请解释原因。

8. 请解释直线感应电动机的工作原理，并说明它如何反转。

9. 直线感应电动机同步速度的决定因素是什么？这与笼型感应电动机同步速度的决定因素有何不同？

10. 请解释为什么交直流两用电动机的转矩随电枢电流的二次方而变化。

11. 用适当的图表解释交直流两用电动机的旋转方向是如何改变的。

12. 如何调节交直流两用电动机的转速？

习　题

7-1/2　在额定电压和频率下带负载运行的磁阻电动机的转矩角为 25°。在失去同步前电动机轴上最多还可以增加多少转矩负载（以百分比表示）？

7-2/2　一台 240V、60Hz 的磁阻电动机的转矩角为 15.6°。电动机由一台单独的发电机供电。发电机的高负荷运行导致电压下降 10%，转速下降 5%。假设电动机轴上的转矩负载不变，试计算电动机新的转矩角。

7-3/3　某输出额定负载转矩的磁滞电动机的转矩角为 36°。试计算：（a）电动机在失步前可承受的额定转矩百分比；（b）电动机在失步时的磁滞转矩。

7-4/3　试计算 $\delta_{mag}=60°$ 时磁滞电动机产生的磁滞转矩，用转子起动转矩的百分比表示。

7-5/4　以 6000 步/s 的频率驱动步进电动机，步进电动机的步距角为 1.8°。试计算：（a）步进电动机的分辨率；（b）转子速度；（c）转 46.8° 所需的步数。

7-6/4　试计算分辨率为 500 步/r 的步进电动机以 3600r/min 的转速运行时所需的步进频率。

7-7/4　以半步模式运行 500 步/r 的步进电动机。求：（a）步进电动机的分辨率；（b）转子转动 75.6° 所需的步数。

7-8/4　已知步进电动机的步进频率为 4000 步/s，步进电动机在 0.0191s 内移动 137.52°，试计算步进电动机的分辨率。

7-9/8　一台极距为 32cm 的三相 4 极直线感应电动机在 240V、60Hz 的系统中运行。带负载时，电动机运行速度为 30.72m/s。试计算转差率。

7-10/8　（a）一台两极、60Hz、450V 的直线感应电动机的同步速度为 40.6m/s，试计算该电动机的极距。（b）假设电动机的转差率为 32%，计算次级的速度。

第 8 章

同步电动机

8.1　概述

同步电动机因其工作效率高、可靠性高、功率因数可控和对电压变化灵敏度低，广泛应用于大功率设备。比如磨坊、炼油厂、发电厂等场合，以及用于驱动泵、压缩机、风扇、粉碎机和其他负载，并用于调节功率因数。一个非常典型的应用是参数为 44MW、10kV、60Hz、50 极、144r/min 的同步电动机，应用于驱动伊丽莎白女王二世号客船。该同步电动机可以采用一种电压 / 频率驱动电路调节电压频率控制电机转速。

用于调节功率因数而设计的同步电机不带任何机械负载，称为同步调相机。它们连接在电网上，为系统提供无功功率。通过改变电机的励磁来调节无功功率的方向从而改变系统的功率因数。

除非特别说明，否则本章讨论单个电动机或发电机的特性时，将假定电机连接到无限容量和零阻抗的电源，即无穷大电网。电网的端电压和频率保持不变，不受电网上发电设备和用电设备功率的影响。美国和其他发达国家的大型电力系统可以被认为是近似于无穷大的系统。

8.2　结构

三相同步电动机的定子被称为电枢，与三相感应电动机的定子相同，当电枢绕组通入三相对称电流时，以与感应电动机相同的方式产生旋转磁场。

绕制（或安装）在转子上的线圈通入直流电源，形成极性相间的转子励磁磁场，该转子磁场与定子电枢绕组产生的旋转磁场保持同步。另外，转子磁场极数等于定子磁场极数。

如图 8.1 所示为两极同步电机的转子，圆柱形转子由实心钢锻造而成，以承受高速运行时固有的大离心力。但是，圆柱形转子（也称为圆形转子）仅适用于泵、风扇、鼓风机和其他具有类似低起动转矩需求的负载，不能用于低速大转矩负载。

用于驱动低速大转矩负载的大惯量同步电动机安装有多个固定在钢制支架上的凸极。如图 8.2 所示，这些凸极用螺栓或键连接到支架上，而支架则用键连接到轴上。

图 8.2 中的笼型绕组，称为阻尼绕组，如图 8.2 所示，用于将转子加速至接近同

步转速[⊖]。由于在加速期间需要大转矩，因此转子采用双笼型绕组设计，类似于 NEMA 标准设计的 C 类感应电动机。阻尼绕组还有助于抑制驱动往复式压缩机等负载时由转矩脉动引起的振荡，在转子振荡期间阻尼绕组中产生的电流可以产生抑制振荡的反向转矩。

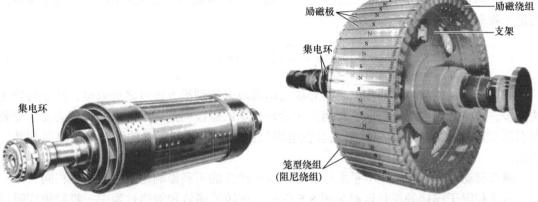

图 8.1　高速同步电机中使用的两极圆柱形转子
（由 TECO Westinghouse 提供）

图 8.2　低速同步电机中使用的凸极转子
（由 TECO Westinghouse 提供）

　　励磁绕组，也称为励磁线圈，用于形成转子磁极。多个励磁线圈以特定方式串联或并联连接，形成交替出现的 NS 极。励磁绕组端部连接在集电环上，而静止励磁系统上的电刷连接了励磁绕组和直流励磁电源。

　　如图 8.3 所示为直流励磁机的凸极转子。直流励磁机的电刷和换向器滑动接触，换向器又通过同步电机的电刷集电环和转子励磁绕组相连。

　　如图 8.4 所示为配备旋转励磁系统的凸极转子。旋转励磁系统由同轴的小型三相励磁机电枢、三相整流器和控制电路组成。

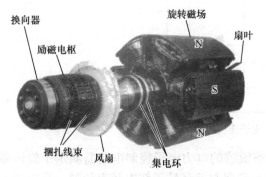

图 8.3　带直流励磁机的凸极转子
（由 GE Industrial Systems 提供）

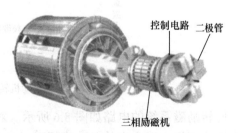

图 8.4　带旋转励磁系统的凸极转子
（由 Dresser Rand，Electric Machinery 提供）

⊖　经特殊设计的凸极可以在转子极表面的大块实心钢板中感应涡流和磁滞损耗产生起动和加速转矩。涡流可以提供异步转矩，而磁滞效应则提供磁滞转矩。

8.3 同步电动机的起动

同步电动机起动时，与感应电动机类似，采用内置阻尼绕组加速至最大转速[⊖]。此转速下，转差率很小，定子的旋转磁场相对于转子磁场转速较小。此时励磁绕组通入直流电流形成交替的 NS 极，定、转子磁场接近同步，依靠同步转矩将转子直接拉入同步，转差率变为零，同步电动机异步起动状态结束，电机以同步速运行。如 4.5 节所述，同步速可以用定子频率和极数表示：

$$n_s = \frac{120f}{P} (\text{r} / \text{min}) \tag{4-1}$$

如果转子励磁绕组在同步电机的异步起动阶段未达到最大速度之前通电，转子可能无法同步，并将会发生严重振荡。每当定子旋转磁场的磁极经过转子磁极时，就会发生交替吸引和排斥现象。这种失步状态也会在电枢绕组中引起转差频率的循环电流浪涌和转矩脉动。

频繁起动或三相线电压不平衡运行对同步电动机的不利影响与感应电动机相同[⊖]。

转子和定子连接的简化电路如图 8.5 所示。在转子堵转和加速过程中，将频敏变阻器或可切除电阻器连接到励磁回路，可以防止励磁绕组产生过大的感应电动势，并且由励磁绕组和外部电阻形成的电路中的感应电流还可以产生额外的异步转矩。

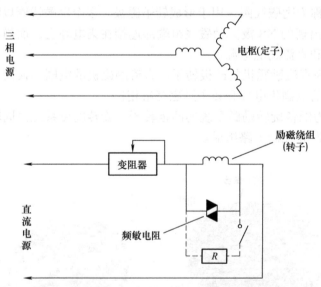

图 8.5 同步电动机转子和定子连接的简化电路图

旋转励磁系统的电路如图 8.6 所示。对频率敏感的电力电子控制电路监测定子旋转磁场在励磁绕组中感应出的电动势频率。电动势的频率与笼型转子绕组频率相同，是定子电压频率和转差率的函数。即

⊖ 虽然有些同步电机是通过涡流转矩和磁滞转矩来加速的，但大多数是利用阻尼绕组通过异步起动来加速。
⊖ 频繁起动参见第 5.13 节，不平衡电压参见第 5.15 节。

$$f_r = sf_s \tag{8-1}$$

在转子堵转时 $s=1.0$，转子电动势频率等于定子频率。随着转子的加速，转差率变小，电动势频率降低。

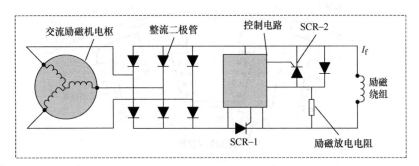

图 8.6　同步电机旋转励磁系统的电路图（由 Dresser Rand，Electric Machinery 提供）

当转子堵转时，频敏电路检测到转子线圈中产生的高电动势，在高转差率加速期间，它将断开 SCR-1 阻断励磁电流，闭合 SCR-2 连接励磁绕组两端的放电电阻。

在接近同步速时，转子频率会非常低（接近零），控制电路将打开 SCR-2 断开放电电阻，闭合 SCR-1 让励磁绕组通电。电力电子开关通过编程可使其在瞬间闭合 SCR-1，确保转子磁极与相反极性的定子磁极相对应，从而防止失步。

没有内置起动部件的同步电动机在被辅助电机或涡轮机加速到接近同步速之后，再给励磁绕组通电。在起动期间，同步电动机不带负载。当接近同步速时，励磁绕组通电产生励磁电流，并调节励磁电流以获得近似等于电源电压的定子感应电动势。当感应电动势与电源电压同相位时，将定子与三相电源之间的断路器闭合，该过程称为并联，将在第 9.6 节中将进行讨论。

同步电机的反转

同步电机的旋转方向由电机异步起动时的方向决定。因此，为了改变三相同步电机的旋转方向，必须先停机，然后换接定子三相绕组连接相序。而改变励磁绕组电流方向并不会影响电机旋转方向。

8.4　功角和电磁转矩

尽管同步电动机的转子与定子的旋转磁场同步旋转，但是电机负载增加将改变转子旋转磁场与定子旋转磁场的相对角度。该相对角度可以通过与定子频率相同的闪光灯观察到。

图 8.7 展示了转轴上没有负载的情况下以同步速运行的凸极电机的横截面图。电机旋转方向为逆时针，当电机带负载时，转子相对定子旋转磁场的位置改变，滞后角度为 δ。角度 δ 以电角度表示，称为功角。图 8.7 中 S 极上的虚线显示了带载时转子旋转磁场相对于定子旋转磁场的位置。

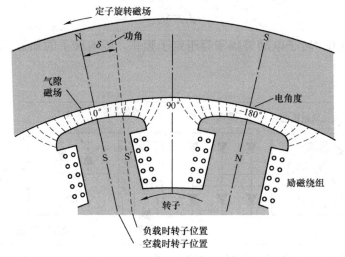

图 8.7   凸极电机在轴上无负载的情况下以同步速度运行的横截面图
（由 Dresser Rand, Electric Machinery 提供）

对于从空载到最大负载的所有负载值，同步电动机转速不变。当同步电动机负载增加时，电机减速使转子与定子旋转磁场之间的相对角度增大，然后恢复到同步速度。类似地，当负载被移除时，电机加速使转子相对于定子旋转磁场的相对角度减小到负载前位置，然后恢复到同步速。当所带负载超过电机可以承受的最大负载时，转子将失去同步。

所有同步电动机产生的转矩有两个分量：磁阻转矩分量和基本电磁转矩分量。磁阻转矩分量是由于直轴和交轴磁阻不相等产生的电磁转矩[⊖]。基本电磁转矩分量是由转子上的磁极与旋转定子磁场的相对磁极之间的吸力产生的。

本章节中同步电动机的特性分析仅基于电磁转矩分量。这对于圆柱形转子电机来说是合理的，因为光滑的转子表面产生的磁阻转矩微不足道。对于从 50% 额定负载变为 100% 额定负载及以上的凸极电机，其功率因数从 1 到超前时，也是合理的。因为这种负载的磁阻转矩明显小于电磁转矩。第 8.13 节将讨论轻载时凸极电机的性能。

8.5   反电动势和电枢反应电动势

同步电动机的气隙磁通包括由直流励磁电流（I_f）引起的旋转磁通（Φ_f）和由定子绕组中的三相电枢电流引起的旋转磁通，称为电枢反应磁通（Φ_{ar}）。电枢反应磁通的大小和相角是电枢电流大小和相角的函数。旋转磁通和电枢反应磁通旋转方向相同，并且和电枢绕组同步旋转。

旋转磁通 Φ_f 和 Φ_{ar} 在定子绕组中产生电动势，如图 8.8 所示为三相同步电机中的一相绕组产生感应电动势的情况。尽管两种磁通位于不同的图中，但 Φ_f 和 Φ_{ar} 在同一套三相定子绕组内旋转。

⊖   见 7.2 节。

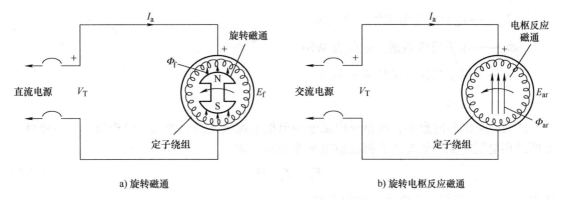

a) 旋转磁通　　　　　　　　　　　　　　b) 旋转电枢反应磁通

图 8.8　电机不同分量磁场产生电动势的单独电路

反电动势

如图 8.8a 所示，定子导体切割转子磁场产生电动势，称为反电动势或励磁电动势，其方向与端电压相反。反电动势的大小可以正比于磁通和旋转速度，表示为：

$$E_{\mathrm{f}} = n_{\mathrm{s}}\Phi_{\mathrm{f}}k_{\mathrm{f}} \tag{8-2}$$

如果用磁动势和磁路的磁阻来表示磁通，则有

$$E_{\mathrm{f}} = n_{\mathrm{s}}\frac{N_{\mathrm{f}}I_{\mathrm{f}}}{R}k_{\mathrm{f}} \tag{8-3}$$

式中　　E_{f}——励磁电动势，单位为 V；

　　　　n_{s}——同步转速，单位为 r/min；

　　　　Φ_{f}——励磁磁通，单位为 Wb；

　　　　N_{f}——励磁线圈中导体的匝数；

　　　　I_{f}——励磁电流，单位为 A；

　　　　R——磁路磁阻，单位为 A·t/Wb；

　　　　k_{f}——常数。

同步电机的转速等于旋转磁场的转速，因此对于给定的频率，转速是恒定的。因此，如式（8-3）所示，励磁电势仅是励磁电流的函数。但需要注意的是，由于磁饱和效应，磁路的磁阻不是恒定的。因此，Φ_{f} 和 E_{f} 与 I_{f} 不成正比。

励磁电动势在同步电机运行中起着重要作用，下文将进行解释，它可以小于、等于或大于所施加的定子电压。通过改变励磁电流可以对其进行调整，并用于调节系统功率因数。

电枢反应电动势

如图 8.8b 所示，定子导体切割旋转的电枢反应磁通产生的电动势，称为电枢反应电动势。电枢反应电动势用电枢磁通可以表示为

$$E_{\mathrm{ar}} = n_{\mathrm{s}}\Phi_{\mathrm{ar}}k_{\mathrm{a}} \tag{8-4}$$

式中　E_{ar}——电枢反应电动势，单位为 V；

　　　Φ_{ar}——电枢反应磁通，单位为 Wb；

　　　n_s——同步转速，单位为 r/min；

　　　k_a——常数。

忽略磁路饱和的影响，电枢反应磁通与电枢电流成比例。因此，电枢反应电动势可以方便地用电枢电流和假想的电枢反应电抗来表示。即

$$E_{ar} = I_a \times jX_{ar} \qquad (8\text{-}5)$$

式中　X_{ar}——电枢反应电抗，单位为 Ω。

8.6　同步电动机的等效电路和相量图

隐极式同步电动机一相的等效电路如图 8.9a 所示，所有变量均为每相参数的有效值。利用基尔霍夫电压定律：

$$V_T = I_a R_a + I_a jX_\sigma + I_a jX_{ar} + E_f \qquad (8\text{-}6)$$

同步电抗：

$$X_s = X_\sigma + X_{ar} \qquad (8\text{-}7)$$

将式（8-7）代入式（8-6），有：

$$V_T = E_f + I_a(R_a + jX_s) \qquad (8\text{-}8)$$

$$V_T = E_f + I_a Z_s \qquad (8\text{-}9)$$

式中　R_a——电枢电阻，单位为 Ω；

　　　X_σ——电枢漏电抗，单位为 Ω；

　　　X_s——同步电抗，单位为 Ω；

　　　Z_s——同步阻抗，单位为 Ω；

　　　V_T——外加端电压，单位为 V。

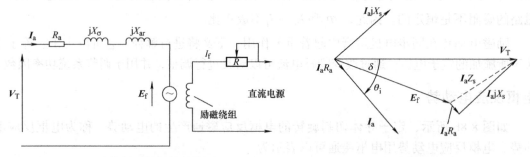

a) 同步电动机电枢的单相等效电路　　　　　b) 对应的相量图

图 8.9　隐极式同步电动机的等效电路和相量图

图 8.9b 显示了组成 V_T 的各个相量的连接图。图 8.9b 中励磁电动势的相位角 δ 等于图 8.7 中的功角。

8.7　同步电动机功角特性

除了小型电机以外，同步电机的电枢电阻与其同步电抗相比可以忽略不计，从而使方程（8-9）近似为

$$V_T = E_f + I_a jX_s \tag{8-10}$$

与式（8-10）对应的等效电路和相量图如图 8.10 所示，当负载变化或励磁电流变化时，可用于分析同步电机的特性。

根据相量图的几何关系，有：

$$I_a X_s \cos\theta_i = -E_f \sin\delta \tag{8-11}$$

等式两边同时乘以 V_T，整理可得：

$$V_T I_a \cos\theta_i = \frac{-V_T E_f}{X_s}\sin\delta \tag{8-12}$$

由于式（8-12）左边为有功功率输入的表达式，因此电动机每相的电磁功率可以表示为

$$P_{in,1\phi} = V_T I_a \cos\theta_i \tag{8-13}$$

或

$$P_{in,1\phi} = \frac{-V_T E_f}{X_s}\sin\delta \tag{8-14}$$

对于三相同步电动机而言

$$P_{in} = 3V_T I_a \cos\theta_i \tag{8-15}$$

或

$$P_{in,1\phi} = \frac{-3V_T E_f}{X_s}\sin\delta \tag{8-16}$$

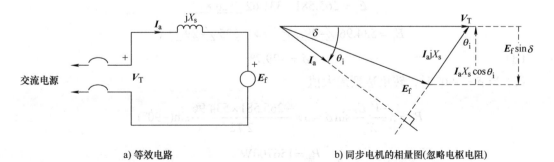

a) 等效电路　　　　　　　　　　b) 同步电机的相量图(忽略电枢电阻)

图 8.10　在忽略电阻时的同步电机等效电路和相量图

式（8-14）称为同步电动机的功角特性，用励磁电动势和功角表示隐极式同步电机每

一相的电磁功率。假定外加电压幅值和频率恒定，则方程（8-13）与（8-14）可以得到常用的两个比例关系：

$$P \propto I_a \cos\theta_i \tag{8-17}$$

$$P \propto E_f \sin\delta \tag{8-18}$$

例 8.1

一台 100hp、三相丫联结、60Hz、460V、4 极同步电动机圆柱形转子在额定条件下运行，功率因数 0.8（超前）。除铁耗和定子损耗外，电机效率为 96%，同步电抗为 2.72Ω/相。试求：（a）电机转矩；（b）电枢电流；（c）励磁电动势；（d）功角；（e）电动机的最大转矩。

解：

（a）

$$n_s = \frac{120f}{P} = \frac{120 \times 60}{4} = 1800\text{r/min}$$

$$P_{mech} = \frac{Tn}{5252} \quad \Rightarrow \quad T_{dev} = \frac{5252 P_{mech}}{n}$$

$$T_{dev} = \frac{5252 \times 100/0.96}{1800} = 304 \text{ lb} \cdot \text{ft}$$

（b）

$$S = \frac{P_{shat} \times 746}{\eta F_p} = \frac{100 \times 746}{0.96 \times 0.80} = 97135\text{VA}$$

此题功率因数角为负[⊖]

$$\theta = -\arccos 0.8 = -36.87°$$

$$V_{1\phi} = \frac{460}{\sqrt{3}} = 265.581\text{V}$$

$$\boldsymbol{S}_{1f} = V_T \boldsymbol{I}_a^* \quad \Rightarrow \quad \frac{97135}{3} \underline{/-36.87°} = 265.581 \underline{/0°} \times \boldsymbol{I}_a^*$$

$$\boldsymbol{I}_a^* = 121.92 \underline{/-36.87°} \quad \Rightarrow \quad \boldsymbol{I}_a = 121.92 \underline{/36.87°} \text{ A}$$

（c）

$$\boldsymbol{E}_f = \boldsymbol{V}_T - \boldsymbol{I}_a jX_s = 265.581 \underline{/0°} - 121.92 \underline{/36.87°} \times 2.72 \underline{/90°}$$

$$\boldsymbol{E}_f = 265.581 - 331.62 \underline{/126.87°}$$

$$\boldsymbol{E}_f = 534.96 \underline{/-29.73°} \quad \Rightarrow \quad 535 \underline{/-29.7°} \text{ V}$$

（d）

$$\delta = -29.7°$$

（e）当 $\delta = -90°$ 时，转矩达到最大值

$$P_{in} = 3\frac{-V_T E_f}{X_s}\sin\delta = 3 \times \frac{-265.581 \times 534.96}{2.72}\sin(-90°)$$

$$P_{in} = 156700\text{W}$$

[⊖] 功率因数超前和滞后与功率因数角符号关系见附录 A 第 A.5 和 A.12 节。

$$P_{\text{in}} = \frac{Tn}{5252} \quad \Rightarrow \quad T_{\text{pull-out}} = \frac{5252P}{n}$$

$$T_{\text{pull-out}} = \frac{5252 \times 156700}{746 \times 1800} = 613 \, \text{lb} \cdot \text{ft}$$

8.8　负载变化对电枢电流、功角和功率因数的影响

负载变化对电枢电流、功角和功率因数的影响如图 8.11 所示，假设定子电压幅值、频率和励磁电流保持恒定。粗线表示初始负载条件，而细线表示对应于负载加倍后到达的新稳态。根据式（8-17）和式（8-18），电机负载加倍后会使 $I_a \cos\theta_i$ 和 $E_f \sin\delta$ 加倍。当调整相量图来表示新稳态情况时，新相量 $I_a jX_s$ 必须垂直于 I_a。此外，如图 8.11 所示，如果励磁电流不变，增加负载会导致相量 E_f 顶点的轨迹呈圆弧，其相位角会随着负载的增加而增加。而且，负载的增加也伴随着 θ_i 的减小，从而导致功率因数的增加。

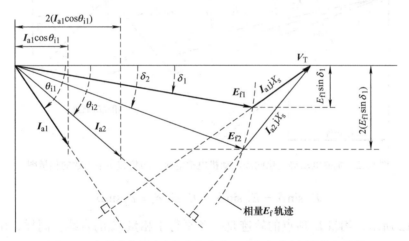

图 8.11　负载变化同步电机电枢电流、功角和功率因数的相量图

当电机负载继续增加时，转子相对于定子旋转磁场的滞后角度继续增加，励磁电动势的滞后角和定子电流也继续增大。然而，加载过程中，除了转子相对于定子旋转磁场相对位置发生变化的暂态过程，电机的同步速不会改变。最后，随着负载的增加，电机到达极限点，在该点上 δ 的进一步增加不能引起电动机转矩的相应增加，转子将脱离同步。对于隐极式同步电机，最大转矩点出现在功角大约 90° 时，如式（8-16）所示。导致同步电动机失步的转矩临界值称为失步转矩。

8.9　励磁变化对同步电动机性能的影响

从直观上来看，增大励磁电流会增加磁极之间的吸引力，从而使转子旋转磁场与定子旋转磁场的相反磁极之间有更加强烈的作用力，最后导致功角变小。根据式（8-16）可

以证明这种现象，当电机负载恒定时，$E_f \sin\delta$ 的稳态值保持不变，E_f 的突然增大会引起 $E_f \sin\delta$ 瞬态增大，然后转子加速。随着转子角度位置改变，δ 减小直到 $E_f \sin\delta$ 与之前值相等，此时电机达到稳态，转子再次以同步速运行。转子磁极相对于定子旋转磁场的角度位置变化发生在几分之一秒之内。

在恒压恒频供电且恒定负载下，励磁电势变化对同步电动机电枢电流、功角和功率因数的影响如图 8.12 所示。由式（8-18）可知，当负载恒定时：

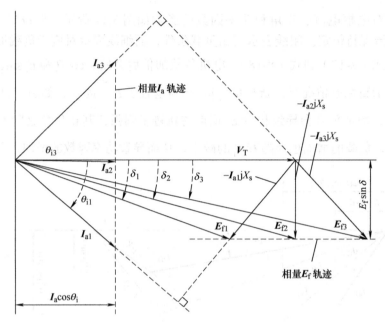

图 8.12 励磁电动势变化同步电动机电枢电流、功角和功率因数的相量图

$$E_{f1} \sin\delta_1 = E_{f2} \sin\delta_2 = E_{f3} \sin\delta_3 = E_f \sin\delta \qquad (8\text{-}19)$$

如图 8.12 所示，相量 E_f 顶点的轨迹是一条平行于相量 V_T 的直线。同样，由式（8-17）可知，当负载恒定时：

$$I_{a1} \cos\theta_{i1} = I_{a2} \cos\theta_{i2} = I_{a3} \cos\theta_{i3} = I_a \cos\theta_i \qquad (8\text{-}20)$$

如图 8.12 所示，其中相量 I_a 顶点的轨迹是一条垂直于相量 V_T 的直线。

值得注意的是，在图 8.12 中，将励磁电动势从 E_{f1} 增加到 E_{f3} 会导致电流相量的角度（以及功率因数）从滞后变为超前。产生功率因数等于 1 的励磁电流，称为正常励磁电流。当励磁电流大于正常励磁电流称为过励，小于正常励磁电流称为欠励。此外，如图 8.12 所示，当同步电机工作在过励时，$|E_f| > |V_T|$。

8.10 V 形曲线

表示电枢电流与励磁电流或电枢电流与励磁电动势关系的曲线称为 V 形曲线，用于表示电机不同的负载情况，如图 8.13 所示。这些曲线与图 8.12 相量图相关，说明了特定负载下，不同励磁值对电枢电流和功率因数的影响。需要注意，负载的增加需要增加励磁电动势，以保持相同的功率因数。

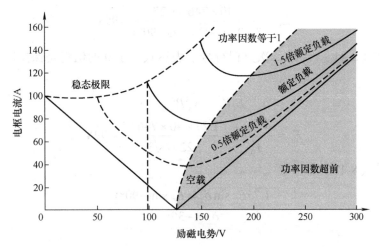

图 8.13　同步电机的 V 形曲线簇

图 8.13 中 V 形曲线左端点的轨迹表示稳态极限（$\delta = -90°$）。任何低于特定负载稳态极限的励磁电动势都会导致转子脱离同步。

如图 8.13 所示的恒负载 V 形曲线可以根据实验室数据（I_a 相对于 I_f）绘制为 I_f 的变化曲线，也可以用图 8.12 所示的相量图绘制 $|I_a|$ 随 $|E_f|$ 的变化曲线，或者用以下数学表达式表示 V 形曲线[⊖]：

$$I_a = \frac{1}{X_s}\left(E_f^2 + V_T^2 - 2\sqrt{E_f^2 V_T^2 - X_s^2 P_{in,1\phi}^2}\right)^{0.5} \tag{8-21}$$

式（8-21）是基于相量图的几何关系推导的，并假设 R_a 可以忽略不计。

注意： 如果产生的转矩小于负载加上风阻和摩擦，电机将产生失稳，二次方根下的表达式为负值。

对于同步电抗为 1.27Ω/ 相的三相、40hp、220V、60Hz 同步电机，根据式（8-21）进行 V 形曲线簇计算机绘图，如图 8.13 所示。

例 8.2

参考图 8.13 的额定负载曲线，请计算：（a）保持电机同步的最小励磁电动势；（b）用式（8-16）重新计算（a）；（c）用式（8-21）重新计算（a）；（d）如果将励磁电动势增大到（c）中确定的稳态极限的 175%，计算此时的功角。

解：

（a）根据图估算最小的励磁电动势为

$$E_f \approx 98V$$

⊖　方程（8-21）的推导和一般性质见参考文献 [1]。

（b）根据式（8-16），并忽略损耗

$$P_{in} = 3 \times \frac{-V_T E_f}{X_s} \sin \delta \quad \Rightarrow \quad E_f = \frac{-P_{in} X_s}{3 V_T \sin \delta}$$

$$E_f = \frac{-40 \times 746 \times 1.27}{3 \times 220/\sqrt{3} \times \sin(-90°)} \approx 99V$$

（c）根据式（8-21），导致二次方根符号下表达式等于0的值将是保持同步的最小励磁电势，因此

$$E_f^2 V_T^2 - X_s^2 P_{in,1\phi}^2 = 0$$

$$E_f = \frac{X_s P_{in,1\phi}}{V_T} = \frac{1.27 \times 40 \times 746/3}{220/\sqrt{3}} \approx 99V$$

（d）根据式（8-18）

$$1.75 E_{f1} \sin \delta_2 = E_{f1} \sin(-90°)$$

$$\delta_2 = -35°$$

8.11　同步电机的损耗和效率

图 8.14 显示了同步电机从定子输入到转轴输出的功率流程图。如图所示，电机的总功率损耗为

$$P_{loss} = P_{scl} + P_{core} + P_{fcl} + P_{f,w} + P_{stray} \text{(W)} \tag{8-22}$$

式中　　P_{scl} ——定子电阻损耗；

　　　　P_{fcl} ——励磁电阻损耗；

　　　　P_{core} ——铁心损耗；

　　　　$P_{f,w}$ ——摩擦和风阻损耗；

　　　　P_{stray} ——杂散损耗。

除了当励磁电流增加或减少（存储或释放磁能）时发生的瞬态过程外，输入到励磁线圈的总能量是恒定的，并且所有能量都转换为铜导线中的 $I^2 R$ 损耗。

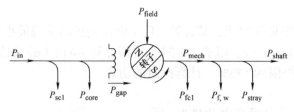

图 8.14　同步电动机的功率流程图

效率

同步电动机的总效率由下式给出：

$$\eta = \frac{P_{\text{shaft}}}{P_{\text{in}} + P_{\text{field}}} = \frac{P_{\text{shaft}}}{P_{\text{shaft}} + P_{\text{loss}}} \tag{8-23}$$

同步电动机的铭牌和制造商的规格表通常只提供额定负载条件下的总效率。因此，只能确定总损耗，将总损耗分离到式（8-22）中列出的各项损耗需要一个非常复杂的测试过程[2]。然而，如果可以计算电枢铜耗和励磁铜耗，则从总输入功率中减去它们，可获得更接近的机械功率。

8.12　利用同步电动机提高系统的功率因数

在同时使用同步电动机和感应电动机的工业应用中，同步电动机通常以超前功率因数运行，以补偿感应电动机的滞后功率因数。若同步电动机不带负载运行，仅为了提高系统的功率因数，则该电机被称为同步调相机。

例 8.3

三相、60Hz、460V 系统提供以下负载：

1. 一种 6 极、60Hz、400hp 的三相丫联结感应电动机，在 3/4 额定负载下运行，效率为 95.8%，功率因数为 89.1%。

2. 一个 50kW、△联结的三相电阻加热器。

3. 一台 300hp、60Hz、4 极、丫联结的隐极式同步电动机，在一半额定负载下运行，功角为 -16.4°。

忽略铜耗，同步电动机以 96% 的效率运行，其同步电抗为 0.667Ω/ 相。试计算：（a）系统有功功率；（b）同步电动机的功率因数；（c）系统功率因数；（d）将系统功率因数调整为 1 所需的同步电机励磁电流的百分比变化（忽略饱和效应）；（e）对于（d）中的条件，同步电动机的功角。

解：电路如图 8.15a 所示，功率见图 8.15b。

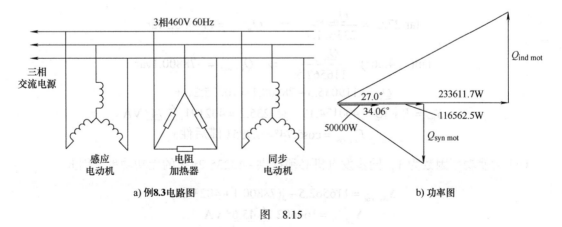

a) 例8.3电路图　　　　b) 功率图

图　8.15

（a）
$$P_{\text{ind mot}} = \frac{400 \times 0.75 \times 746}{0.958} = 233611.7\text{W}$$

$$P_{\text{heater}} = 50000\text{W}$$

$$P_{\text{syn mot}} = \frac{300 \times 0.5 \times 746}{0.96} = 116562.5\text{W}$$

$$P_{\text{system}} = P_{\text{ind mot}} + P_{\text{heater}} + P_{\text{syn mot}} = 400174.19 \quad \Rightarrow \quad 400.2\text{kW}$$

（b） $$V_{\text{T}} / 相 = 460 / \sqrt{3} = 265.581\text{V}$$

$$P_{\text{in}} = 3 \times \frac{-V_{\text{T}} E_{\text{f}}}{X_{\text{s}}} \sin\delta \quad \Rightarrow \quad E_{\text{f}} = \frac{-P_{\text{in}} X_{\text{s}}}{3 V_{\text{T}} \sin\delta}$$

$$E_{\text{f}} = \frac{-116562.5 \times 0.667}{3 \times 265.581 \times \sin(-16.4°)} = 345.614\text{V}$$

$$\boldsymbol{E}_{\text{f}} = 345.614 \underline{/-16.4°}\ \text{V}$$

$$\boldsymbol{E}_{\text{f}} = \boldsymbol{V}_{\text{T}} - \boldsymbol{I}_{\text{a}} \text{j} X_{\text{s}}$$

$$345.614 \underline{/-16.4°} = 265.581 \underline{/0°} - \boldsymbol{I}_{\text{a}} \times 0.667 \underline{/90°}$$

$$117.79 \underline{/-55.94°} = -\boldsymbol{I}_{\text{a}} \times 0.667 \underline{/90°}$$

$$\boldsymbol{I}_{\text{a}} = 176.6 \underline{/34.06°}\text{A}$$

$$\theta = (\theta_v - \theta_i) = (0 - 34.06) = -34.06°$$

$$F_{\text{P}} = \cos(-34.06°) = 0.828\,(超前性)^{\ominus}$$

（c）对应负载下的功角为：

$$\theta_{\text{ind mot}} = \arccos 0.891 = 27.0°$$

$$\theta_{\text{heater}} = \arccos 1.0 = 0.0°$$

$$\theta_{\text{syn mot}} = -34.06°$$

由图 8.15b 功率流程图可得：

$$\tan 27.0° = \frac{Q_{\text{ind mot}}}{233611.7} \quad \Rightarrow \quad Q_{\text{ind mot}} = 119035.3\text{var}$$

$$\tan(-34.06°) = \frac{Q_{\text{syn mot}}}{116562.5} \quad \Rightarrow \quad Q_{\text{syn mot}} = -78800.1\text{var}$$

$$Q_{\text{sys}} = 119035.3 - 78800.1 = 40235.2\text{var}$$

$$\boldsymbol{S}_{\text{sys}} = P + \text{j}Q = 400174.19 + \text{j}40235.2 = 402191 \underline{/5.74°}\ \text{VA}$$

$$F_{\text{P, sys}} = \cos 5.74° = 0.995\,(滞后性)$$

（d）为使功率因数为 1，同步发电机必须提供 −40235.2var 的无功功率。因此

$$\boldsymbol{S}_{\text{syn mot}} = 116562.5 - \text{j}(78800.1 + 40235.2)$$

$$\boldsymbol{S}_{\text{syn mot}} = 166602 \underline{/-45.6°}\ \text{VA}$$

对于一相而言

⊖ 功率因数超前和滞后与功率因数角符号关系见附录 A 第 A.5 和 A.12 节。

$$S_{\text{syn mot}} = \frac{166602}{3} \angle 45.6° = 55534.0 \angle 45.6° \text{ VA}$$

$$S_{\text{syn mot}} = V_T I_a^* \implies 55534.0 \angle -45.6° = (265.58 \angle 0°) I_a^*$$

$$I_a^* = 209.10 \angle -45.60°$$

$$I_a = 209.10 \angle 45.60°$$

$$E_f = V_T - I_a j X_s = 265.581 \angle 0° - (209.10 \angle 45.60°) \times (0.667 \angle 90°)$$

$$E_f = 265.581 + 99.65 - j97.58 = 378.04 \angle -14.96° \text{ V}$$

忽略磁路饱和 $E_f \propto \Phi_f \propto I_f$

(e)
$$\Delta E_f = \frac{378.04 - 345.614}{345.614} \times 100 = 9.38\%$$

$$\delta = -14.96°$$

8.13 凸极式同步电动机

定子导体切割旋转磁场产生电枢反应磁通，由于凸极电机不同磁路（如图 8.7 所示）的磁阻不相等：磁极轴线为低磁阻，极间为高磁阻。电枢反应可以分解为直轴电枢反应和交轴电枢反应。沿每个转子磁极的轴线作用的电枢反应磁通的分量称为直轴分量，而作用在交替的 NS 极之间的电枢反应磁通的分量则称为交轴分量。这些分量磁通在电枢中产生电压降，该电压降可以用电枢电流和假想的电枢反应电抗来表示。用这些电抗表示的相关功率方程包括电磁分量和磁阻分量[⊖]：

$$P_{\text{salient},1\phi} = \underbrace{\frac{-V_T E_f}{X_d} \sin\delta}_{\text{电磁功率}} - \underbrace{V_T^2 \left(\frac{X_d - X_q}{2 X_d X_q} \right) \sin 2\delta}_{\text{磁阻功率}} \qquad (8\text{-}24)$$

式中 X_d ——直轴同步电抗；

X_q ——交轴同步电抗。

正常运行

在正常工作范围（半额定负载至额定负载）和正常励磁下，式（8-24）中的励磁电动势（E_f）高到足以使 $P_{\text{mag}} \gg P_{\text{rel}}$。因此，对于正常运行状态下：

$$P_{\text{salient.},1\phi} \approx \frac{-V_T E_f}{X_d} \sin\delta \qquad (8\text{-}25)$$

注： 若 NS 极间空间减小为零，则转子变为隐极式，$X_d = X_q = X_s$，磁阻功率部分等于零，式（8-24）简化为式（8-25）。

由于功率的磁阻分量与励磁电动势无关，所以较低的励磁值将在不影响磁阻分量的情

⊖ 关于深入的推导，参见参考文献 [3] 和 [4]。

况下显著减少电磁分量。因此，如果电机是空载的，或者负载很轻，并且励磁电路开路，励磁电势将下降到一个非常小的残余值。这将导致式（8-24）中的电磁功率下降到一个很小的值，电机将作为同步磁阻电机运行。凸极电机的磁阻转矩使其在低励磁或突然过载时比隐极式电机更稳定。

磁阻转矩和电磁转矩与 δ 的关系图叠加在图 8.16 中转子的横截面图上。曲线 A 表示磁阻转矩，曲线 B 表示电磁转矩，曲线 C 是曲线 A 和曲线 B 的代数和。虚线段表示分量转矩和合成转矩的不稳定运行区域。

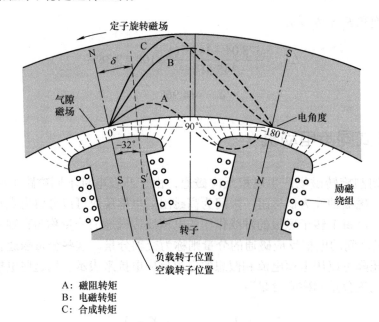

A：磁阻转矩
B：电磁转矩
C：合成转矩

图 8.16　磁阻转矩、电磁转矩和合成转矩与功角叠加于转子横截面图
（由 Dresser Rand，Electric Machinery 提供）

根据式（8-24）和图 8.16 所示，磁阻转矩的最大值发生在负载使转子滞后其空载位置 45°（$\delta = -45°$）时。而电磁转矩在 $\delta = -90°$ 处取最大值。由于磁阻和磁极的共同作用，凸极电动机的合成转矩在 $\delta \approx -70°$ 有最大值，称为失步转矩。代表性电机如图 8.16 所示，其额定转矩在 $\delta \approx -32°$ 处。

例 8.4

一台 200hp、60Hz、2300V、900r/min 的三相凸极同步电动机，其直轴和交轴电抗分别为 36.66Ω/ 相和 23.33Ω/ 相。忽略损耗，确定：（a）如果调整励磁电流使励磁电动势等于施加的定子电压的两倍，此时功角为 –18°，求电机转矩；（b）如果负载转矩增加到最大磁阻转矩，求此时电机转矩与额定转矩比值。

解：

（a）
$$P_{\text{mag},1\phi} = \frac{-V_{\text{T}}E_{\text{f}}}{X_{\text{d}}}\sin\delta = \frac{-(2300/\sqrt{3})\times(2\times 2300/\sqrt{3})}{36.66}\sin(-18°)$$

$$P_{\text{mag},1\phi} = 29727.2\text{W}$$

$$P_{\text{rel},1\phi} = -V_{\text{T}}^2 \left(\frac{X_{\text{d}} - X_{\text{q}}}{2 X_{\text{d}} X_{\text{q}}} \right) \sin 2\delta = -(2300 / \sqrt{3})^2 \left(\frac{36.66 - 23.33}{2 \times 36.66 \times 23.33} \right) \sin(-36°)$$

$$P_{\text{rel},\,1\phi} = 8076.9\text{W}$$

$$P_{\text{salient},3\phi} = 3(P_{\text{mag},1\phi} + P_{\text{rel},1\phi}) = 3(29727.2 + 8076.9) = 113412.3\text{W}$$

$$P_{\text{salient},3\phi} = \frac{113412.3}{746} = 152.0\text{hp}$$

$$P = \frac{Tn}{5252} \quad \Rightarrow \quad T = \frac{5252 P}{n}$$

$$T = \frac{5252 \times 152.0}{900} = 887\text{ lb} \cdot \text{ft}$$

（b）磁阻转矩取最大值则 $\delta = -45°$

$$P_{\text{mag},\,1\phi} = \frac{-V_{\text{T}} E_{\text{f}} \sin \delta}{X_{\text{d}}}$$

$$P_{\text{mag},\,1\phi} = \frac{-(2300 / \sqrt{3}) \times (2 \times 2300 / \sqrt{3})}{36.66} \sin(-45°) = 68023.1\text{W}$$

$$P_{\text{rel},1\phi} = -V_{\text{T}}^2 \left(\frac{X_{\text{d}} - X_{\text{q}}}{2 X_{\text{d}} X_{\text{q}}} \right) \sin 2\delta$$

$$P_{\text{rel},1\phi} = -(2300 / \sqrt{3})^2 \times \left(\frac{36.66 - 23.33}{2 \times 36.66 \times 23.33} \right) \sin(-90°) = 13741.3\text{W}$$

$$P_{\text{salient},3\phi} = 3 \times (68023.1 + 13741.3) = 245293.2\text{W}$$

$$P_{\text{salient},3\phi} = \frac{245293.2}{746} = 328.8\text{hp}$$

因为同步电机的转速恒定，则转矩比值等于功率的比值

$$额定转矩百分比 = \frac{328.8}{200} \times 100 = 164\%$$

此时为过载运行，如果电机在这种负载下运行超过几分钟，电枢和励磁绕组就会迅速过热。

8.14　牵入同步转矩和转动惯量

牵入同步转矩是指将转子拉入与定子旋转磁场同步速所需的转矩。阻尼绕组将转子加速到感应电机的最大速度，此时对转子磁极施加电流产生额外的转矩，将转子拉入同步。然而，如果负载惯性太大，电机可能无法产生足够的转矩使转子同步，或者可能需要过多的时间。无论哪种情况，由此产生的转子失步将引起电枢电流脉冲和剧烈的转矩脉动，最终可能会导致绕组损坏。为确保在施加励磁电流时转子快速同步，所连接负载的转动惯量（ Wk^2 ）不得超过电机特定功率和额定转速下推荐的正常值。

表 8.1 列出了 NEMA- 标准和功率因数为 0.8（超前）的凸极同步电机的转子堵转转矩、牵入同步转矩和失步转矩的最小值[⊖]，电机必须能够提供最小输出转矩至少 1min。表 8.1 中牵入同步转矩值所依据的 Wk^2 的基准值，来自 NEMA 表[5]。

表 8.1 同步电动机转矩以额定转矩百分比表示[①]（最小值）

速度 /（r/min）	hp	功率因数	转矩		
				牵入同步转矩（基于基准值）	
			转子堵转转矩	负载[②,③] Wk^2	失步转矩
500 ~ 1800	200 及以下	1.0	100	100	150
	150 及以下	0.8	100	100	175
	250 ~ 1000	1.0	60	60	150
	200 ~ 1000	0.8	60	60	175
	1250 及以下	1.0	40	60	150
		0.8	40	60	175
450 及以下	所有等级	1.0	40	30	150
		0.8	40	30	200

① 经美国国家电气制造商协会许可，根据 NEMA 标准出版物 MG1–1998《电机和发电机》复制，版权所有 1999，NEMA，华盛顿特区。
② 电机负载正常 Wk^2 值来自《电机和发电机》。
③ 额定励磁电流条件。

8.15 同步电动机的调速

同步电动机的转速与定子频率成正比，与极数成反比：

$$n_r = n_s = \frac{120f}{P}$$

由于改变转子极数很困难。因此，改变同步电动机转速的唯一方法是改变端电压的频率。此外，如第 5 章中 5.8 节所讨论的，为了避免定子绕组过热，电压 / 频率的比值必须保持恒定。这可以通过带有电压 / 频率调节功能的可调频率发生器或完全使用电力电子器件来实现。在电力电子控制器中，固定频率的交流电源被转换成可调电压的直流电，然后被转换成可调频率的交流电，或者使用一个周波变换器（见 13.16 节）。

8.16 能耗制动

同步电动机可以通过将储存在运动部件中的能量转化为电能并在电阻中以热的形式消散而迅速减速。为此，将电机电枢绕组与三相电源线断开，并跨接在三相电阻上，励磁机

⊖ 圆柱形转子同步电机的相应转矩值由制造商和用户协议确定。

将磁场保持在最大强度。电机作为发电机运行，并向电阻提供电流，以等于 $3I^2R$ 的速率耗散能量。电阻 R 是每相电枢绕组和外部串联电阻之和。

解题公式总结

$$n_r = n_s = \frac{120f}{P} \tag{4-1}$$

$$E_f = n_s \Phi_f k_f \tag{8-2}$$

$$V_T = I_a R_a + I_a jX_\sigma + I_a jX_{ar} + E_f \tag{8-6}$$

$$V_T = E_f + I_a jX_s \tag{8-10}$$

$$P_{in,1\phi} = V_T I_a \cos\theta_i \tag{8-13}$$

$$P_{in,1\phi} = \frac{-V_T E_f}{X_s} \sin\delta \tag{8-14}$$

$$I_a = \frac{1}{X_s}\left(E_f^2 + V_T^2 - 2\sqrt{E_f^2 V_T^2 - X_s^2 P_{in,,1\phi}^2}\right)^{0.5} \tag{8-21}$$

$$P_{salient,1\phi} = \underbrace{\frac{-V_T E_f}{X_d}\sin\delta}_{\text{电磁功率}} - \underbrace{V_T^2\left(\frac{X_d - X_q}{2X_d X_q}\right)\sin 2\delta}_{\text{磁阻功率}} \tag{8-24}$$

$$P = \frac{Tn}{5252}$$

正文引用的参考文献

1. Bewley，L. V. Alternating Current Machinery. Macmillan，New York，1949.

2. Institute of Electrical and Electronics Engineers. Test Procedures for Synchronous Machines. IEEE STD 115–1983，IEEE，New York，1995.

3. Mablekos，V. E. Electric Machine Theory for Power Engineers. Harper & Row，New York，1980.

4. McPherson，G. An Introduction to Electrical Machines and Transformers. Wiley，New York，1981.

5. National Electrical Manufacturers Association. Motors and Generators. Publication No. MG 1–1998，NEMA，Rosslyn，VA，1999.

一般参考文献

Smeaton，R. W. Motor Application and Maintenance Handbook，2nd ed. McGraw– Hill，New York，1987

思 考 题

1. 讨论提供起动和加速转矩的凸极转子的两种设计。
2. 阻尼绕组是如何减少脉动负载引起的振荡？
3. 试说明同步电动机是如何起动、停止和反转的。
4. 试说明同步电动机的速度如何调节？
5. 同步电动机转矩的两个组成部分是什么？它们分别由什么产生？
6. 请解释为什么同步电动机的反电动势可能大于施加的电压。
7. 同步电动机的功角是什么？功角的大小受到什么因素的影响？
8. 增加满载同步电动机的励磁电动势，从其稳态极限到其最大励磁电动势，对其电枢电流有什么影响？试说明为什么。
9. 增加满载同步电动机的励磁电动势，从其稳态极限到其最大励磁电动势，对其失步转矩有什么影响？试说明为什么。
10. 增加满载同步电动机的励磁电动势，从其稳态极限增加到其最大励磁电动势，对其功率因数有什么影响？试说明为什么。
11. 增加负载是否会导致同步电动机的转速以新的较低转速运行？试说明为什么。
12. 使用相量图，解释同步电动机如何调整其输入功率以适应负载的增加。
13. 试区分牵入同步转矩、失步转矩和转子堵转转矩。
14. 负载惯性对牵入同步转矩、失步转矩和转子堵转转矩有什么影响？
15. 请解释同步电动机的能耗制动过程？

习 题

8-1/3 请计算三相、50Hz、4600V 系统中运行的 40 极同步电动机的转速。

8-2/3 请计算以 225r/min 运行 16 极 480V 同步电动机所需的频率。

8-3/3 一台 50hp、2300V、60Hz 的三相同步电机以 90r/min 的速度运行，请计算转子的极数。

8-4/7 在额定功率、额定电压和额定频率下运行的两极、三相、1000hp、2300V 丫联结同步电动机的功率因数为 0.80（超前），效率为 96.5%，功角为 –23°。同步电抗为 4.65Ω/ 相。请计算：（a）线电流；（b）每相的反电动势。

8-5/7 一台 4000hp、13200V、60Hz、两极、三相丫联结的圆柱形转子同步电动机，在额定负载和功率因数 0.84（超前）条件下运行，其效率（不包括磁场损耗和电枢电阻损耗）为 96.5%。每相同步电抗为 49.33Ω。请绘制相量图并计算：（a）额定转矩；（b）电枢电流；（c）励磁电动势；（d）功角；（e）失步转矩。

8-6/7 一台 2500hp、6600V、60Hz、3600r/min 的三相丫联结同步电动机以 –28.5° 的功角和 4500V/ 相的反电动势运行。同步电抗为 15.8Ω/ 相。请计算：（a）电机产生的转矩；（b）电机输出功率，假设机械效率为 94.3%；（c）功率因数；（d）失步转矩。

8-7/7 一台 200hp、460V、4 极、60Hz、三相丫联结的同步电动机，在额定负载下运行，效率为 94%，功率因数为 0.8（超前）。假设同步电抗为 1.16Ω/ 相，请计算：（a）励磁电动势和功角；（b）失步转矩；（c）励磁电动势减半时的失步转矩。

8-8/8 在 0.5 倍额定负载下运行的同步电动机的相量图如图 8.17 所示。假设电机负载增加到其额定值，使用相同的外加电压相量，构建一个新的相量图，显示新的条件，请画出所有相量。

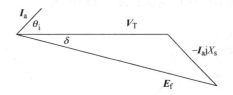

图 8.17 题 8-8/8 相量图

8-9/9 图 8.18 所示同步电动机的相量图，忽略磁饱和，并显示所有构成曲线，请为以下每种指定条件构建一个新的相量图：（a）磁场电流不变，负载转矩加倍；（b）负载转矩不变，励磁电流加倍；（c）负载转矩加倍，励磁电流加倍。

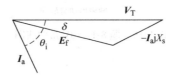

图 8.18 题 8-9/9 和题 8-10/9 相量图

8-10/9 图 8.18 所示同步电动机的相量图，忽略磁饱和，并显示所有构成曲线，请为以下每种指定条件构建一个新的相量图：（a）励磁电流加倍，负载转矩不变；（b）负载转矩加倍，励磁电流减半；（c）负载转矩减半，励磁电流减半。

8-11/10 一台 15000hp、13200V、60Hz、1800r/min、Y 联结的圆柱形转子同步电动机的同步电抗为 14.95Ω/ 相。（a）请绘制一组对应于额定负载、75% 额定负载和 50% 额定负载的 V 形曲线；（b）请绘制稳态极限和功率因数为 1 的轨迹；（c）尝试根据曲线近似得出不同负载条件下刚好保持同步的最小励磁电动势。

8-12/10 一台 250hp、575V、三相、60Hz、两极 Y 联结的同步电动机在半额定负载下运行，其 V 形曲线如图 8.19 所示。请确定：（a）（根据曲线）在功率因数为 1 时运行的励磁电动势和电枢电流的相值；（b）近似稳态性极限；（c）使用（a）中获得的数据和铭牌电压，绘制相应相量图的比例图；（d）使用相量图，确定功角和同步电抗压降；（e）确定同步电抗。

8-13/10 图 8.20 所示的 V 形曲线适用于 460V、350hp、60Hz、1800r/min 的圆柱形转子同步电动机。电机在低于额定负载的情况下运行，励磁电动势为 500V/ 相。同步电抗为 0.65Ω/ 相。请按比例绘制相应的相量图，并计算：（a）功角；（b）输入功率的有功分量和无功分量；（c）功率因数；（d）产生的转矩。

8-14/12 一个三相、60Hz、460V 的系统负载包括一个功率因数为 0.84 的 50kVA 感应电动机和一个 30kW 的白炽照明，并带有一个 125hp、6 极、Y 联结的同步电动机，同步阻抗为 1.45Ω/ 相，功率 80kW。请计算：（a）在功率因数为 1 时系统运行所需的同步电动机功率因数；（b）（a）中的条件所需的励磁电动势；（c）（a）中条件下的同步电动机功角。

8-15/12 重复问题 8-14/12，假设系统功率因数为 0.80（超前）。

8-16/12   一个 460V、三相、60Hz 的系统容量为 10kVA、包括 △ 联结的电阻负载；一台 50kVA、0.86 功率因数的感应电动机，以及一个功率因数 0.62（超前）的 丫 联结同步电动机，同步阻抗为 6.05Ω/ 相。如果系统功率因数为 1，请计算：（a）同步电动机功率的有功和无功分量；（b）同步电动机电流；（c）励磁线电势。

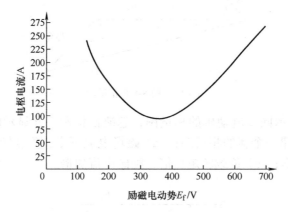

图 8.19   题 8-12/10V 形曲线图

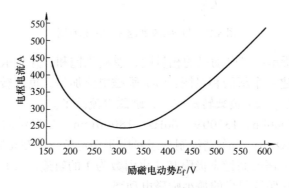

图 8.20   题 8-13/10V 形曲线图

8-17/12   一个三相、60Hz、575V 系统，在 1.5MW 和功率因数 0.92（滞后）条件下运行，系统包括一个 500hp、575V、1200r/min 的同步电动机，在额定负载、功率因数 0.84（超前）和 96.2% 的效率（扣除磁场损耗）下运行。同步电抗为 0.567Ω/ 相。如果同步电动机断开，请计算：（a）系统功率因数；（b）如果同步电动机空载但仍与总线相连且励磁保持不变，求此时系统功率因数。假设空载损耗可以忽略不计。

8-18/13   一台 3500hp、60Hz、4000V、450r/min 的 丫 联结同步电动机的直轴同步电抗为 5.76Ω/ 相，而交轴同步电抗则为 4.80Ω/ 相。电机在额定条件下运行，功角和效率分别为 -34.6° 和 97.1%。请计算：（a）励磁电动势；（b）转矩的电磁分量；（c）转矩的磁阻分量；（d）由磁阻分量占总功率的百分比。

8-19/14   一台 20 极、700hp、2300V、60Hz、功率因数 0.8 的 丫 联结同步电动机的直轴电抗为 8.91Ω/ 相，交轴电抗为 6.48Ω/ 相。使用表 8.1，请计算：（a）最小转子堵转转矩；（b）假设正常 Wk^2，最小预期牵入同步转矩；（c）假设施加额定励磁电流，最小失步转矩。

第 9 章

同步发电机

9.1 概述

同步发电机，是全球电力的主要来源，其容量大小从 1kVA 到 1500MVA 不等。

大部分的电力主要由高速汽轮机驱动的隐极式发电机和低速水轮机驱动的凸极式发电机产生。汽轮机的蒸汽主要来自化石燃料、核燃料，在某些情况下还可以由地热能产生。水轮机的水主要来自筑坝后高水位的河流或抽水蓄能（将水抽取至海拔较高的水库供日后使用）。

柴油发电机和汽轮发电机可以给大型和小型孤立负载供电，可以作为公用的备用电源以应对电网调峰需求，同时也可以应用于远程抽水站、船舶、钻井平台等方面。

同步发电机的结构与第 8 章所描述的同步电动机的结构基本相同。值得注意的是：由水轮机驱动、连接到大型电力系统的同步发电机在系统低负荷时会作为同步电动机运行；通过开关装置，同步发电机可以作为同步电动机进行反向驱动，将水从海拔较低的水库抽取至海拔较高的水库。这种储水以供日后使用的方法被称为抽水蓄能。

本章从同步电动机工作原理（在第 8 章中介绍）简单过渡到同步发电机的工作原理。之后介绍同步发电机与其他发电机或"无穷大电网"安全高效并联（和切除）的一般步骤。强调了发电机之间的负载转移、功率因数控制和避免潜在运行问题的方法。同时本章也介绍了电压调整率、发电机相关参数和发电机效率。

9.2 电动状态到发电状态的转换

图 9.1a 显示了与无穷大电网相连接的同步电动机，同时该电动机通过转轴与水泵和汽轮机相连。汽轮机的设计如下，当蒸汽冲击涡轮叶片时，汽轮机产生的转矩与同步电动机产生的转矩方向相同。同步电动机的单相等效电路如图 9.1b 所示。

当汽轮机阀门关闭时，没有蒸汽进入汽轮机，同步电动机将以同步转速驱动水泵和涡轮$^{\ominus}$。同步电动机的相量图如图 9.2a 所示。对应的相量方程为

$$V_{\mathrm{T}} = E_{\mathrm{f}} + I_{\mathrm{a}}\mathrm{j}X_{\mathrm{s}} \qquad (9\text{-}1)$$

⊖ 汽轮机上保持真空，以防止风力使汽轮机叶片过热。

式中　V_T ——每相端电压，单位为 V；

　　　　E_f ——励磁电动势，单位为 V；

　　　　I_a ——每相电枢电流，单位为 A；

　　　　X_s ——每相同步电抗，单位为 Ω。

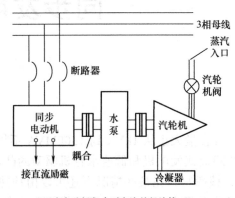
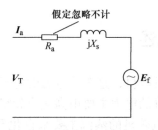

a) 同步电动机与水泵和汽轮机连接　　　　　　b) 同步电动机单相等效电路

图　9.1

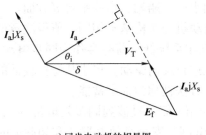
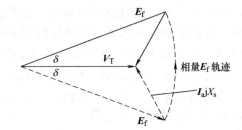

a) 同步电动机的相量图　　　　　　b) 电机由电动状态过渡至发电状态的相量图

图　9.2

　　图 9.2b 说明了蒸汽进入汽轮机后对同步电机功角的影响。通过打开汽轮机的部分阀门，少量蒸汽进入汽轮机，使得汽轮机承担部分泵类负载，导致同步电动机功角的减小。

　　若增加蒸汽流量，使汽轮机承担全部泵类负载，同步电动机将处于空载状态，其功角的角度将为零。若进一步增加蒸汽流量，将导致功角角度向正方向增加。由于未改变励磁电流，励磁电动势的轨迹可以描述为一个圆弧。除了在图 9.2b 中功角角度变化时转速的瞬态变化外，电机将继续以同步速度运行。

　　同步电机在功角 δ 为负时，吸收功率并以电动状态运行，在 δ 为零时以空载状态运行，在 δ 为正时（将在后面展示）以发电状态运行，并向三相母线输送电能。

　　图 9.3 显示了两极转子的横截面图，以及电动状态、空载状态和发电状态对应的相量图。由图 9.3a 可知，当同步电机作为电动机运行时（δ 为负），它由母线电压驱动，励磁电动势是一个反电动势（电压降）。然而，由图 9.3c 可知，当作为发电机运行时（δ 为正），励

磁电动势成为电压源,并且电流的有功分量($I_a \cos\theta_i$)是反向的。

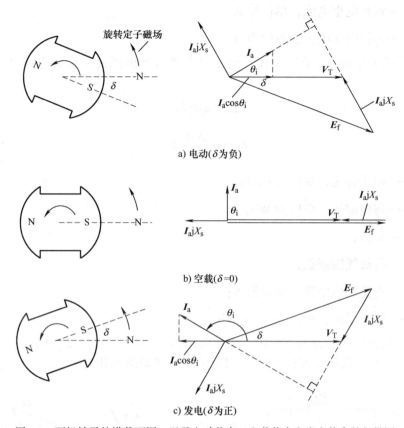

图 9.3 两极转子的横截面图,以及电动状态、空载状态和发电状态的相量图

尽管图 9.3c 中所示的相量图对于同步发电机是正确的,但在分析发电机运行时,基本不会使用这种方法,因为需要考虑负功率因数[⊖]。产生负功率因数的原因是,当电机从图 9.3a 中的电动状态变为图 9.3c 中的发电状态时,相量图的变化是基于电动机和发电机运行的参考电功率方向。

同步发电机的相量图

当从发电机运行和输出功率的角度思考时,如图 9.4a 所示,励磁电动势 E_f 成为源电压并且母线电压 V_T 成为电压降。因此,根据基尔霍夫电压定律有:

$$E_f = V_T + I_a j X_s$$

即

$$V_T = E_f - I_a j X_s \qquad (9\text{-}1a)$$

式中 V_T ——每相端电压,单位为 V;

⊖ 功率因数可以有负值因为 $\theta_v = 0, \theta_i > 90°$: $\theta = \theta_v - \theta_i$ 并且 $F_p = \cos\theta$ 。

E_f ——每相励磁电动势，单位为 V；

I_a ——每相电枢电流，单位为 A；

X_s ——每相同步电抗，单位为 Ω。

如先前在第 8 章的 8.5 节中所述，励磁电动势与每极磁通和励磁电流之间有以下的关系：

$$E_f = n_s \Phi_f k_f \qquad (9\text{-}2)$$

$$E_f = n_s \frac{N_f I_f}{\mathscr{R}} k_f \qquad (9\text{-}3)$$

式中 n_s ——同步转速，单位为 r/min；

Φ_f ——每极磁通，单位为 Wb；

k_f ——常数；

N_f ——每极线圈匝数；

I_f ——直流励磁电流，单位为 A；

$\mathscr{R}$ ——磁路磁阻，单位为 A·t/Wb。

请注意，电动机状态方程（8-10）和发电机状态方程（9-1）之间的差异主要在于电枢电流的方向。发电机状态方程（9-1）对应的相量图如图 9.4b 所示。

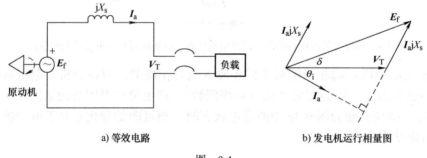

a) 等效电路   b) 发电机运行相量图

图   9.4

9.3   同步发电机的功角关系

在第 8.7 节中推导的同步电动机的功角关系同样适用于同步发电机。唯一的区别在于电功率的方向：电动机输入电功率，而发电机输出电功率。因此：

$$P_{\text{in},1\phi} = \frac{-V_T E_f}{X_s} \sin\delta \text{（电动状态）} \qquad (8\text{-}14)$$

$$P_{\text{out},1\phi} = \frac{+V_T E_f}{X_s} \sin\delta \text{（发电状态）} \qquad (9\text{-}4)$$

例 9.1

一台三相 460V、两极、60Hz、丫联结的同步发电机，其同步电抗为每相 1.26Ω。该电机连接到无穷大电网，向母线供应 112kW 电功率时，功角为 25°。忽略损耗，试确定：（a）汽轮机向发电机提供的转矩；（b）励磁电动势；（c）视在功率的有功和无功分量；（d）功率因数；（e）在忽略饱和效应的情况下，如果励磁电流降低到（a）中数值的 85%，试确定励磁电动势；（f）确定汽轮机转速。

解：

（a）忽略损耗，从汽轮机到同步发电机的输入功率为 112000W。

$$\text{hp} = \frac{Tn}{5252} \quad \Rightarrow \quad T = \frac{\text{hp} \times 5252}{n}$$

$$T = \frac{112000 \times 5252}{746 \times 3600} = 219.0 \, \text{lb} \cdot \text{ft}$$

（b）

$$V_{\text{T}} = \frac{460}{\sqrt{3}} = 265.581 \, \text{V/相}$$

$$P_{\text{out}} = 3 \times \frac{V_{\text{T}} E_{\text{f}}}{X_{\text{s}}} \sin\delta \quad \Rightarrow \quad E_{\text{f}} = \frac{P_{\text{out}} X_{\text{s}}}{3 V_{\text{T}} \sin\delta}$$

$$E_{\text{f}} = \frac{112000 \times 1.26}{3 \times 265.581 \times \sin 25°} = 419.1 \, \text{V/相}$$

（c）使用式（9-1）

$$V_{\text{T}} = E_{\text{f}} - I_{\text{a}} j X_{\text{s}} \Rightarrow 265.581 \underline{/0°} = 419.1 \underline{/25°} - I_{\text{a}} \times 1.26 \underline{/90°}$$

$$114.253 + j177.119 = I_{\text{a}} \times 1.26 \underline{/90°}$$

$$I_{\text{a}} = 167.279 \underline{/-32.824°} \, \text{A}$$

$$S = 3 \times V_{\text{T}} I_{\text{a}}^* = 3 \times 265.581 \underline{/0°} \times 167.279 \underline{/32.824°}$$

$$S = 133278.3 \underline{/32.824°} = 111990 + j72245 \, \text{VA}$$

$$P = 112 \, \text{kW}$$

$$Q = 72.2 \, \text{kvar (滞后性)}$$

（d）

$$F_{\text{p}} = \cos 32.824° = 0.84 \, \text{(滞后性)}$$

（e）由式（9-3），忽略饱和效应，$E_{\text{f}} \propto I_{\text{f}}$。因此：

$$E_{\text{f}} = 0.85 \times 419.1 = 356.2 \, \text{V/相}$$

（f）

$$n_{\text{s}} = \frac{120f}{p} = \frac{120 \times 60}{2} = 3600 \, \text{r/min}$$

凸极发电机

前面在第 8.13 节中讨论过的凸极电动机的功率方程也适用于凸极发电机。因此，输出的电功率为

$$P_{\text{out},1\phi} = \frac{V_{\text{T}}E_{\text{f}}}{X_{\text{d}}}\sin\delta + V_{\text{T}}^2\left(\frac{X_{\text{d}} - X_{\text{q}}}{2X_{\text{d}}X_{\text{q}}}\right)\sin 2\delta \tag{9-5}$$

对于连接到无穷大电网的凸极同步机，其输出功率方程（9-5）的状态曲线图如图 9.5 所示。从左至右，该图显示了当负载转矩被移除、汽轮机转矩作用时，同步电机从电动状态到发电状态的平稳过渡。尽管图中绘制了 $-180° \sim +180°$ 的曲线，但无论电机是作为电动机还是发电机运行，负载若超过最大值将导致电机无法同步。最大功率称为失步功率。

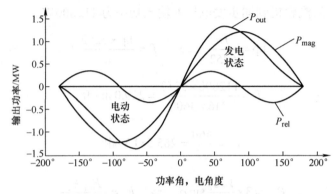

图 9.5   一个典型的同步电机功率输出图，显示了从电动状态到发电状态的平稳过渡

9.4   发电机的负载和电磁转矩

当发电机与负载相连时，电枢电流与励磁磁场相互作用会产生一个与原动机驱动转矩方向相反的转矩[⊖]。这个反向的转矩被称为电磁转矩，会导致电机减速。随着电机转速减慢，它的调速器会响应并向原动机输送更多的能量。当输入到原动机的能量等于发电机负载加上损耗时，系统达到平衡，发电机以新的较低的转速运行。然而，如果原动机具有恒速调速器（无差调速器），则在起动时发电机的转速会下降，当原动机获得足够的能量时，转速将恢复到其初始空载值。

9.5   负载、功率因数和原动机

发电机端电压受负载的功率因数影响较大。因此，同步发电机铭牌上的额定电压是在特定的功率因数、特定的励磁电流和额定容量下给定的。

电力系统中电阻性、感性和容性等不同类型的负载，通常会导致系统功率因数滞后。因此，大多数的同步发电机的铭牌上一般会注明在功率因数为 0.8 时的端电压。然而，如果一个发电机仅设计用于功率因数为 1 的负载，那么铭牌上所示的发电机电压将是功率因数为 1 时的端电压。

由原动机提供给同步发电机的能量必须满足发电机所需要携带的负载。尽管发电机可

⊖   见第 1 章，1.11 小节。

以在不同的功率因数下输出相同的容量，但原动机只提供有功功率。因此，如果发电机的容量需求总是在功率因数为 0.8 或更少，原动机需要提供的最大有功功率将等于电机的额定容量乘以 0.8 或更小的功率因数。在这种情况下，没有必要安装在单位功率因数时能输出额定容量的原动机。

9.6　同步发电机并联运行

两台或多台发电机并联运行，可以满足运行的经济性和日常维护调度的灵活性。当负载增加至接近母线上电机的额定负载时，可以并联其他电机来分担负载。类似地，随着母线负载的减少，一台或多台发电机将可以从母线上切除，以使其余的发电机能以更高的效率运行。图 9.6 显示了一个用于并联运行的双发电机系统的简化线路图[⊖]。发电机 A 连接到母线，并向整个负载供电。发电机 B 是拟并网发电机；它的断路器是断开的。在起动原动机之前，隔离开关闭合。

要进行并联运行的电机必须具有相同的相序[⊖]。若将一个相反相序的同步发电机与已经连接到母线上的另一个发电机并联，不仅会使整个电

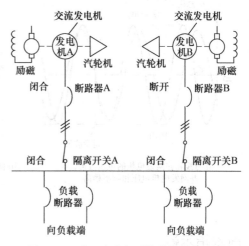

图 9.6　一个双发电机系统的简化线路图

厂停电，还会对电机和相关设备造成严重损害。大多数现代电厂都配备了自动同步装置，可以正确地将发电机与母线同步。然而，对于非自动化的电厂和缺少自动同步转置的电厂，需要学习手动同步的相关知识。

并联运行的操作步骤

调整并网发电机的电压至接近母线电压。尽量选择高几伏是较为推荐的，稍微低几伏也不会对操作产生很大影响。并网发电机的频率应调整为比母线频率高出几分之一赫兹。然后假设母线隔离开关已关闭，在接入电机的电压与母线电压同相的瞬间合上断路器。同步发电机的空载转速（即空载频率）通过远程控制发电机面板更改。发电机面板上的控制开关控制着一个伺服电机，用于提高或降低调速器的空载转速。

并网发电机的频率应比母线频率高几分之一赫兹，以确保在并联瞬间能够承受较大负载。如果其频率略低于母线频率，在闭合断路器的瞬间它将被作为电动机驱动。并联的同步发电机要保持同步转速，因此，一个频率低于母线频率的并网发电机将作为电动机被母线上的其他发电机驱动。

尽管可以将并网发电机的频率调整为与母线相同，但并联后，并网发电机将在线路上

⊖　从发电机到断路器到负载的每条线代表了三相发电机的三相导线。三个斜线标志着三个导线 / 线路（IEEE STD 315−1975）。

⊜　见附录 A.10。

"浮动"。它既不会作为电动机驱动，也不会承担负载。由于并联同步发电机的目的是承担部分母线负载，因此在进行并联前将其调整为比母线频率略高几分之一赫兹是必要的。如图 9.7a 所示，这将导致并网发电机的电压波形稍稍高于母线的电压波形；该波形表示并网发电机的电压波略高于母线电压。当并网发电机的电压波形与母线相重合的瞬间，应将其与母线进行并联。

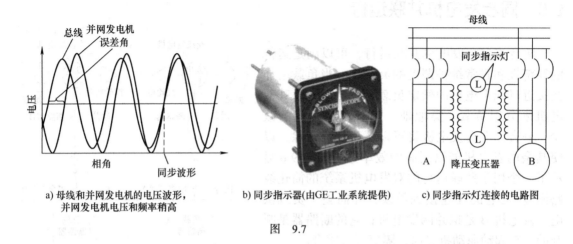

a) 母线和并网发电机的电压波形，并网发电机电压和频率稍高　　b) 同步指示器(由GE工业系统提供)　　c) 同步指示灯连接的电路图

图　9.7

同步指示器

如图 9.7b 所示，一个同步指示器可以显示两个电压波形之间相位偏移的瞬时角度（误差角）。如果电压波形具有不同的频率，两个波形之间的角度被称为误差角。误差角的变化导致同步指示器上指针的旋转。当正确连接时，一个同步指示器可以显示出并网发电机的电角速度相对于母线的情况。如果同步指示器向标有 SLOW 的方向旋转，说明并网发电机的频率低于母线的频率。如果同步指示器向标有 FAST 的方向旋转，说明并网发电机的频率高于母线的频率。一旦并网发电机的频率等于母线频率，指针将不会旋转，并且指针的位置将指示误差角。如果发生此种情况，应通过调整调速器来提高并网发电机的原动机转速。当同步指示器指针在 FAST 方向缓慢旋转时，应在指针进入零度位置的瞬间将输入机并联。一旦并联，同步示波器指针将不再旋转，而是停留在零度位置。

然而，由于人为反应时间和断路器闭合时间会造成轻微延迟，因此，在同步指示器指针到达零度位置之前的一两个刻度内开始断路器闭合操作是较好的做法。

当误差角大于 10° 合闸时，并网发电机与母线之间会产生较大的瞬态同步电流，可能导致发电机断路器自动跳闸。如果母线已经负载过重，当误差角接近 180° 时闭合断路器，整个系统可能会停电。此外，同步过程中的极度失相所伴随的高瞬态电流会在定子和转子绕组上产生过大的振荡转矩，这可能会导致电机被损坏，或者会降低其使用寿命。

同步指示

同步指示灯作为同步指示器的检查灯[一]用于表示并网发电机与母线之间的相序。

　　㊀　相序也可以用小型手持式相序指示器或小型三相电机检查[5]。

图 9.7c 显示了同步指示灯的连接方式。若发电机和母线具有相同的相序，则两个灯将同时亮起或熄灭。若并网发电机与母线的相序相反，则指示灯将会一个灯亮一个灯熄灭。

假设相序是正确的，当同步指示器接近 0° 时，两个指示灯都将变暗。注：如果同步指示灯与同步器冲突，指示灯同时变亮和变暗，则指示灯是正确的。

使用同步指示灯进行同步操作的缺点是暗周期可能延长 15° 或更多的误差角。因此，使用这种方法时，断路器应在暗周期的中途合闸。另一个缺点是，它不能表明并网发电机转速是快还是慢。

图 9.8 为向母线负载供电的双发电机系统的功能图，它展示了运行时所需的基本设备。如果只有一个电厂的发电机与母线同步，可以省略面板，但会在替代面板上提供保护继电器。

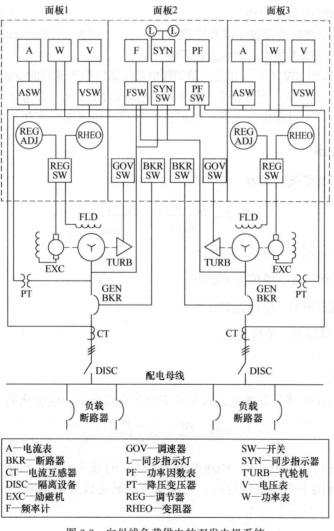

图 9.8　向母线负载供电的双发电机系统

9.7 原动机调速的下垂特性

在并联运行的同步发电机之间传递有功功率是通过调节各原动机的空载转速设置来完成的，而传递无功功率则是通过调节各自的电阻箱或调压器来完成的（见图 9.8）。

如图 9.9 所示，一个典型的原动机的调速特性，是原动机转速（或发电机频率）与有功功率的关系图。虽然通常画的是一条直线，但实际调速特性是一个有轻微下垂的曲线。图中所示的下垂在与其他电机并联运行时提供了内在稳定性。特性曲线无下垂的电机，称为同步电机，在并行运行时是不稳定的；除非使用电力电子调压器进行电机控制，否则会出现无法预测的负载波动。

同步发电机的空载转速设置（以及空载频率设置）可通过遥控开关从发电机面板上进行更

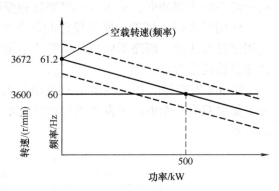

图 9.9 原动机的调速特性曲线

改，如图 9.8 中的 GOV SW 所示。开关驱动伺服电机重新定位调速器的空载速度设置，在不改变斜率的情况下提高或降低其下垂特性。图 9.9 中的虚线表示不同空载速度设置下的曲线。

决定并联发电机之间有功功率分配的调速器参数是转速调整率和下垂特性。

调速器转速调整率

调速器转速调整率被定义为

$$GSR = \frac{n_{nl} - n_{rated}}{n_{rated}} = \frac{f_{nl} - f_{rated}}{f_{rated}} \tag{9-6}$$

式中 n_{rated}——额定转速，单位为 r/min；

n_{nl}——空载转速，单位为 r/min；

f_{rated}——额定频率，单位为 Hz；

f_{nl}——空载频率，单位为 Hz。

调速器下垂特性

调速器下垂（GD）或下垂率定义为频率变化与有功功率相应变化的比值：

$$GD = \frac{\Delta f}{\Delta P} = \frac{f_{nl} - f_{rated}}{P_{rated}} \tag{9-7}$$

调速器下垂率可以用 Hz/W、Hz/kW 或 Hz/MW 的形式表示。对于给定的下垂设置，正常运行的调速器的下垂率是恒定的。它不受空载转速设置的影响，也不受并联运行的影响[⊖]。

⊖ 调节机构的磨损或其他缺陷会影响调速特性。

例 9.2

参考图 9.9，实线绘制的调速器下垂特性为 500kW、460V、60Hz 三相两极同步发电机的额定运行工况。确定：（a）转速调整率；（b）下降率。

解：

（a）
$$GSR = \frac{f_{nl} - f_{rated}}{f_{rated}} = \frac{61.2 - 60}{60} = 0.02$$

（b）
$$GD = \frac{\Delta_f}{\Delta_P} = \frac{61.2 - 60}{500} = 0.00240Hz/kW \ 或 \ 2.4Hz/MW$$

9.8　并联发电机之间的有功功率分配

并联运行的发电机之间的负载分配是由各自调速器的调速特性决定的，操作员无法轻易地改变。然而，通过改变各自调速器的空载转速设置，可以实现在机组之间负载的重新分配。要将部分负载从一个发电机转移给另一个发电机，需要在原动机之间进行能量转换。要承担更大份额负载的发电机必须给其原动机更多能量；这可通过提高其调速器的空载转速设置来实现。同样地，汽轮发电机若要减少提供部分负载，则必须减少原动机输入的能量，这可通过降低调速器的空载转速来实现。

具有相同调速器特性的电机

图 9.10 展示了两台具有相同下垂特性的汽轮发电机之间负载的转移。电机 B 在 60Hz 时负载为 150kW。电机 A 刚刚并联，没有负载。下标 1 和实线表示初始条件。在不恒定地改变系统频率的情况下将一部分负载从电机 B 转移到电机 A，需要调整两台调速器的下垂特性。

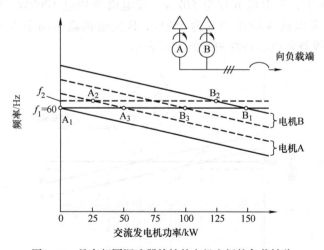

图 9.10　具有相同调速器特性的电机之间的负载转移

为了便于论证，假设电机 B 上 1/3 的负载将转移到电机 A 上；也就是说，电机 B 的负载为 100kW，电机 A 的负载为 50kW。将电机 A 的调速器控制开关拨至 RAISE 档位，并保持在该档位，直至转移的负载达到所需转移的负载的 1/2，即 25kW。这一调整提高了空载转速设定值，在不改变电机 A 下垂特性的情况下，提高了其频率与有功功率特性曲线。由于从电机 B 中移走了 25kW，因此它的转速也有所提高，但其特性并未发生变化。现在，系统以更高的频率 f_2 运行，电机 B 的调速器特性曲线与新的更高频率线相交于 125kW 处，由下标 2 表示。为了完成负载转移，电机 B 的调速器控制开关移至 LOWER 档位，并保持该档位直至剩余的 25kW 转移完毕。电机 B 的调速器特性曲线因此降低，系统频率恢复到原来的 60Hz。电机 A 现负载为 50kW，电机 B 负载为 100kW，该工况由下标 3 表示。在整个过渡期间，曲线的斜率没有变化。每台电机调速器的特性曲线整体向上或向下移动。

在过渡期间，当电机 A 的原动机吸入更多能量时，系统的能量平衡会被打破；输入汽轮发电机的能量多于输出的能量。总输入量大于总输出量，导致系统转速和频率上升。原动机 A 转速的提高，是由于提高了其调速器的空载转速设置，直接增加了能量输入。原动机 B 转速的提高是因为负载减少。除了功角变化短暂的时间外，两台电机的转速保持一致。并联的电机无法以不同的转速运行；如果其中一台电机的转速增加，另一台电机的转速也必须增加。就像两台发动机通过相同的小齿轮和弹性联轴器驱动一个大齿轮一样，两台电机都锁定在同步速旋转状态，但输入燃料较多的发动机会比另一台发动机做更多的功。

在实际操作中，通过对调速器进行很小的调整（在每台电机上交替进行），直到实现所需的负载转移，就可以在频率瞬时变化很小的情况下实现电机之间的有功功率分配。

如果调速器控制开关位于一个共用的同步面板上，则需要同时操作两个控制开关，将其中一个置于 RAISE 档位，另一个置于 LOWER 档，直至实现所需的负载转移。

无论单台设备的额定功率和并联设备的数量如何，具有相同调速器下降率的设备将在它们之间平分所有增加和减少的母线负载。例如，假设图 9.10 中下标 3 所示系统的母线负载增加了 50kW，系统将以新的较低频率运行，新增负载将由两台电机均分。如图 9.11 所示，在 60Hz 频率下，发电机 A 供电 50kW，发电机 B 供电 100kW；负载额外的增加导致系统频率下降，发电机 A 输出功率为 75kW，B 发电机输出功率为 125kW。新的分配用下标 4 和新频率线与调速器特性曲线的交点表示。

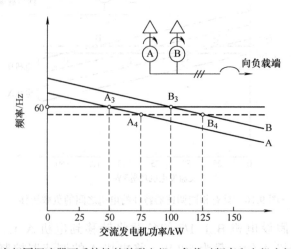

图 9.11 对于具有相同调速器下垂特性的并联电机，负载对频率和电机之间负载分配的影响

具有不同调速器特性的发电机

　　具有不同调速器特性的同步发电机组不会平均分配母线负载的增减。调节器下垂率最小的发电机承担更大比例的母线负载变化。如图 9.12 所示，三台并联运行的发电机组，每台发电机组的调速器下垂率不同，在频率 f_1 下平均分担母线负载。虚线表示了不同调速器下降率对母线负载分配的影响；由负载引起的新的较低频率 f_2 会使具有较小下降率的电机承担更大比例的负载。因此，如果额定功率不同的发电机要并联运行，则应调整各自的调速器下垂特性，使发电机之间的负载分配与各自的额定功率成正比。

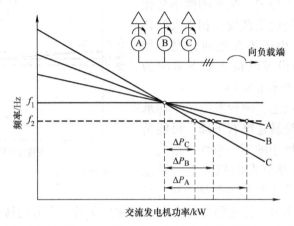

图 9.12　对于具有不同调速器下垂特性的并联电机，负载对频率和负载分流的影响

带同步调速器的电机

　　图 9.13 举例说明了不同调速器下垂特性的极端情况。发电机 A 调速器具有下垂特性，发电机 B 的调速器为同步调速器。发电机 A 和 B 的负载分别为 40kW 和 120kW，在图 9.13 中用下标 1 表示。要将 60kW 的功率从发电机 B 转移到发电机 A，则应将发电机 A 的调速器控制开关拨至 RAISE 档位，并保持该档位直至整个转移过程完成。不应使用发电机 B 的调速器控制开关，因为调整其调速器会影响系统频率。负载转移必须仅通过调整带下降功能的电机的调速器来完成。下标 2 表示最终的状态。

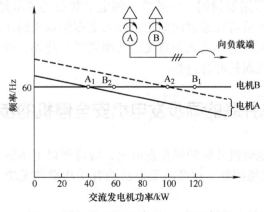

图 9.13　恒频系统中调速器调节的影响

对于具有下垂特性的调速器，给定其空载转速设置，则发电机在给定的频率下只能携带一个相对应的负载。而同步发电机在给定频率下可以携带空载至额定负载区间内的任意负载。因此，如果一台同步发电机与一台具有下垂特性的发电机并联运行，则母线负载的增加或减少会由同步发电机承担。

两台或多台同步发电机并联运行的不稳定性

当两台或多台具有同步调速器的发电机并联时，除非由专用的电子调速器进行控制，否则它们的运行会非常不稳定。频率的微小变化都可能导致发电机之间的负载发生相当大的转换。如图 9.14 所示。由于不存在两台完全相同的调速器，因此假设发电机 A 的下垂率为零，而发电机 B 的下垂率非常小。

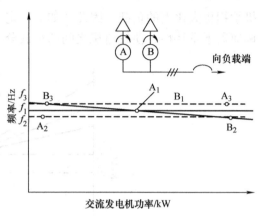

图 9.14　同步发电机并联运行不稳定性图解

下标 1 表示初始状态，两台发电机平均承担母线负载。如果系统转速略有下降，可能是由于同步调速特性中极小的不一致性，很大一部分的母线负载将转移到发电机 B 上，发电机 A 将处于轻载或作为电动机被驱动；新的状态如下标 2 所示。同样地，转速稍有提高，负载就会向另一个方向转移，如下标 3 所示。

同步发电机的并联运行需要响应快速的电子调速器。机械调速器的响应速度不够，无法避免负载的剧烈波动[1]。

9.9　发电机的电动状态

发电机的原动机输入能量不足使其以同步转速旋转时，发电机不仅会无法携带负载，还会被母线上的其他发电机以系统的同步转速驱动。这种"电动"状态会被反向功率继电器（也称为功率方向继电器）自动检测到，并使发电机的断路器跳闸。旋转盘上的磁阻尼提供了一个时间延迟（可调），以防止瞬时负载波动导致发电机断路器跳闸。然而，持续运转会在延时结束后使断路器跳闸。此外唯一的电动状态的指示是功率表指针向后偏转。如果观察得足够早，操作员可以通过向原动机注入更多能量来纠正这种情况。持续运行在电动状态是不可取的，因为这会造成无意义的功率消耗。此外，就汽轮机而言，电动状态过程中的风摩损耗会导致涡轮叶片过热。

9.10　与其他电机并联的同步发电机安全停机的步骤

为了安全关闭与其他电机并联的同步发电机，应遵循以下步骤：

1）使用调速器和磁场控制，逐渐将发电机的有功功率和无功功率降至基本为零（参考第 9.12 节）。

2）当功率表显示为零或反转（电动状态）时，断开发电机断路器。

3）将自动调压器切换为手动。

4）将电压降至最小值，然后断开励磁电机断路器。

5）断开汽轮机断路器。

注：在一些大型汽轮发电机实际应用中（1000MVA 及以上），制造商可能会推荐一种不同的停机顺序，以增加对潜在超速的保护[4]。

9.11　求解并联发电机负载分配问题的工具：特征三角形

通过为每台发电机定义特征三角形，然后使用相似三角形的方法来确定解决方案，可以快速解决发电机负载分配的问题。

如图 9.15 所示，由调速器特性曲线与额定频率线构成特征三角形，在额定频率与额定有功功率点处相交。对于给定的调速器下降特性，特征三角形是固定的，它不随负载的变化而变化，也不随调速器空载转速设置的变化而变化。

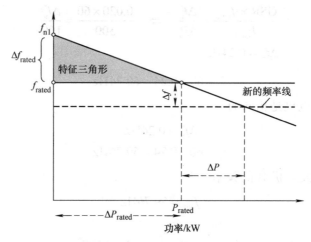

图 9.15　调速器特性曲线与额定频率线形成的特性三角形

如图 9.15 所示，负载增加导致频率下降，新的频率线与调速器特性曲线相交构成了一个类似于特征三角形的新三角形。因此，由相似三角形的几何关系，和式（9-7）得：

$$GD = \frac{f_{nl} - f_{rated}}{P_{rated}} = \frac{\Delta f}{\Delta P} \qquad (9\text{-}8)$$

从式（9-6）得：

$$f_{nl} - f_{rated} = GSR \times f_{rated}$$

代入式（9-8）得：

$$GD = \frac{GSR \times f_{rated}}{P_{rated}} = \frac{\Delta f}{\Delta P} \qquad (9\text{-}9)$$

式中　GD——调速器下降率；

　　　GSR——调速器转速调整率；

Δf ——由于负载变化引起的频率变化；

ΔP ——负载变化。

由于调速器下降特性不受负载增减的影响，式（9-9）适用于所有的工作频率和调速器的所有空载速度设置。

例 9.3

发电机 A 和发电机 B 以 60Hz 的频率并联运行，共同承担 300kW 的母线负载。两台发电机的额定电压、功率和频率分别为 460V、500kW、60Hz，并且有 2.0% 的转速调整率。发电机 A 带载 100kW，发电机 B 带载 200kW。假设发电机 A 从母线上跳闸，确定：（a）发电机 A 的频率；（b）发电机 b 的频率；（c）母线频率。

解：

两台发电机调速器的特性曲线如图 9.16 所示。当发电机 A 从母线上切除时，其频率上升到 f_{a2}；发电机 B 承担了所有负载，导致其频率降至 f_{b2}。

（a）从发电机 A 调速器的特性曲线得：

$$\frac{\text{GSR} \times f_{\text{rated}}}{P_{\text{rated}}} = \frac{\Delta f_a}{\Delta P_a} \quad \Rightarrow \quad \frac{0.020 \times 60}{500} = \frac{\Delta f_a}{100}$$

$$\Delta f_a = 0.24\text{Hz}$$

因此：
$$f_a = 60 + 0.24 = 60.24\text{Hz}$$

（b）由于两台发电机是相同的

$$\Delta f_b = 0.24\text{Hz}$$
$$f_b = 60 - 0.24 = 59.76\text{Hz}$$

（c）母线频率为发电机 B 的频率

$$f_{\text{bus}} = 59.76\text{Hz}$$

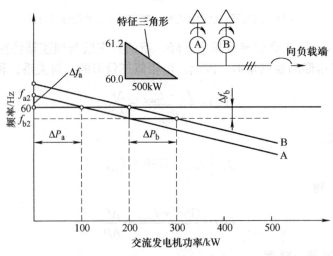

图 9.16 例 9.3 发电机调速特性曲线

例 9.4

一台 500kW、60Hz、2300V 的 6 极同步发电机 A 与一台 300kW、60Hz、2300V 的 4 极电机 B 并联,两台电机的转速调整率均为 2.43%。这些电机以 60.5Hz 的频率承担着 400kW 的母线负载。若母线负载增加至 500kW 时,确定:(a)运行频率;(b)每台电机承担的负载。

解: 调速器特征曲线如图 9.17 所示。

(a)

$$\frac{\text{GSR} \times f_{\text{rated}}}{P_{\text{rated}}} = \frac{\Delta f}{\Delta P}$$

发电机 A   发电机 B

$$\frac{0.0243 \times 60}{500} = \frac{\Delta f}{\Delta P_{\text{a}}} \qquad \frac{0.0243 \times 60}{300} = \frac{\Delta f}{\Delta P_{\text{b}}}$$

$$\Delta P_{\text{a}} = 342.936 \Delta f \qquad \Delta P_{\text{b}} = 205.761 \Delta f$$

$$\Delta P_{\text{a}} + \Delta P_{\text{b}} = (342.936 + 205.761) \Delta f$$

$$500 - 400 = 548.697 \Delta f$$

$$\Delta f = 0.182 \text{Hz}$$

由图 9.17 得:

$$f_{\text{bus}} = 60.5 - 0.182 = 60.318 \text{Hz}$$

(b) $$\Delta P_{\text{a}} = 342.936 \Delta f = 342.936 \times 0.182 = 62.414 \text{kW}$$

$$\Delta P_{\text{b}} = 100 - 62.414 = 37.586 \text{kW}$$

$$P_{\text{a}} = 200 + 62.41 = 262.41 \text{kW}$$

$$P_{\text{b}} = 200 + 37.59 = 237.59 \text{kW}$$

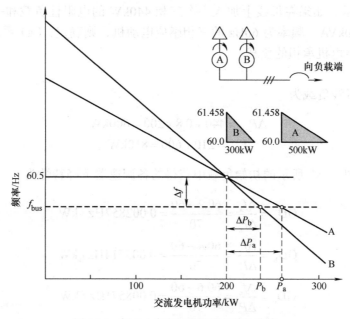

图 9.17 **例 9.4 发电机调速器的特性曲线**

例 9.5

一台 1000kW、60Hz 的同步发电机 A 与一台 600kW、60Hz 的同步发电机 B 并联，两台发电机的调速器下降特性均为 0.0008Hz/kW。电机 A 以 60.2Hz 的频率承担母线负载 900kW 的 2/3。如果在母线上增加 720kW 负载，确定：（a）母线频率；（b）每台电机所承担的负载。

解：

（a）由于两台电机具有相同的调速器下降特性，它们将承担相同的额外母线负载。因此：

$$\Delta P_a = \Delta P_b = \frac{720}{2} = 360 \text{kW}$$

$$\text{GD} = \frac{\Delta f}{\Delta P_a} \quad \Rightarrow \quad 0.0008 = \frac{\Delta f}{360}$$

$$\Delta f = 0.288 \text{Hz}$$

$$f_{\text{bus}} = 60.2 - 0.288 = 59.91 \text{Hz}$$

（b）

$$P_a = \frac{2}{3} \times 900 + 360 = 960 \text{kW}$$

$$P_b = \frac{1}{3} \times 900 + 360 = 660 \text{kW}$$

注： 电机 B 以 10% 过载运行。

例 9.6

三台 60Hz 的同步发电机 A、C 和 B 并联在一起，平均分担 210kW、60Hz 的母线负载。发电机的额定值分别为 500kW、200kW 和 300kW。电路如图 9.18a 所示，调速器特性曲线如图 9.18b 所示。如果在母线上加入一个三相 440kW 的电阻性负载和一台功率因数为 0.80、容量为 200kVA、频率为 60Hz 的三相感应电动机，则确定：（a）系统功率；（b）系统频率；（c）每台电机承担的负载。

解：

（a）增加的母线负载为

$$\Delta P_{\text{bus}} = 440 + 0.8 \times 200 = 600 \text{kW}$$

$$P_{\text{syst}} = 210 + 600 = 810 \text{kW}$$

（b）分别从图 9.18b 所示的初始负载中获得的各调速器下降特性为

$$\text{GD}_a = \frac{\Delta f_a}{\Delta P_a} = \frac{60.2 - 60}{70} = 0.002857 \text{Hz} / \text{kW}$$

$$\text{GD}_b = \frac{\Delta f_b}{\Delta P_b} = \frac{60.4 - 60}{70} = 0.005714 \text{Hz} / \text{kW}$$

$$\text{GD}_c = \frac{\Delta f_c}{\Delta P_c} = \frac{60.6 - 60}{70} = 0.008571 \text{Hz} / \text{kW}$$

负载增加导致母线频率下降到 f_2。参考图 9.18b，使用相似三角形，并注意 Δf 对于所有电机都是一样的。

$$\frac{\Delta f}{\Delta P_{a2}} = 0.002857 \qquad \frac{\Delta f}{\Delta P_{b2}} = 0.005714 \qquad \frac{\Delta f}{\Delta P_{c2}} = 0.008571$$

$$\Delta P_{a2} = 350\Delta f \qquad \Delta P_{b2} = 175\Delta f \qquad \Delta P_{c2} = 116.6667\Delta f$$

$$\Delta P_{a2} + \Delta P_{b2} + \Delta P_{c2} = 600$$

$$(350 + 175 + 116.6667)\Delta f = 600 \qquad \Rightarrow \qquad \Delta f = 0.9351\text{Hz}$$

$$f_2 = 60 - \Delta f = 60 - 0.9351 = 59.06\text{Hz}$$

（c）
$$P_{a2} = 70 + \Delta P_{a2} = 70 + 350 \times 0.9351 = 397.3\text{kW}$$

$$P_{b2} = 70 + \Delta P_{b2} = 70 + 175 \times 0.9351 = 233.6\text{kW}$$

$$P_{c2} = 70 + \Delta P_{c2} = 70 + 116.6667 \times 0.9351 = 179.1\text{kW}$$

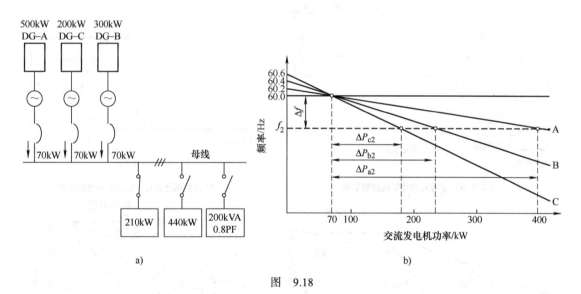

图 9.18

9.12 并联同步发电机之间的无功功率分配

调整相应调速器的空载转速设置可以平衡并联同步发电机之间的有功功率，但不会平衡无功功率。发电机之间的无功功率平衡需要调整各自的励磁电流。

对于图 9.19 所示的两台相同的并联发电机，将讨论有功功率转移对无功功率负载的影响；发电机 1 承担所有母线负载，发电机 2 不承担负载。图 9.20a 和 b 中用实线表示了与初始负载状态相对应的相量图。发电机 1 提供的电流 I_{a1} 是母线电流。图 9.20 中的是按比例绘制的相量图。

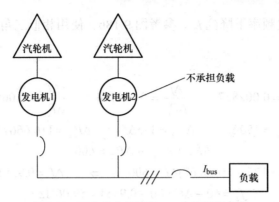

图 9.19 两台发电机并联，一台不承担负载

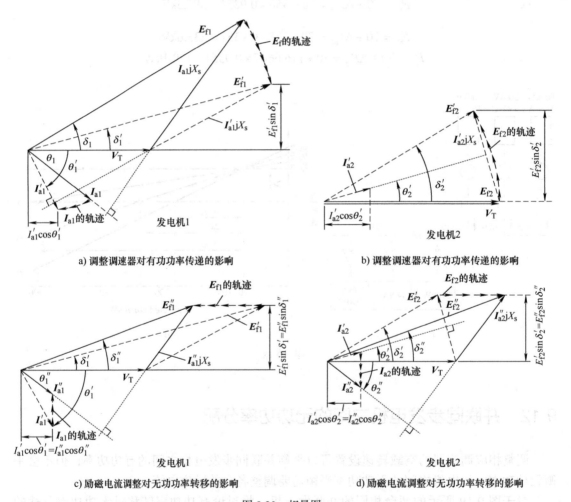

a) 调整调速器对有功功率传递的影响

b) 调整调速器对有功功率传递的影响

c) 励磁电流调整对无功功率转移的影响

d) 励磁电流调整对无功功率转移的影响

图 9.20 相量图

通过同时调整各调速器的空载转速设置来平衡发电机之间的有功功率，使 2 号发电机的功角增大，1 号发电机的功角减小。新的状态由图 9.20a 和 b 中的虚线和单撇号变量表示。对于新的状态：

$$\frac{V_{\mathrm{T}}E'_{\mathrm{f1}}}{X_{\mathrm{s1}}}\sin\delta'_1=\frac{V_{\mathrm{T}}E'_{\mathrm{f2}}}{X_{\mathrm{s2}}}\sin\delta'_2$$

由于假设这两台电机是相同的，$X_{\mathrm{s1}}=X_{\mathrm{s2}}$，并且由于它们是并联的，所以对于这两台电机，$V_{\mathrm{T}}$ 是相同的。因此：

$$E'_{\mathrm{f1}}\sin\delta'_1=E'_{\mathrm{f2}}\sin\delta'_2$$

等式关系如图 9.20a 和 b 所示。此外，当两台发电机向负载提供相等的有功功率时：

$$V_{\mathrm{T}}I'_{\mathrm{a1}}\cos\theta'_1=V_{\mathrm{T}}I'_{\mathrm{a2}}\cos\theta'_2$$
$$I'_{\mathrm{a1}}\cos\theta'_1=I'_{\mathrm{a2}}\cos\theta'_2$$

图 9.20a 和 b 中的图表也显示了这一等式关系。

注意：

1）发电机 1 的电枢电流 I'_{a1} 是滞后的，但发电机 2 的电枢电流 I'_{a2} 是超前的，这表明功率因数不同，因此电机之间的无功功率分配不同。

2）尽管图 9.20b、c 和 d 中未显示，但母线电流的大小和相位角不变，并保持等于 I_{a1}（如图 9.20a 所示）。

为了平衡电机之间的无功功率（对于图 9.20 所示的示例），必须调整每台电机的励磁电流，使它们各自的电枢电流大小相等，且各自的相角等于母线电流的相角。为了实现这一点，接受有功负载的发电机（发电机 2）的励磁电阻（或电压调整率器控制）应该向"增加电压"的方向调整，而失去了一部分有功负载的发电机（发电机 1）的励磁电阻应该向"降低电压"的方向调整，直到两台发电机的功率因数表（或无功功率表）的读数相同为止。

图 9.20c 和 d 中显示了在发电机之间平衡有功功率和无功功率的最终稳态状态下的相量图，相量图使用实线和双撇号变量表示。

图 9.20 中电流和电势相量说明了在相同发电机之间平衡有功和无功功率时的过渡过程。

图 9.20 所示的发电机及其相关结论适用于相同的并联发电机，它们进行调整以平均分担总的有功和无功功率。若并联的发电机不相同，则各自的同步电抗值将不同，必须加以考虑。

例 9.7

如图 9.21a 所示，一个三相配电母线需要为一个 500kW 的单位功率因数负载，以及几个额定功率因数为 85.2%、需求容量为 200kVA 的感应电机提供电能。为母线供电的两台发电机（A 和 B）平均分担有功负载。确定：（a）母线负载的有功和无功分量，（b）如果发电机 A 的功率因数为 0.94 滞后，确定每台发电机所提供的无功功率。

解：

（a）
$$P_{\mathrm{bus}}=500+200\times0.852=670.40\mathrm{kW}$$

$$\theta_{\mathrm{motors}}=\arccos0.852=31.57°$$
$$Q_{\mathrm{bus}}=Q_{\mathrm{motors}}=200\times\sin31.57=104.7\mathrm{kvar}$$

(b) $\qquad P_a = \dfrac{670.40}{2} = 335.2\text{kW} \qquad \theta_a = \arccos 0.94 = 19.95°$

从图 9.21b 所示功率图中可以看出：

$$\tan 19.95° = \frac{Q_a}{335.2} \qquad \Rightarrow \qquad Q_a = 121.7\text{kvar}$$

$$Q_b = Q_{bus} - Q_a = 104.7 - 121.7 = -17.0\text{kvar}$$

负号表示功率因数超前。

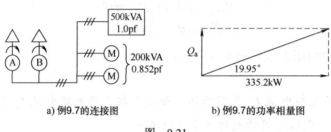

a) 例9.7的连接图　　　　　　　　　b) 例9.7的功率相量图

图　9.21

9.13　失去励磁电流

当与其他发电机并联的同步发电机意外失去励磁电流时，同步发电机将脱离同步状态。负载的降低将导致其原动机加速并将该发电机作为感应电机驱动⊖。这将导致转子在涡流损耗的作用下快速升温，可能会损坏支撑转子端部的转子楔。如果保护设备（如失磁继电器）不响应，无法断开发电机断路器，并且无法立即恢复励磁电流，操作员必须通过断开发电机断路器来切断电源。

此外，失去励磁电流的电机在异步运行（作为感应发电机）时需吸取大量无功功率，这将导致定子绕组过热。在完全失去励磁电流时，转子可能会在短短 10s 内过热[2]。

9.14　同步电机参数的标幺值

电机制造商通常以标幺值而不是实际值来标定同步电机的参数。因为各种电机尺寸都有近似相同的值，标幺值在电机设计中非常有用。标幺值可以方便地检验设计计算中的重大错误，并提供了一种方便的方法来比较电机的相对性能，而不需要考虑电机的尺寸。

标幺参数定义为各自参数的实际值与基本值的比值。同步机的基本值定义如下：

$$S_{base} = \text{额定视在功率 / 相（VA）}$$

$$V_{base} = \text{额定电压 / 相（V）}$$

$$I_{base} = \frac{S_{base}}{V_{base}} \text{（A）} \tag{9-10}$$

⊖　关于感应发电机，请参阅第 5.18 节。

$$Z_{\text{base}} = \frac{V_{\text{base}}}{I_{\text{base}}} = \frac{V_{\text{base}}^2}{S_{\text{base}}} \Omega \tag{9-11}$$

使用式（9-11）中定义的 Z_{base}，则标幺参数为

$$R_{\text{pu}} = \frac{R_a}{Z_{\text{base}}} \qquad X_{\text{pu}} = \frac{X_s}{Z_{\text{base}}} \qquad \boldsymbol{Z}_{\text{pu}} = R_{\text{pu}} + jX_{\text{pu}} \tag{9-12}$$

例 9.8

确定一台三相、绕组丫联结、100kVA、480V、60Hz、同步阻抗为（$0.0800 + j2.300$）Ω 的同步发电机的阻抗标幺值。

解：

$$S_{\text{base}} = \frac{100000}{3}\text{VA} \qquad V_{\text{base}} = \frac{480}{\sqrt{3}}\text{V}$$

$$Z_{\text{base}} = \frac{V_{\text{base}}^2}{S_{\text{base}}} = \frac{(480/\sqrt{3})^2}{100000/3} = 2.304\Omega$$

$$R_{\text{pu}} = \frac{R_a}{Z_{\text{base}}} = \frac{0.0800}{2.304} = 0.0347 \qquad X_{\text{pu}} = \frac{X_s}{Z_{\text{base}}} = \frac{2.300}{2.304} = 0.9983$$

$$\boldsymbol{Z}_{\text{pu}} = R_{\text{pu}} + jX_{\text{pu}} = 0.0347 + j0.9983 = 0.9989 \underline{/88.01°}$$

9.15 电压调整率

同步发电机的电压调整率是指在额定电压下，励磁电流保持不变，端电压在从空载到额定负载情况下相对于额定电压的百分比变化。这里所指的电压可以是相电压或线电压。

$$\text{VR} = \frac{V_{\text{nl}} - V_{\text{rated}}}{V_{\text{rated}}} \times 100 \tag{9-13}$$

式中　VR——电压调整率，单位为 %；

　　V_{rated}——额定电压，单位为 V；

　　V_{nl}——空载电压（开路电压），单位为 V。

注意：

1）V_{nl} 是发电机工作在额定负载和额定电压下，断开发电机断路器后测量得到的端电压。

2）V_{nl} 不是励磁绕组端电压。若用 E_f 代替代入式（9-13）中的 V_{nl} 会导致严重的误差，并且不应将其作为 V_{nl} 的近似值使用，因为 E_f 未考虑磁饱和的影响。

3）在单位功率因数和滞后性功率因数负载下（通常的工作条件），电压调整率将是正的。但是对于超前功率因数负载，电压调整率可能是负的。

同步发电机的电压调整率是用于与其他电机比较时的一项衡量指标。具有高电压调整率的发电机具有相对较大的同步电抗值，并且在滞后功率因数负载下输出电压下降很多。因此，当发电机在某个特定功率因性数下从空载到额定负载时，发电机的电压调整率是维

持系统电压所需的励磁电流变化的指标。此外，在并联运行时，若电压调整率差异较大，则同步发电机不能按照视在功率额定值的比例分担无功功率负载。

特定功率因数下的空载电压可以通过在额定负载条件下运行发电机，然后卸下负载并观察空载电压来获得。由于这种方法并不实用，尤其是对于非常大的电机，该方法更是难以实现，因此已经提出其他方法来确定空载电压，而无需对电机进行加载和卸载操作。根据 IEEE 关于确定空载电压的标准（参考文献 [6]），这是一个准确但复杂且耗时的过程。

近似方法

参考实际磁化曲线，可以用图解法对空载电压进行合理的近似，从原点到磁化曲线上的额定电压点画出线性化的磁化曲线，如图 9.22 所示。请参阅参考文献 [3] 和 [8] 以获得更详细的分析。

在磁化曲线上定义励磁电流点：

$$I_{f2} = I_{f1} = \Delta I_f$$

式中　I_{f1} ——空载时产生额定电枢电压所需的励磁电流；

　　　I_{f2} ——额定负载时，产生额定电压 V_{nl} 所需的励磁电流；

　　　ΔI_f ——补偿同步电抗下降和磁饱和所需的励磁电流的增量；

　　　ΔV ——磁饱和引起的电压降。

确定空载电压的近似方法：

1）在图 9.22 中的线性磁化曲线（a 点）处根据式（9-1）计算 E_f。

2）从线性曲线垂直投影到实际磁化曲线得到（b 点）。然后水平投影到电压轴并得到 V_{nl}。

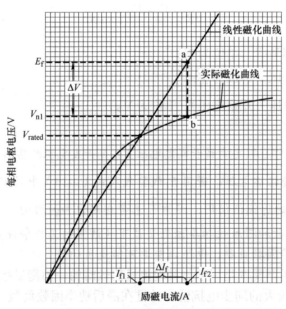

图 9.22　典型同步发电机的磁化曲线及其线性近似

例 9.9

假设一台三相、两极、60Hz、1000kVA、4.8kV、丫联结的同步发电机，其同步电抗为每相 13.80Ω。该电机正以额定容量、额定电压和 90.0% 滞后的功率因数运行。确定：（a）励磁电压；（b）功角；（c）无负载电压，假设励磁电流不变；（d）电压调整率；（e）如果励磁电流降低到额定负载电流的 80% 时的空载电压。

解：

$$V_{\mathrm{T}} = \frac{4800}{\sqrt{3}} = 2771.28\mathrm{V} \qquad \theta = \arccos 0.900 = 25.84°$$

$$\boldsymbol{S} = V_{\mathrm{T}}\boldsymbol{I}_{\mathrm{a}}^{*} \quad \Rightarrow \quad \frac{1000 \times 10^{3}}{3} \underline{/25.84°} = (2771.28 \underline{/0°})\boldsymbol{I}_{\mathrm{a}}^{*}$$

$$\boldsymbol{I}_{\mathrm{a}}^{*} = 120.28 \underline{/25.84°} \quad \Rightarrow \quad \boldsymbol{I}_{\mathrm{a}} = 120.28 \underline{/-25.84°}$$

（a）单相电路图如图 9.23a 所示。

$$\boldsymbol{E}_{\mathrm{f}} = V_{\mathrm{T}} + \boldsymbol{I}_{\mathrm{a}}\mathrm{j}X_{\mathrm{s}} = 2771.28 \underline{/0°} + (120.28 \ \underline{/-25.84°}) \times (13.80 \underline{/90°})$$

$$\boldsymbol{E}_{\mathrm{f}} = 3494.8 + \mathrm{j}1493.9 = 3800.7 \underline{/23.1°} \ \mathrm{V}$$

$$E_{\mathrm{f}} = 3801\mathrm{V}$$

（b）
$$\delta = 23.1°$$

（c）空载电压可以从图 9.23b 中得到。在额定相电压为 2771V 时，绘制线性曲线与磁化曲线相交。这将电压轴缩放为

$$2271\mathrm{V} \div 30 \text{格} = 92.37\mathrm{V} / \text{格}$$

因此，电压 E_{f} 位于

$$\frac{3801\mathrm{V}}{92.37\mathrm{V} / \text{格}} = 41.2 \text{格} \ （在线性曲线上）$$

从线性曲线上的 3801V 点垂直投影到磁化曲线确定 V_{nl}。

$$V_{\mathrm{nl}} = 33.4 \text{格} \times 92.37\mathrm{V} / \text{格} \approx 3085\mathrm{V}$$

（d）
$$\mathrm{VR} = \frac{V_{\mathrm{nl}} - V_{\mathrm{rated}}}{V_{\mathrm{rated}}} \times 100 = \frac{3085 - 2771}{2771} \times 100 \approx 11\%$$

注意： 如果 E_{f} 错误地等效 V_{nl}，计算出的电压调整率为

$$\frac{3801 - 2771}{2771} \times 100 = 37\%$$

这种错误的等效忽略了磁饱和对反电动势的限制。

（e）额定励磁电流（I_{f2}）由励磁电流标度上 27.5 个小格表示。因此，参考图 9.23b：

$$80\% \ I_{\mathrm{f2}} \text{对应于励磁电流标度上的} 0.8 \times 27.5 = 22 \text{格} \ （在励磁电流轴上）$$

从励磁电流轴投影到磁化曲线决定了在 80% 额定励磁电流时的空载电压。

$$V_{\mathrm{nl}} = 31 \text{格} \times 92.37\mathrm{V} / \text{格} \approx 2863\mathrm{V}$$

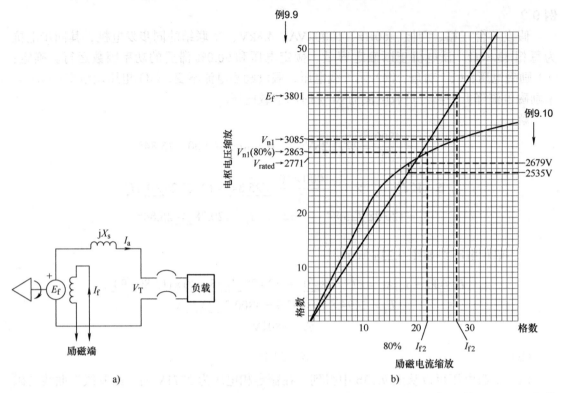

图 9.23　例 9.9 和例 9.10 的等效电路和磁化曲线

例 9.10

在**例 9.9** 中，假设超前功率因数为 0.9。

解：

（a）
$$V_T = 2771.28 \underline{/0°}\ V \qquad I_a = 120.28 \underline{/25.84°}$$
$$E_f = V_T + I_a jX_s = 2771.28 + (120.28\underline{/25.84°}) \times (13.80\underline{/90°})$$
$$E_f = 2047.81 + j1493.89 = 2534.81\underline{/36.11°}$$
$$E_f = 2535V$$

（b）
$$\delta = 36.1°$$

（c）根据图 9.23b，电压 E_f 位于

$$\frac{2535}{92.37} \approx 27.4\ 格在线性曲线上（用虚线表示）$$

从线性曲线上的 2535V 点垂直投影到磁化曲线决定空载电压。因此：

$$V_{nl} = 29 \times 92.37 \approx 2679V$$

（d）
$$VR = \frac{V_{nl} - V_{rated}}{V_{rated}} \times 100 = \frac{2679 - 2771}{2771} \times 100 \approx -3.32\%$$

注： 超前性功率因数条件导致负电压调整率。

9.16　同步电机参数的确定

同步电抗取决于磁饱和程度，在不同负载和不同励磁电流下会有不同的同步电抗。制造商用于计算电压调整率和额定工况分析的同步电抗值来源于空载时达到额定电压的励磁电流和短路时达到额定电流的励磁电流。

在同步电机参数无法从制造商获得的情况下，可以通过直流实验、空载实验和短路实验来近似计算。

直流实验

直流实验的目的是确定 R_a。如图 9.24a 所示，通过将任意两根定子绕组引线连接到低压直流电源即可实现。调整变阻器读取相应的电流和电压值，并且根据欧姆定律确定两根定子引线之间的电阻。因此，从图 9.24a 和 b 的丫联结来看：

$$R_{DC} = \frac{V_{DC}}{I_{DC}} \tag{9-14}$$

$$R_Y = \frac{R_{DC}}{2} \tag{9-15}$$

如果定子为图 9.24c 所示的三角形联结：

$$R_{DC} = \frac{R_\triangle \times 2R_\triangle}{R_\triangle + 2R_\triangle} \quad \Rightarrow \quad R_\triangle = 1.5R_{DC} \tag{9-16}$$

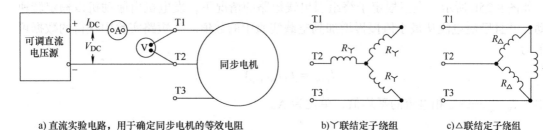

a) 直流实验电路，用于确定同步电机的等效电阻　　　b)丫联结定子绕组　　　c)△联结定子绕组

图　9.24

注：为了考虑趋肤效应，由式（9-15）和式（9-16）得到的电阻值，应乘以趋肤效应因子；尽管该值随不同的电机而变化，但 1.2 是一个较为接近的值。因此：

$$R_a \approx 1.2R_Y \text{ 或 } R_a \approx 1.2R_\triangle \tag{9-16a}$$

空载实验

在空载实验中，发电机由原动机以额定转速拖动，调整励磁电流可以在空载时获得额定电压。电路如图 9.25a 所示。从空载实验中获得的数据可以表示为

$$V_{OC,line} = f(I_{f,OC})$$

式中　　$I_{f,OC}$——产生 $V_{OC,line}$ 的励磁电流，单位为 A；

$V_{\text{OC,line}}$——空载线电压，单位为 V。

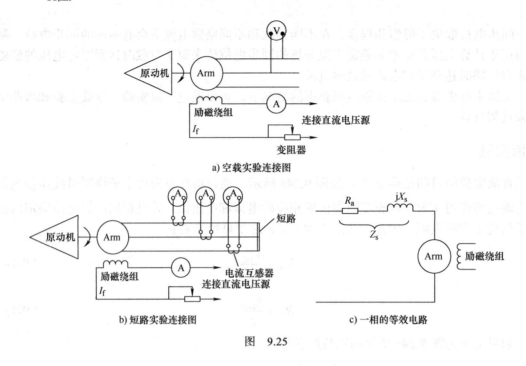

a) 空载实验连接图

b) 短路实验连接图   c) 一相的等效电路

图   9.25

短路实验

如图 9.25b 所示，在三根定子绕组引出线短路的情况下，发电机由原动机以额定转速拖动，并且励磁电流从最小值慢慢增加到空载实验中的数值。从短路实验中获得的数据可表示为

$$I_{\text{f,OC}} = f(I_{\text{SC, line}})$$

式中 $I_{\text{SC,line}}$——三相电流的平均值，单位为 A。

确定同步电抗

空载实验中得到的相电压与短路实验中得到的相电流的比值可以确定每相同步阻抗。

$$Z_{\text{s}} = \frac{V_{\text{OC, phase}}}{I_{\text{SC, phase}}}(\Omega) \tag{9-17}$$

式中 Z_{s}——每相同步阻抗，单位为 Ω。

将式（9-16a）中的 R_{a} 和（9-17）式中 Z_{s} 代入串联阻抗方程，可以得到同步电抗。因此，参考图 9.25c 中的等效电路，对于同步电机定子的一相有：

$$\boldsymbol{Z}_{\text{s}} = R_{\text{a}} + \text{j}X_{\text{s}} \quad \Rightarrow \quad X_{\text{s}} = \sqrt{Z_{\text{s}}^2 - R_{\text{a}}^2} \tag{9-18}$$

注：当 $R_{\text{a}} \ll Z_{\text{s}}$ 时，电枢电阻忽略并且 $X_{\text{s}} \approx Z_{\text{s}}$。

短路比（SCR）

同步发电机的短路比为空载时获得额定电压所需的励磁电流与短路时获得额定电流所需的励磁电流之比：

$$SCR = \frac{I_f 空载试验达到额定电压所需的励磁电流}{I_f 短路试验达到额定电流所需的励磁电流} \qquad (9-19)$$

短路比也可由同步电抗标幺值的倒数确定：

$$SCR = \frac{1}{X_{pu}} \qquad (9-20)$$

短路比是衡量电机对负载变化敏感度的指标。短路比较高的电机在体积上较大、重量较重、成本较高，但其电压调整率却比短路比较低的电机要低。短路比较低的电机具有更大的同步电抗，因此需要一个电压调整系统，当负载变化较小时，该系统可以提供快速变化的励磁电流。

例 9.11

一台三相、丫联结、50kVA、240V、60Hz 同步发电机的短路实验，空载实验和直流实验结果如下：

$$V_{OC,\,line} = 240.0V \qquad I_{SC,\,line} = 115.65A$$
$$V_{DC} = 10.35V \qquad I_{DC} = 52.80A$$

确定：（a）等效电枢电阻；（b）同步电抗；（c）短路比。

解：

（a）
$$R_{DC} = \frac{V_{DC}}{I_{DC}} = \frac{10.35}{52.8} = 0.1960\Omega \qquad R_\curlyvee = \frac{R_{DC}}{2} = \frac{0.1960}{2} = 0.098\Omega$$

$$R_a \approx 1.2 R_\curlyvee = 1.2 \times 0.098 = 0.1176\Omega$$

（b）
$$Z_s = \frac{V_{OC,\,phase}}{I_{SC,\,phase}} = \frac{240/\sqrt{3}}{115.65} = 1.1981\Omega$$

$$X_s = \sqrt{Z_s^2 - R_a^2} = \sqrt{1.1981^2 - 0.1176^2} = 1.1923\Omega$$

（c）
$$S_{base} = \frac{50000}{3} \qquad V_{base} = \frac{240}{\sqrt{3}}$$

$$Z_{base} = \frac{V_{base}^2}{S_{base}} = \frac{(240/\sqrt{3})^2}{50000/3} = 1.1520\Omega$$

$$X_{pu} = \frac{X_s}{Z_{base}} = \frac{1.1923}{1.1520} = 1.035$$

$$SCR = \frac{1}{X_{pu}} = \frac{1}{1.035} = 0.966$$

9.17 同步发电机的损耗、效率和冷却

同步发电机的损耗与第 8.11 节中介绍的同步电动机的损耗相同。图 9.26 给出了同步发电机的功率流图。如功率流图所示，同步发电机的总损耗为

$$P_{loss} = P_{stray} + P_{f,w} + P_{core} + P_{fcl} + P_{scl} \tag{9-21}$$

因为同步发电机的总效率为

$$\eta = \frac{P_{out}}{P_{in} + P_{field}} = \frac{P_{out}}{P_{out} + P_{loss}} \tag{9-22}$$

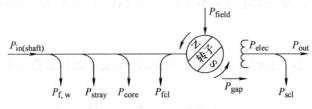

图 9.26　同步发电机的功率流图

同步发电机需要的励磁功率随输出功率变化，对于输出功率为 25kW 的发电机而言，所需的励磁功率为 1kW，而对于输出功率为 7MW 的发电机而言，所需的励磁功率为 50kW[11]。由于所有输入到励磁绕组的功率都会导致电机发热，因此出现了许多不同的冷却方法。

发电机绕组冷却

通过通风的方法来减少铜绕组中 I^2R 损耗以及铁心中的磁滞损耗和涡流损耗所产生的热量。最简单的方法，采用开放式外壳和在轴上安装风扇使环境空气对接触绕组进行循环散热，这种方法通常用于小型发电机上。而当环境温度相对较高或空气可能会受到湿气和灰尘污染时，则通常会安装一个完全封闭的循环冷却系统，如图 9.27 所示。冷却器，也称为热交换器，由热空气通过翅片管组成。冷水通过冷却管道循环流过，吸收热量。从绕组中释放的热量被传递给空气，然后通过冷却器。一个风扇将空气通入电机，对其进行循环冷却，从绕组中吸收热量，并通过热交换器将其传递给冷却水。

氢常被用作大型电机的冷却介质。氢的热导率约为空气的 7 倍，并且由于其低密度，对比空气，风扇仅需要 1/10 的功率即可将等量的氢送入电机。氢作为冷却介质可以显著减小风阻，并且氢冷设备较小的物理尺寸抵消了防爆外壳、复杂轴封和氢控制设备的额外成本。某些大型发电机的绕组是由中空管状导体组成的，导体内部存有冷却剂可以实现循环液冷。冷却剂与导体直接接触可以产生极好的散热效果。

同步发电机设计中的新理念也适用于由超导材料绕成绕组的高效率超导电机。有关超导同步发电机样机的制造和测试可以参阅参考文献 [7] 和 [10]。

图 9.27　在同步发电机的定子顶部安装热交换器（由 GE Industrial Systems 提供）

解题公式总结

$$f = \frac{P n_s}{120} (\text{Hz}) \tag{4-1}$$

$$E_f = n_s \Phi_f k_f \tag{9-2}$$

$$\boldsymbol{V}_T = \boldsymbol{E}_f - \boldsymbol{I}_a j X_s \tag{9-1a}$$

$$P_{in,1\phi} = \frac{-V_T E_f}{X_s} \sin\delta \quad (\text{电动状态}) \tag{8-14}$$

$$P_{out,1\phi} = \frac{+V_T E_f}{X_s} \sin\delta \quad (\text{发电状态}) \tag{9-4}$$

$$P_{out,1\phi} = \frac{V_T E_f}{X_d} \sin\delta + V_T^2 \left(\frac{X_d - X_q}{2 X_d X_q} \right) \sin 2\delta (\text{W}) \tag{9-5}$$

发电机特性

$$\text{GSR} = \frac{n_{nl} - n_{rated}}{n_{rated}} = \frac{f_{nl} - f_{rated}}{f_{rated}} \tag{9-6}$$

$$\text{GD} = \frac{f_{nl} - f_{rated}}{P_{rated}} = \frac{\Delta f}{\Delta P} \tag{9-8}$$

$$\text{GD} = \frac{\text{GSR} \times f_{rated}}{P_{rated}} = \frac{\Delta f}{\Delta P} \tag{9-9}$$

同比电机参数标幺值

$$S_{base} = \text{额定视在功率 / 相（VA）}$$

$$V_{base} = \text{额定电压 / 相（V）}$$

$$I_{\text{base}} = \frac{S_{\text{base}}}{V_{\text{base}}} (\text{A}) \tag{9-10}$$

$$Z_{\text{base}} = \frac{V_{\text{base}}}{I_{\text{base}}} = \frac{V_{\text{base}}^2}{S_{\text{base}}} (\Omega) \tag{9-11}$$

$$R_{\text{pu}} = \frac{R_{\text{a}}}{Z_{\text{base}}} \qquad X_{\text{pu}} = \frac{X_{\text{s}}}{Z_{\text{base}}} \qquad \mathbf{Z}_{\text{pu}} = R_{\text{pu}} + jX_{\text{pu}} \tag{9-12}$$

电压调整率

$$\text{VR}(\%) = \frac{V_{\text{nl}} - V_{\text{rated}}}{V_{\text{rated}}} \times 100 \tag{9-13}$$

参数的确定

$$R_{\text{DC}} = \frac{V_{\text{DC}}}{I_{\text{DC}}} \qquad R_{Y} = \frac{R_{\text{DC}}}{2} \qquad R_{\Delta} = 1.5 R_{\text{DC}} (\Omega) \tag{9-14, 9-15, 9-16}$$

$$Z_{\text{s}} = \frac{V_{\text{OC, phase}}}{I_{\text{SC, phase}}} (\Omega) \qquad X_{\text{s}} = \sqrt{Z_{\text{s}}^2 - R_{\text{a}}^2} (\Omega) \tag{9-17, 9-18}$$

$$\text{SCR} = \frac{I_{\text{f}}\text{空载试验达到额定电压所需的励磁电流}}{I_{\text{f}}\text{短路试验达到额定电流所需的励磁电流}} \tag{9-19}$$

损耗和效率

$$P_{\text{loss}} = P_{\text{stray}} + P_{\text{f,w}} + P_{\text{core}} + P_{\text{fcl}} + P_{\text{scl}} (\text{W}) \tag{9-21}$$

$$\eta = \frac{P_{\text{out}}}{P_{\text{in}} + P_{\text{field}}} = \frac{P_{\text{out}}}{P_{\text{out}} + P_{\text{loss}}} \tag{9-22}$$

正文引用的参考文献

1. Daley, J. M. Design considerations for operating on-site generators in parallel with utility service. IEEE Trans. Industry Applications, Vol. IA-21, No. 1, Jan./Feb. 1985, pp. 69-80.

2. Darron, H. G., J. L. Koepfinger, J. R. Mather, and P. A. Rusche. The influence of generator loss of excitation on bulk power system reliability. IEEE Trans. Power Apparatus and Systems, Vol. PAS-94, No. 5, Sept./Oct. 1975, pp. 1473-1483.

3. Del Toro, V. Electric Machines and Power Systems, Sec. 5-4. Prentice Hall, Upper Saddle River, NJ, 1985.

4. General Electric Co. Generator Instructions, GEK-7551 IB, 1985.

5. Hubert, C. I. Preventive Maintenance of Electrical Equipment. Prentice Hall, Upper Saddle River, NJ, 2002.

6. Institute of Electrical and Electronic Engineers. Test Procedures for Synchronous

Machines，IEEE Standard 115-1995，IEEE，New York，1995.

7. Kumagai，M.，T. Tanaka，K. Ito，Y. Watanabe，K. Sato，and Y. Gocho. Development of superconducting AC generator. IEEE Trans. Energy Conversion，Vol. EC-1，No. 4，Dec. 1986，pp. 122-129.

8. Mablekos，Van E. Electric Machine Theory for Power Engineers. Harper & Row，New York，1980.

9. McPherson，G. An Introduction to Electrical Machines and Transformers. Wiley，New York，1981.

10. Nasar，S. A. Handbook of Electrical Machines，McGraw-Hill，New York，1987.

11. National Electrical Manufacturers Association. Motors and Generators，Publication No. MG-1-1998. NEMA，Rosslyn，VA，1999.

思　考　题

1. 用一个两极同步电机和一个对应的相量图，解释电动机到发电机的过渡过程。

2. 请说明什么情况会导致同步发电机无法建立电压？

3. 假设汽轮发电机在额定负载下单独运行时，其三相输出端发生了意外的"短路"。电机会快速停止、减速还是超速？请解释。

4. 请解释为什么当负载连接到电枢上时，同步发电机产生反转矩。

5. 如铭牌上所示，请说明为什么同步发电机的额定电压，总是在特定的功率因数和频率下给出的额定 kVA？

6. 一台450V、三相、600kW、60Hz 的发电机 A 与另一台相同的电机 B 并联。B 在母线上，以 60Hz、450V、0.80 功率因数（滞后）承载 300kVA 负载。请说明为了使电机 A 与电机 B 并联运行，需遵循的步骤。在陈述中需包括操作的仪器、观察到的仪表，以及接入电机的具体电压和频率值。假设原动机已经起动。

7. 请解释为什么同步发电机并联时不能以不同的频率运行。

8. 如果同步示波器的指针停止旋转并保持在 30° 位置，请说明这意味着什么？必须做些什么才能实现正确的并联？

9. 当两个同步发电机之间的相位角相对较大时，请解释试图并联同步发电机的内在危险。最大允许误差角是多少？

10. 请说明用什么方法可以确定接入同步发电机的相序？相反相序是如何表示的？

11. 请说明在并联同步发电机之间如何实现有功功率的传递？

12. 一台 500kVA、三相、60Hz、450V 同步发电机以 0.90 的功率因数，为负载为 400kW 的母线供电。以大纲形式说明为使每台电机平均分担有功功率负载所应遵循的步骤。在转换过程中以及转换完成时，请写出调整过的仪器和观察的仪器，以及每台发电机的电压、频率和功率值。

13. 两台相同的发电机具有轻微下降的调速器特性，在 60Hz 时承担相等的母线负载。（a）在一组坐标轴上画出每台电机的代表性调速器特性曲线，并画出 60Hz 线；（b）用适当的虚线和字母表示过渡步骤，显示和说明如何将一台发电机的一部分负载转移到另一台发电机上。当转换完成时，母线必须以 60Hz 的频率运行。

14. 假设两台发电机都有下降的调速器特性，请解释为什么在一台发电机的原动机中加入更多的能量会导致两台发电机的频率增加。

15. 假设两台同步发电机 A 和 B 并联，承载相同的负载。发电机 A 有 2% 的速度调节，发电机 B 有 3% 的速度调节。画出特性曲线，标明：（a）母线负载增加时的负载分配；（b）母线负载减小时的负载分配。

16. 当母线负载增加或减少时，请解释两台同步发电机并联运行的行为，一台调速器具有下降特性，另一台调整为同步运行。

17. 请解释为什么两个发电机与同步调速器在并联运行时是内在不稳定的。

18. 请解释什么是电动状态？它有害吗？如何检测和纠正它？

19. 请使用相量图解释分析为什么在并联同步发电机之间的有功功率转移会导致它们之间无功功率的分配发生变化。

20. 请说明如何在并联同步发电机之间实现无功功率的转移？用什么仪器来观察这种转移？

21. 请解释为什么并联同步发电机励磁的调整会影响电机的功率因数。

22. 请使用相量图解释，当母线功率因数为 1 的时候，如何使一台同步发电机在超前功率因数下运行，而与之并行的另一台发电机在滞后功率因数下运行。

23. 借助相量图解释如何使两个并联同步发电机的每个功率因数和母线的功率因数都是滞后的，而且都是不同的。

24. （a）简述一台 2000V、50Hz、1000kVA 同步发电机与母线上另一台同步发电机并联的正确步骤。假设两台发电机具有相同的特性。（b）假设母线负载为 800kW，滞后功率因数为 0.8，为了使两台电机平均承担母线的有功功率，必须对每台电机做哪些调整？（c）必须对每台电机做什么调整，以便两台电机将平均承担母线的无功功率？

25. 请说明同步发电机的损耗是多少？热量是如何被带走的？

习　　题

9-1/2　试确定从 4 极同步发电机获得 50Hz 频率所需的转速。

9-2/2　某三相同步发电机空载运行时，在 60Hz 时的感应电势为 2460V。如果磁通量和转子转速各增加 10%，试确定电压和频率。

9-3/2　空载运行的同步发电机产生的电动势为每相 346.4V，频率为 60Hz。如果磁通量减少 15%，转速增加 6.8%，试确定：（a）感应电势；（b）频率。

9-4/2　一台 2400V、60Hz、三相、6 极、丫联结的同步发电机连接到母线上，以 28.2° 的功角提供 350kW 的功率。定子的同步电抗为 12.2Ω/ 相。忽略损耗，试确定：（a）同步发电机的输入转矩；（b）每相励磁电压；（c）电枢电流；（d）有功功率和无功功率分量；（e）功率因数。

9-5/3　一台 4 极、600V 同步发电机连接到母线，提供 60Hz、600V、2000kVA、80.4% 的功率因数负载。发电机由一台汽轮机驱动，输出 1955 lb·ft 的转矩到发电机轴，产生 36.4° 的功角。同步电抗为每相 1.06Ω。忽略损耗，试确定：（a）输入到发电机转子的机械功率；（b）每相励磁电压；（c）电枢电流；（d）输送到母线的视在功率的有功和无功分量；（e）发电机功率因数。

9-6/3　一台 6 极、75kVA、340V、60Hz、丫联结的柴油发电机，以 0.789 的滞后功率因数、220V、60Hz，给 54.5kVA 的母线负载供电。电枢的同步阻抗为每相 $0.18 + j0.92\Omega$。试确定：（a）电枢电流；（b）每相励磁电压；（c）功角；（d）柴油机提供的轴转矩（忽略损耗）。

9-7/11　A、B 两台汽轮发电机的额定转速分别为 300kW、3.5% 转速调整率和 600kW、2.5% 转速调整率。这两台电机以 60Hz、480V 并联工作。电机 A 提供 260kW 的功率，电机 B 提供 590kW 的功率。（a）画出系统的单线图；（b）在同一坐标轴上画出两台电机近似的调速下降特性，并标记出曲线；（c）断开断路器导致母线负载剩余 150kW。试确定新频率和每台电机所承载的有功功率负载。

9-8/11　两台 600kW、60Hz 的柴油驱动同步发电机 A 和 B 的调速器转速调整率分别为 2.0% 和 5.0%。这两台电机是并联的，并在 57Hz 时给负载为 1000kW 的母线提供相同份额。（a）在一组坐标轴上画出两台电机近似的调速器特性，并指出其工作频率。（b）在同一张图上，近似计算一种新的运行条件，假设母线上的负载减少到 400kW。（c）试确定（b）条件下的新频率和新负载分配。

9-9/11　一台 700kW、60Hz，带有 2.0% 转速调整率的发电机 A 与 6.0% 转速调整率的等额定功率发电机 B 并联运行。1000kVA、60Hz、2400V、80.6% 滞后功率因数的母线负载，平均分配给两台电机。如果一个 200kVA、60.0% 功率因数负载从母线断开，试确定：（a）新的工作频率；（b）每台电机的有功功率负载。

9-10/11　三台 600kW、60Hz、480V 的同步发电机并联，每台发电机提供以下负载：发电机 A，200kW；发电机 B，100kW；发电机 C，300kW。A、B、C 电机的转速调整率分别为 2.0%、2.0%、3.0%。系统频率为 60Hz。如果系统负载在滞后功率因数 70.0% 的情况下增加到 2000kVA，试确定每台电机的新运行频率和有功功率负载。

9-11/11　三台 25Hz 的汽轮发电机 A、B、C 并联，以 25Hz、2400V 工作。发电机 A 额定功率为 600kW，转速调整率为 2.0%。发电机 B 额定功率为 500kW，转速调整率为 1.5%。发电机 C 的额定功率为 1000kW，转速调整率为 4.0%。A、B、C 的负载分别为 200kW、300kW、400kW。母线负载增加到 800kW，试确定：（a）新的工作频率；（b）每个发电机的负载。

9-12/12　两台同步发电机 A 和 B 并联，以 480V、60Hz 平均分担母线负载。母线功率因数为 76.6%，每台发电机功率角为 20.0°。（a）用直尺和量角器（在坐标纸上）为每台发电机绘制独立的相量图；（b）假设调整了两台发电机的调速器控制，使电机 A 占母线负载的 25%，在相量图上构造新的条件。显示所有的构造线，并确定每台电机新的功率因数。

9-13/12　一台三相汽轮发电机与母线并联，功角为 27°，功率因数为 94.2% 并且线电压为 600V。（a）使用直尺、量角器和图样，按比例绘制相量图；（b）假设涡轮不工作，发电机励磁不改变，当它作为发电机时，一个机械负载相当于它所传递的负载的 60%，被施加到轴上。在相量图上显示该情况的变化，并确定新的功率因数和功角。

9-14/12　两台相同的 480V、60Hz 的柴油发电机 DG1 和 DG2 并联在一起，在功率因数为 0.802（滞后）的情况下平均分担 3000kW 的母线负载：（a）单独绘制显示每台电机原始状态的相量图；（b）操作两台电机的调速器控制，使 DG1 占母线负载的 2/3。假设母线电压、频率和励磁不发生变化。用直尺和圆规，在（a）图上按比例构造各自电机的新条件。显示所有的构造线，并使用量角器，确定每台电机新的功角和新的功率因数。

9-15/12   一台汽轮发电机 TG1 与母线并联，输出功率为 100kW，滞后功率因数 0.602，(a) 画出给定条件下的相量图；(b) 假设 TG1 调速器调整使原动机的能量输入增加一倍，用虚线在 (a) 的相量图上构造新的条件，并确定新的功角；(c) 假设 (b) 的条件进一步修改为 TG1 的磁通量增加 25%。利用虚线和在上述相量图构造新的条件，确定相应的功角。

9-16/12   两台 450V、三相、60Hz、600kW 的同步电机 A、B 并联运行，平均分担母线的有功功率和无功功率。母线负载为 1000kVA，滞后功率因数为 0.804。如果调整同步发电机 A 的励磁使其功率因数滞后到 0.85，另一台电机将在什么功率因数下运行？

9-17/12   两台同步发电机 A 和 B 并联给 560kVA、480V、60Hz，滞后功率因数 0.828 的母线负载供电。电机 A 在功率因数滞后 0.924 的情况下，承载了 75% 的有功功率负载。确定每台发电机提供的有功功率和无功功率。

9-18/12   两台同步发电机 A 和 B 并联，为 600V、60Hz 的母线负载供电，母线负载由 270kVA 的单位功率因数负载，一组 420kVA，功率因数 0.894 的感应电机以及一个 300kVA，超前功率因数 0.923 的同步电机组成。如果电机 A 在功率因数滞后 0.704 的情况下承载了总有功负载的 60%，则确定电机 B 提供的有功和无功分量。

9-19/12   三台相同的 1000kW 柴油发电机并联运行，在 450V、60Hz 和滞后功率因数 0.8 的情况下，平均分担 1500kW 的母线负载。对原动机 A、B、C，三台电机的调速器调速分别调整为 1.0%、2.0%、3.0%。(a) 在一组坐标轴上画出三台电机的调速器特性曲线，并标记曲线；(b) 当母线总负载增加到 1850kW 时，计算每台发电机新的运行频率和有功负载。(c) 当新工况下系统滞后功率因数 0.95 时，电机 A 的滞后功率因数 0.9，电机 B 的滞后功率因数 0.6，电机 C 的功率因数是多少？

9-20/14   试确定一台 37.5kVA、480V、60Hz、Y 联结，同步阻抗为每相 1.47Ω 的同步发电机电阻标幺值和同步电抗标幺值。

9-21/14   一台 5000kVA、13800V、60Hz、Y 联结的同步发电机具有每相 55.2Ω 的同步电抗。它的电阻可以忽略不计。试确定阻抗标幺值。

9-22/15   一台 250kVA、480V、三相、4 极、60Hz，同步电抗为每相 0.99Ω 的同步发电机，在额定工况下运行，滞后功率因数 0.832，磁化曲线如图 9.28 所示。试确定：(a) 激励电压；(b) 功率角；(c) 开路相电压；(d) 电压调整率；(e) 空载电压，如果在额定负载下，励磁电流降低到其值的 60%。

9-23/15   重复问题 9-22/15，假设超前功率因数是 0.832。

9-24/15   一台 1000kVA、4800V、60Hz、3600r/min，Y 联结，同步电抗为每相 14.2Ω 的同步发电机，以 4800V 的电压向滞后功率因数为 0.952 的母线负载提供 600kVA。假设曲线如图 9.28 所示。如果突然短路使发电机断路器断开，试确定发电机的开路电压。

9-25/15   150kVA、240V、△联结、60Hz、同步阻抗为每相 0.094 + j0.320 的同步发电机，在额定条件下运行，滞后功率因数为 0.752。假设应用图 9.28 中的曲线。试确定电压调整率。

9-26/15   重复问题 9-25/15，假设运行在额定条件和单位功率因数下。

9-27/15　一台 250kVA、450V、60Hz、三相、丫联结、同步阻抗为 0.05 + j0.24 的同步发电机。该电机与其他电机并联运行，并以额定电压、额定频率和 0.85 的滞后功率因数提供其额定容量。假设应用图 9.28 中的曲线。画出单相等效电路及相量图，试确定断路器断开时发电机线电压。

9-28/16　对一台丫联结、25kVA、240V、60Hz 的同步发电机的短路、空载和直流实验数据如下，试确定：（a）等效电枢电阻；（b）同步电抗；（c）同步阻抗；（d）短路比。

$$V_{OC} = 240.0V \qquad I_{SC} = 60.2A$$
$$V_{DC} = 120.6V \qquad I_{DC} = 50.4A$$

9-29/16　为确定一台 200kVA、480V、60Hz、三相、丫联结同步发电机的参数而进行的测试数据如下，试确定：（a）同步阻抗；（b）短路比。

$$V_{OC} = 480.0V \qquad I_{SC} = 209.9A$$
$$V_{DC} = 91.9V \qquad I_{DC} = 72.8A$$

9-30/16　一台 350kVA、600V、三相、4 极、丫联结的同步发电机的短路比为 0.87，等效电阻为每相 0.644Ω。试确定同步阻抗。

9-31/16　一台三相、125kVA、480V、三角形连接的同步发电机的短路实验，空载实验和直流实验的测试数据如下，试确定：（a）电枢电阻；（b）同步电抗；（c）同步阻抗。

$$V_{OC} = 480V \qquad I_{SC} = 519.6A$$
$$V_{DC} = 24.0\,V \qquad I_{DC} = 85.6A$$

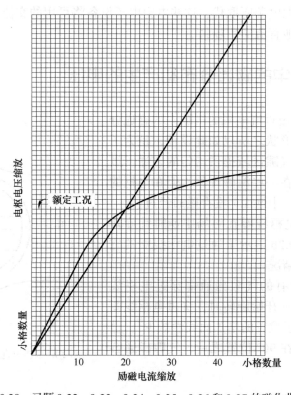

图 9.28　习题 9-22、9-23、9-24、9-25、9-26 和 9-27 的磁化曲线

第 10 章

直流电机原理

10.1　概述

　　早期直流电动机是所有旋转电机中用途最广的一种，它调速简便，调速范围从零速到额定转速及以上；但若控制不当，可能会达到过高的转速，产生的离心力会损坏转子。直流电动机可以在静止（堵转）到额定转速的范围内产生额定转矩，它在静止状态下产生的转矩比同等功率和额定转速的交流电动机产生的转矩大很多倍。

　　直流电动机被广泛用于各种工业驱动，如机器人、机床、石油化工、纸浆、造纸和钢铁厂、石油钻机和采矿业。它们也被广泛用于汽车系统和轨道交通。

　　然而，直流发电机作为曾经大型和小型工业工厂的主要电力来源，现在正越来越多地被含有电力电子设备的电源所取代，这些电力电子设备将可用的交流电转换成直流电，用于驱动直流系统和其他直流应用场景。

10.2　直流电机中的磁通分布和产生的电压

　　图 10.1 显示了两极直流电机的气隙中的磁通分布。直流电机的极面形状之所以如此设计，是为了在极面和电枢之间的气隙区域提供均匀的磁通。虽然在极间区域边缘存在一些漏磁现象，但在电枢的磁场几何中性面（简称中性面）没有磁通经过。

　　图 10.2a 显示了电枢线圈在磁场中逆时针旋转时的几个位置，图 10.2b 显示了通过电枢线圈的磁通随转子位置变化的情况。

　　在零度位置上所有的气隙磁通都穿过电枢线圈；当线圈从零度位置开始旋转时，穿过电枢线圈的气隙磁通就随着转子位置的增加而线性减少[⊖]，直到 90° 时减少为零。在 90° 位置之后，气隙磁通会

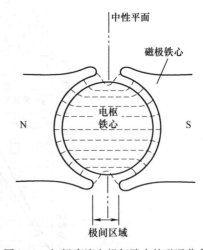

图 10.1　初级直流电机气隙中的磁通分布

　　[⊖]　不计铁心饱和。——译者注

从另一面穿过线圈。此后穿过线圈的磁通将线性增加，在 180° 时达到反向最大值，之后又将线性减小，在 270° 时为零，依此类推。除去磁通在极间区域微小变化的影响，穿过线圈的磁通随转子位置变化的函数关系大致呈三角形。

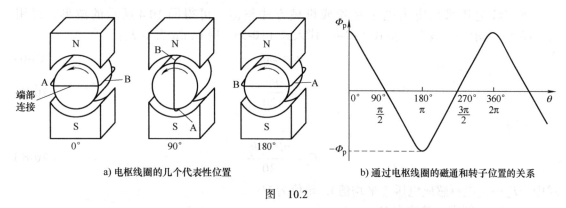

a) 电枢线圈的几个代表性位置　　　　　　b) 通过电枢线圈的磁通和转子位置的关系

图　10.2

根据法拉第定律，电枢线圈中产生的电动势大小等于线圈匝数与磁通变化率的乘积。楞次定律指明电动势的方向为磁通变化率的相反方向。根据法拉第—楞次定律，其关系式为

$$e = -N_a \frac{\mathrm{d}\phi}{\mathrm{d}t} \tag{10-1}$$

式（10-1）中的负号是楞次定律在法拉第定律中的体现。

对图 10.2b 的三角形磁链变化波形应用法拉第—楞次定律，可以得到如图 10.3 所示的方波电压。线圈以恒定转速旋转时，角速度可写为

$$\omega = \frac{\mathrm{d}\theta}{\mathrm{d}t} \quad \Rightarrow \quad \mathrm{d}t = \frac{\mathrm{d}\theta}{\omega} \tag{10-2}$$

将式（10-2）代入式（10-1）中，有

$$e = -N_a \omega \frac{\mathrm{d}\phi}{\mathrm{d}\theta} \tag{10-3}$$

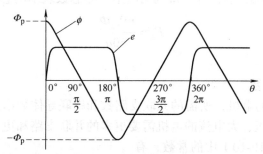

图 10.3　直流电机电枢中的三角形磁通穿过电枢线圈而产生的方波电压

参考图 10.3，前半个周期的电压波形所对应的磁通波形的斜率基本上是恒定的，大约等于

$$\frac{\mathrm{d}\phi}{\mathrm{d}\theta} = -\frac{\Delta\phi}{\Delta\theta} = -\frac{2\Phi_p}{\pi} \tag{10-4}$$

将式（10-4）代入式（10-3）中，可以得到方波电压在半个周期内的平均值为

$$E_a = \frac{2\omega N_a \Phi_p}{\pi} \tag{10-5}$$

将方波电压采用电力电子装置或机械方法整流，可得图 10.4 所示的波形，可用式（10-5）表示整个波形。将式（10-6）代入式（10-5），用 r/min 表示 E_a：

$$\omega = 2\pi f \tag{10-6}$$

$$f = \frac{Pn}{120} \tag{10-7}$$

可得：

$$E_a = \frac{nPN_a\Phi_p}{30} \tag{10-8}$$

式中　E_a——电枢感应电压（平均值），单位为 V；

　　　f——频率，单位为 Hz；

　　　n——转速，单位为 r/min；

　　　P——极数；

　　　Φ_p——单极磁通，单位为 Wb；

　　　N_a——电枢绕组匝数。

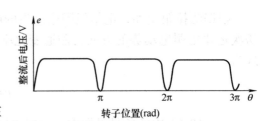

图 10.4　整流后的电压波形

每一匝电枢线圈有两根导体（线圈边）。在线圈连接端部不会产生感应电压；端部（也叫做端侧）并不"切割"磁力线（见图 10.4）。因此，对电枢导体：

$$N_a = \frac{z_a}{2} \tag{10-9}$$

式中　z_a——电枢导体总数。

一台实际电机的电枢上环绕着大量具有串并联关系的线圈，至少存在两条并联支路。将式（10-9）代入式（10-8）中，可以得到用电枢导体总数表示的感应电动势平均值。

$$E_a = \frac{nPz_a\Phi_p}{60a} \tag{10-10}$$

式中　a——并联支路数；

　　　z_a——电枢导体总数。

对于给定功率等级的电机，所需的并联支路数和串联导体数由系统电压决定；相比于高压、小电流电机，低压、大电流的电机需要更多的并联支路和更少的串联导体数。

用系数 k_G 替换式（10-10）中的常数，有

$$k_G = \frac{z_a P}{60a} \tag{10-11}$$

$$E_a = n\Phi_p k_G \tag{10-12}$$

例 10.1

一台 6 极、50kW 的直流电机，以 1180r/min 的转速运行，产生的感应电动势为

136.8V。若其转速降为原来的 75%，并且其每极磁通变为原来的两倍，请计算：（a）感应电动势；（b）电枢绕组中方波电压的频率。

解：

（a）由式（10-12）：

$$\frac{E_1}{E_2} = \frac{(n\Phi_p)_1}{(n\Phi_p)_2} \quad \Rightarrow \quad E_2 = E_1 \times \frac{(n\Phi_p)_2}{(n\Phi_p)_1}$$

$$E_2 = 136.8 \times \frac{0.75n \times 2\Phi_p}{n\Phi_p} = 205.2\text{V}$$

（b）

$$f = \frac{Pn}{120} = \frac{6 \times 1180 \times 0.75}{120} = 44.25\text{Hz}$$

10.3　换向

在直流电枢线圈内产生的方波电压通过安装在电枢轴上的换向器转变为负载回路中的单极性电压。图 10.5 给出了由单电枢线圈和换向器（由两个换向片构成）构成的两极直流电机模型。电枢绕组通过小的固定的石墨块（称为电刷）与外部端子，电刷采用弹簧压在换向器上。

如图 10.5 所示，电枢线圈内产生的电压每旋转 180° 改变一次方向，但外部电路中的电压保持在同一方向。旋转换向器和固定电刷构成一个旋转开关，提供一个开关动作，称为换向，将交流发电机内部的交流电压和电流切换成外部电路中的直流电压和电流。

当线圈旋转到和磁场几何中性面平行时，如图 10.5a 和 c 所示，线圈被电刷短路。由于线圈两个线圈边侧没有切割磁通，因此不会产生电枢电动势，也不会产生短路电流。

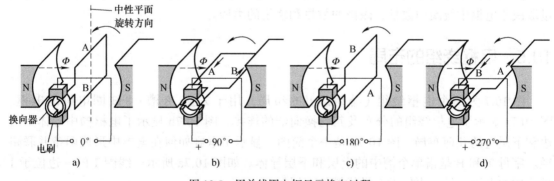

图 10.5　用单线圈电枢显示换向过程

一个实际电机的电枢表面分布有许多线圈，这些线圈逐个经过中性面。各线圈依次旋转经过中性面，由此产生一个基本恒定的电压。

10.4   电机结构

直流电机的剖视图如图 10.6 所示。并励线圈和串励线圈⊖绕制在同一铁心上并提供特定的电机特性。一些直流电机省略了并励线圈，并使用永磁体代替铁心，在这种情况下，串励线圈将缠绕在永磁体铁心上。

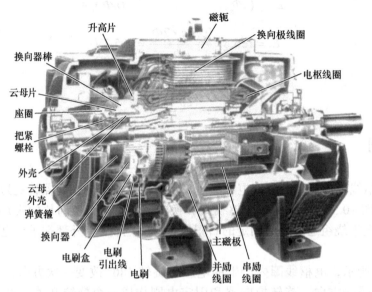

升高片   磁轭   换向极线圈
换向器棒   电枢线圈
云母片
座圈
把紧螺栓
外壳
云母外壳
弹簧箍
换向器   主磁极
电刷盒   电刷引出线   电刷   并励线圈   串励线圈

图 10.6   直流电机剖视图（由 Reliance Electric Company 提供）

间极，也称为附加极或换向极，位于主磁极之间。换向极用来减少电刷和换向器之间可能产生的火花。换向极和主磁极固定在电机铸铁机座上。石墨或金属—石墨电刷提供旋转换向器与外部负载之间的连接；它们可以在金属电刷盒中自由滑动，并通过铜丝辫和电刷盒相连。

换向器由铜排和云母片分隔器交替叠成，用 V 形金属压圈夹紧在一起。换向片的数量取决于电枢中线圈的数量、磁极的数量和绕组的类型。

10.5   电枢绕组的布局

图 10.7 为一个电枢绕组（叠绕组）的布局，用于 2 极、8 槽、8 线圈电机的电枢。图 10.7a 显示了电枢绕组的分布及其与换向器的连接，图 10.7b 显示了电枢槽中导体上层边和下层边的几何布局，图 10.7c 是一个简图，显示了电刷如何在电枢中形成两条并联路径。字母 T 和 B 是指单个槽中的上层和下层导体。如图 10.7a 所示，线圈 1 的一边位于 1 号线槽的上层，另一边位于 5 号线槽的下层⊖。

⊖   串励线圈一般在复励和串励电机中使用，其会影响电动机和发电机的特性。更多细节可分别参阅第 11 章、12 章。

⊖   若要深入了解电枢绕组，详见本章末尾的一般参考文献部分。

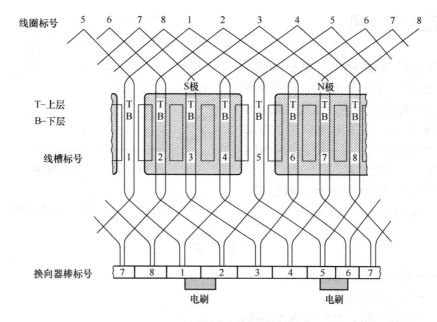

a) 线圈分布和换向器连接

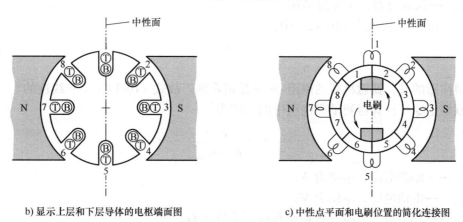

b) 显示上层和下层导体的电枢端面图　　　　c) 中性点平面和电刷位置的简化连接图

图 10.7　电枢绕组的展开图

10.6　电刷位置

如图 10.7c 所示，每个电刷在旋转时会依次短路每个线圈。这种情况发生在两个换向片与线圈端部连接使其与电刷接触的瞬间。电刷短路电枢线圈虽然是不期望的，但无法避免。因此，制造商将电刷接触的短路线圈放置在磁场几何中性线上。这被称为中性点设置。任何其他位置将导致线圈短路，形成电动势，导致线圈过热，并产生电火花。

在任何给定的电机中，电刷的物理布局取决于与换向器的线圈连接。当对直流发电机或电动机的电刷位置有疑问时，应进行电气测试，以确定正确的中性点设置[1, 2]。

10.7　直流发电机

　　并励发电机[⊖]励磁绕组与电枢绕组并
联。将励磁绕组与电池或另一个直流发
电机（称为励磁机）相连，称为他励发电
机。图 10.8 所示为使用电池供电的他励
发电机的等效电路图。电枢绕组的电阻为
R_a，励磁绕组的电阻为 R_f。

　　忽略剩磁（对于他励电机，剩磁可以
忽略不计），每极磁通可以表示为

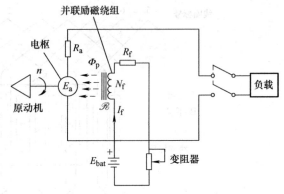

图 10.8　他励发电机的等效电路图

$$\Phi_p = \frac{N_f I_f}{\mathscr{R}} \tag{10-13}$$

式中　I_f——励磁电流，单位为 A；

　　　N_f——励磁绕组匝数；

　　　$\mathscr{R}$——磁路磁阻，单位为 A·t/Wb；

　　　Φ_p——每极磁通，单位为 Wb。

将式（10-13）代入式（10-12）中：

$$E_a = \frac{n N_f I_f k_G}{\mathscr{R}} \tag{10-14}$$

　　值得注意的是，铁磁材料的磁阻 $\mathscr{R}$ 不是恒定的。故式（10-14）是非线性的。

　　由欧姆定律可计算得到励磁绕组中的电流为

$$I_f = \frac{E_{bat}}{R_f + R_{rheo}} \tag{10-15}$$

式中　I_f——励磁电流，单位为 A；

　　　E_{bat}——电池电压，单位为 V；

　　　R_f——励磁绕组电阻，包括所有极，单位为 Ω；

　　　R_{rheo}——变阻器设定阻值，单位为 Ω。

　　减小变阻器阻值会增加励磁电流，进而使每极磁通增大，产生更大的电枢电动势。

　　在典型直流电机中，励磁电流和电枢感应电压之间的关系如图 10.9 所示。该曲线称
为磁化曲线或开路特性曲线，是式（10-14）中 E_a 与 I_f 的关系曲线图，适用于电机转速恒
定且电枢端子上没有连接负载的情况。

例 10.2

　　假设图 10.8 所示发电机的电枢绕组阻值为 0.014Ω，励磁绕组阻值为 10.4Ω，并且其
磁化曲线如图 10.9 所示。要使感应电动势达到 290V，请计算变阻器的设定值。电池电压
为 240V。

　　解：

　　从图 10.9 的磁化曲线可以获得所需要的励磁电流约为 8.9A。对并励电路应用欧姆

　　⊖　直流发电机或直流电动机最初是指并励发电机或并励电动机，其励磁绕组总是与电枢并联。

定律:

$$I_f = \frac{E_{bat}}{R_f + R_{rheo}} \quad \Rightarrow \quad R_{rheo} = \frac{E_{bat}}{I_f} - R_f$$

$$R_{rheo} = \frac{240}{8.9} - 10.4 = 16.57\Omega$$

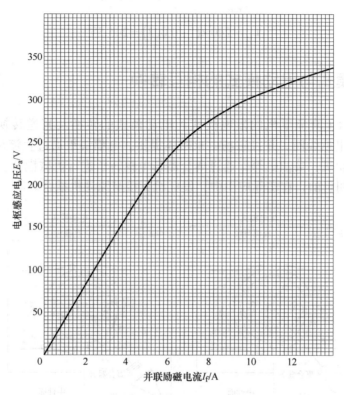

图 10.9　典型他励发电机的磁化曲线

10.8　电压调整率

直流发电机的电压调整率是指从空载到额定负载，端电压相对于额定电压的变化百分比:

$$\mathrm{VR} = \frac{V_{nl} - V_{rated}}{V_{rated}} \times 100\% \qquad (10\text{-}16)$$

式中　VR——电压调节率;

　　　V_{nl}——空载（开路）电压，单位为 V;

　　　V_{rated}——电机额定电压，单位为 V。

空载电压可通过在其额定条件下运行电机，然后去掉负载并记录端电压来获得。虽然这是一种精确的方法，但对于非常大型电机来说并不实用。

此外，也可以通过电机参数和相关的磁化曲线来近似获得空载电压（见第 12 章）。

例 10.3

一台 100kW、1800r/min 的发电机在额定负载下运行，其端电压为 240V。如果电压调整率为 2.3%，请计算其空载电压。

解：

$$VR = \frac{V_{nl} - V_{rated}}{V_{rated}} \quad \Rightarrow \quad V_{nl} = V_{rated} \times (1 + VR)$$

$$V_{nl} = 240 \times (1 + 0.023) = 245.5V$$

10.9　发电模式与电动模式的相互转换

图 10.10 展示了直流电机的发电模式到电动模式的转换及其逆转换。为方便起见，图中只画出一个电枢线圈，并且磁场由永磁体提供。电枢绕组通过直流母线和电池相连。原动机可以是汽轮机、柴油机等，通过离合器与电枢转子进行机械耦合。图 10.10 所示的离合器只用于说明目的，在实际应用中，发电机直接与原动机耦合。

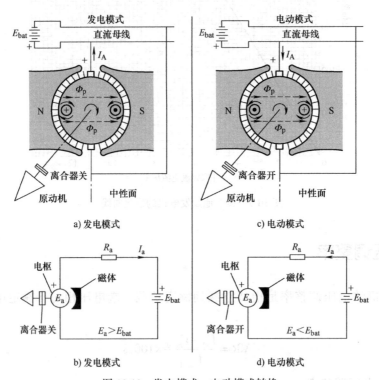

图 10.10　发电模式—电动模式转换

发电模式

在图 10.10a 中，离合器闭合，原动机以一定的转速拖动电枢，使其电动势大于电池电压。由于 $E_a > E_{bat}$，电机工作在发电模式，向母线提供电流，给电池充电。对于给定的磁极极性和电枢旋转方向，电枢导体中的电流方向由楞次定律和"磁通聚束"规则决定。

电阻 R 代表电枢绕组、电池和连接电缆的总电阻。

电动模式

　　通过断开离合器使原动机脱离，电枢转速下降，从而使产生的电动势下降。当转速下降到电压值 $E_a < E_{bat}$ 时，电池将作为源，使电枢中的电流反向，电机工作在电动模式。如图 10.10c 所示。值得注意的是，电动模式下电枢的旋转方向与原动机驱动时的方向相同。旋转的方向可以通过楞次定律和"磁通聚束"规则来验证。此外，如图 10.10b 和 d 所示，无论电机是作为电动机还是作为发电机运行，感应电动势（E_a）的方向都是一样的；因为在这两种情况下，磁极极性和旋转方向都相同。

　　所有的旋转电机（发电机和电动机）都会产生电动势和转矩。当作为发电机时，如图 10.10a 和 b 所示，电机产生电动势，如果能产生电流，则产生一个与驱动转矩相反的反转矩。当作为电动机时，如图 10.10c 和 d 所示，电机产生一个驱动转矩，如果轴可以自由转动，则产生一个与驱动电压相反的电动势，称为反电动势（counter-emf, cemf）。此外，无论作为电动机还是发电机，电机都会以相同的方向旋转；电枢电流的反向是工作状态变化的唯一反映，正如电流表上所显示的那样。

10.10　直流电动机的反转

　　直流电动机的反方向旋转可以通过改变电枢中的电流或磁场的极性来实现，但不能同时改变。图 10.11a 和 b 说明了电枢电流方向改变是如何改变旋转方向的；图 10.11c 和 d 说明了磁场的反向是如何改变旋转方向的。每一种情形下的转向都可以由"磁通聚束"规则来确定。

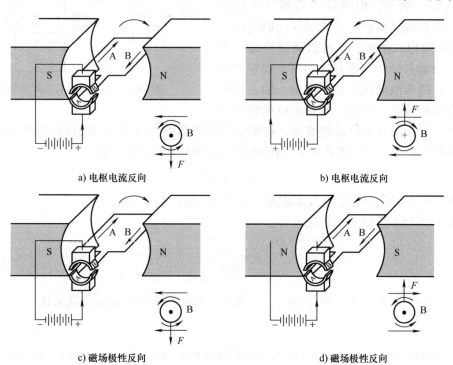

a) 电枢电流反向　　　　　　　　b) 电枢电流反向

c) 磁场极性反向　　　　　　　　d) 磁场极性反向

图 10.11　改变直流电动机转向

10.11　输出转矩

第 1 章第 1.10 节所述电机推导的转矩、导体电流和磁密之间的关系，适用于所有电动机。因此，从外特性上说：

$$T_{\mathrm{D}} = B_{\mathrm{p}} I_{\mathrm{a}} k_{\mathrm{M}} \tag{10-17}$$

式中　B_{p}——并联磁场极产生的气隙磁通密度，单位为 T；

　　　I_{a}——电枢电流，单位为 A；

　　　k_{M}——常数。

常数 k_{M} 取决于电动机设计，包括匝数、电枢导体的有效长度、极数、内部绕组类型和使用的单元。

如式（10-17）所示，直流电动机产生的转矩与气隙中的磁通密度和电枢中的电流成正比[⊖]。

10.12　直流电动机

直流电动机（称为并励电动机）的等效电路如图 10.12 所示。并励绕组连接在输入线上，它提供与电枢电流相互作用的磁通，产生导致电动机转动的转矩。

并励磁场不做功，它仅为电枢导体的旋转提供一个必要的介质。这就像马路之于汽车的行驶，马路不做功，但若没了马路汽车也不能运动。所有提供给磁场的能量在励磁绕组中以 I^2R 损耗的形式消耗。这可以通过连接一个功率表来测量并励绕组所分的功率。观察功率表会发现，随着电动机负载的增加，输入到磁场的功率没有变化。然而，放在电枢电路中的

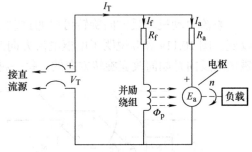

图 10.12　直流电动机等效电路图

功率表会显示，随着轴负载的增加，功率会按比例增加。假设产生的转矩能使电机旋转，电枢中就会产生一个与电枢转速和气隙磁通成比例的反电动势，即

$$E_{\mathrm{a}} = n \Phi_{\mathrm{p}} k_{\mathrm{G}} \tag{10-18}$$

式中　Φ_{p}——并励绕组产生的气隙磁通，单位为 Wb。

由式（10-18）求解电枢转速可得：

$$n = \frac{E_{\mathrm{a}}}{\Phi_{\mathrm{p}} k_{\mathrm{G}}}\bigg|_{\Phi_{\mathrm{p}} \neq 0} \tag{10-19}$$

在式（10-19）所示的约束范围内，直流电动机的转速与每极磁链成反比。

⊖　直流电机气隙中所需的磁通密度取决于其功率和额定转速，对于大型电机，其磁通密度从低至约 0.5T 到略高于 1.0T 不等[3]。

值得注意的是，如果 $\varPhi_p=0$，那么式（10-17）中的电机转矩将为零，因此电枢将不会旋转。

对图 10.12 中的电枢电路应用基尔霍夫电压定律求解电流：

$$V_{\mathrm{T}} = I_a R_a + E_a$$

$$I_a = \frac{V_{\mathrm{T}} - E_a}{R_a}$$

例 10.4

一台并励电动机在 240V、20hp、850r/min 的额定条件下工作时，电枢电流为 72A。电枢和励磁绕组的电阻分别为 0.242Ω 和 95.2Ω。请计算电机转速 1650r/min、电枢电流 50.4A 时，励磁磁通的减少量百分比。

解：

$$I_{\mathrm{f1}} = \frac{240}{95.2} = 2.52\mathrm{A}$$

$$I_{\mathrm{a1}} = I_{\mathrm{T}} - I_{\mathrm{f1}} = 72 - 2.52 = 69.48\mathrm{A}$$

$$E_{\mathrm{a1}} = V_{\mathrm{T}} - I_{\mathrm{a1}}R_a = 240 - 69.48 \times 0.242 = 223.19\mathrm{V}$$

$$E_{\mathrm{a2}} = V_{\mathrm{T}} - I_{\mathrm{a2}}R_a = 240 - 50.4 \times 0.242 = 227.80\mathrm{V}$$

$$n_2 = n_1 \frac{(E_a/\varPhi_p)_2}{(E_a/\varPhi_p)_1} \quad \Rightarrow \quad \varPhi_{\mathrm{p2}} = \frac{n_1}{n_2} \times \frac{E_{\mathrm{a2}}}{E_{\mathrm{a1}}} \times \varPhi_{\mathrm{p1}}$$

$$\varPhi_{\mathrm{p2}} = \frac{850}{1650} \times \frac{227.80}{223.19} \times \varPhi_{\mathrm{p1}} = 0.5258\varPhi_{\mathrm{p1}}$$

$$\frac{0.5258\varPhi_{\mathrm{p1}} - \varPhi_{\mathrm{p1}}}{\varPhi_{\mathrm{p1}}} \times 100\% = -47.4\%$$

10.13　直流电动机加载和卸载的动态过程

图 10.13 为并励电动机转轴上加载恒定转矩后，电机转速、反电动势、电枢电流和输出转矩的动态过程；带圈数字表示事件顺序。电机在空载情况下运行，其输出转矩仅用于克服摩擦、风阻和很小的杂散损耗。在电机转轴加载（t_1 时刻）会导致 $T_{\mathrm{load}} > T_{\mathrm{D}}$，电枢减速。转速的降低引起了反电动势的减小，电枢电流增加，进而使输出转矩变大。电机持续减速的过程，导致电枢电流增加，产生更大的输出转矩，直到 T_{D} 和轴上负载相等。此时（t_2 时刻），减速停止，电机以较低的稳态转速和较高的电枢电流运行。

同样，如果轴载荷减小，$T_{\mathrm{D}} > T_{\mathrm{load}}$，电枢加速。随着转速的增加，反电动势增加，导致电枢电流减小，从而减小了输出转矩。电机继续加速，电枢电流减小，产生的转矩越来越小，直到 $T_{\mathrm{D}}=T_{\mathrm{load}}$。此时，电机停止加速，电机以较高的稳态转速和较低的电枢电流运行。

当增加或减少负载时，所产生的不平衡转矩分别引起减速或加速。这种转速的变化，伴随着反电动势的降低或升高，在一个方向上自动调节电流以平衡反转矩。

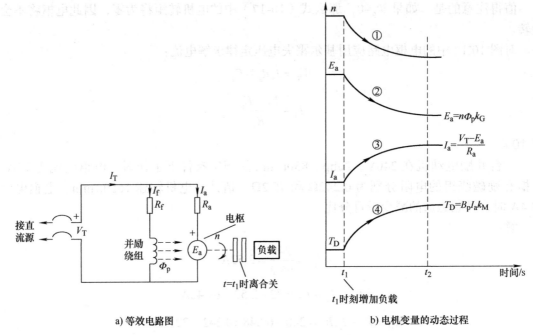

a) 等效电路图   b) 电机变量的动态过程

图 10.13   并励电动机轴上加载恒定负载时的动态过程

10.14   转速调整率

直流电动机的转速调整率是指在额定电压和额定工作温度下，电机从空载到额定负载时转速相对于额定转速的变化百分比：

$$SR = \frac{n_{nl} - n_{rated}}{n_{rated}} \times 100\% \qquad (10\text{-}20)$$

式中 n_{nl}——空载转速，单位为 r/min；

$\quad\quad n_{rated}$——额定转速，单位为 r/min；

$\quad\quad SR$——转速调整率。

例 10.5

一台 120V、1750r/min、5hp 的电机以额定条件运行，转速调整率为 4%。请计算其空载转速。

解：

由式（10-20）：

$$S_{nl} = n_{nated}\left(\frac{SR}{100} + 1\right) = 1750 \times (0.004 + 1) = 1820 \text{r/min}$$

10.15   直流电机负载时电枢电感对换向的影响

图 10.14 显示了电枢未连接负载时的整流过程，箭头仅表示电压方向；除非电枢连

接负载，否则电枢线圈中没有电流。当电枢旋转时，线圈 2 中的感应电压从 S 极下时的顺时针方向（a 部分）变为换向区的零电压[⊖]（b 部分），再到 N 极下时的逆时针方向（c 部分）。换向区如图 10.14a 所示，是换向器圆周上电枢线圈被电刷短路的部分。

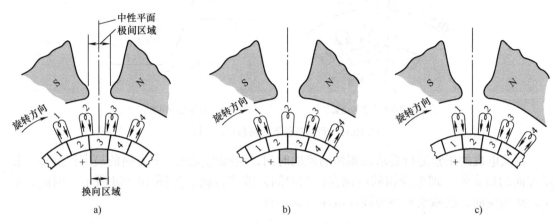

图 10.14　显示线圈 2 经过换向区时电压变化的空载换向过程草图

当负载连接到直流电机上时，换向器试图在线圈通过换向区时使线圈电流和线圈电压反向。然而，线圈电感的存在延迟了线圈电流的变化，使其在非常短暂的换向期内无法降至零和反向[⊖]。换向时间是电枢线圈被电刷短路的持续时间。电枢电感对换向过程的影响如图 10.15 所示。

如图 10.15a 所示，电流由线圈 2 和线圈 3 经换向器和电刷流向负载。图 10.15b 显示线圈 2 经过换向区；磁场磁极不再在线圈中产生感应电动势，线圈被电刷短路，电流开始减小。根据楞次定律，电流减小产生自感电动势，使转换过程进一步减慢。因此，线圈 2 旋转到图 10.15c 所示的位置时，其电流还没有足够的时间降至零。当换向片 3 从电刷上断开时，线圈 2 的电流突然降为零，产生一个较高的自感电动势，使换向片 3 和电刷之间产生电弧。如果任由电弧继续发展，将严重损坏换向器和电刷，若不采取纠正措施，电机将无法运行。

a) 线圈电感引起的电流反转延迟

b) 线圈电感引起的电流反转延迟

图 10.15　负载条件下的换相过程

⊖　在空载时，磁通进入整流区所产生的任何电压都是微不足道的。

⊖　如果每对电枢槽包含一个以上的线圈，则线圈之间的互感会增加感应效果。

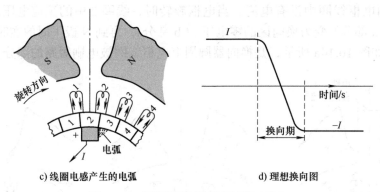

c) 线圈电感产生的电弧   d) 理想换向图

图 10.15　负载条件下的换相过程（续）

直流电机的正常运行要求在很短的换向时间，线圈电流从一个方向的最大值反转到相反方向的最大值。理想换相的电流在换相时间内改变方向，如图 10.15d 所示。因此，对于理想的换向，线圈电流将与线圈电压方向一致。

10.16　换向极

为了消除自感电动势引起的火花，在直流电机的中性面上安装了称为换向极或中间极的窄极。如图 10.6 直流电机剖视图所示，换向极仅影响正在换向的线圈。换向极绕组的设计目的是产生一个足够大的感应电动势，以迫使每个电枢线圈中的电流在经过极间区域时反向。理想情况下，换向线圈中的电流应在进入换向区时开始下降，在中性面时为零，然后反向上升，在离开换向区时达到峰值。

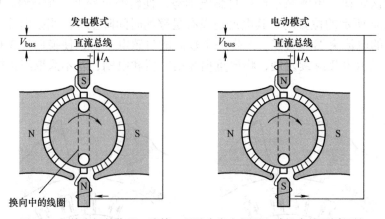

图 10.16　换向极的位置、连接，以及在发电机和电动机中的不同极性

如图 10.16 所示的电机结构中，换向极绕组和电枢绕组串联，因此，换向极磁性强弱与电枢电流成正比。换向极绕组构成电枢电路的一部分，不得断开或反接。不正确的连接会比不使用换向极绕组导致更严重的火花。图 10.16 所示为电动机和发电机在特定方向转向时换向极绕组极性与磁极极性的关系。

由于电枢线圈的跨度约为 180° 电角度，线圈的两侧将同时进入磁场几何中性线。因此，相比使用两个换向极在每个线圈进入中性线时来产生感应电动势以抵消自感电动势，可以使用一个匝数更多的换向极来代替两个换向极。

换向极饱和

在额定负载或以下运行时，换向极磁通与电枢电流成正比，因此，感应电动势始终与自感电动势相等且相反。然而，当工作负载远高于额定负载时，出现换向极饱和现象，其磁通不再与电枢电流成比例。换向极不能再产生与自感电动势成比例的反向电动势，电刷短路的线圈中将出现相对较大的电流，从而引起火花。

10.17　电枢反应

当发电机或电动机改变加载时，电枢线圈中的电流自身产生的磁动势，与磁极自身的磁动势会发生相互作用，扰乱气隙中的均匀磁通分布，这种行为称为电枢反应。

电枢反应对发电状态和电动状态时电机的磁通分布影响分别如图 10.17a 和图 10.17b 所示。附带的矢量图仅用于显示电枢磁动势引起的磁通偏移方向。虽然图 10.17 中只显示了一个电枢线圈，但实际电机的许多线圈都均匀分布在电枢周围，如图 10.7 所示。因此，当一个电枢线圈从图 10.17 所示位置旋转离开时，另一个线圈取而代之，电枢磁动势在空间中保持固定。

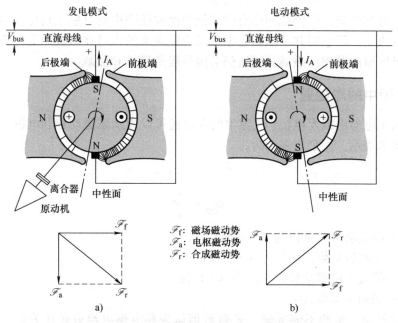

图 10.17　直流发电机和电动机中的电枢反应影响

直流发电机中的电枢反应

如图 10.17a 所示，发电机中的电枢反应磁动势使中性面在旋转方向上发生偏转。最终结果是磁极后极端的磁通增加，前极端的磁通减少[⊖]，极间区域漏磁增加。然而，由于铁

[⊖]　当一个电枢导体进入极间区域时，它从主磁极后缘离开，往另一主磁极前缘靠近。

磁的非线性，后极端磁通的增加小于前极端磁通的减少，从而导致磁极净磁通减少。如图 10.17 所示，虽然矢量 $\mathscr{F}$ 表明合成磁动势增加，但由于电枢磁动势导致的磁通轴偏移，再加上磁饱和，会产生去磁效应。

电枢反应对直流发电机的运行有两点负面影响：

1）极间区的磁通使换向线圈产生电动势，在电刷处产生电弧。

2）磁通的减少会导致产生电压的降低。

直流电动机中的电枢反应

如图 10.17b 所示，电动机中的电枢反应磁动势使中性面向旋转的反方向发生偏转。最终结果是磁极前极端的磁通增加，磁极后极端的磁通减少，并且在极间区域边缘出现漏磁现象。这对直流电机的性能有两个负面影响：

1）极间区的磁通会在换向线圈中产生电动势，导致电刷产生电弧。

2）磁极净磁通的减少导致电机转速有所升高。

电枢反应与换向极

无论是作为电动机还是作为发电机，电枢反应对直流电机性能的影响程度取决于电枢电流的大小。负载增加使电枢磁动势增加，不良影响加重。

如果通过增加匝数使换向极有足够的强度，将产生额外的反向磁动势，以抵消换向极区域电枢磁动势的影响，但仍能同样有效地抵消换向线圈中的自感电动势。尽管换向极可以消除或减少火花，但它们并不能阻止电枢反应所带来的磁通在磁极面上的移动；它们只是阻止换向极区域的漏磁。磁场总磁通仍会因各极的磁饱和而减少。

直流电机气隙中的净磁通

直流电机（电动机或发电机）气隙中的净磁通可以用励磁磁动势和电枢反应引起的等效去磁磁动势来表示。用公式表示为，

$$\mathscr{F}_{net} = \mathscr{F}_f - \mathscr{F}_d \tag{10-21}$$

$$\Phi_{gap} = \frac{\mathscr{F}_{net}}{\mathscr{R}} \tag{10-22}$$

式中 $\mathscr{F}_{net}$ ——净磁动势，单位为 A·t/ 极；

$\mathscr{F}_f$ ——励磁磁动势，单位为 A·t/ 极；

$\mathscr{F}_d$ ——等效去磁磁动势，单位为 A·t/ 极；

$\mathscr{R}$ ——磁阻（非线性）。

值得注意的是，虽然不够准确，$\mathscr{F}_d$ 被近似认为和电枢电流成正比关系。但是如果使用补偿绕组（在 10.19 节中有描述），则 $\mathscr{F}_d=0$。

10.18   紧急情况下的电刷移位

一般情况下，电刷应放置在中性面上。若无证据表明设置出错，不应为了减小电火花

而改变电刷中性面设置⊖。电刷处产生火花的最可能原因包括：电枢存在线圈开路、换向极有缺陷、电刷弹簧压力不合理或电刷等级不合理等。维修装配不当或换向器磨损可能导致中性点设置不正确。过度磨损和人为重新磨平引起的换向器直径变小，可能导致电刷与换向器的接触位置稍微偏离中性面。

如果换向极有缺陷，并且进行维修或替换需要的停机时间过长，快速的解决方法是将电刷在发电机旋转方向上移动，电动机则在其旋转的反方向移动，如此操作将减少电火花。然而，由于电枢反应引起的磁通的角位移是电枢电流大小的函数，因此对于每个负载值，电刷必须移动到不同的位置⊖。

此外，移动电刷使电枢磁动势具有削弱磁通的分量。图 10.18 给出了对于直流发电机的示例。如图 10.18a 所示，电刷的正常位置导致电枢磁动势 $\mathscr{F}_a$ 垂直于励磁磁动势 $\mathscr{F}_f$。将电刷移动到图 10.18b 所示的位置，导致电枢磁动势（$\mathscr{F}_d$）的一个分量与励磁磁动势相反。

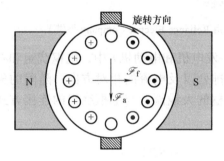
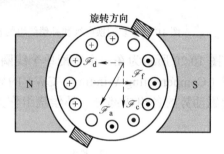

a) 电刷在磁中性面上　　　　　　　　b) 电刷在旋转方向上移动到新的位置

图 10.18　电刷位移对直流发电机磁场强度的影响

电刷移位应作为最后的手段，为减少火花，电刷应定位在平均负载所对应的操作位置。此点非常重要，应由有经验的工程师完成；如果操作不当，可能会造成操作人员受伤或设备损坏。

10.19　补偿绕组

在发生快速反转、大而快速的负载变化的场景中，电枢反应的影响特别严重。由于电机的变压器电动势，电枢磁通的突然较大变化在所有电枢线圈中将引起高的瞬态电压。如果瞬态电压高到足以引起换向片之间的电弧，则可能发生电刷对电刷的电闪络。电闪络是伴随着巨大爆炸噪声的瞬态大电流电弧。轻微的电闪络会引起换向片的点蚀和电刷边缘的烧点；严重的电闪络可能会熔融电刷刷握和换向器，并毁坏电枢绕组和铁心。为了防止电闪络，设计用于负载大、波动快场合的直流电机，如钢厂和船舶推进装置，都配备了极面绕组。极面绕组称为补偿绕组，如图 10.19 所示。补偿绕组与电枢串联连接，通过建立一个始终与电枢磁动势相等且相反的磁动势，基本上消除了电枢反应。

⊖　了解更多电刷火花和电刷中性面的正确定位步骤，详见参考文献 [1]。
⊜　在换向极发明之前，在电刷上安装了一个电刷移杆，以便在负载改变时轻松移动电刷轴。

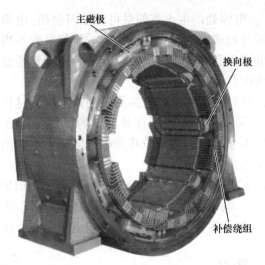

图 10.19   装配换向级和补偿绕组的直流电机（由 Reliance Electric Company 提供）

图 10.20 所示为在一个装配单个线圈的电机（发电机和电动机）中，电枢绕组和补偿绕组（Compensating Winding，CW）的导体平行排列以及电流的相对方向；随附的矢量图为磁动势的各组成部分。补偿绕组作为围绕电枢的大线圈，与电枢绕组的连接方式是串联。

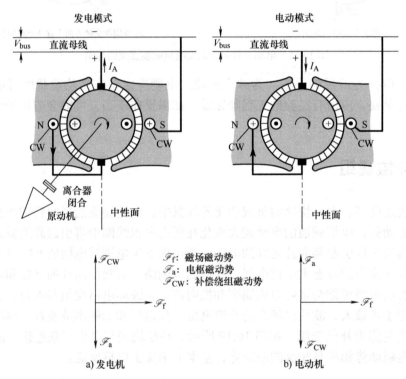

图 10.20   电枢绕组和补偿绕组中导体平行排列和电流相对方向的示意图

请注意，带有补偿绕组的电机仍然需要换向极来抵消在进行换向的线圈中自感电动势。

10.20 他励发电机的等效电路

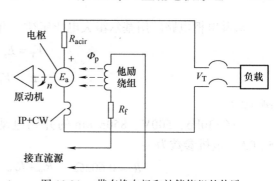

图 10.21 带有换向极和补偿绕组的他励
发电机的完整等效电路图

如图 10.21 所示为带有换向极和补偿绕组的他励发电机的等效电路图。对电枢电路应用基尔霍夫电压定律，假定在稳态条件下：

$$E_a = I_a R_{acir} + V_T \qquad (10\text{-}23)$$

$$R_{acir} = R_a + R_{IP} + R_{CW} \qquad (10\text{-}24)$$

式中 R_a——电枢绕组电阻，单位为 Ω；

$\quad R_{IP}$——中间极绕组电阻，单位为 Ω；

$\quad R_{CW}$——补偿绕组电阻，单位为 Ω；

$\quad R_{acir}$——电枢电路电阻，单位为 Ω。

值得注意的是，式（10-23）忽略了在碳或石墨电刷上的相对小的电压降（称为电刷压降）[⊖]，并且忽略了电枢电路的电感。此电感对稳态无影响。

例 10.6

一台他励的、带补偿绕组的并励发电机，在 25kW、250V 和 1450r/min 的额定状态下工作，并有以下参数：

$$R_a = 0.1053\Omega \quad R_{IP} = 0.0306\Omega \quad R_{CW} = 0.0141\Omega \quad R_f = 96.3\Omega$$

请计算感应电动势。

解：

等效电路图如图 10.21：

$$I_a = \frac{P}{V_T} = \frac{25000}{250} = 100A$$

$$R_{acir} = 0.1053 + 0.0306 + 0.0141 = 1.500\Omega$$

$$E_a = V_T + I_a R_{acir} = 250 + 100 \times 0.150 = 265V$$

10.21 并励电动机的等效电路

图 10.22 展示了带换向极和补偿绕组并励电动机的等效电路图。

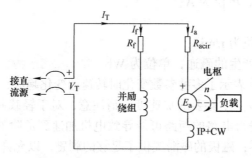

图 10.22 带换向极和补偿绕组并励电动机的等效电路图

⊖ 电刷压降在计算损耗时不能被忽略见 10.26 节。了解更多关于电刷材料和电刷压降，详见参考文献［2］和［3］。

对其电枢电路应用基尔霍夫电压定律，并假定其处于稳态：

$$V_\mathrm{T} = E_\mathrm{a} + I_\mathrm{a}R_\mathrm{acir}$$

$$E_\mathrm{a} = V_\mathrm{T} - I_\mathrm{a}R_\mathrm{acir} \tag{10-25}$$

例 10.7

一台 30hp、500V、850r/min 的并励电动机，测得其在额定条件下运行的线电流为 51.0A。电机参数为

$$R_\mathrm{a} = 0.602\Omega \qquad R_\mathrm{IP} + R_\mathrm{CW} = 0.201\Omega \qquad R_\mathrm{f} = 408.5\Omega$$

请计算反电动势。

解：

等效电路与图 10.22 类似：

$$I_\mathrm{f} = \frac{V_\mathrm{T}}{R_\mathrm{f}} = \frac{500}{408.5} = 1.224\mathrm{A}$$

$$I_\mathrm{a} = I_\mathrm{T} - I_\mathrm{f} = 51.0 - 1.224 = 49.78\mathrm{A}$$

$$R_\mathrm{acir} = R_\mathrm{a} + R_\mathrm{IP} + R_\mathrm{CW} = 0.602 + 0.201 = 0.803\Omega$$

$$E_\mathrm{a} = V_\mathrm{T} - I_\mathrm{a}R_\mathrm{acir} = 500 - 49.78 \times 0.803 = 460.0\mathrm{V}$$

10.22   直流电动机的机械特性方程

将电枢电路的基尔霍夫电压方程代入直流电机的转速特性方程，得到直流电机的机械特性方程。由式（10-19）：

$$n = \left. \frac{E_\mathrm{a}}{\Phi_\mathrm{p}k_\mathrm{G}} \right|_{\Phi_\mathrm{p} \neq 0}$$

将式（10-25）代入式（10-19）：

$$n = \left. \frac{V_\mathrm{T} - I_\mathrm{a}R_\mathrm{acir}}{\Phi_\mathrm{p}k_\mathrm{G}} \right|_{\Phi_\mathrm{p} \neq 0} \mathrm{r/min} \tag{10-26}$$

式中 R_acir——电枢回路电阻，单位为 Ω；

$\quad\quad I_\mathrm{a}$——电枢电流，单位为 A；

$\quad\quad k_\mathrm{G}$——常数；

$\quad\quad n$——转速，单位为 r/min；

$\quad\quad \Phi_\mathrm{p}$——并励绕组产生的磁通，单位为 Wb。

电机转速式（10-26）表示了多种参数变化时转速的变化趋势，也可用于计算稳态转速，前提是产生足够的转矩以产生必要的加速度。请注意，对于轻载并励电动机（没有过电流或失磁装置保护）并励绕组电路的断路可能导致电机加速到危险的高速。当励磁回路开路时，磁通不会瞬间降为零；磁极的磁滞提供了足够的剩磁，以允许电机加速到过大的转速，可能导致因较大离心力所产生的损坏特性。由于磁通的减少而引起的反电动势减小导致电

枢电流增大，如果电枢电流增大，则会导致 B_pI_a 增大，电机将加速［见式（10-17）］。

额定转速

直流电动机的额定转速是其铭牌值，该转速是电机在额定电压、额定负载、额定工作温度，并且并励绕组和电枢都没有串联额外电阻的条件下的转速。

为使电机在其额定转速上加速，所输出的转矩一定要比转轴上的负载转矩、风阻、摩擦之和更大。同样地，要减小转速，输出的转矩就要比负载转矩、风阻、摩擦之和更小。如式（10-17）所示，改变转矩至少需要磁通密度、电枢电流二者之一的变化。

例 10.8

一台 25hp、240V 的并励电动机在 850r/min 的额定条件下运行，其线电流为 91A。在电枢回路中串联 2.14Ω 的电阻后，电机转速降至 634r/min。电枢电阻为 0.221Ω，励磁回路电阻为 120Ω。请计算新的电枢电流。

解：

电路图如图 10.23：

$$I_f = \frac{240}{120} = 2\text{A}$$

$$I_a = I_T - I_f = 91 - 2 = 89\text{A}$$

应用式（10-26），并注意到并励磁场电流没有改变：

$$\frac{n_1}{n_2} = \frac{V_T - I_{a1}R_{acir}}{V_T - I_{a2}(R_{acir} + R_x)}$$

$$I_{a2} = \frac{V_T - \dfrac{n_2}{n_1} \times (V_T - I_{a1}R_{acir})}{R_{acir} + R_x}$$

$$I_{a2} = \frac{240 - \dfrac{634}{850} \times (240 - 89 \times 0.221)}{0.221 + 2.14} = 32.05\text{A}$$

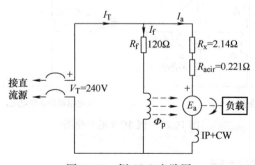

图 10.23　例 10.8 电路图

例 10.9

一台额定功率为 10hp、电压为 240V、转速为 2500r/min 的并励电动机在额定条件下运行时电流为 37.5A。电机参数为 $R_a = 0.213\Omega$、$R_{CW} = 0.065\Omega$、$R_{IP} = 0.092\Omega$ 和 $R_f = 160\Omega$。

请确定：（a）如果在励磁回路中安装一个变阻器，将气隙中的磁通减小到额定值的 75.0%，在电枢上串联一个 1.0Ω 电阻，并将轴上的负载转矩减小到额定值的 50%，则稳态电枢电流为多少；（b）在（a）条件下的稳态转速。

解：

额定条件下的电路图如图 10.24a 所示。

（a）在额定条件下：

$$I_f = \frac{V_f}{R_f} = \frac{240}{160} = 1.50A$$

$$I_a = I_T - I_f = 37.5 - 1.5 = 36A$$

新条件下的电路图如图 10.24b 所示。由式（10-17）：

$$\frac{T_1}{T_2} = \frac{(\Phi_p I_a)_1}{(\Phi_p I_a)_2} \quad \Rightarrow \quad I_{a2} = I_{a1} \times \frac{T_2}{T_1} \times \frac{\Phi_{p1}}{\Phi_{p2}}$$

$$I_{a2} = 36 \times \frac{0.50 T_1}{T_1} \times \frac{\Phi_{p1}}{0.75 \times \Phi_{p1}} = 24.0A$$

（b） $$R_{acir} = R_a + R_{CW} + R_{IP} = 0.213 + 0.065 + 0.092 = 0.370Ω$$

由式（10-26）：

$$\frac{n_2}{n_1} = \left(\frac{V_T - I_a R_{acir}}{\Phi_p k_G} \right)_2 \times \left(\frac{\Phi_p k_G}{V_T - I_a R_{acir}} \right)_1$$

$$n_2 = 2500 \times \frac{240 - (24 \times 1 + 0.370)}{0.75 \Phi_p k_G} \times \frac{\Phi_p k_G}{240 - 36 \times 0.370}$$

$$n_2 = 3046 r/min$$

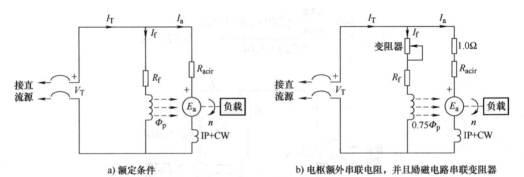

a) 额定条件　　　　　　　　b) 电枢额外串联电阻，并且励磁电路串联变阻器

图 10.24　例 10.9 的电路图

10.23　调速的动态过程

电枢控制

当在额定转速以下降低电机转速时，如图 10.25a 所示，必须在电枢中串联电阻或变

阻器。图 10.25b 展示了并励电动机在恒转矩负载条件下，电枢回路中串入电阻后，电枢电流、输出转矩、转速和反电动势的动态过程。虽然曲线未按比例绘制，但反映了电机参数的一般变化趋势。圈内的数字表示事件发生的先后关系。在电枢电路中串入电阻导致电枢电流减小，使输出转矩减小，并使电机减速。在电机减速时，反电动势减小，又使得刚刚减小的电枢电流增加。当电枢电流增加到一个值，使得输出转矩和转轴上的负载转矩、风阻、摩擦之和相等（t_2 时刻），电机将不再减速，而是以更低的稳态转速运行。风阻和摩擦的减小对转速的影响可忽略不计。因此，最终的稳态电枢电流与电阻串接之前基本相同。

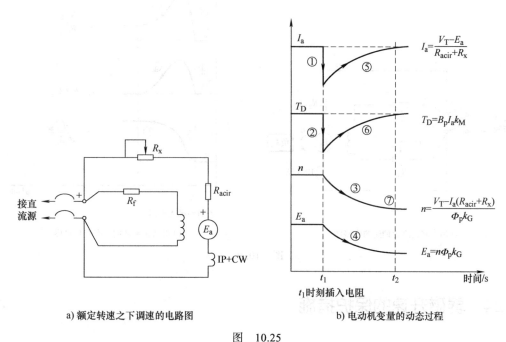

a) 额定转速之下调速的电路图   b) 电动机变量的动态过程

图 10.25

并励磁场控制

如图 10.26a 所示，要使电机在其额定转速之上加速，就要在其并联励磁电路中串入电阻或变阻器。图 10.26b 展示了并励电动机在恒定负载转矩情况下，并励回路中串入电阻或变阻器后，其励磁磁通、反电动势、电枢电流、输出转矩和转速的动态变化过程（简化形式）。并励绕组电路的时间常数防止了励磁电流的瞬时变化。

虽然图 10.26b 中的曲线并未按比例绘制，但能够反映电机参数的动态过程。圆圈中的数字表示事件的先后关系。励磁回路中串入电阻使励磁电流减小，因此磁通减小。减小的磁通使反电动势减小，进而增大电枢电流。如果电枢电流增大的百分比大于磁通密度减小的百分比，并且磁通密度不为零，则转矩增大，电机加速。当电机加速时，其反电动势和转速呈正比关系增大，刚刚增大的电枢电流又会减小。当电枢电流减小到一个值，使得输出转矩和轴上负载转矩、风阻、摩擦之和相等（t_2 时刻），电机不再加速，而是以更高的稳态转速和电枢电流工作。电机只有电磁转矩大于负载转矩时才能加速。

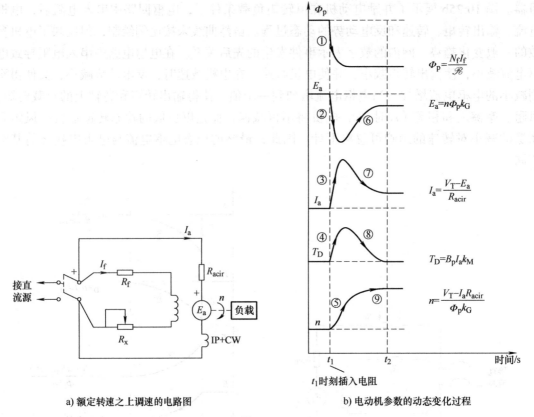

a) 额定转速之上调速的电路图   b) 电动机参数的动态变化过程

图   10.26

10.24   弱磁升速的保护措施

在电枢电流较大时，如果励磁电流快速减小，在断路器或其他保护装置失效的情况下，可能会损毁换向器和电刷。因此，通过并励回路串入变阻器来改变电机转速较为缓慢变化。大型的高惯量电机比小电机更容易损坏。小电机可以快速加速，允许反电动势迅速增大以及因此导致电枢电流的快速减小。

励磁磁场控制的最大允许转速受到离心力和换向问题的限制。专为通过磁场控制进行转速调整而设计的工业用直流电机的额定值列在 NEMA（National Electrical Manufacturers Association，美国电气制造商协会）表中。非专为高于额定转速运行而设计的直流电机不应使用并联励磁控制。这种电机的构造是为了能承受 1min 内约 25% 额定转速的紧急超速。

10.25   机械功率和输出转矩

直流电机输出的机械功率等于电枢电路的总输入功率减去电枢电路的铜耗。因此，参考图 10.27 中的并励电动机：

$$P_{mech} = V_T I_a - I_a^2 R_{acir} \tag{10-27}$$

$$R_{acir} = R_a + R_{IP} + R_{CW}$$

式中　P_{mech}——输出的机械功率，单位为 W；

　　　V_T——电机端部电压，单位为 V；

　　　I_a——电枢电流，单位为 A；

　　R_{acir}——电枢电路电阻，单位为 Ω；

　　　R_a——电枢绕组电阻，单位为 Ω；

　　R_{IP}——中间级绕组电阻，单位为 Ω；

　R_{CW}——补偿绕组电阻，单位为 Ω。

对图 10.27 的电枢电路应用基尔霍夫电压定律，并且忽略电刷压降：

$$V_T = E_a + I_a R_{acir} \tag{10-28}$$

在式（10-28）两边都乘上 I_a，代入式（10-27）并化简：

$$V_T I_a = E_a I_a + I_a^2 R_{acir} \tag{10-29}$$

$$P_{mech} = E_a I_a \tag{10-30}$$

式（10-30）表明，当施加的电压在电枢中引起与反电动势相反方向的电流时，电机输出机械功率。这有点类似于匀速运动的物体，施加的外力与摩擦力相等且相反，外力通过克服摩擦力做功。

电动机铭牌值和 NEMA 标准

制造商和美国电气制造商协会（National Electrical Manufacturers Association，NEMA）提供的电动机铭牌和数据，以马力（horsepower，hp）、r/min[注]和磅尺（lb·ft）转矩等单位表示。因此，这些单位将用在所有电动机问题中[4]。

将功率和输出转矩、转子转速联系在一起的基本公式为

$$P_{mech} = \frac{T_D n}{5252} (hp) \tag{10-31}$$

式中　T_D——输出转矩，单位为 lb·ft；

　　　n——转轴转速，单位为 r/min。

将式（10-30）转化为 hp，代入式（10-31），并求解转矩：

$$P_{mech} = \frac{E_a I_a}{746} (hp) \tag{10-32}$$

$$\frac{E_a I_a}{746} = \frac{T_D n}{5252}$$

$$T_D = \frac{7.04 E_a I_a}{n} (lb \cdot ft) \tag{10-33}$$

值得注意的是，式（10-33）只能对运转中的电机使用，如果电机停转或无法起动

⊖　在美国使用的电机铭牌上将 r/min 标为 RPM。

（堵转），则转速为零，电动势为零，并且式（10-33）降为

$$T_D = \frac{0}{0}$$

这是一个不定式。由式（10-17），转子堵转的输出转矩一定是确定的，且有

$$T_D \propto B_p I_a$$

即使转速为零，电枢电流和磁极磁通的存在也是产生转矩的有力证明。

例 10.10

一台 40hp、240V、2500r/min 的并励电动机在额定条件下运行，线电流为 140A。电枢回路电阻和励磁回路电阻分别为 0.0873Ω 和 95.3Ω。请计算：（a）所产生的机械功率；（b）输出转矩；（c）转轴转矩。

解：

电路如图 10.27 所示。

（a） $I_f = \dfrac{V_T}{R_f} = \dfrac{240}{95.3} = 2.52\text{A}$

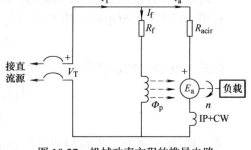

图 10.27   机械功率方程的推导电路

$$I_a = I_T - I_f = 140 - 2.52 = 137.48\text{A}$$

对电枢回路应用基尔霍夫电压定律：

$$E_a = V_T - I_a R_{acir} = 240 - 137.48 \times 0.0873 = 228.0\text{V}$$

$$P_{mech} = E_a I_a = 228.0 \times 137.48 = 31345\text{W}$$

$$P_{mech} = \frac{E_a I_a}{746} = \frac{31345}{746} = 42.0\text{hp}$$

（b） $$T_D = \frac{7.04 E_a I_a}{n} = \frac{7.04 \times 31345}{2500} = 88.3 \ \text{lb} \cdot \text{ft}$$

（c） $$P = \frac{Tn}{5252} \quad \Rightarrow \quad T = \frac{P \times 5252}{n}$$

$$T_{shaft} = \frac{40 \times 5252}{2500} = 84.0 \ \text{lb} \cdot \text{ft}$$

10.26   损耗和效率

图 10.28a 和 b 的功率流图分别阐述了直流电动机和直流发电机的功率流。如图所示，无论作为发电机运行还是作为电动机运行，电机的总损耗为

$$P_{loss} = P_{acir} + P_b + P_{core} + P_{fcl} + P_{f,w} + P_{stray}$$

$$P_b = V_b I_a \tag{10-34}$$

式中 P_{acir}——电枢回路损耗（$I_a^2 R_{acir}$），单位为 W；

P_b——恒定电刷损耗，单位为 W；

P_{fcl}——励磁回路损耗（$I_f^2 R_f$），单位为 W;

P_{core}——铁心损耗，单位为 W;

$P_{f,w}$——摩擦和风阻损耗，单位为 W;

P_{stray}——杂散损耗，单位为 W;

V_b——电刷接触压降，单位为 V。

铁心损耗是电枢和磁极铁心中的磁滞和涡流损耗的总和。杂散损耗包括在进行换向的线圈中的损耗和导线涡流产生的损耗，这些损耗未在电枢的 $I_a^2 R_a$ 计算中考虑。杂散损耗约等于输出功率的 1%[2]。

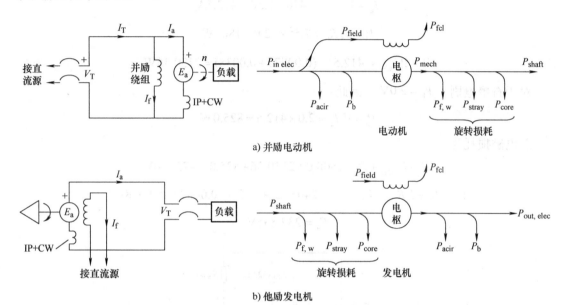

a) 并励电动机

b) 他励发电机

图 10.28　能量传递图

电刷接触压降

通过电刷产生的电压降，称为电刷接触压降或电刷压降，是相对较小的量。它包括两极的电刷，并且认为其在所有负载情况下都有下面的恒定值⊖：

0.5V——金属—石墨电刷

2.0V——电化石墨或石墨电刷

效率

直流电机的总效率由下式给出：

$$\eta = \frac{P_{out}}{P_{in}} \times 100\% = \frac{P_{out}}{P_{out} + P_{losses}} \times 100\% \tag{10-35}$$

式中 η——百分比效率。如果效率用小数表示，其称为标幺效率。

⊖　有关电刷材料和电刷压降的更多信息，详见参考文献［2］和［3］。

例 10.11

一台 150hp、240V、650r/min 的并励电动机在负载降低为 124hp 的情况下运行，电流为 420A。电刷材料为石墨，电机参数 R_a=0.00872Ω，R_{IP}+R_{CW}=0.0038Ω，R_f=32.0Ω。请计算：（a）电磁损耗（负载损耗＋励磁损耗）；（b）机械损耗；（c）效率。

解：

电路如图 10.29 所示。

（a）
$$I_f = \frac{V_T}{R_f} = \frac{240}{32.0} = 7.50A$$

$$I_a = I_T - I_f = 420 - 7.50 = 412.5A$$

$$P_f = I_f^2 R_f = 7.5^2 \times 32.0 = 1800W$$

$$P_a + P_{IP+CW} = 412.5^2 \times (0.00872 + 0.0038) = 2130.36W$$

对于石墨电刷，$V_b = 2.0V$。因此：

$$P_b = V_b I_a = 2.0 \times 412.5 = 825.0W$$

总电磁损耗为

$$P_f + P_{a+CW} + P_b = 1800.0 + 2130.36 + 825.0 = 4755.4W$$

（b）　　　$V_T = E_a + I_a R_{acir} + V_b \quad \Rightarrow \quad 240 = E_a + 412.5 \times 0.00872 + 0.0038 + 2$

$$E_a = 232.835V$$

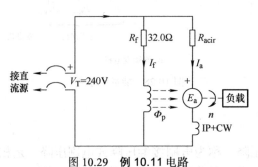

图 10.29　例 10.11 电路

$$P_{mech} = E_a I_a = 232.835 \times 412.5 = 96044W$$

$$P_{shaft} = 124 \times 746 = 92504W$$

由图 10.28a

$$P_{rotational} = P_{mech} - P_{shaft} = 96044 - 92504 = 3540W$$

（c）
$$\eta = \frac{P_{out}}{P_{in}} = \frac{92504}{420 \times 240} \times 100\% = 91.8\%$$

或者

$$\eta = \frac{P_{out}}{P_{out} + P_{losses}} = \frac{92504}{92504 + 3540 + 4755.4} \times 100\% = 91.8\%$$

10.27　直流电动机的起动

当电压施加到电动机上时，电动机的惯性和转轴负载会阻止转子瞬间旋转。其效果与转子被物理堵转一样。在这些条件下产生的电流和转矩值称为堵转电流和堵转转矩。

图 10.30 中电枢电流为

$$I_a = \frac{V_T - E_a}{R_{acir}} \tag{10-36}$$

在转子堵转条件下转速为零。因此，反电动势为零，并且堵转转子中的电流为

$$I_{a,lr} = \frac{V_T - 0}{R_{acir}} = \frac{V_T}{R_{acir}} \tag{10-37}$$

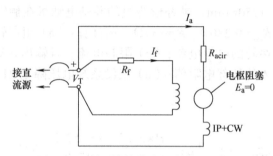

图 10.30　转子堵转并励电动机的电路图

式中，$I_{a,lr}$ 为转子堵转情况下的电枢电流（A）。为使铜耗最小化并因此而提高效率，电枢采用截面积较大的导线缠绕。因此，要防止起动时过大的电枢电流，直流电动机电枢一定要串联外部电阻。过大的电枢电流会引起毁坏性的电弧，烧毁电刷和换向器的接触面，并且过大的起动转矩会对驱动设备带来瞬间性的影响，造成驱动设备的机械性损坏。

手动起动器

除了部分电动机外，直流电动机在起动时需要增加外部起动电阻来限制电枢回路中的电流。该起动电阻必须留在电路中，直到反电动势增加到足以将电枢电流减小到安全值为止。起动电阻值的选择通常将电流限制在额定值的 150% ~ 250% 之间，具体取决于所需的起动转矩。

在起动时，并励绕组总是接全电压，因此只需要较小的电枢电流来产生所需的转矩。

图 10.31 所示的是一种与并励电动机相连的变阻器式手动起动器[⊖]。当压板移到第一个触点时，电路闭合，此时变阻器的全部电阻都与电枢串联。当电机加速时，应将控制杆缓慢移至运行位置，控制杆不应在中间位置停留太长时间，否则会因过热而损坏起动器；电阻器是为间歇工作而设计的，不能用于转速控制。

保持线圈的作用是在切断所有电阻后，将变阻器控制杆保持在运行位置。它与电机的并励绕组串联连接，因此当并励绕组断开时，线圈断电，弹簧将杠杆拉到断开位置。如果出现电压故障或控制杆处于中间位置，弹簧也会将控制杆拉回断开位置。

⊖　自动起动器和电动机控制器在第 13 章讨论。

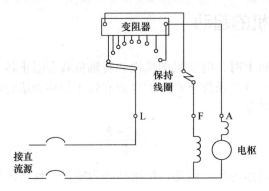

图 10.31　直流电动机手动操作起动器的连接图

例 10.12

一台 15hp、230V、1750r/min，带补偿绕组的并励电动机在额定条件下运行时，电流为 56.2A。电机参数为 R_{acir}=0.280Ω，R_f=137Ω。请计算：（a）额定转矩；（b）在不使用起动电阻的情况下，转子堵转的电枢电流；（c）限制电流，且输出转矩为 200% 额定转矩情况下，电枢回路需要串入的外部电阻值；（d）假设系统电压降至 215V，使用（c）中的外部电阻确定堵转转矩。

解：

（a）
$$P = \frac{Tn}{5252} \quad \Rightarrow \quad T_{\text{rated}} = \frac{P \times 5252}{n} = \frac{15 \times 5252}{1750} = 45.0 \text{ lb} \cdot \text{ft}$$

（b）电动机电路如图 10.32a 所示。

$$I_{\text{a,lr}} = \frac{V_T - E_a}{R_{\text{acir}}} = \frac{230 - 0}{0.280} = 821.4\text{A}$$

（c）带有起动电阻的电动机电路如图 10.32b 所示[⊖]。

$$I_f = \frac{V_T}{R_f} = \frac{230}{137} = 1.68\text{A}$$

$$I_{\text{a,rated}} = I_{\text{T,rated}} - I_f = 56.2 - 1.68 = 54.52\text{A}$$

由式（10-17），假定磁通密度恒定，那么转矩和电枢电流呈正比关系。因此 200% 额定转矩对应的电枢电流为

$$\frac{T_1}{T_2} = \frac{I_{\text{a1}}}{I_{\text{a2}}} \quad \Rightarrow \quad I_{\text{a2}} = I_{\text{a1}} \times \frac{T_2}{T_1} = 54.52 \times \frac{2T_2}{T_1} = 109.0\text{A}$$

对电枢串联额外电阻的电枢电路应用基尔霍夫电压定律，如图 10.32b 所示。

$$V_T = E_a + I_a R_{\text{acir}} + R_x \quad \Rightarrow \quad R_x = \frac{V_T - E_a}{I_a} - R_{\text{acir}}$$

$$R_x = \frac{230 - 0}{109.0} - 0.280 = 1.83\Omega$$

（d）由于无法获得特定电机的磁化曲线，因此将假定磁通密度与励磁电流成正比。

⊖　大型电机的实际电动机控制器有两步或以上的起动步骤。

$$I_{f,215} = \frac{V_T}{R_f} = \frac{215}{137} = 1.57\text{A}$$

$$I_{a,215} = \frac{V_T - E_a}{R_{acir} + R_x} = \frac{215 - 0}{0.280 + 1.83} = 101.9\text{A}$$

将式（10-17）用励磁电流表示（假定磁阻恒定）：

$$T_D \propto I_f I_a$$

因此
$$\frac{T_{D1}}{T_{D2}} = \frac{(I_f I_a)_1}{(I_f I_a)_2} \quad \Rightarrow \quad T_{D2} = T_{D1} \times \frac{(I_f I_a)_2}{(I_f I_a)_1}$$

由于如风阻和摩擦等的旋转损耗没有给出，额定转矩视为输出转矩：

$$T_{D2} = 45.0 \times \frac{1.57 \times 101.9}{1.68 \times 54.52} = 78.6 \ \text{lb} \cdot \text{ft}$$

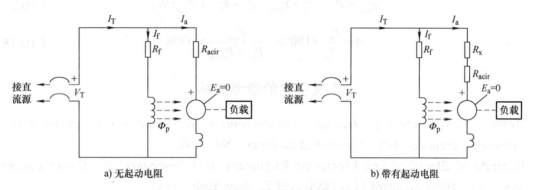

图 10.32　例 10.12 电路

解题公式总结

$$E_a = \frac{nPz_a \Phi_p}{60a} (\text{V}) \tag{10-10}$$

$$E_a = n\Phi_p k_G (\text{V}) \tag{10-12}$$

$$\Phi_p = \frac{N_f I_f}{\mathscr{R}} (\text{Wb}) \tag{10-13}$$

$$E_a = \frac{nN_f I_f k_G}{\mathscr{R}} (\text{V}) \tag{10-14}$$

$$I_f = \frac{E_{bat}}{R_f + R_{rheo}} (\text{A}) \tag{10-15}$$

$$\text{VR} = \frac{V_{nl} - V_{rated}}{V_{rated}} \times 100\% \tag{10-16}$$

$$T_D = B_p I_a k_M (\text{lb} \cdot \text{ft}) \tag{10-17}$$

$$SR = \frac{n_{nl} - n_{rated}}{n_{rated}} \times 100\% \tag{10-20}$$

$$R_{acir} = R_a + R_{IP} + R_{CW}\,(\Omega) \tag{10-24}$$

$$n = \frac{V_T - I_a R_{acir}}{\Phi_p k_G}\bigg|_{\Phi_p \neq 0} \tag{10-26}$$

$$P_{mech} = E_a I_a\,(W) \tag{10-30}$$

$$P_{mech} = \frac{T_D n}{5252}\,(hp) \tag{10-31}$$

$$T_D = \frac{7.04 E_a I_a}{n}\,(lb \cdot ft) \tag{10-33}$$

$$P_{loss} = P_{acir} + P_b + P_{core} + P_{fcl} + P_{f,w} + P_{stray}\,(W) \tag{10-34}$$

$$\eta = \frac{P_{out}}{P_{in}} \times 100\% = \frac{P_{out}}{P_{out} + P_{losses}} \times 100\% \tag{10-35}$$

正文引用的参考文献

1. Hubert，C. I. *Operating，Testing，and Preventive Maintenance of Electrical Power Apparatus.* Prentice–Hall，Upper–Saddle River，NJ，2002.

2. Institute of Electrical and Electronic Engineers. *Test Procedures for Direct-Current Machines*，IEEE Standard 113–1985，IEEE，New York，1985.

3. Kuhlmann，J. H. *Design of Electrical Apparatus.* Wiley，New York，1940.

4. National Electrical Manufacturers Association. *Motor and Generators.* Publication No. MG–1–1998，NEMA，Rosslyn，VA，1999.

一般参考文献

Kloeffler，R. G.，R. M. Kerchner，and J. L. Brenneman. *Direct-Current Machinery.* Macmillan，New York，1949.

Langdorf，A. S. *Principles of Direct-Current Machines.* McGraw–Hill，New York，1959.

思 考 题

1. 换向器的作用分别是什么？（a）在直流发电机中；（b）在直流电动机中。
2. 什么是几何中性面？它位于哪里？
3. 请解释为什么直流电动机的电刷要位于几何中性面上？
4. 哪些变量能对直流电机的输出转矩产生影响？
5. 哪些变量能对直流电机的感应电压产生影响？
6. 通常用什么设备来调整并励发电机的电压？
7. 电动机或发电机中的感应电动势和励磁电流成正比吗？请解释。

8. 请给出电压调整率的定义。

9. 请分别使用合适的草图详细解释转矩和电压如何产生的?(a)在电动机中;(b)在发电机中。

10. 试回答,有哪两种方法可以使并励电动机的旋转方向反向?

11. 请使用合适的草图,讨论直流电动机加载后的事件发生顺序。

12. 请使用合适的草图,讨论直流电动机减载后的事件发生顺序。

13. 请给出转速调整率的定义。

14. 请借助草图,解释电枢的电感如何影响换相过程?

15. 请问什么是换向极?它们在哪里?需要多少?它们的作用是什么?

16. 试回答,在额定负载以上运行时,中间极铁心的饱和对直流发电机的性能有何影响?

17. 试回答,在额定负载以上运行时,中间极铁心的饱和对直流电动机的性能有何影响?

18. 请解释电枢反应对(a)直流发电机和(b)直流电动机性能的影响。

19. 请问什么是补偿绕组,它们起什么作用?解释它们是如何工作的以及为什么它们与电枢串联连接。

20. 补偿绕组是否消除了对中间极的需要?请解释。

21. 在什么条件下需要改变现代直流电机的电刷位置?请解释。

22. (a)请画出并励发电机和并励电动机的完整等效电路草图,并标注所有部件。(b)请写出(a)中电枢回路的基尔霍夫电压方程。

23. 请问直流电动机的额定转速是什么意思?

24. 请解释,为什么在直流电动机的并励绕组中串联插入一个电阻会导致转速的增加。

25. 请解释,为什么磁通的减少并不总是会增加直流电动机的转速。

26. 请解释为什么在直流电动机的电枢上串联插入一个电阻会导致转速下降。

27. 请使用适当的草图,讨论在运行中的电动机的电枢回路串联电阻后,发生的事件顺序。

28. 请使用适当的草图讨论当运行中的电动机的并励绕组串联电阻后,发生的事件顺序。

29. 请问什么参量决定电机堵转时的转矩?

30. 绘制直流电动机和直流发电机的功率流图。并标明所有损失。

31. 什么是电刷接触压降?它对电机运行有什么影响?

32. 如何确定直流电机的效率?

33. 解释为什么在起动直流电机时需要在电枢上串联一个电阻,而在电机以稳态转速运行时不需要。

习 题

10-1/2 一台 200kW、8 极的直流发电机以 850r/min 的转速运行,产生电动势 200V。请计算:(a)感应电动势的频率;(b)转速升高 20%,磁通减少 5% 的电压和频率。

10-2/2 一台 50kW、3500r/min、120V 的两极直流发电机以额定转速和额定气隙磁通空载运行。若转速增加 15%，磁通减少 6.2%，请计算产生电压的电压值和频率。

10-3/7 他励发电机并联励磁绕组的阻值为 10.26Ω，并联励磁变阻器的阻值为 14.23Ω。将场路接在 120V 直流电源上，电机磁化曲线如图 10.33 所示。请绘制等效电路并确定：（a）感应电动势；（b）如果变阻器短路导致变阻器电阻降至 4.2Ω 时的感应电动势。

10-4/7 一台他励并励发电机的并联励磁绕组电阻为 20.17Ω，电枢电阻为 0.0014Ω。励磁绕组与一个 40Ω 变阻器串联，并由一个 240V 直流电源供电。假设电机的磁化曲线与图 10.33 所示的曲线相同，请计算：（a）变阻器设置为 0.0Ω 时的感应电动势；（b）将产生的电压降至 225V 所需的变阻器的设置（以 Ω 为单位）。

10-5/8 某他励并励发电机的额定条件为 1000kW、514r/min、700V，空载电压为 725V。请计算其电压调整率。

10-6/8 某 100kW、1800r/min 的并励发电机以额定负载运行，端部电压为 240V。若电压调整率为 2.3%，请计算空载电压。

10-7/12 一台 5hp、240V、1150r/min 的并励电动机以额定条件运行。为将电机提速到 1800r/min，请计算并励绕组磁通的减小量（百分比）。假定调节转轴上的负载使电枢电流维持在额定值。

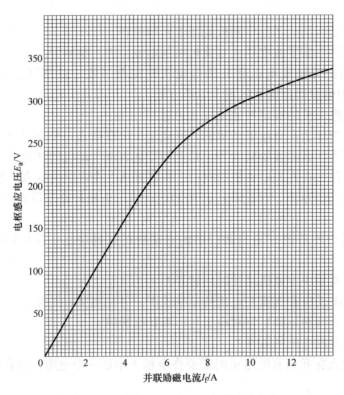

图 10.33 习题 10-3/7 和 10-4/7 的磁化曲线

10-8/12 一台 50hp、240V、650r/min 的并励电动机以额定条件运行，线电流为 173A。电动机电枢电阻为 0.0705Ω，励磁绕组电阻为 81.63Ω。若负载减小导致电枢电流降为额定值的 70%，请计算：（a）反电动势；（b）转速；（c）线电流。

10-9/12 一台 5hp、120V、2500r/min 的并励电动机以额定条件运行时电流为 40A。

请计算磁通降为额定值的 85%，并调整负载转矩使电枢电流为 28.6A 的电机转速。R_f=63.8Ω，R_a=0.252Ω。

10-10/12　一台 15hp、240V、1150r/min 的并励电动机以额定条件运行时电流为55A。并联励磁绕组阻值为 109.1Ω，电枢阻值为 0.364Ω。请计算其空载转速，假定空载总损耗为 970.6W。

10-11/14　一台 100hp、550V 的直流电动机以 400r/min 的额定转速工作，转速调整率为 2.6%。请计算其移去负载后的转速。

10-12/20　一台 50kW、1800r/min 的他励发电机以额定功率运行，端部电压为 248V。发电机参数为

$$R_a = 0.0487Ω \qquad R_{IP} = 0.111Ω \qquad R_{CW} = 0.0125Ω \qquad R_f = 75.6Ω$$

请计算感应电动势。

10-13/30　一台 125kW、250V、1450r/min 的他励发电机具有以下参数：

$$R_a = 0.0278Ω \qquad R_{IP} = 0.0078Ω \qquad R_f = 48.6Ω$$

该电机在部分负载下工作，端电压为 260V，电枢电流为 300A。请计算感应电动势。

10-14/22　一台 240V、50hp、1150r/min 的并励电动机以额定转速运行。若磁通减少10% 并且转轴负载使电枢电流维持在额定值，请计算电机转速。

10-15/22　一台 50hp、240V、1750r/min 的并励电动机在额定条件下工作，其线电流为 173A。电枢回路电阻为 0.112Ω，并联励磁回路电阻为 70.2Ω。如果电机的并励磁场磁通降低到额定值的 96%，并且轴负载被调整为保持恒定转速，请计算新的电枢电流。

10-16/22　一台 60hp、240V、650r/min 带补偿绕组的并励电动机在额定条件下运行时，线电流为 206A。电枢回路电阻和励磁回路电阻分别为 0.084Ω 和 38.2Ω。现需要将转速提高到 1600r/min，请计算所需的并励磁场磁通的减少百分比。假设轴负载减小到使电枢电流为 58.4A。

10-17/22　一台 120V、5hp、3500r/min 的并励电动机以额定条件运行时线电流为40.2A。电枢回路电阻为 0.247Ω，并联励磁回路电阻为 66.4Ω。试画出等效电路，并计算若转轴负载减小使线电流降为 32.1A 时的电机转速。

10-18/22　一台 1hp、120V、1150r/min 的并励电动机以额定条件运行时线电流为9.5A。电枢回路电阻为 1.06Ω，并联励磁回路电阻为 252.6Ω。要使转速降为 746r/min 并且输出同样转矩，请计算电枢回路中必须串联的电阻值。

10-19/22　一台 240V、125hp、1150r/min 的并励电动机以额定条件运行，带恒转矩负载，测得其线电流为 425A。电枢回路电阻为 0.0343Ω，励磁回路电阻为 47.1Ω。（a）若电枢新串联 0.052Ω 的电阻，并且并联励磁回路串入电阻使磁场磁通减小 10%，请计算稳态电枢电流；（b）请计算（a）条件下的稳态转速。

10-20/25　一台带补偿绕组的直流并励电动机，以 40hp、1740r/min 状态工作并接与500V 总线上，电流为 72.4A。电机参数如下：

$$R_a = 0.465Ω \qquad R_{IP} = 0.134Ω \qquad R_{CW} = 0.026Ω \qquad R_f = 208.3Ω$$

请计算：（a）反电动势；（b）发出的机械功率；（c）输出转矩；（d）转轴转矩。

10-21/25　一台 15hp、3500r/min、240V 的并励电动机以额定条件运行时，电流为

54.4A。电机参数为

$$R_a = 0.112\Omega \qquad R_{IP} = 0.036\Omega \qquad R_f = 177.2\Omega$$

计算：（a）反电动势；（b）发出的机械功率；（c）输出转矩；（d）转轴转矩。

10-22/25 一台 30hp、1150r/min 的 6 极并励电动机以 240V、额定负载条件运行时，其效率为 88.5%。电动机参数为

$$R_a = 0.064\Omega \qquad R_f = 93.6\Omega \qquad R_{IP} = 0.0323\Omega$$

请计算：（a）发出的机械功率；（b）输出转矩；（c）转轴转矩。

10-23/25 一台 20hp、240V 的 4 极并励电动机以一半额定负载运行时，转速为 3042r/min 并且有功率为 86.0%。电动机参数为

$$R_a = 0.0731\Omega \qquad R_{IP} = 0.033\Omega \qquad R_f = 123\Omega$$

请计算：（a）电动机输入功率；（b）发出的机械功率；（c）转轴转矩。

10-24/26 一台 60hp、240V、600r/min 的并励电动机以 75% 转轴功率运行时，电流为 152A。电枢回路电阻为 0.0482Ω，励磁回路电阻为 41.2Ω。电刷为电化石墨结构。请计算：（a）电磁损耗（负载损耗 + 励磁损耗）；（b）机械损耗；（c）效率。

10-25/26 一台 150kW、240V、1750r/min 的并励发电机由 240V 直流电源单独励磁。发电机以额定电压和 50% 负载的条件运行。电枢回路电阻为 0.00728Ω，并联励磁回路电阻为 64.0Ω。电机使用金属石墨电刷并且转轴输入功率为 106hp。请计算：（a）电损耗；（b）旋转损耗；（c）效率。

10-26/27 一台 300hp、500V、1750r/min 的并励电动额定条件运行，其效率为 92%。电动机参数为 $R_{acir}=0.042\Omega$，$R_f=86.2\Omega$。请计算：（a）额定转轴转矩；（b）发出的机械功率；（c）额定负载下的输出转矩；（d）为限制堵转电流为额定电枢电流的 225%，电枢需额外串入的电阻值；（e）在（d）条件下的输出转矩。

10-27/27 一台 30hp、240V、1150r/min 的并励电动机以额定条件运行，效率为 88.5%。电机参数为 $R_a=0.064\Omega$，$R_{IP}=0.0323\Omega$，$R_f=93.6\Omega$。请计算：（a）额定转轴负载；（b）发出的机械功率；（c）额定负载下的输出转矩；（d）为限制堵转电流为额定电枢电流的 175%，电枢回路需要额外串入的电阻值；（e）在（d）条件下的输出转矩。

10-28/27 一台 60hp、240V、850r/min 的并励电动机参数如下：$R_a=0.030\Omega$，$R_{IP}=0.011\Omega$，$R_f=62.0\Omega$。额定条件下的总损耗为 4.16kW。若工作电压为 220V，为限制堵转转矩为额定转矩的 200%，请计算电枢需要额外串联的电阻值。

第 11 章

直流电动机的特性与应用

11.1　概述

本章重点讲述并励、串励和复励电动机的特性，并说明如何使用串励绕组来调节直流电机的转矩和转速特性，以满足特定负载的要求。利用磁化曲线且考虑磁饱和计算实际电机转速，又采用线性近似计算实际电机转速并对两种计算结果进行比较。介绍了调压调速方法，以及传动系统在需要快速换向和宽范围调速场景中的应用。

11.2　他励电动机

前面在第 10 章中讨论过，直流他励电动机本质上是恒速电机。然而，由于电枢反应导致的磁场轻微减弱，可能会导致转速随负载的增加略有上升。其主要应用领域包括离心泵、风扇和其他低起动转矩负载。

11.3　复励电动机

复励电动机有一个附加绕组，称为串励绕组，在并励励磁绕组的顶部绕有粗铜导线，如图 11.1 所示。串励绕组与电枢串联，如图 11.2 所示，以便其磁动势与电枢电流成比例，且与并励绕组磁动势方向相同[⊖]。

图 11.1　带并联和串联绕组的磁极（由 TECO Westinghouse）提供

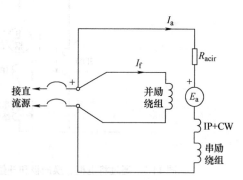

图 11.2　复励电动机电路图

⊖　除非另有规定，否则复励电机始终被认为是积复励电动机，即其并励和串励是相加的。

为工业应用设计的典型复励电动机在额定负载下运行时，从串励绕组中获得约 50% 的磁动势。

平复励电动机

复励电动机，其串励磁场旨在提供足够的磁动势，以抵消电枢反应的等效去磁磁动势（会导致轻微的转速下降），称为平复励电动机[⊖]。此类电机的串励绕组每极匝数通常为 1/2 到 3/2，并且根据应用，在额定负载下提供 3% ～ 10% 的励磁磁动势。平复励电动机的转速相当稳定，随着负载的增加，转速仅有轻微下降。平复励电动机常应用于需要相对恒定转速和适度起动转矩的场景。

11.4 注意串励和并励绕组的连接方式

串励和并励绕组的接线必须保证使它们各自产生的磁动势相加[⊖]。如果串励绕组的接线端相对于并励绕组的接线端（差分连接）意外接反，其磁动势将从并励绕组磁动势中减去，导致净磁通量随着负载的增加而降低，从而导致转速升速过快。此外，由于时间常数的差异，串励绕组电流建立要比并励绕组的电流更快。因此，电动机将在错误的方向起动，然后，根据负载和串励绕组每极匝数的不同，可能会：①减速并停止，会导致过电流断路器跳闸而使电机从母线断开；②减速、停转、反接，并加速到危险的高转速；③减速、停转、反接、减速、停转、反接……重复直到跳闸。

11.5 改变复励电动机的旋转方向

通过改变电枢回路的电流方向（如图 11.3 所示）或同时反接串励和并励绕组可以改变复励或平复励电机的旋转方向。仅反接串励绕组或仅反接并励绕组将导致接线错误。电枢、换向极和补偿绕组被视为单个回路，必须作为一个整体来改变接线。在不改变换向极绕组和补偿绕组的情况下将电枢反向会导致换向器—电刷接合处出现严重的电弧。

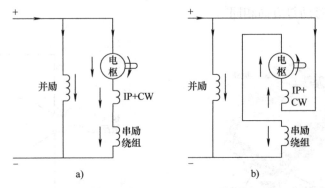

图 11.3　通过将电枢、换向极和补偿绕组中的电流反向来改变复励电动机的旋转方向

⊖　串励绕组不消除电枢反应。消除电枢反应需要补偿绕组。请参阅第 10.17 节和第 10.19 节。

⊖　请参阅第 11.12 节，以确定并励和串励绕组的正确连接。

11.6　串励电动机

串励电动机[注]，其电路如图 11.4a 所示，仅有串励绕组提供主磁极磁通。由于没有并励绕组，如果移除轴上负载，串励电动机将加速到破坏性转速。从串励电动机中移除负载会导致 $T_D > T_{load}$，从而导致电动机转速增加。当反电动势开始增大时，它会导致电枢电流降低，进而导致串励绕组所产生的磁通降低。然而，同时增大转速和减小磁通的相反作用阻止了反电动势与转速成比例地上升。因此，I_a 会随着转速的增加而缓慢减少。由于产生的转矩与 $B_p I_a$ 成正比，并且由于电枢电流以及磁通密度不会迅速降低，因此卸载后电机转速会达到危险的高转速，产生的巨大离心力会损坏转子。

串励电动机必须通过实心联轴器或齿轮直接连接到负载，并且最小负载必须足以将转速限制在安全值，不允许带传动。

改变串励电动机的旋转方向是通过改变电枢、换向极补偿绕组这一支路中的电流来实现的，如图 11.4b 所示，或改变串励绕组中的电流方向。

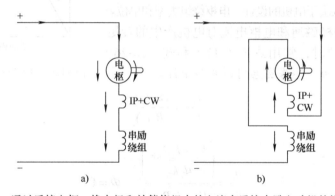

图 11.4　通过反接电枢、换向极和补偿绕组中的电流来反接串励电动机的旋转方向

11.7　磁饱和对直流电动机性能的影响

由于磁饱和的影响，磁极磁通量与施加的磁动势不成正比。因此，在各种工作条件下准确计算电动机转矩和电动机转速需要使用磁化曲线，如图 11.5 所示。特定电机的磁化曲线可从制造商处获得。

影响磁极磁通的净磁动势来自并励绕组、串励绕组和电枢反应的部件。一般情况下所有磁动势都沿直轴作用：

$$\mathscr{F}_{net} = \mathscr{F}_f + \mathscr{F}_s - \mathscr{F}_d \tag{11-1}$$

式中　$\mathscr{F}_{net}$——净磁动势，单位为 A·t/ 极；

　　　$\mathscr{F}_f$——并励磁动势（$N_f I_f$），单位为 A·t/ 极；

　　　$\mathscr{F}_s$——串励磁动势（$N_s I_a$），单位为 A·t/ 极；

　　　$\mathscr{F}_d$——电枢反应的等效减小磁动势，单位为 A·t/ 极。

值得注意的是：假设 $\mathscr{F}_d$ 与电枢电流成正比，如果使用补偿绕组，则 $\mathscr{F}_d = 0$。

———————————
　㊀　另见第 7 章第 7.9 节通用电机。

第10章讨论过，直流电动机的产生转矩和转速可以通过下式确定：

$$T_D = B_p I_a k_M \qquad (10\text{-}17)$$

$$n = \left. \frac{V_T - I_a R_{acir}}{\Phi_p k_G} \right|_{\Phi_p \neq 0} \qquad (10\text{-}26)$$

$$R_{acir} = R_a + R_{IP} + R_{CW} + R_s$$

式中　R_{acir}——电枢电路电阻，单位为 Ω；

R_a——电枢绕组的电阻，单位为 Ω；

R_{IP}——换向极绕组的电阻，单位为 Ω；

R_{CW}——补偿绕组电阻，单位为 Ω；

R_s——串励绕组电阻，单位为 Ω；

B_p——气隙磁通密度，单位为 T；

Φ_p——磁通，单位为 Wb。

常数 k_G 和 k_M 取决于电机的设计、电枢绕组类型和单位。

在研究不同磁极磁通和电枢电流对电机产生的转矩和转速的影响问题时，常用式（10-17）和式（10-26）所示的比例关系分析。边缘磁通可以忽略不计。

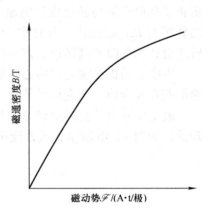

图 11.5　直流电动机的典型磁化曲线

$$\frac{T_{D1}}{T_{D2}} = \frac{(B_p I_a)_1}{(B_p I_a)_2} \qquad (11\text{-}2)$$

$$\frac{n_1}{n_2} = \frac{\left(\dfrac{V_T - I_a R_{acir}}{\Phi_p k_G} \right)_1}{\left(\dfrac{V_T - I_a R_{acir}}{\Phi_p k_G} \right)_2} \quad \Phi \neq 0 \qquad (11\text{-}3)$$

下标 1 和 2 表示不同的条件下的数据。

将 $\Phi_p = B_p \times A$ 代入式（11-3）中，其中 A 是横截面面积，化简得：

$$\frac{n_1}{n_2} = \left(\frac{V_T - I_a R_{acir}}{B_p} \right)_1 \times \left(\frac{B_p}{V_T - I_a R_{acir}} \right)_2 \qquad (11\text{-}4)$$

例 11.1

一台在额定条件下运行的 240V、40hp、1150r/min 平复励电机，额定效率为 90.2%。电动机参数为：

	电枢	换向极	串励	并励
电阻 /Ω	0.0680	0.0198	0.00911	99.5
匝数 / 极			1/2	1231

电动机的电路图和磁化曲线[○]如图 11.6 所示。请计算：（a）在额定条件下工作时的电

[○]　例题和练习题中使用的电动机参数是或非常接近实际电动机的参数。图 11.6 所示的磁化曲线是假设的，但合理，确实表明了磁饱和对电动机性能的一般影响。

枢电流；（b）为了以 125% 的额定转速运行，与并励绕组串联所需的外部起动电阻和额定功率。假设轴负载调整到将电枢电流限制为额定电流的 115% 的值。

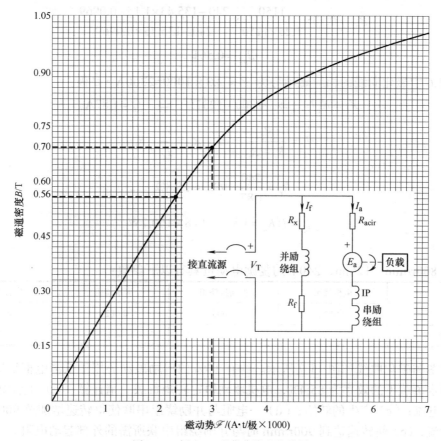

图 11.6　例 11.1 磁化曲线和电路图

解：

（a）
$$P = V_T I_T \quad \Rightarrow \quad \frac{40 \times 746}{0.902} = 240 I_T \quad \Rightarrow \quad I_T = 137.84\text{A}$$

$$I_f = \frac{V_T}{R_f} = \frac{240}{99.5} = 2.4121\text{A}$$

$$I_a = I_T - I_f = 137.84 - 2.41 = 135.43\text{A}$$

（b）平复励电动机的串励磁动势设计为与电枢反应的等效退磁磁动势大致相等且方向相反。因此，平复励电动机中的净磁通量仅由并励绕组引起。

$$\mathscr{F}_{net} = \mathscr{F}_f = N_f I_f = 1231 \times 2.412 = 2969.2\text{A} \cdot \text{t/ 极}$$

根据图 11.6 中的磁化曲线，净磁动势为 2969A·t/ 极的磁通密度约为 0.70T。

$$R_{acir} = R_a + R_{IP} + R_s = 0.0680 + 0.0198 + 0.00911 = 0.0969\Omega$$

$$\frac{n_1}{n_2} = \left(\frac{V_T - I_a R_{acir}}{B_p} \right)_1 \times \left(\frac{B_p}{V_T - I_a R_{acir}} \right)_2$$

$$B_{p2} = B_{p1} \times \frac{n_1}{n_2} \times \frac{(V_T - I_a R_{acir})_2}{(V_T - I_a R_{acir})_1}$$

$$B_{p2} = 0.70 \times \frac{1150}{1.25 \times 1150} \times \frac{240 - 135.43 \times 1.15 \times 0.0969}{240 - 135.43 \times 0.0969}$$

$$B_{p2} = 0.56T$$

图 11.6 中磁化曲线的相应磁动势为 $\mathscr{F}_f \approx 2.3 \times 1000 = 2300 \text{A} \cdot \text{t/ 极}$。

$$\mathscr{F}_f = N_f I_f \quad \Rightarrow \quad 2300 = 1231 I_f \quad \Rightarrow \quad I_f = 1.87A$$

$$I_f = \frac{V_T}{R_f + R_x} \quad \Rightarrow \quad R_x = \frac{V_T}{I_f} - R_f$$

$$R_x = \frac{240}{1.87} - 99.5 \approx 28.8\Omega$$

$$p_{R_x} = I_f^2 R_x = 1.87^2 \times 28.8 \approx 100.7W$$

例 11.2

一台 850r/min、125hp、240V 的复励电动机具有以下参数：

	电枢绕组	换向极绕组	串励绕组	并励绕组
电阻 /Ω	0.0172	0.005	0.0023	49.2
匝数 / 极			4.5	577

电路图和磁化曲线如图 11.7 所示。约有 10% 的串励磁动势用于抵消电枢反应的去磁作用。额定负载下的效率为 85.4%，电机驱动恒定转矩负载。请计算：（a）并励励磁电流；（b）电枢电流；（c）产生的转矩；（d）一电阻与并励绕组串联使得转速增加至 900r/min 时的电枢电流；（e）使转速达到 900r/min 时与并励绕组串联所需的外部起动电阻。

解：

（a）
$$I_f = \frac{V_T}{R_f} = \frac{240}{49.2} = 4.88A$$

（b）
$$P_{in} = \frac{P_{out}}{\eta} \quad \Rightarrow \quad 240 I_T = \frac{125 \times 746}{0.854} \quad \Rightarrow \quad I_T = 454.97A$$

$$I_a = I_T - I_f = 454.97 - 4.88 = 450.09A$$

（c）
$$R_{acir} = R_a + R_{IP} + R_s = 0.0172 + 0.005 + 0.0023 = 0.0245\Omega$$

$$V_T = E_a + I_a R_{acir} \quad \Rightarrow \quad 240 = E_a + 450.09 \times 0.0245$$

$$E_a = 228.97V$$

$$P_{mech} = E_a I_a = 228.97 \times 450.09 = 103057W$$

$$P = \frac{Tn}{5252} \quad \Rightarrow \quad \frac{103057}{746} = \frac{T \times 850}{5252}$$

$$T_D = 853.6 \, \text{lb} \cdot \text{ft}$$

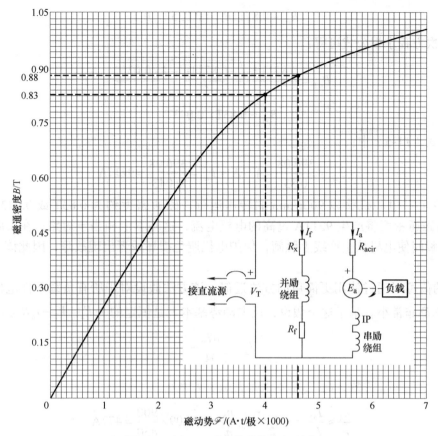

图 11.7 例 11.2 的磁化曲线和电路图

（d）
$$\mathscr{F}_{net} = N_f I_f + N_s I_a - 0.10 N_s I_a$$

$$\mathscr{F}_{net} = 577 \times 4.88 + 4.5 \times 450.09 \times (1 - 0.10) = 4638.6 \text{A} \cdot \text{t} / \text{极}$$

根据图 11.7， $B_{p1} \approx 0.88\text{T}$

$$\frac{T_{D1}}{T_{D2}} = \frac{(B_p I_a)_1}{(B_p I_a)_2} \quad \Rightarrow \quad 1 = \frac{0.88 \times 450.09}{B_{p2} \times I_{a2}}$$

$$I_{a2} = \frac{396.08}{B_{p2}} \tag{11-5}$$

值得注意的是：式（11-5）仅适用于此问题。

$$\frac{n_1}{n_2} = \left(\frac{V_T - I_a R_{acir}}{B_p} \right)_1 \times \left(\frac{B_p}{V_T - I_a R_{acir}} \right)_2$$

$$B_{p2} = B_{p1} \times \frac{n_1}{n_2} \times \frac{(V_T - I_a R_{acir})_2}{(V_T - I_a R_{acir})_1}$$

$$B_{p2} = 0.88 \times \frac{850}{900} \times \frac{240 - 396.08 \times 0.0245 / B_{p2}}{240 - 450.09 \times 0.0245}$$

$$B_{p2}^2 - 0.8711B_{p2} + 0.0352 = 0$$

由二次方程求根公式可得：

$$B_{p2} = \frac{0.8711 \pm \sqrt{(-0.8711)^2 - 4 \times 0.0352}}{2}$$

$$B_{p2} \approx 0.83\text{T}, \ 0.043\text{T}$$

代入式（11-5）中：

$$I_{a2} = \frac{396.08}{0.83} = 477\text{A} \quad I_{a2} = \frac{396.08}{0.043} = 9211\text{A}$$

"理论上"电动机将以 900r/min 的转速运行，磁通密度约为 0.83T 或 0.043T。然而 0.043T 的磁通密度将产生 9211A 过高的电枢电流，这基本上相当于短路；在实际中，保护装置会瞬间使电机从生产线上跳闸，保护电机避免损坏或者出现故障，因此该工况将不会出现。

B_{p2} 的值可以通过使用更简单的方法近似，该方法假设对于所有负载条件电枢电路中的 IR 压降都非常小。基于这个假设，反电动势基本上是恒定的（$E_a = V_T - I_a R_{acir}$）。

$$I_a = \frac{nT_D}{7.04E_a}$$

因此，有了 T_D 常数，而 E_a 基本上是常数，$I_a \propto n$。

$$\frac{n_2}{n_1} \approx \frac{I_{a2}}{I_{a1}} \Rightarrow I_{a2} = I_{a1} \frac{n_2}{n_1} = 450.09 \times \frac{900}{850} = 477\text{A}$$

代入式（11-5）中：

$$B_{p2} = \frac{396.08}{477} = 0.83\text{T}$$

（e）根据图 11.7 的磁化曲线，对应于 0.83T 的磁动势（$\mathscr{F}_2$）约为 4000A·t/ 极。

$$\mathscr{F}_2 = N_f I_{f2} + N_s I_{a2} - 0.10 \times N_s I_{a2}$$

$$I_{f2} = \frac{\mathscr{F}_2 - 0.90 \times N_s I_{a2}}{N_f}$$

$$I_{f2} = \frac{4000 - 0.90 \times 4.5 \times 477}{577} \approx 3.58\text{A}$$

$$I_{f2} = \frac{V_T}{R_f + R_x} \quad \Rightarrow \quad R_x = \frac{V_T}{I_{f2}} - R_f$$

$$R_x = \frac{240}{3.58} - 49.2 \approx 17.8\Omega$$

例 11.3

一台 100hp、650r/min、240V 的串励电动机在额定条件下运行时的效率为 89.6%。串励绕组为 14 匝 / 极，由于电枢反应引起的等效去磁磁动势约为串励磁动势的 8.0%。电动机参数为：

	电枢	换向极	串励绕组
阻值 /Ω	0.0202	0.00588	0.00272

电动机电路图和磁化曲线如图 11.8 所示。如果负载降低到使电枢电流为 30% 的额定值，请计算其转速。

解：

$$P = V_{\mathrm{T}}I_{\mathrm{T}} = \frac{100 \times 746}{0.896} = 240I_{\mathrm{T}} \ \Rightarrow \ I_{\mathrm{a}} = I_{\mathrm{T}} = 346.91\mathrm{A}$$

$$R_{\mathrm{acir}} = 0.0202 + 0.00588 + 0.00272 = 0.0288\Omega$$

$$\mathscr{F}_{\mathrm{net1}} = \mathscr{F}_{\mathrm{s}} - \mathscr{F}_{\mathrm{d}} = N_{\mathrm{s}}I_{\mathrm{a}}(1 - 0.080) = 14 \times 346.91 \times 0.92 = 4468.2\mathrm{A \cdot t / 极}$$

根据图 11.8 的磁化曲线，B_{p1} 约为 0.87T。

$$\mathscr{F}_{\mathrm{net2}} = 0.30 \times \mathscr{F}_{\mathrm{net1}} = 0.30 \times 4468.2 = 1340.5\mathrm{A \cdot t/极}$$

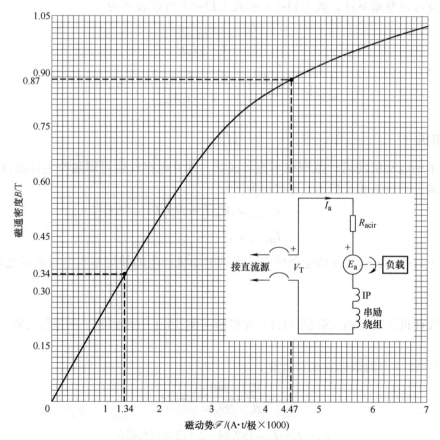

图 11.8　例 11.3 的磁化曲线和电路图

根据磁化曲线可得，B_{p2} 约为 0.34T。

$$\frac{n_1}{n_2} = \left(\frac{V_{\mathrm{T}} - I_{\mathrm{a}}R_{\mathrm{acir}}}{B_{\mathrm{p}}}\right)_1 \times \left(\frac{B_{\mathrm{p}}}{V_{\mathrm{T}} - I_{\mathrm{a}}R_{\mathrm{acir}}}\right)_2$$

$$\frac{650}{n_2} = \left(\frac{240 - 346.91 \times 0.0288}{0.87} \right) \times \left(\frac{0.34}{240 - 0.30 \times 346.91 \times 0.0288} \right)$$

$$n_2 = 1714\text{r/min}$$

11.8　线性近似

对于涉及磁场变化的问题，如果磁化曲线无法获得，则可以假设饱和效应忽略不计来获得近似值。然而，积复励电动机的串励励磁可以导致磁场进入深度饱和，特别是在堵转和高过载条件下。因此，如果忽略饱和效应，涉及堵转和复励电动机高过载的转速和转矩计算将出现较大误差。

如果题目的条件表明净磁动势将降低到其额定值以下，则使用线性假设可以获得有关所需电阻近似值的信息。

近似的机械特性方程可以通过从净磁动势的角度利用磁通和磁通密度表示。因此，假设饱和效应可以忽略不计，式（11-2）和式（11-4）可以表示为

$$\frac{T_{D1}}{T_{D2}} = \frac{(\mathscr{F}_{net}I_a)_1}{(\mathscr{F}_{net}I_a)_2} \tag{11-6}$$

$$\frac{n_1}{n_2} = \left(\frac{V_T - I_a R_{acir}}{\mathscr{F}_{net}} \right)_1 \times \left(\frac{\mathscr{F}_{net}}{V_T - I_a R_{acir}} \right)_2 \quad \Phi \neq 0 \tag{11-7}$$

串励电动机

如果串励电动机的运行范围在不饱和区域，并且电枢反应可以忽略不计或得到补偿，则关于串励电动机的式（11-6）可改写为

$$T_{D,series} \propto \mathscr{F}_{net}I_a = N_s I_a I_a$$
$$T_{D,series} \propto I_a^2 \tag{11-8}$$

如式（11-8）所示，在特定条件下，串励电动机产生的转矩基本上与电枢电流的二次方成正比。

例 11.4

使用线性近似法重新求解**例 11.1**，并将解与**例 11.1**中得到的结果进行比较。

解：

使用**例 11.1**中的数据并初步计算，

$$I_{f1} = \frac{V_T}{R_f} = \frac{240}{99.5} = 2.412\text{A}$$

$$I_{a1} = I_T - I_f = 137.84 - 2.412 = 135.43\text{A}$$

$$\mathscr{F}_{net} = \mathscr{F}_f = 1231 \times 2.412 = 2969.2\text{A} \cdot \text{t/极}$$

$$\frac{n_1}{n_2} = \left(\frac{V_T - I_a R_{acir}}{\mathscr{F}_{net}} \right)_1 \times \left(\frac{\mathscr{F}_{net}}{V_T - I_a R_{acir}} \right)_2$$

$$\mathscr{F}_{\text{net2}} = \mathscr{F}_{\text{net1}} \times \frac{n_1}{n_2} \times \frac{(V_{\text{T}} - I_{\text{a}} R_{\text{acir}})_2}{(V_{\text{T}} - I_{\text{a}} R_{\text{acir}})_1}$$

$$\mathscr{F}_{\text{net2}} = 2969.2 \times \frac{1150}{1.25 \times 1150} \times \frac{240 - 135.43 \times 1.15 \times 0.0969}{240 - 135.43 \times 0.0969}$$

$$\mathscr{F}_{\text{net2}} = 2354.8 \text{A} \cdot \text{t/极}$$

$$I_{\text{f}} = \frac{\mathscr{F}_{\text{net}}}{N_{\text{f}}} = \frac{2354.8}{1231} = 1.91 \text{A}$$

$$I_{\text{f}} = \frac{V_{\text{T}}}{R_{\text{f}} + R_{\text{x}}} \quad \Rightarrow \quad R_{\text{x}} = \frac{V_{\text{T}}}{I_{\text{f}}} - R_{\text{f}}$$

$$R_{\text{x}} = \frac{240}{1.91} - 99.5 = 26.15 \Omega$$

根据磁化曲线计算**例 11.1** 的变阻器电阻为 28.8Ω，线性近似引起的误差为

$$\frac{28.8 - 26.15}{28.8} \times 100 \approx 9.2\%$$

通过线性近似法得到的较小的电阻值会导致磁场电流略高，因此转速略低于所需的 $1.25 \times 1150 = 1437.5 \text{r/min}$。

例 11.5

例 11.2 使用线性近似法重新求解，以显示将线性假设应用于在过载条件下运行的复励电动机时产生的总误差。

解：

使用**例 11.2** 中的数据并初步计算

$$\mathscr{F}_{\text{net,1}} = N_{\text{f}} I_{\text{f}} + N_{\text{s}} I_{\text{a}} - 0.10 \times N_{\text{s}} I_{\text{a}}$$

$$\mathscr{F}_{\text{net,1}} = 577 \times 4.88 + 4.5 \times 450.09 \times 0.90 = 4638.6 \text{A} \cdot \text{t/极}$$

$$\frac{T_{\text{D1}}}{T_{\text{D2}}} = \frac{(\mathscr{F}_{\text{net}} I_{\text{a}})_1}{(\mathscr{F}_{\text{net}} I_{\text{a}})_2} \quad \Rightarrow \quad 1 = \frac{4638.6 \times 450.09}{\mathscr{F}_2 \times I_{\text{a2}}}$$

$$I_{\text{a2}} = \frac{2087787.5}{\mathscr{F}_2}$$

$$\frac{n_1}{n_2} = \left(\frac{V_{\text{T}} - I_{\text{a}} R_{\text{acir}}}{\mathscr{F}_{\text{net}}} \right)_1 \times \left(\frac{\mathscr{F}_{\text{net}}}{V_{\text{T}} - I_{\text{a}} R_{\text{acir}}} \right)_2$$

$$\mathscr{F}_2 = \mathscr{F}_1 \times \frac{n_1}{n_2} \times \frac{(V_{\text{T}} - I_{\text{a}} R_{\text{acir}})_2}{(V_{\text{T}} - I_{\text{a}} R_{\text{acir}})_1}$$

$$\mathscr{F}_2 = 4638.6 \times \frac{850}{900} \times \frac{240 - 2087787.5 \times 0.0245 / \mathscr{F}_2}{240 - 450.09 \times 0.0245}$$

$$\mathscr{F}_2^2 - 4591.9 \mathscr{F}_2 + 978660 = 0$$

由二次求根公式：

$$\mathcal{F}_2 = \frac{4591.9 \pm \sqrt{(-4591.9)^2 - 4 \times 978660}}{2}$$

$$\mathcal{F}_2 = 4367.8 \text{A} \cdot \text{t} / \text{极}, \quad 224.1 \text{A} \cdot \text{t} / \text{极}$$

采用较大的磁动势时，电枢电流会偏小：

$$\mathcal{F}_{\text{net},2} = 4367.8 \text{A} \cdot \text{t} / \text{极}$$

$$I_{a2} = \frac{2087787.5}{\mathcal{F}_2} = \frac{2087787.5}{4367.8} = 478.0 \text{A}$$

$$\mathcal{F}_{\text{net},2} = N_f I_f + N_s I_a \times 0.90 \quad \Rightarrow \quad I_{f2} = \frac{\mathcal{F}_{\text{net}} - N_s I_a \times 0.90}{N_f}$$

$$I_{f2} = \frac{4367.8 - 4.5 \times 478.0 \times 0.90}{577} = 4.21 \text{A}$$

$$I_{f2} = \frac{V_T}{R_f + R_x} \quad \Rightarrow \quad R_x = \frac{V_T}{I_{f2}} - R_f$$

$$R_x = \frac{240}{4.21} - 49.2 = 7.74 \Omega$$

根据**例 11.2** 的磁化曲线确定的变阻器电阻为 17.8Ω，线性近似引入的误差为

$$\frac{17.8 - 7.74}{17.8} \times 100 \approx 56.5\%$$

11.9 直流电动机稳态工作特性的比较

如图 11.9 所示为典型并励电动机、复励电动机和串励电动机在相同转矩和转速条件

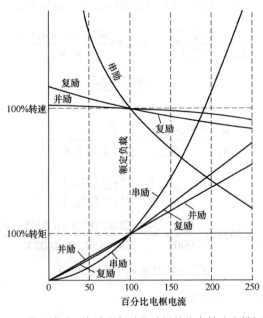

图 11.9 典型并励、串励和复励电动机的稳态转速和转矩特性

下，在电源电压不变时的稳态工作特性。

并励电动机

如其工作特性所示，并励电动机的转速从空载到额定负载是相对恒定的，因为并励励磁提供的磁通量基本恒定。并励电动机的转速调节率约为 5%。

并励电动机产生的电磁转矩取决于磁通密度和电枢电流。因此，并励电动机的恒定磁场产生的转矩几乎随电枢电流线性变化。并励电动机广泛引用于恒转速和起动转矩要求不高的场合。并励电动机用于驱动离心泵、风扇、绕线卷筒、运输机、机床和其他具有类似特性的负载。

复励电动机

复励电动机在高于额定电枢电流值时产生的转矩远高于具有相同额定功率和额定转速的并励电机。然而，复励电机的较高转矩往往出现在较低的转速区间，复励电动机的调速范围一般为 15% 和 25%。复励电动机广泛应用于需要高起动转矩或具有脉冲负载的场合，它们用于驱动电铲、金属冲压机、往复泵、起重机、压缩机和其他具有类似特性的负载。复励电动机可使得驱动脉动负载时所需的电能平滑。电动机在工作阶段减速，释放存储在转子中的动能，同时产生更大的电磁转矩；在恢复阶段，电动机加速并将能量储存到运动的转子中。而并励电动机在工作阶段倾向于保持相同的转速，从而导致电气系统对电流的需求过大。因此相比于使用并励电动机，使用复励电动机时电气系统对电流的需求较低。

串励电动机

轻载转速与满载转速的高比值，加上其高起动转矩，使串励电动机适用于驱动起重机、电力机车和其他类似特性的负载。如其转速曲线所示，完全从串励电动机上卸下负载将导致其"失控"。因此，串励电动机必须通过齿轮或实心联轴器直接连接到负载，若不通过齿轮或者实心联轴连接至负载将会导致超速。

11.10　可调电压驱动系统

可调电压驱动系统通过向电枢提供可调电压，同时为并联励磁回路提供恒定电压，为并励和平复励电动机提供加速、减速和转速控制。

图 11.10 显示了小型船舶的简单可调电压驱动系统（称为 Ward-Leonard 系统）的基本电路图。驱动发电机的原动机可以是柴油发动机、涡轮机或其他可以提供基本恒定转速的电动机。小型发电机为励磁母线供电；发电机变阻器提供从低速到电机额定转速的转速控制，并且还提供通过改变发电机磁场极性来改变转向的方法。虚线表示使电动机反向旋转的滑动触头的

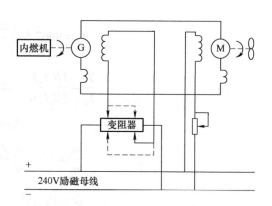

图 11.10　简单可调电压驱动系统的基本电路图

位置，两个滑动触头通过单个操作杆同时向不同方向移动，通过将滑动触头居中，可使电枢电流降至零。

尽管 Ward–Leonard 系统相较于目前更先进的控制方法而言已经过时，但仍被用于一些较旧的矿井起重机、电铲、磨机等。新设备的驱动系统和旧设备的现代化过程常使用电力电子设备进行控制。

例 11.6

图 11.10 所示的可调电压直流驱动系统的电枢额定值为 750V、1600hp、955r/min。额定负载下的电枢电流和励磁电流分别为 1675A 和 5.20A。电动机具有补偿绕组，并且其他励并联励磁回路经变阻器接至 240V 励磁母线。电动机参数为：

	电枢绕组	换向极 + 补偿绕组	并励绕组
电阻 /Ω	0.00540	0.00420	14.70

螺旋桨负载所需的功率随转速的三次方而变化。请计算：（a）以额定转速运行时产生的转矩；（b）在 50% 额定转速时产生的转矩；（c）假设励磁电流额定，在 50% 额定转速时所需的电枢电压。

解：

（a）
$$R_{acir} = R_a + R_{IP+CW} = 0.00540 + 0.00420 = 0.00960\Omega$$

$$V_T = E_a + I_a R_{acir} \quad \Rightarrow \quad 750 = E_a + 1675 \times 0.00960$$

$$E_a = 733.92V$$

$$P_{mech} = E_a I_a = 733.92 \times 1675 = 1229316W$$

$$P = \frac{T \times n}{5252} \quad \Rightarrow \quad \frac{1229316}{746} = \frac{T \times 955}{5252}$$

$$T_D = 9062.5 \, lb \cdot ft$$

（b）
$$P \propto n^3 \quad \Rightarrow \quad T \times n \propto n^3$$

$$\therefore T \propto n^2$$

$$\frac{T_1}{T_2} = \left(\frac{n_1}{n_2}\right)^2 \quad \Rightarrow \quad T_2 = T_1 \times \left(\frac{n_2}{n_1}\right)^2$$

$$T_2 = 9062.5 \times \left(\frac{0.5n_1}{n_1}\right)^2 = 2265.6 \, lb \cdot ft$$

（c）
$$\frac{T_1}{T_2} = \frac{(B_p I_a)_1}{(B_p I_a)_2} \quad \Rightarrow \quad \frac{9062.5}{2265.6} = \frac{B_p \times 1675}{B_p \times I_{a2}}$$

$$I_{a2} = 418.75A$$

$$\frac{n_1}{n_2} = \left(\frac{V_T - I_a R_{acir}}{\Phi}\right)_1 \times \left(\frac{\Phi}{V_T - I_a R_{acir}}\right)_2$$

$$V_2 = \frac{n_2}{n_1} \times \frac{\Phi_2}{\Phi_1} \times (V_T - I_a R_{acir})_1 + I_{a2} R_{acir2}$$

$$V_2 = \frac{0.5n_1}{n_1} \times \frac{\Phi_1}{\Phi_1} \times (750 - 1675 \times 0.0096) + 418.75 \times 0.0096$$

$$V_2 = 371.0\text{V}$$

11.11　能耗制动、反接制动和点动

通过将存储在转动物体中的能量转换为电能并通过电阻器耗散，可以使直流电动机快速减速。为此，断开电机电枢与电源，并连接合适的电阻器连接，同时并励绕组的磁场保持最大。电动机充当发电机，向电阻器馈送电流，以等于 I^2R 的功率散热。电阻器的额定热功率由所用材料特性及其物理尺寸决定，通常选择 R 值使电枢电流为大约 150% ～ 300% 额定电流。根据楞次定律，能耗制动产生的电枢电流将朝着原来电枢电流的相反方向。正是这种负转矩或反接转矩使电机减速。能耗制动对于限制势能性负载的转速也非常有用，例如，通过降低电梯和绞车上的重型负载或电动列车降级产生的负载来进行能耗制动。由于在电阻中产生能量消耗，这种类型的制动有时被称为电阻制动。

复励电动机的能耗制动电路如图 11.11 所示。图 11.11a 为电机正常运行状态；接触器 M1 和 M2 闭合，接触器 M3 断开；为了进行能耗制动，接触器 M1 和 M2 断开，接触器 M3 闭合，如图 11.11b 所示。请注意，串励部分不包括在能耗制动（Dynamic-Braking，DB）回路中；若包括将会有不同的连接，串励中的电流将建立一个与并励磁动势相反的磁动势，导致较低的 E_a，因此制动效果较差。

在充分减速后，电动机电路断开，并应用机械制动器辅助电机完全停转并防止进一步旋转。典型的磁力释放弹簧加载保持制动器如图 11.12 所示。

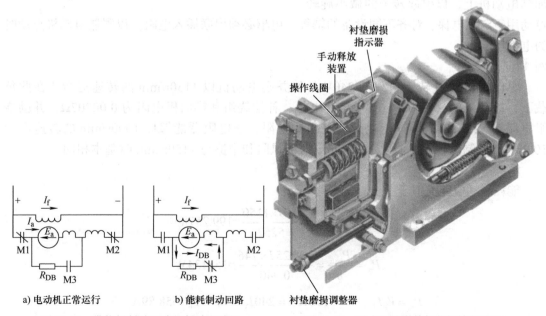

a) 电动机正常运行　　　b) 能耗制动回路

图 11.11　带能耗制动回路的复励电动机

图 11.12　磁力释放弹簧加载保持制动器
（由 GE 工业系统公司提供）

再生制动

再生制动将势能性负载（Overhauling Load）的能量转换为电能，返送回电气系统。势能性负载驱动直流电动机的转速比在给定施加电压下正常运行的转速快。这将导致其反电动势大于施加的电压并使电动机转为发电模式。再生制动广泛用于电气化铁路，并在一定程度上用于电梯和绞车。除非在串励回路中串联限流电阻，或者通过低压直流发电机单独给串励绕组供电，否则串励电动机中不会发生再生制动。

反接制动

反接制动是在电动机停止前通入反相电源。它用于必须使电动机紧急停止、快速反转或消除高惯性电动机固有的长滑行时间的场景。通过反接电枢电压，使电动机反转。串励和并励绕组中的电流不得反向；电枢回路中串联的电阻必须足够大，以防止电流过大使断路器跳闸或损坏换向器与电刷的接触面。

用于反接制动的简化电路如图 11.13 所示。在正常工作期间，M 触点闭合，PL 触点断开，电枢电流路径用实线箭头表示；在反接制动期间，M 触点断开，PL 触点闭合，电枢电流路径用虚线箭头表示。

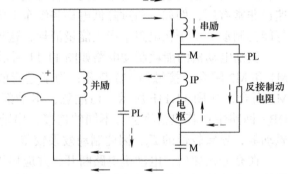

图 11.13　用于反接制动的简化电路

电动机点动

电动机点动是将动力非常短暂地施加到电动机上，以引起转子的微小旋转。点动用于定位电梯、对齐不同设备的轴等。电枢必须串联插入电阻，以限制电动机点动时的电枢电流。

例 11.7

驱动 910lb·ft 转矩负载的 240V 补偿并励电动机以 1150r/min 的转速运行。在此负载下，电动机的效率为 94.0%。组合电枢、补偿绕组和换向极电阻为 0.00707Ω，并励绕组电阻为 52.6Ω。请计算能耗制动电阻的电阻，该电阻器能够以 1000r/min 的转速产生 500lb·ft 的制动转矩。假设 1000r/min 时的风阻和摩擦与 1150r/min 时基本相同。

解：

能耗制动电路类似于图 11.11b。

$$P_{\text{shaft}} = \frac{Tn}{5252} = \frac{910 \times 1150}{5252} = 199.257\text{hp}$$

$$P_{\text{in}} = \frac{P_{\text{shaft}}}{\eta} = \frac{199.257 \times 746}{0.940} = 158134\text{W}$$

$$P_{\text{in}} = V_{\text{T}}I_{\text{T}} \quad \Rightarrow \quad 158134 = 240I_{\text{T}} \quad \Rightarrow \quad I_{\text{T}} = 658.89\text{A}$$

$$I_{\text{f}} = \frac{V_{\text{T}}}{R_{\text{f}}} = \frac{240}{52.6} = 4.56\text{A}$$

$$I_a = I_T - I_f = 658.89 - 4.56 = 654.33\text{A}$$

$$V_T = E_{a1} + I_{a1}R_{acir} \quad \Rightarrow \quad 240 = E_{a1} + 654.33 \times 0.00707$$

$$E_{a1} = 235.37\text{V}$$

$$P_{mech1} = \frac{E_{a1}I_{a1}}{746} = \frac{T_{D1}n_1}{5252} \quad \Rightarrow \quad \frac{235.37 \times 654.33}{746} = \frac{T_{D1} \times 1150}{5252} \quad \Rightarrow \quad T_{D1} = 942.85 \text{ lb} \cdot \text{ft}$$

由于磁通密度恒定：

$$\frac{T_1}{T_2} = \frac{(B_pI_a)_1}{(B_pI_a)_2} \quad \Rightarrow \quad \frac{942.85}{500} = \frac{654.33}{I_{a2}} \quad \Rightarrow \quad I_{a2} = 347\text{A}$$

$$\frac{E_{a1}}{E_{a2}} = \frac{(n\Phi_pk_G)_1}{(n\Phi_pk_G)_2} \quad \Rightarrow \quad \frac{235.37}{E_{a2}} = \frac{1150}{1000} \quad \Rightarrow \quad E_{a2} = 204.67\text{V}$$

参考图 11.11b

$$E_{a2} = I_{a2}(R_{acir} + R_{DB}) \quad \Rightarrow \quad 204.67 = 347 \times (0.00707 + R_{DB})$$

$$R_{DB} = 0.582\Omega$$

11.12　标准端子标记和直流电动机的连接

直流电动机的标准端子标记和不同旋转方向下的正确连接如图 11.14[2] 所示。旋转方向从驱动轴对面的一端观察。但是，由于差分连接固有的危险，在将电动机连接到起动器之前，无标记端子的复励电动机必须经过测试，以确定并励和串励绕组的相对极性，并且必须对引线进行适当的标记。参考文献 [1] 中详细介绍了确定串励磁场和并励磁场相对极性的测试过程。

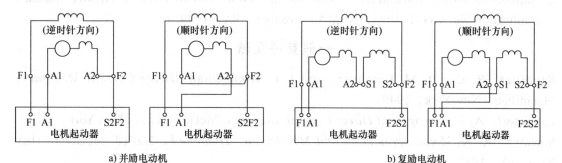

a) 并励电动机　　　　　　　　　　　　　b) 复励电动机

图 11.14　用于直流电动机的 NEMA 标准端子标记，以及不同旋转方向下的正确连接

解题公式总结

$$\mathscr{F}_{net} = \mathscr{F}_f + \mathscr{F}_s - \mathscr{F}_d \tag{11-1}$$

$$T_D = B_pI_ak_M \tag{10-17}$$

$$n = \left.\frac{V_T - I_aR_{acir}}{\Phi_pk_G}\right|_{\Phi_p \neq 0} \tag{10-26}$$

$$\frac{T_{D1}}{T_{D2}} = \frac{(B_p I_a)_1}{(B_p I_a)_2} \qquad (11\text{-}2)$$

$$\frac{n_1}{n_2} = \frac{\left(\dfrac{V_T - I_a R_{acir}}{\varPhi_p k_G}\right)_1}{\left(\dfrac{V_T - I_a R_{acir}}{\varPhi_p k_G}\right)_2}, \quad \varPhi \neq 0 \qquad (11\text{-}3)$$

$$\frac{n_1}{n_2} = \left(\frac{V_T - I_a R_{acir}}{B_p}\right)_1 \times \left(\frac{B_p}{V_T - I_a R_{acir}}\right)_2 \quad \varPhi \neq 0 \qquad (\text{参见 } 11\text{-}4)$$

线性假设

$$\frac{T_{D1}}{T_{D2}} = \frac{(\mathscr{F}_{net} I_a)_1}{(\mathscr{F}_{net} I_a)_2} \qquad (11\text{-}6)$$

$$\frac{n_1}{n_2} = \left(\frac{V_T - I_a R_{acir}}{\mathscr{F}_{net}}\right)_1 \times \left(\frac{\mathscr{F}_{net}}{V_T - I_a R_{acir}}\right)_2 \quad \varPhi \neq 0 \qquad (11\text{-}7)$$

$$T_{D,series} \propto \mathscr{F}_s I_a \quad I_a \propto I_a^2 \qquad (\text{参见 } 11\text{-}8)$$

正文引用的参考文献

1. Hubert, C. I. *Operating, Testing, and Preventive Maintenance of Electrical Power Apparatus.* Prentice Hall, Upper Saddle River, NJ, 2002.

2. National Electrical Manufacturers Association. *Motors and Generators.* NEMA Standards Publication No. MG-1-1998, NEMA, Rosslyn, VA, 1999.

一般参考文献

Kloeffler, R. G., R. M. Kerchner, and J. L. Brenneman. *Direct-Current Machinery.* Macmillan, New York, 1949.

Langsdorf, A. S. *Principles of Direct-Current Machines.* McGraw-Hill, New York, 1959.

Smeaton, R. W. *Motor Application and Maintenance Handbook*, 2nd ed. McGraw- Hill, New York, 1987.

思 考 题

1. 请解释为什么一些并励直流电动机需要补偿绕组。

2. 请说明如何在结构上区分复励电动机与平复励电动机。

3. 请绘制复励电动机的电路图，并在图上表示（用虚线）反接电动机的正确连接。

4. （a）在平复励电动机中，串励磁场提供的磁动势约占总磁动势的百分比；（b）在复励电动机中的百分比又是多少？

5. 请列举例说明以下几种电机的应用场景：（a）并励电动机；（b）串励电动机；（c）复

励电动机。

6. 请解释为什么串励电动机在去除负载时会因超速而毁坏。

7. 请解释复励电动机产生的额定转矩与相同功率和转速额定值的并励电动机产生的额定转矩之间有什么区别。

8. 请解释复励电动机如何平滑脉冲负载（如飞轮冲床）所需的能量需求。

9. 请解释为什么要避免复励电动机的差速连接。

10. 一台 20hp、230V 复励电动机配有电枢变阻器和分流励磁变阻器，用于转速控制。分流励磁变阻器的电阻范围为 0 ～ 300Ω。电枢变阻器的范围为 0 ～ 1.5Ω。当电动机从静止状态起动时，请计算每个变阻器的电阻数值应该是多少？并用理论解释验证计算结果。

11. 绘制电路图，并解释沃德—伦纳德系统在转速调整和改变转向方面的操作。

12. 请说明再生制动和电阻制动的区别，并说明每种制动的应用实例。

13. 请说明反接制动和点动的区别，并各自列举一个具体的应用实例。

习　题

11-1/7　一台带补偿绕组的并励电动机以 60hp、240V、400r/min 的额定条件工作，其电流为 209.1A。电机参数为 $R_{acir} = 0.0483Ω$、$R_f = 39.1Ω$ 和 $N_f = 1476$ 匝 / 极。相应的磁化曲线如图 11.15 所示。（a）请计算与并励绕组串联所需的外部起动电阻的阻值，以将转速提高到 600r/min。（b）假设此时的转矩负载为 40% 的额定转矩，计算此时的电枢电流；（c）电阻器的额定功率。

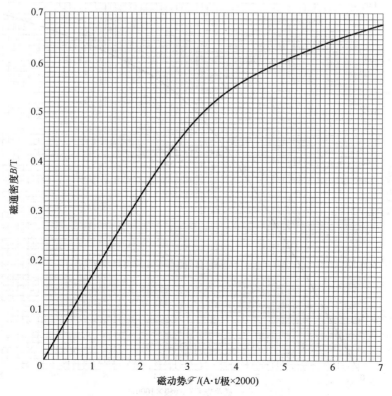

图 11.15　习题 11-1/7 ～ 11-4/7 的磁化曲线

11-2/7   一台 75hp、240V、250r/min 带补偿绕组的并励直流电动机具有以下参数：R_{acir} = 0.0665Ω、R_f=25.6Ω、N_f= 835 匝 / 极。相应的磁化曲线如图 11.15 所示。该电动机在额定条件下运行时的效率为 86.4%。请计算与并励绕组串联所需的外部起动电阻器的电阻和额定功率，以将转速提高到 500r/min。假设轴功率负载恒定，效率不变。

11-3/7   一台 150hp、240V、650r/min 带补偿绕组的并励电动机具有以下参数：R_a=0.00872Ω，R_{IP}+R_{CW}=0.0038Ω，R_f=32.0Ω，N_f=1143 匝 / 极。额定负载下的效率为 92.0%。相应的响应磁化曲线如图 11.15 所示。（a）请计算提供 2100r/min 的空载转速时与并励绕组串联所需的外部起动电阻。假设电动机空载电流为 18.4A。（b）电阻器的额定功率。

11-4/7   一台在额定负载下运行的 50hp、240V、1750r/min 带补偿绕组并励电动机的效率为 88.7%。电动机参数为 R_a=0.0287Ω、R_{IP}=0.0138Ω、R_f=67.4Ω，N_f=1850 匝 / 极。相应的响应磁化曲线如图 11.15 所示。（a）假设电动机以 65% 的额定转矩运行。请计算保持 1024r/min 的转速时与电枢串联所需的外部起动电阻。（b）电阻器的额定功率。

11-5/7   一台 700hp、850r/min、500V 复励电动机在额定条件下运行的效率为 93.2%。电动机参数为：

	电枢绕组	换向极 + 补偿绕组	串励绕组	并励绕组
阻值 /Ω	0.00689	0.001374	0.000687	72.5
匝数 / 极	—	—	6	995

电动机的磁化曲线如图 11.16 所示。（a）请计算串励磁场提供的磁动势所占百分比；

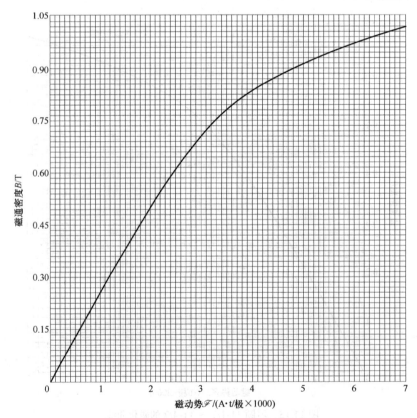

图 11.16   习题 11-5/7 ～ 11-11/7 的磁化曲线

（b）假设连接的负载使得电枢电流上升到1540A，请计算并励励磁电路中发生开路时的转速。

11-6/7　由 240V 系统运行的 40hp、1150r/min 补偿并励电动机提供的负载的转矩随转速直接变化。电动机在额定条件下的效率为90.2%，电动机参数为：

	电枢绕组	换向极 + 补偿绕组	并励绕组
阻值 /Ω	0.0680	0.0289	99.5
匝数 / 极			1231

磁化曲线如图 11.16 所示。为使电动机以 125% 的额定转速运行，请计算与并联励磁电路串联所需的外部起动电阻。

11-7/7　一台带补偿绕组的 400hp、250V、100r/min 复励电动机在额定条件下运行时的效率为 89.8%。电动机参数为：

	电枢绕组	换向极 + 补偿绕组	串励绕组	并励绕组
阻值 /Ω	0.002660	0.000774	0.000356	24.1
匝数 / 极	—	—	2	400

磁化曲线如图 11.16 所示。请计算：（a）电机电流；（b）电枢电流；（c）输出的机械功率；（d）如果起动电动机所需的转矩为 115% 的额定转矩，电机将在没有其串励绕组的情况下运行，并且电枢电流限制在额定值的 200%，电动机是否可以起动？

11-8/7　一台带补偿绕组的 50hp、230V、500r/min 复励电动机具有以下参数：

	电枢绕组	换向极 + 补偿绕组	串励绕组	并励绕组
阻值 /Ω	0.071	0.0140	0.031	75
匝数 / 极	—	—	6	1000

磁化曲线如图 11.16 所示。电动机在额定条件下运行时电流为 190A。请计算：（a）反电动势；（b）发出的机械功率；（c）额定轴转矩；（d）克服旋转损耗所需的机械功率；（e）假设负载转矩恒定，若未使用串励绕组，请计算电机转速。

11-9/7　一台 60hp、468r/min、240V 平复励电动机在额定条件下运行时的效率为 89.0%。电机参数为：

	电枢绕组	换向极	串励绕组	并励绕组
阻值 /Ω	0.0342	0.00924	0.00308	71.6
匝数 / 极	—	—	1.5	1268

磁化曲线如图 11.16 所示。请画出电动机电路图并计算：（a）电动机额定电流；（b）额定磁场电流；（c）额定电枢电流；（d）额定轴转矩；（e）将堵转电枢电流限制在额定电枢电流的 200% 所需的外部起动电阻；（f）假设电枢电流限制为额定值的 200%，为使转子转矩增加 135%，请计算串联绕组需要相同尺寸导体的额外匝数；（g）假设增加的串励绕组匝数，电动机加载到额定电枢电流，并且没有外部起动电阻与并励或串励绕组串联，请计算此时的稳态转速。

11-10/7　一台 75hp、850r/min、500V 串励电动机在额定条件下运行时的效率为

90.2%。串励绕组为 30 匝 / 极，电动机参数为：

	电枢绕组	换向极 + 补偿绕组	串励绕组
阻值 /Ω	0.1414	0.0412	0.0189

电动机的最大安全转速为 1700r/min。在 10hp 的轴负载下操作电机是否安全？使用图 11.16 中的磁化曲线，并写出所有计算过程。忽略风阻和摩擦的变化。

11-11/7 一台串励电动机以 150hp、400r/min、240V 的额定条件运行，驱动在 120% 额定功率和 40% 额定功率之间循环的负载。电枢反应引起的等效退磁磁动势大约等于串励绕组磁动势的 7.5%。串励绕组为 12 匝 / 极，额定负载下的效率为 93.2%，电动机参数为：

	电枢绕组	换向极	串励绕组
阻值 /Ω	0.01346	0.00392	0.00181

请计算转速的上限和下限，采用图 11.16 的磁化曲线。

11-12/8 一台 240V、50hp、1150r/min 的复励电动机具有以下参数：

	电枢绕组	换向极 + 补偿绕组	串励绕组	并励绕组
阻值 /Ω	0.0673	0.0196	0.00902	85.6
匝数 / 极	—	—	8	750

额定负载下的效率为 88.7%。如果将 20Ω 电阻与并励绕组串联，并且在此转速下电枢电流为 200A，请计算此转速，忽略饱和效应。

11-13/8 一台 15hp、2500r/min、240V 复励电动机在额定条件下运行时，电流为 58.6A。电动机参数为：

	电枢绕组	换向极 + 补偿绕组	串励绕组	并励绕组
阻值 /Ω	0.241	0.0700	0.322	138
匝数 / 极	—	—	10	1360

如果一个 1.6Ω 电阻器与电枢串联，100Ω 电阻器与并励绕组串联，轴上的负载使电动机线电流为 40A，忽略饱和效应，请计算：（a）转速；（b）发出的机械功率；（c）输出转矩。

11-14/8 一台 240V、30hp、650r/min 的复励电动机在额定条件下运行的效率为 94.2%。电动机参数为：

	电枢	换向极 + 补偿绕组	串励绕组	并励绕组
阻值 /Ω	0.1192	0.0347	0.0159	80
匝数 / 极	—	—	7	513

忽略饱和的影响，请计算：（a）若不使用串励绕组，在额定电枢电流下的转速；（b）如果串励绕组差分连接，则在额定电枢电流下的转速。

11-15/8 一台 240V、20hp、300r/min 的平复励电动机效率为 84.3%，电动机参数为：

	电枢绕组	换向极	串励绕组	并励绕组
阻值 /Ω	0.168	0.0490	0.0226	100
匝数 / 极	—	—	1.5	1096

忽略饱和的影响，（a）假设空载电机电流为 15A，计算空载时的转速；（b）计算在（a）条件下的转速调节；（c）计算电枢电流为 60% 额定值时的输出转矩。

11-16/8　一台 100hp、3500r/min、240V 复励电动机在额定负载下的效率为 94.6%。电动机参数为：

	电枢绕组	换向极 + 补偿绕组	串励绕组	并励绕组
阻值 /Ω	0.0358	0.0104	0.00480	52.3
匝数 / 极	—		3	367

忽略饱和的影响，（a）如果轴上的负载降低到使线路电流为 136A，计算转速；（b）在（a）条件下的输出转矩。

11-17/10　输煤机由平复励电动机通过可调电压驱动系统驱动。输煤机是电机的恒转矩负载。在 700hp、400r/min、250V 的额定条件下，电动机电枢电流为 2230A。磁场由 120V 恒定直流电源励磁。电动机参数为：

	电枢绕组	换向极	串励绕组	并励绕组
阻值 /Ω	0.006294	0.0140	0.000843	10.8

请计算要以 100r/min 工作时，应施加的电枢电压。

11-18/10　直流可调电压驱动系统用于驱动钢厂中的卷筒。当钢缠绕在卷筒上时，卷筒直径增加，从而增加电动机上的转矩负载。为了保持恒定的功率，转速必须与转矩成反比。实际上，卷轴代表恒定功率负载。驱动卷盘的电动机是额定条件为 1000hp、500V 的平复励电机，在 400r/min 时电枢电流为 1522A。并励磁场通过整流器由 120V、60Hz 的系统单独励磁。电动机参数为：

	电枢绕组	换向极	串励绕组	并励绕组
阻值 /Ω	0.0115	0.00179	0.00156	15.76

请计算：电动机以 700r/min 工作时施加的电枢电压。

11-19/11　一台 550V、400hp、带补偿绕组的他励电动机，额定转速为 1750r/min。并励绕组由 120V 直流电源单独励磁。在额定条件下运行时，电动机的效率（减去并励绕组）为 94.6%。电动机参数为：

	电枢绕组	换向极 + 补偿绕组	并励绕组
阻值 /Ω	0.0192	0.00573	28

假设当过热的轴承开始冒烟时，电动机是在额定条件下运行。电枢与电源线断开，并连接到能耗制动电阻。负载的惯性阻止着电机的瞬时减速，当能耗制动回路闭合时，会产生 200% 的额定转矩。请计算能耗制动电阻的阻值。电路如图 11.11b 所示。

11-20/11   一台 150hp、1750r/min、240V 带补偿绕组的并励电动机在额定条件下运行，效率为 92.3%。电动机参数为：

	电枢绕组	换向极 + 补偿绕组	并励绕组
阻值 /Ω	0.0233	0.0099	33.9

请计算电机转速为 500r/min 时，通过 0.324Ω 电阻进行能耗制动的电枢电流。电路如图 11.11b 所示。

第 12 章

直流发电机的运行与特性

12.1　概述

在第 10 章的理论基础上，本章主要研究自励发电机及其特性、运行以及难点。

尽管由于电力电子装置与控制系统的飞速发展，直流发电机的需求越来越小，但在某些领域，它们还有着应用，如炼钢厂、破冰船、电化学工业以及某些驱动系统所需的直流低纹波电源等。

12.2　并励发电机

并励发电机的等效电路如图 12.1a 所示，它的初始电动势由铁心中的剩磁产生[⊖]。图中励磁回路中的开关只是用来辅助说明建压的过程与原理，实际并励发电机很少使用这种励磁开关。

图 12.1b 是并励发电机的磁化曲线与场阻线。其中，场阻线表征的是励磁绕组施加电压与所流经电流间的欧姆定律关系。在该欧姆曲线上有两个点，其中一个是原点（0V，0A），另一个点（V_f，I_f）是通过对并励绕组施加额定电压时测量相应的电流获得的。

磁化曲线是通过将电机作为他励发电机运行获得的。此时，发电机运行于额定转速并且处于空载状态，调节励磁电流，使电枢电压从零变化到约 125% 额定电压，绘制该过程中感应电动势与并励绕组电流的关系图即可得磁化曲线。为了避免磁滞回线带来的影响，在测定过程中始终不能让励磁电流减小。如果在实验过程中不小心越过了待测点，那么要么从头开始测量、要么忽略这个测量点。最终将该曲线绘制于 X–Y 坐标系下即可。

建压过程

假定图 12.1a 中励磁开关断开并且电枢以额定转速旋转，则通过图 12.1b 中的磁化曲线可以得到，此时剩磁会建立起大约 7V 的电压。同时，由图 12.1b 中场阻线可知，励磁绕组中建立的 7V 电压会在其中产生 0.6A 的电流。而由磁化曲线可知，0.6A 的励磁电流会使电压增加至 13V，在此基础上，13V 电压会使电流增加到 1.1A，而 1.1A 电流又会反

⊖　在励磁开关断开的情况下以额定转速运行时，自励发电机中磁极的剩磁提供了足够的磁通量，可以产生大约 5% 额定电压的感应电动势。

过来导致电压进一步增加至 19V，后续励磁电压电流依此过程不断增加。此过程中，电压会一直增加至磁通饱和。该临界点位于磁化曲线与场阻线的交点，被称为工作点。在接近该点的过程中，感应电动势随给定励磁电流变化量的增长而逐渐减小，并且感应电动势与励磁电流会随着增量减小而逐渐趋于一个稳定值。虽然在上述描述中电压电流的变化类似阶梯式增加，但在实际电机中，两者会快速且平滑地抬升至工作点，并且电压的最终稳定值受磁通饱和与励磁电阻的限制。

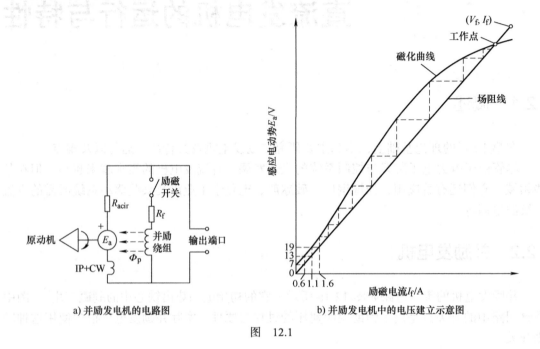

a) 并励发电机的电路图　　　　　　b) 并励发电机中的电压建立示意图

图　12.1

空载电压调节

空载电压，也叫开路电压，可以通过调节场阻线的斜率来调整。

在并励回路中增加串联电阻会增大场阻线的斜率，从而导致在较低的电压时两条曲线就会相交（也即工作点提前）。图 12.2 展示了在不同电阻下的场阻线簇与对应的工作点，在图中，有

$$R = R_\mathrm{f} + R_\mathrm{rheo}$$

图 12.2 中的工作点是根据两条曲线联立得到的图形解。其中，两条曲线的表达式分别如下所示，磁化曲线：

$$E_\mathrm{a} = n\Phi_\mathrm{p}k_\mathrm{G} = n\left(\frac{N_\mathrm{f}I_\mathrm{f}}{\mathscr{R}}\right)k_\mathrm{G} \tag{12-1}$$

场阻线：

$$E_\mathrm{a} = I_\mathrm{f}(R_\mathrm{f} + R_\mathrm{rheo}) \tag{12-2}$$

式（12-1）中的磁阻非线性，这导致了得到该方程的解析解非常困难，所以此处使用了图形解。

如图 12.2 中 R_4 所示，如果将可变电阻调节到那些导致场阻线在磁化曲线左侧的值，那么发电机建立起来的电压将只会略高于剩磁建压。

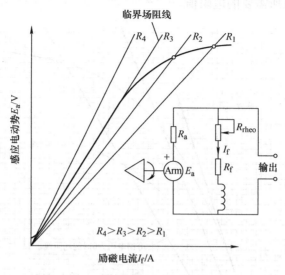

图 12.2　场阻线与对应的工作点

如果场阻线与磁化曲线的直线部分重合，那么电压将会变得不稳定，即可以取重合部分的任意值。这种导致两个曲线刚好重合的电阻被称为临界电阻。只有励磁电阻小于临界电阻，发电机才有可能成功建压。因此，诸如变阻器开路、电阻过大、换向器电刷接触压力过低、电刷或换向器积碳、并励线圈开路，都会阻碍电压的建立。

基本设计

自励发电机通常要求在空载、零电阻的工况下，电机能输出 125% 额定电压，并且励磁电阻的设计需要满足最大阻值时的空载电压为额定电压的 50%。

12.3　转速对自励发电机建压的影响

自励发电机的临界电阻与其转速密切相关，在相同的励磁电阻条件下，低速电机与高速电机所建立的电压值不一样。因此，不同转速电机的临界电阻不一样。如图 12.3 所示，对于图中给出的场阻线，它与高速电机磁化曲线在高电压下才产生交点，而与低速电机磁化曲线在略高于剩磁产生的电压下即产生了交点。

例 12.1

某台 125V、50kW、1750r/min 的并励发电机磁化曲线如图 12.4 所示，其空载短路电压为 156V，试确定：（a）励磁电阻；（b）使空载电压为 140V 的励

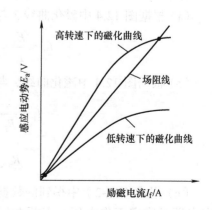

图 12.3　自励电机中转速对建压的影响

磁电阻；（c）励磁电阻为 14.23Ω 时的电枢电压；（d）临界电阻；（e）80% 额定转速、短路条件下的电枢电压；（f）励磁回路直接接到 120V 直流电源时，在 1750r/min 转速下为获得 140V 空载电枢电压所需要的电阻值。

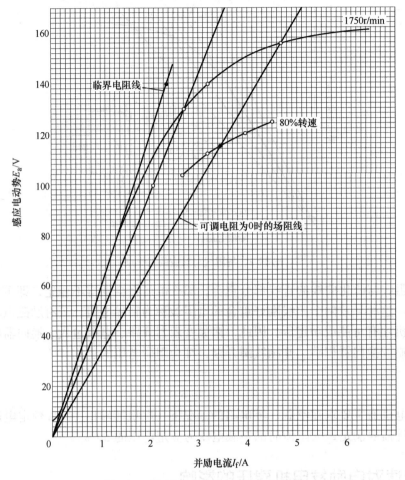

图 12.4　例 12.1 中的磁化曲线与场阻线

解：

（a）根据图 12.4 中磁化曲线，与 156V 空载电压对应的并励励磁电流为 4.7A，因此：

$$R_\mathrm{f} = \frac{E_\mathrm{a}}{I_\mathrm{f}} = \frac{156}{4.7} = 33.1915 \quad \Rightarrow \quad 33.19\Omega$$

（b）根据图 12.4 中磁化曲线，与 140V 空载电压对应的并励励磁电流为 4.7A，因此：

$$I_\mathrm{f} = \frac{E_\mathrm{a}}{R_\mathrm{f} + R_\mathrm{rheo}} \quad \Rightarrow \quad R_\mathrm{rheo} = \frac{E_\mathrm{a}}{I_\mathrm{f}} - R_\mathrm{f}$$

$$R_\mathrm{rheo} = \frac{140}{3.2} - 33.19 = 10.56\Omega$$

（c）用式（12-2）中得到的数据可以画出一条新的场阻线，根据该曲线与磁化曲线的交点即可确定工作电压。在两个任意的电压下（取 0V 与 100V），即可得相应的励磁电流为：

$$R_f + R_{rheo} = 33.19 + 14.23 = 47.42\Omega$$

$$I_f = \frac{E_a}{R_f + R_{rheo}} = \frac{0}{47.42} = 0A$$

$$I_f = \frac{100}{47.42} = 2.1A$$

通过（0V，0A）与（100V，2.1A）两个点，可以画出一条直线，通过该直线，即可得到 130V 下的交点。

（d）让临界场阻线与磁化曲线的线性段相切，并且临界电阻可以由任意一对坐标确定。选择电枢电压与励磁电流为

$$E_a = 140V \qquad I_f = 2.35A$$

$$R_{cr} = \frac{E_a}{I_f} = \frac{140}{2.35} = 59.6\Omega$$

（e）此部分的场阻线与（a）中相同，但转速变为了 80%，所以磁化曲线需要重新绘制。又因为只需要绘制一部分的曲线，所以只需要根据场阻线任意侧的励磁电流值来计算所需的电压点，依据的公式为：

80% 额定转速下的电枢电压 E_a=0.80× 额定转速下的 E_a

因此：

励磁电流 /A	近似感应电动势 /V	
	额定转速	80% 额定转速
4.50	155	124
3.95	150	120
3.20	140	112
2.70	130	104

将表格中 80% 转速下的数据绘制成曲线，即可得到图 12.4 中所示的短路低速磁化曲线，此时场阻线与该曲线的交点为 116V。

（f）依据 1750r/min 的磁化曲线，140V 所对应的励磁电流约为 3.2A。

$$I_f = \frac{V_f}{R_f + R_{rheo}} \quad \Rightarrow \quad R_{rheo} = \frac{V_f}{I_f} - R_f$$

$$R_{rheo} = \frac{120}{3.2} - 33.19 = 4.31\Omega$$

12.4　影响电压建立的其他因素

除了过大的励磁回路电阻与低转速外，励磁绕组反接、电机反转、剩磁反向都会影响自励发电机的建压。这些不利影响可以通过图 12.5 所示的电路来描述，同时可以使用右

手定则来确定线圈磁通方向，并且为了分析的简便性，图中只画了一个磁极。在每种工况下，电机都满足：

$$\Phi_R = 剩磁磁通$$

$$\Phi_F = 励磁电流产生的磁通$$

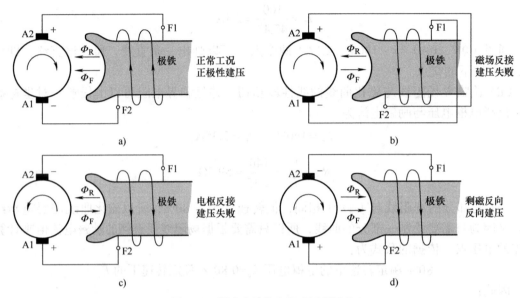

图 12.5　影响自励发电机建压的因素

图 12.5a 表示正常工况，即原动机顺时针转动的同时剩磁与励磁线圈磁通都是向左。

在图 12.5b 中，励磁回路反向连接，导致了 Φ_F 与 Φ_R 方向相反以及电压从其初始残压开始下降。

在图 12.5c 中，电机反转导致了电枢电压反向，而电压的反向又引起了励磁电流的反向，这就导致了 Φ_F 与 Φ_R 方向相反以及电压从其初始残压开始降落。

在图 12.5d 中，反向的剩磁导致电枢电压反向，同上面所述，电压反向会引起励磁电流的反向。在这种工况下，Φ_F 与 Φ_R 都反向，所以发电机会从正常工况的反方向开始建压，并且最终电机会在极性相反的额定电压下运行。

反极性的校正是靠额外的直流源重新在正确方向对铁心充磁来实现的，这种操作被称为起励，关于这一部分，详情可参阅参考文献 [1]。

12.5　短路对并励发电机极性的影响

在一些诸如并励发电机突然短路之类的故障工况下，过高的电枢电流会引起铁心磁通完全饱和，这会导致换向极失效（也就是说，它的场强不再与电枢电流成正比）。如图 12.6a 所示，换向绕组中产生的大电流会产生很强的去磁磁动势。为了简便起见，并励绕组与换向绕组没有在图 12.6 中画出。换向绕组中电流的方向由转向与剩下的主磁极的极性决定。

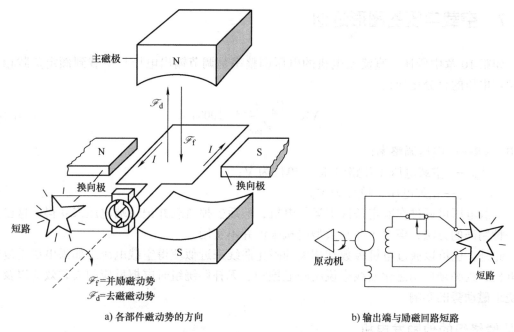

a) 各部件磁动势的方向　　　　　　　b) 输出端与励磁回路短路

图 12.6　短路对自励发电机的影响

此外，由图 12.6b 所示，发电机短路也会导致励磁回路短路，这就导致了励磁回路电流非常小，从而使励磁磁动势非常小。这个极小的励磁磁动势与补偿绕组产生的极大的去磁磁动势会形成一个合成磁动势，这个合成磁动势会使主磁极的剩磁极性反转，因此，在继电器跳闸后，发电机的电压会在反方向建压。

12.6　并励发电机的负载电压特性

并励发电机在各种工况下的特性都比他励发电机复杂，这是因为并励发电机的励磁电流取决于它自身的输出电压。在没有补偿绕组时，增加并励发电机的负载会向电枢回路增加额外的压降以及由电枢反应引起的去磁磁动势的增大，而这两者都会导致输出电压降低，输出电压降低同样会引起励磁电流降低，这就进一步导致了输出电压下降。

励磁电流对输出电压的依赖性与磁化曲线的非线性，使得有必要使用曲线来确定给定负载电流时的端电压。参考文献［2］、［4］和［3］对这些方法进行了描述和说明。

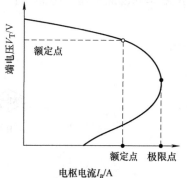

电压崩溃

由于过载而导致的输出电压下降会使励磁电流降低。如图 12.7 所示，从而导致电压进一步降低，并迅速跌落至几乎为零。如果发生了这种现象，必须断开发电机继电器，从而重新建立电压。

图 12.7　负载超过极限点的并励发电机负载特性

12.7   空载电压的图形近似

如第 10 章中所述，直流发电机的电压调整率是调节输出电压从空载到额定负载相对于额定电压的百分比变化。

$$VR = \frac{V_{nl} - V_{rated}}{V_{rated}} \times 100\%$$ （10-16）

式中   VR——电压调整率；

V_{nl}——空载电压（开路电压），单位为 V；

V_{rated}——铭牌电压，单位为 V。

空载电压可通过在额定条件下运行电机，然后去掉负载并记录端电压来获得。这虽然是一种精确的方法，但对于非常大型电机来说并不实用。

此外，也可以通过电机参数和相关的磁化曲线来近似获得空载电压。如果电机是复励发电机，则必须使用磁化曲线来说明磁通饱和、无补偿绕组时电枢反应的去磁效应以及串励绕组磁动势的影响。

带补偿绕组的他励发电机

图 12.8 为带换向极与补偿绕组的他励发电机。发电机在其铭牌上规定的额定条件下运行并且带额定负载。

对电枢回路应用基尔霍夫电压定律有：

$$\begin{aligned} E_a &= V_T + I_a R_{acir} \\ R_{acir} &= R_a + R_{IP} + R_{CW} \end{aligned}$$ （12-3）

式中 E_a——电枢感应电动势，单位为 V；

V_T——负载接入时输出端口电压，单位为 V；

R_a——电枢绕组电阻，单位为 Ω；

R_{IP}——换向绕组电阻，单位为 Ω；

R_{CW}——补偿绕组电阻，单位为 Ω。

由于电机具有补偿绕组，电枢去磁作用被抵消，E_a 是图 12.8 中的负载开关断开时输出端子两端的电压。因此，对于具有补偿绕组的他励发电机来说，$V_{nl} = E_a$。

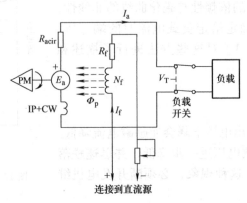

图 12.8   配有换向和补偿绕组的他励发电机

不带补偿绕组的他励发电机

如果图 12.8 中的发电机不带补偿绕组，那么有：

$$E_a = V_T + I_a(R_a + R_{IP}) \tag{12-4}$$

式（12-4）既没有考虑电枢反应，也没有考虑磁饱和的影响。

电枢反应对感应电动势的影响如图 12.9 中的磁化曲线所示。在负载开关断开的情况下，电枢电流为零，电压 V_{nl} 仅由励磁磁动势（$\mathscr{F}_f$）引起。在负载开关闭合的情况下，电枢反应的去磁作用 [在图 12.9 中用等效去磁磁动势（$\mathscr{F}_d$）来表示] 会引起磁通的减少。

$$\mathscr{F}_{net} = \mathscr{F}_f - \mathscr{F}_d$$

这会导致感应电动势降低。

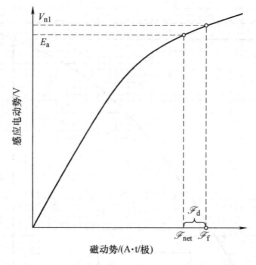

图 12.9 磁化曲线表征的电枢反应对感应电动势的影响

例 12.2

一台 300kW、240V、900r/min、无补偿绕组的他励发电机具有以下参数：$R_a = 0.00234\,\Omega$、$R_{IP} = 0.00080\Omega$、$R_f = 18.1\Omega$。励磁回路为 1020 匝 / 极且通过变阻器连接到 120V 电源。发电机的电路图和磁化曲线如图 12.10 所示。当在额定电压和额定温度下带额定负载时，由电枢反应引起的等效去磁安匝数假定等于励磁回路的 12.1%。试求：（a）空载电压；（b）电压调整率；（c）变阻器在额定条件下获得额定电压所需设置的电阻值。

解：

（a）
$$P = V_T I_a \implies 300000 = 240\,I_a \implies I_a = 1250A$$

$$E_a = V_T + I_a(R_a + R_{IP}) = 240 + 1250 \times (0.00234 + 0.00080)$$

$$E_a = 243.9V$$

根据图 12.10 中的磁化曲线确定 E_a=243.9V 的气隙磁动势约为 5100A·t/ 极。

$$\mathscr{F}_{net} = \mathscr{F}_f - \mathscr{F}_d = \mathscr{F}_f(1 - 0.121)$$

$$\mathscr{F}_f = \frac{5100}{1 - 0.121} = 5802A \cdot t / 极$$

从图 12.10 中的磁化曲线获得的相应感应电动势即空载电压为：$V_{nl} = 225\text{V}$。

(b)

$$\text{VR} = \frac{V_{nl} - V_{rated}}{V_{rated}} \times 100\% \quad \Rightarrow \quad \frac{255 - 240}{240} \times 100\% = 6.25\%$$

(c)

$$\mathscr{F}_f = N_f I_f \quad \Rightarrow \quad 5802 = 1020 I_f \quad \Rightarrow \quad I_f = 5.69\text{A}$$

$$I_f = \frac{V_f}{R_f + R_{rheo}} \quad \Rightarrow \quad R_{rheo} = \frac{V_f}{I_f} - R_f$$

$$R_{rheo} = \frac{120}{5.69} - 18.1 = 3.0\Omega$$

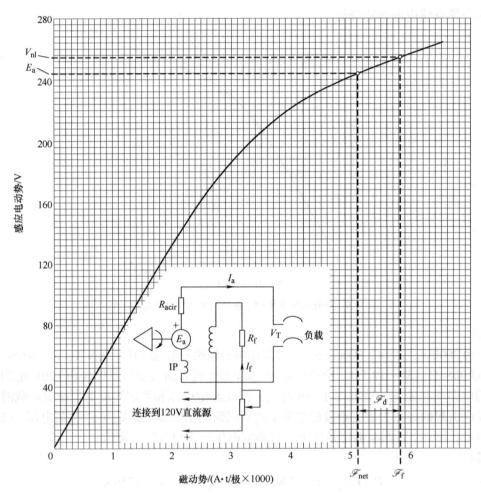

图 12.10 例 12.2 中的磁化曲线和电路图

12.8 复励发电机

复励发电机的结构与复励电动机相同，即均具有串励和并励绕组。复励发电机的并励回路可以连接为短复励（如图 12.11a 所示）；也可以连接为长复励，（如图 12.11b 所示）。

短复励连接避免了串联绕组上的小电压降，通常是发电机的首选。但在解决复励发电机相关问题时，为了便于计算，通常会假定电机是长复励连接。假设短复励与长复励连接的数值解基本相同，对磁化曲线等曲线数据也有同样的假设。

复励发电机的串励绕组根据需要可以采用积复励或差复励接法。将式（12-1）扩展为包括串联绕组磁动势（假设为积复励）和电枢反应引起的等效去磁磁动势：

$$E_a = n\left(\frac{\mathscr{F}_f + \mathscr{F}_s - \mathscr{F}_d}{\mathscr{R}}\right)k_G \tag{12-5}$$

式中　$\mathscr{F}_f$——并励回路磁动势（$N_f I_f$），单位为 A·t/极；

　　　$\mathscr{F}_s$——串励回路磁动势（$N_s I_a$），单位为 A·t/极；

　　　$\mathscr{F}_d$——电枢反应去磁磁动势，单位为 A·t/极。

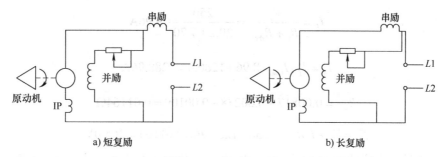

图 12.11　复励发电机

值得注意的是，虽然存在不太精确等问题，但仍假设 F_d 与电枢电流成正比。但如果使用补偿绕组的话，$F_d=0$。因此，如式（12-5）所示，对于给定的电枢电流，由串励绕组引起的感应电动势的增加取决于复励发电机的复合程度。在相同的负载电流下，串联绕组中匝数越多将产生更高的电动势。如果增加足够的匝数来补偿电枢电路电阻和电枢反应引起的电压降，那么空载和满载时的端电压会基本相同，此时电机被称为平复励。超过平复励所需的最小匝数会导致端电压随着负载电流的增加而升高，也就是说这台电机处于过复励的状态。而小于最小圈数将导致电机处于欠复励状态。如果串励绕组是差复励连接的，其磁动势将为负，电枢电流的增加会导致磁通量与感应电动势相应减少。图 12.12 说明了不同类型复励从空载到满载的电压变化。

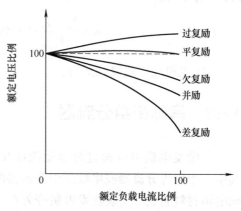

图 12.12　不同复励类型的负载电压特性比较

当直流电要进行远距离传输时，发电机应处于过复励状态，此时，端电压随负载的升高补偿了传输线中的电压降。当需要恒定不变的电压并且传输距离较短时，应使发电机处于平复励状态。在发电机并联运行时，并励和差复励发电机比平复励和过复励发电机更稳定。

当对固有过载保护有要求时，应使用差复励发电机。这种发电机常用于为电动吊车和打捞船供电，过载或短路时系统会产生足够的压降，将电流限制在安全范围。

例 12.3

250V、320kW、1150r/min，积复励接法的长复励发电机在额定条件下运行，并励回路电阻为 7.70Ω，且并励绕组为 502 匝 / 极，串励绕组为 1 匝 / 极。发电机参数（以 Ω 表示）为：

电枢	IP+CW	串励	并励
0.00817	0.00238	0.00109	20.2

电路图和磁化曲线如图 12.13 所示。试确定：（a）额定负载下的感应电动势；（b）空载电压；（c）电压调整率；（d）发电机为哪种复励？

解：

（a）
$$P_{load} = V_T I_{load} \implies 320000 = 250 I_{load} \implies I_{load} = 1280.0A$$

$$I_f = \frac{V_T}{R_f + R_{rheo}} = \frac{250}{20.2 + 7.70} = 8.96A$$

$$I_a = I_f + I_{load} = 8.96 + 1280.0 = 1288.96A$$

$$R_{acir} = 0.00817 + 0.00238 + 0.00109 = 0.01164\Omega$$

$$E_a = V_T + I_a R_{acir} = 250 + 1288.96 \times 0.01164 = 265.0V$$

（b）空载时，串联绕组磁动势为 0，感应电动势由磁化曲线与场阻线的交点来确定。选择 250V 来确定场阻线。

$$\mathscr{F}_f = N_f I_f = 502 \times 8.96 = 4498A \cdot t / 极$$

通过图 12.13 中的坐标（0V，0A·t）和（250V，4498A·t）绘制一条直线，得到 225V 的交点。

（c）
$$VR = \frac{V_{nl} - V_{rated}}{V_{rated}} \times 100\% = \frac{225 - 250}{250} \times 100\% = -10\%$$

（d）电机处于过复励运行。

12.9 串励绕组分流器

复励发电机可以通过对串励绕组中的电流分流来减少复合程度。如图 12.14a 所示，其中一个称为分流器或串励绕组分流器的电阻器与串励绕组并联。分流器由镍铬合金或其他电阻材料制成，安装在发电机壳外部。

如果要将串励绕组分流器应用于负载快速波动的发电机，则需要将分流器缠绕在叠层铁心上，使其变为感性器件。其原因如图 12.14b 所示（假设非感性分流器的电阻等于串励绕组的电阻）。非感性分流器对负载电流变化的响应比串励绕组快。因此，如图 12.14b 所示，在时间 t_1 突然增加负载会导致串励绕组的电流变化延迟，从而使发电机电动势增加延迟。为了获得最佳性能，负载快速波动的复励发电机的分流器应具有与串励绕组相同的感性时间常数。

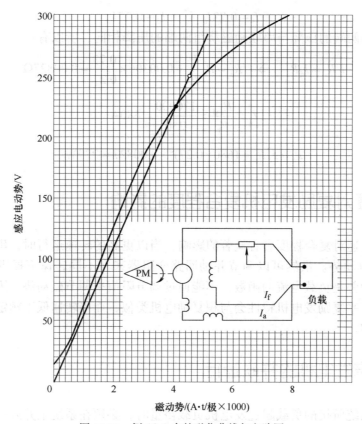

图 12.13　例 12.3 中的磁化曲线与电路图

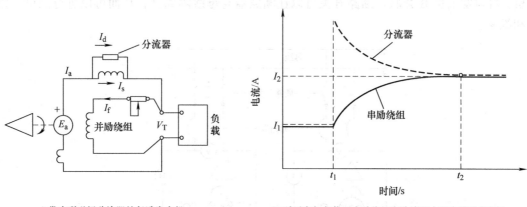

a) 带串联磁场分流器的复励发电机　　　　b) 对于突加负载，串励绕组和分流器中的电流瞬态变化

图　12.14

例 12.4

170kW、250V、1450r/min 复励发电机的串励绕组的电阻为 0.0030Ω。试确定：（a）分得总电枢电流 27% 的分流器所需的电阻；（b）分流器的额定功率。

解：

电路类似于图 12.14a 中所示的电路

（a）
$$I_s = 0.73 I_a \qquad I_d = 0.27 I_a$$

由于分流器两端的压降与串联励磁绕组两端的压降相同，所以有：

$$I_s R_s = I_d R_d \quad \Rightarrow \quad R_d = R_s \frac{I_s}{I_d} = 0.00306 \times \frac{0.73}{0.27} = 0.00827\Omega$$

（b）
$$I_a = \frac{P_{load}}{V_T} = \frac{170000}{250} = 680A$$

$$P_d = I_d^2 R_d = (680 \times 0.27)^2 \times 0.00827 = 279W$$

12.10   转速对复励发电机复合程度的影响

发电机的转速对复合程度有着显著的影响。当以更高的转速运行时，串励绕组磁通将更高效地产生电动势。虽然可以调节并励回路变阻器来在不同转速下提供相同的输出电压，但串励磁动势是负载电流的函数，不能通过调节阻值来调节磁动势。因此，当转速高于额定转速时，平复励发电机特性会与积复励电机类似，而当转速低于额定转速时，则与差复励电机类似。

12.11   直流发电机的并联运行

当发电机系统所接的负载超过发电机负载裕量时，必须在系统上并入一台额外的发电机来承担额外的负载。参考图 12.15，发电机 B 连接在母线上，发电机 A（即将接入的发电机）将与发电机 B 并联。断路开关可以让断路器与母线隔离开，从而可以进行测试、维护和维修。

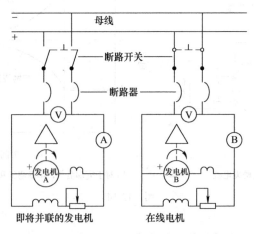

图 12.15   直流发电机并联运行连接示意图

并联步骤：

1）闭合将接入发电机的断路开关。

2）起动原动机并将其调整至额定转速。

3）将即将并联的发电机的电压调整为比母线电压高几伏。

4）闭合发电机断路器。

5）将即将并联的发电机的并励回路变阻器向"电压升高"方向转动，将母线上其他发电机的并励回路变阻器沿"电压降低"方向旋转，直到达到所需的负载分配。负载分配情况可以通过各发电机的电流表来观察，而不需要额外的功率表。

在尝试并联新的发电机或已断开进行维修的发电机之前，应进行极性检查，以确保输入发电机的正极端子将连接到母线的正极端子。可以使用直流电压表进行简单的极性检查，测试继电器的顶部端子，然后测试底部端子；相应的端子必须具有相同的极性。将极性相反的电机并联会使发电机短路，并导致电刷损坏、换向器损坏和设备停电。在重新闭合继电器之前，应检查因大故障电流（短路）而从母线上跳闸的发电机是否具有反极性。

12.12 励磁电阻调整对直流发电机负载电压特性的影响

直流发电机的电路图和典型负载电压特性（即输出电压与电枢电流的关系）如图 12.16 所示。

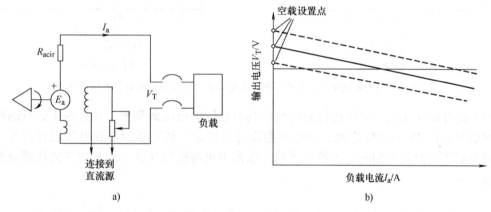

图 12.16 直流发电机的电路图和不同的空载电压下的典型负载电压特性

虽然通常画成一条直线，但实际特性是一条微微弯曲的曲线。当与其他发电机并联时，曲线的下垂特性保证了系统的稳定性。调整并励回路电阻可以提高或降低发电机的空载电压，但不会改变下垂特性。不同空载电压下的曲线如图 12.16b 中的虚线所示。对于给定并励回路电阻下的特定空载电压，具有下垂特性的直流发电机在给定输出电压下只能对应一个负载电流值。

12.13 并联直流发电机间母线负载的分配

并联直流发电机之间母线负载的分配由相应发电机的电压调整率决定，而操作人员无法轻易改变电压调整率。如图 12.17a 所示，其中具有不同电压调整率的两台发电机并联，并提供相等的总负载电流（曲线上的下标 1）$^{\ominus}$。当母线负载增加或减少时，常用下垂特性

$\ominus$　图 12.17a 为连接到母线的两个发电机的基本示意图。

来说明发电机的变化。母线负载的增加导致内部电压降的增加，从而导致母线电压的降低，如虚线和下标2所示。可以看出，具有最小电压调整率的发电机在母线负载的增加中承担更多的负载增加量。

类似地，如图12.17b所示，母线负载的减少会导致内部电压降的减少，从而会使得母线电压增加。如下标3所示，具有最小电压调整率的发电机承担了母线负载的大部分减小量。无论母线负载是增加还是减少，具有最小电压调整率的电机总是承担母线较多的负载变化量。

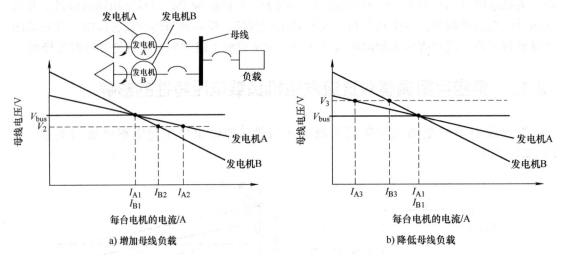

a) 增加母线负载   b) 降低母线负载

图 12.17 具有不同电压调整率的两台发电机在并联运行时的负载电压特性

为了获得最佳性能，并联运行的电机应具有相同的电压调整率，并且为了运行的稳定性，调整率应在 3% ～ 8% 之间，这些参数设计可以通过调速器调节和电气设计获得。具有不同额定功率但具有相同电压调整率的并联发电机将按照其各自额定功率的比例分配母线负载。

12.14 解决并联直流发电机之间负载分配问题：特征三角形

并联直流发电机之间的负载分配问题可以非常简单的解决，即为每台电机定义一个特征三角形，然后使用相似三角形来解决。

如图 12.18 所示，对于给定的电压降，特征三角形是固定的，并且不会随着励磁电阻的变化而变化。母线电压是发电机的端电压（也称为输出电压）。

如图 12.18 中的虚线所示，母线负载的增加会导致母线电压的降低。新电压线与负载电压特性的交叉建立了类似于特征三角形的新三角形。根据相似三角形有：

$$\frac{\Delta V_{\text{bus}}}{\Delta I} = \frac{V_{\text{nl}} - V_{\text{rated}}}{I_{\text{rated}}} \quad\quad (12\text{-}6)$$

从式（10-16）电压调节方程有：

$$V_{\text{nl}} - V_{\text{rated}} = \frac{\text{VR}}{100} \times V_{\text{rated}} \quad\quad (12\text{-}7)$$

将式（12-7）代入式（12-6）有：

$$\frac{\Delta V_{bus}}{\Delta I} = \frac{V_{rated} \times \dfrac{VR}{100}}{I_{rated}} \qquad (12\text{-}8)$$

式中　VR——电压调整率；

$\quad\Delta I$——发电机负载电流变化量，单位为 A；

$\quad\Delta V_{bus}$——发电机负载电流变化而导致的母线电压变化，单位为 V。

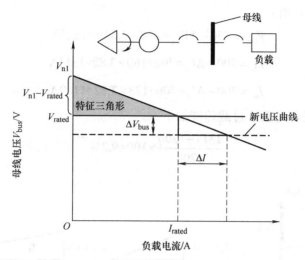

图 12.18　特性三角形定义了发电机的下垂特性

例 12.5

电压调整率为 3.0% 的 300kW、250V 直流发电机 A 和电压调整率为 5.0% 的 400kW、250V 直流发电机 B 并联运行，并平均分配 350kW、250V 的母线负载。并联系统的单线图如图 12.19a 所示。如果母线负载电流增加到 2500A，试确定：（a）新的母线电压；（b）每个发电机提供的电流。

解：

（a）忽略相对较小的励磁电流，有

$$I_{A,rated} = \frac{300\ 000}{250} = 1200A \qquad I_{B,rated} = \frac{400\ 000}{250} = 1600A$$

将图 12.19b 中特征三角形的数据代入式（12-8）：

$$\frac{\Delta V_{bus}}{\Delta I} = \frac{V_{rated} \times \dfrac{VR}{100}}{I_{rated}}$$

$$\frac{\Delta V_{bus}}{\Delta I_A} = \frac{250 \times 0.03}{1200} \qquad \frac{\Delta V_{bus}}{\Delta I_B} = \frac{250 \times 0.05}{1600}$$

$$\Delta I_A = 160\Delta V_{bus} \qquad \Delta I_B = 128\Delta V_{bus}$$

母线电流的变化是：

$$\Delta I_A + \Delta I_B = \Delta V_{\text{bus}}(160 + 128) \qquad (12\text{-}9)$$

初始电流为 1400A，稳定后电流为 2500A，所以

$$\Delta I_A + \Delta I_B = 2500 - 1400 = 1100\text{A} \qquad (12\text{-}10)$$

将式（12-10）代入式（12-9）：

$$1100 = \Delta V_{\text{bus}} \times (160 + 128)$$

$$\Delta V_{\text{bus}} = 3.82\text{V}$$

（b）根据图 12.19c 有：

$$V_{\text{bus}} = 250 - \Delta V_{\text{bus}} = 250 - 3.82 = 246.18\text{V}$$

$$I_A = 700 + \Delta I_A = 700 + 160 \times 3.82 = 1311\text{A}$$

$$I_B = 700 + \Delta I_B = 700 + 128 \times 3.82 = 1189\text{A}$$

注：发电机 A 已经过载，过载程度如下：

$$\frac{1311 - 1200}{1200} \times 100 = 9.2\%$$

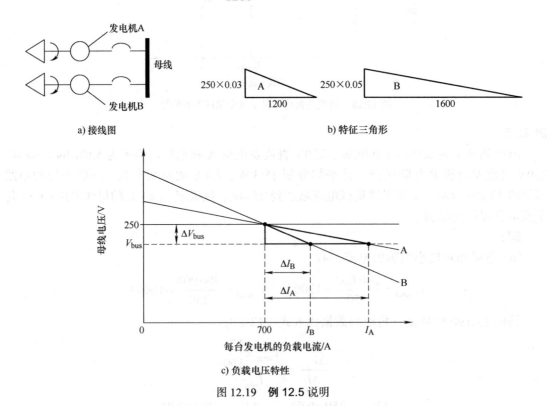

a) 接线图　　　　　　　　　　　　b) 特征三角形

c) 负载电压特性

图 12.19　**例 12.5** 说明

例 12.6

100kW、250V 的电机 A 与 300kW、250V 的电机 B 并联。两台电机的电压调整率为 4.0%。电机 A 承载 200A 负载，电机 B 承载 500A 负载。试确定：（a）如果母线上额外接入了 400A 负载，求每台发电机上的负载增量；（b）每台发电机发出的电流。

解：

（a）使用**例 12.5** 中的方法：

$$I_{A,rated} = \frac{100\,000}{250} = 400A \qquad I_{B,rated} = \frac{300\,000}{250} = 1200A$$

$$\frac{\Delta V_{bus}}{\Delta I} = \frac{V_{rated} \times \dfrac{VR}{100}}{I_{rated}}$$

$$\frac{\Delta V_{bus}}{\Delta I_A} = \frac{250 \times 0.04}{400} \qquad \frac{\Delta V_{bus}}{\Delta I_B} = \frac{250 \times 0.04}{1200}$$

$$\Delta I_A = 40\Delta V_{bus} \qquad \Delta I_B = 120\Delta V_{bus}$$

额外增加的电流为 400A

$$\Delta I_A + \Delta I_B = 400$$

$$40\Delta V_{bus} + 120\Delta V_{bus} = 400 \quad \Rightarrow \quad \Delta V_{bus} = 2.5V$$

$$\Delta I_A = 40\Delta V_{bus} = 40 \times 2.50 = 100A$$

$$\Delta I_B = 120\Delta V_{bus} = 120 \times 2.50 = 300A$$

需要注意的是，两台发电机的电压调整率相同。因此，所有的母线负载按照各发电机额定功率的比例进行分配。

$$\Delta I_A = \left(\frac{100}{100+300}\right) \times 400 = 100A$$

$$\Delta I_B = \left(\frac{300}{100+300}\right) \times 400 = 300A$$

这种解法更加简单。

（b）
$$I_A = 200 + 100 = 300A$$
$$I_B = 500 + 300 = 800A$$

12.15　并联直流发电机间的负载转移

通过使用励磁变阻器来改变相应电机的空载电压，可以很容易地实现发电机之间母线负载的转移。要接收负载的发电机应将其励磁变阻器朝"电压升高"方向转动，而要失去负载的发电机应将其励磁变阻器朝"电压降低"方向旋转。用发电机电流表即可观察负载，而不需要用额外的功率计。负载的转移可以通过同时调整两个发电机变阻器或在每台电机上单独调整，直到完成所需的负载转移。

尽管直流发电机之间的负载转移是通过励磁回路作为中间量间接完成的，但每个发电机提供的能量仍然取决于输入到各自原动机的能量；励磁增加的电机会产生更高的电动势，导致其电流输出增加。假设母线负载是恒定的（例如，固定的照明负载），一台电机输出电流的增加将导致另一台电机输出电流的减少。接受额外负载的发电机开始减速，调速器重新动作，让原动机提供更多能量；失去负载的电机开始加速，其调速器会做出反应，减少原动机的能量输入。

图 12.20 给出了在具有相同负载电压特性的并联电机之间转移负载的两个步骤。电机 A 在 240V 下承载 200A 的负载，而电机 B 刚刚并联且不承担负载。初始条件用下标 1 和实线表示。为了从 A 转移负载到 B 并且保持 240V 不变，需要将两台发电机的励磁都调整。

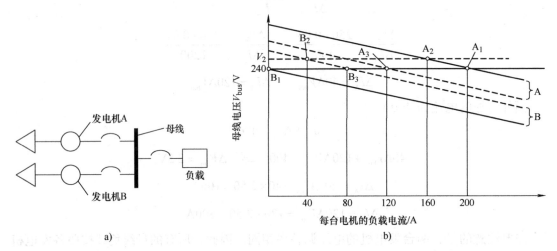

图 12.20   接线图和负载电压特性表征通过分流场变阻器控制的负载转移

假设电机 A 将转移 80A 负载到电机 B。对于图 12.20 所示的例子，通过调节电机 B 的励磁电阻而使其励磁电流逐渐增加，直到该电机转移了一半的负载（即 40A）。这种调整提高了空载电压，从而使电机 B 的特性曲线升高。然后，母线将在某个更高的电压 V_2 下运行，电机 A 的特性将在 160A 下与新的电压线相交（如下标 2 所示）。为了完成负载转移，调节电机 A 的励磁电阻以降低其励磁，直到剩余的 40A 负载被转移。因此，电机 A 的特性曲线降低，系统的电压恢复到原来的 240V（如下标 3 所示）。在此种工况下，电机 A 承担 120A 负载，电机 B 承担 80A 负载。在整个过渡期内，曲线的斜率没有变化。通过调节励磁电阻，每台电机的整个特性曲线都可以向上或向下移动。

12.16   并联的复励发电机

为了使复励发电机成功地并联运行，需要将其串励回路并联。这是通过均压连接实现的，如图 12.21 所示。

假设两台相同的复励发电机在没有均压线的情况下并联运行，同时两者间母线负载平衡。通过调节励磁电阻将部分负载从一台电机转移到另一台电机的操作会导致其中一台电机具有更大的励磁，并承担整个负载，同时将另一台作为电动机拖

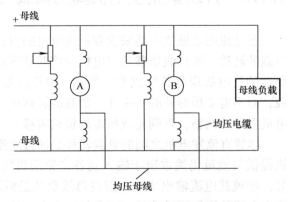

图 12.21   带有均压连接的并联复励发电机

动；接受一定负载的发电机的串励磁场会增强，而失去一定负载的发电机的串励磁场则会减弱。这将导致接受负载发电机的输出电电势增高且失去负载发电机的输出电动势降低，这会导致发生额外的负载转移。

此外，在没有均压连接的情况下，调节复励发电机会导致串励绕组的电流反向，使其变为差复励发电机。如果以电动机运行的发电机没有立即从母线上断开，且此时串励磁动势大于并励磁动势，则剩磁磁场的极性将反转；当电机重新起动时，它将反向建压。然而，如果使用均压连接，意外或人为调节复励发电机均不会导致极性反转。

每个均压电缆（及其连接线）的电阻不应超过最小并联发电机的串励绕组电阻的20%。这样可以使各并联发电机串励磁场以其各自串励绕组电阻的近似反比来分配母线电流。

12.17　逆电流自动切断器

逆电流自动切断器为系统提供保护，以防止电机持续运行。一种典型的逆电流自动切断器的结构和电气连接如图 12.22 所示。串励线圈缠绕在电枢上，并与发动机电枢绕组串联；切断器底部有轴承，电枢可以在线圈内自由转动；串联线圈中的电流使切断器电枢在垂直方向上磁化；并联线圈跨接在母线上，建立马蹄形磁铁的磁场；两个线圈按某种方式布置，以便只要发电机电流方向正确，切断器电枢就会保持在导通位置。然而，一旦出于某种原因，发电机电压低于母线电压，发电机中的电流将反向。这将使切断器电枢的极性反转，并使其被马蹄形磁铁的另一磁极吸引；电枢的动作使断路器跳闸，进而使电机从线路上跳闸。实际使用中会使用张力很小的弹簧将切断器电枢固定在导通位置，这是为了防止发电机轻载时因振动而意外跳闸；可以通过调整弹簧张力来改变操作跳闸所需的反向电流的大小。

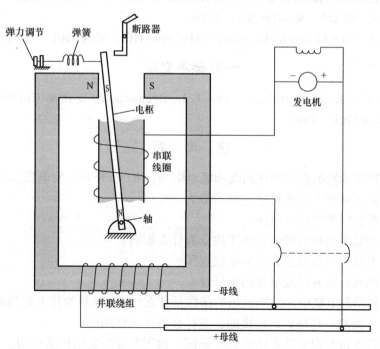

图 12.22　逆电流切断器

解题公式总结

$$\text{VR(\%)} = \frac{V_{\text{nl}} - V_{\text{rated}}}{V_{\text{rated}}} \times 100\% \tag{10-16}$$

$$E_{\text{a}} = n\Phi_{\text{p}}k_{\text{G}} = n\left(\frac{N_{\text{f}}I_{\text{f}}}{\mathscr{R}}\right)k_{\text{G}} \tag{12-1}$$

$$E_{\text{a}} = I_{\text{f}}(R_{\text{f}} + R_{\text{rheo}}) \tag{12-2}$$

$$E_{\text{a}} = V_{\text{T}} + I_{\text{a}}R_{\text{acir}}$$
$$R_{\text{acir}} = R_{\text{a}} + R_{\text{IP}} + R_{\text{CW}} \tag{12-3}$$

$$E_{\text{a}} = n\left(\frac{\mathscr{F}_{\text{f}} + \mathscr{F}_{\text{s}} - \mathscr{F}_{\text{d}}}{\mathscr{R}}\right)k_{\text{G}} \tag{12-5}$$

$$\frac{\Delta V_{\text{bus}}}{\Delta I} = \frac{V_{\text{rated}} \times \dfrac{\text{VR}}{100}}{I_{\text{rated}}} \tag{12-8}$$

正文引用的参考文献

1. Hubert，C. I. *Preventive Maintenance of Electrical Equipment*，Prentice Hall，Upper Saddle River，NJ，2002.
2. Langsdorf，A. S. *Principles of Direct Current Machines*，McGraw–Hill，New York，1959.
3. National Electrical Manufacturers Association. *Motors and Generators.* Publication No. MG–1–1998，NEMA，Rosslyn VA，1999.
4. Siskind，C. S. *Direct Current Machinery.* McGraw–Hill，New York，1952.

一般参考文献

Kloeffler，R. G.，R. M. Kerchner，and J. L. Brenneman. Direct–Current Machinery. Macmillan，New York，1949.

思 考 题

1. (a) 绘制并励发电机的磁化曲线和场电阻线；(b) 解释并励发电机如何建立电动势，以及是什么决定了并励发电机可能达到的最大电压。

2. 如何调整并励发电机的电压？

3. 请解释并励发电机的转速对电压建立有什么影响？

4. 哪些基本故障可以阻止并励发电机建压？

5. 如何检测和校正并励发电机的反极性？

6. (a) 在复励发电机中，串励磁场的函数是什么？(b) 解释为什么它与电枢串联。

7. 什么是分流器？它是如何连接的，在什么条件下使用？

8. 差复励发电机与积复励发电机有何不同？说明差复励发电机的应用。

9. 请解释为什么转速的变化会改变复励发电机的复合励磁程度。

10. 请详细说明将一台直流发电机与另一台已在母线上的直流发电机并联的步骤。在陈述中需要包含用来测量的仪器与需要操作的设备。

11. 如何在并联的两台直流发电机之间实现负载转移？在陈述中需要包含用来测量的仪器与需要操作的设备。

12. 请解释为什么调整直流发电机的励磁会导致并联发电机之间的负载变化。

13. 两台具有相同电压调整率的直流发电机并联运行。每台电机在 500V 时承载相同比例的母线负载。在一组坐标轴上绘制近似负载电压特性，并绘制 500V 线。用适当的虚线和字母表示过渡步骤，展示并解释如何将一台电机的一部分负载转移到另一台电机，并且在转移完成时仍然具有相同的母线电压。

14. 请解释如何使并联的复合发电机稳定运行。

15. 如果两个积复励发电机在没有均压连接的情况下并联连接，则任意将一些负载从一个发电机转移到另一个发电机的尝试都可能导致其中一台电机工作状态变化。请解释这种现象。

16. 请解释发电机断路器中使用的逆电流自动切断器的工作原理。

习　　题

12-1/7　一台 150kW、250V、1750r/min、无补偿绕组的他励发电机具有以下参数：$R_{acir} = 0.0072\Omega$、$R_f = 18.6\Omega$、$N_f = 1491$ 匝 / 极。磁场由 120V 电源激发，磁化曲线如图 12.23 所示。发电机带额定负载运行，电枢电抗引起的等效去磁磁动势为励磁磁动势的 15.2%。试确定：（a）空载电压；（b）电压调节率；（c）在额定条件下获得额定电压所需的阻抗值。

12-2/7　一台 100kW、1750r/min、240V、无补偿绕组的他励发电机具有以下参数：$R_{acir} = 0.026\Omega$、$R_f = 32\Omega$、$N_f = 1520$ 匝 / 极。发电机的磁化曲线如图 12.23 所示。发电机带额定负载运行，由 220V 电源单独励磁，电枢电抗引起的等效去磁磁动势为励磁磁动势的 10.4%。试确定：（a）空载电压；（b）电压调节；（c）在额定条件下获得额定电压所需的电阻和额定功率。

12-3/7　一台 50kW、250V、3450r/min、无补偿绕组的他励发电机具有以下参数：$R_a + R_{IP} = 0.023\Omega$、$R_f = 324\Omega$、$N_f = 1896$ 匝 / 极。发电机的磁化曲线如图 12.23 所示。发电机带额定负载运行，电枢电抗引起的等效去磁磁动势为励磁磁动势的 8.65%。试确定 3000r/min 时的空载电压。

12-4/7　一台 60kW、240V、1750r/min、带补偿绕组的并励发电机具有以下参数（单位为 Ω）：

电枢	IP+CW	并励绕组
0.0415	0.0176	44.6

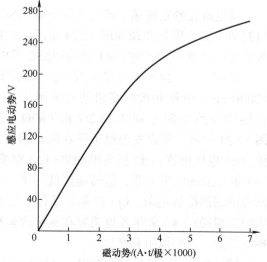

图 12.23　习题 12-1/7 ～ 12-3/7 中使用的磁化曲线

并励绕组为 1653 匝 / 极，磁化曲线如图 12.24 所示。发电机在额定转速、额定电压下输出额定功率，并励回路电阻为 20.0Ω。试确定：（a）负载电流；（b）并励励磁电流；（c）电枢电流；（d）在额定条件下运行时产生的电动势；（e）假定转速和励磁电阻不变时的空载电压；（f）励磁回路临界电阻；（g）如果励磁电阻变为 13.6Ω，发电机以 60% 额定转速运行，求空载电压。

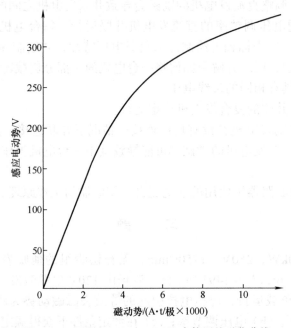

图 12.24　习题 12-4/7 ～ 12-8/8 中使用的磁化曲线

12-5/7　一台 170kW、850r/min、250V 的并励发电机具有以下参数（单位为 Ω）：

电枢	IP+CW	并励绕组
0.0154	0.0065	29.0

发电机在额定转速、额定电压下输出额定功率，并励回路电阻为 17.0Ω。并励绕组为 1121 匝 / 极，磁化曲线如图 12.24 所示。试确定：（a）额定负载下的感应电动势；（b）空载电压；(c) 电压调节率；(d) 励磁回路临界电阻；(e) 励磁回路电阻为 9.0Ω 时的空载电压。

12-6/7　一台 6 极并励发电机的额定输出功率为 500kW、电压为 240V、转速为 1200r/min。电枢和极间绕组的总电阻为 0.00475Ω，电刷压降忽略不计。并励绕组电阻和励磁回路电阻分别为 15.2Ω 和 7.80Ω。并励绕组磁场为 508 匝 / 极，其磁化曲线如图 12.24 所示。假设发电机工作在额定输出下，试确定：（a）负载电流；（b）并励励磁电流；(c) 电枢电流；(d) 感应电动势；(e) 空载电压；(f) 电压调整率；(g) 电枢电压的频率；(h) 如果励磁电阻不变，但转速降低一半，求此时的空载电压；(i) 以 1200r/min 运行时，励磁回路的临界电阻；(j) 在额定条件下运行时，电枢回路、并联励磁绕组和励磁回路电阻中的损耗；(k) 如果发电机要在额定转速和额定电压下输出额定功率，则原动机所需的拖动转矩。忽略风阻和摩擦。

12-7/8　一台 125kW、250V、1450 r/min 的积复励发电机参数如下：

	电枢	换向极	串励绕组	并励绕组
电阻 /Ω	0.02776	0.00808	0.00372	32.3
每极匝数			3	927

励磁回路电阻在额定条件下工作时为 13.2Ω，磁化曲线如图 12.24 所示。试确定：（a）额定负载电流；（b）并励励磁电流；（c）电枢电流；（d）额定条件下的感应电动势；（e）空载电压；（f）电压调整率；（g）复励的类型。（h）如果串励绕组由于绝缘损坏而断开，该发电机是否可以作为并励发电机运行并通过调节励磁回路电阻来达到额定运行条件？

12-8/8　一台 320kW、850r/min、250V 的积复励发电机在额定条件下运行，励磁回路电阻为 8.80Ω，磁化曲线如图 12.24 所示。发电机其他参数如下：

	电枢	IP+CW	串励绕组	并励绕组
电阻 /Ω	0.0131	0.00380	0.00175	27.2
每极匝数			2	630

试求：（a）负载电流；（b）并励回路电流；（c）电枢电流；（d）空载电压；（e）电压调整率；（f）并励临界电阻；（g）调节电阻所能达到的最大空载电压；（h）额定负载下的总电磁损耗。

12-9/9　一台复励发电机在 500V 和 850r/min 的条件下输出额定功率 400kW，并励回路电阻为 24Ω。发电机其他参数如下：

	电枢	IP+CW	串励绕组	并励绕组
电阻 /Ω	0.01754	0.005105	0.002351	80

试求：（a）电机在额定电枢电流下运行，串励绕组电流被分流器降至 365A，求此时分流器电阻；（b）分流器中的功率损耗。

12-10/9　一台 480kW、720r/min、500V 的复励发电机具有如下参数：

	电枢	IP+CW	串励绕组	并励绕组
电阻 /Ω	0.01432	0.00501	0.00216	82

发电机在额定转速与额定负载下运行，励磁电阻为 18.2Ω。如果加上了 0.00321Ω 的串励绕组分流器，同时调节并励回路电阻，使发电机输出额定电枢电流，试求：（a）分流器上的电压降；（b）串励电流；（c）分流器中的功率损耗。

12-11/14　两个差复励发电机 A 和 B 在 125V 下并联运行，共同承担 1000A 母线负载。每台电机在 125V 母线电压下的输出功率均为 200kW。电机 A 的电压调整率为 6%，电机 B 的电压调整率为 4%。如果母线负载增加到 1800A，试确定：（a）新的母线电压；（b）发电机间负载分配。

12-12/14　两台 500kW、250V 的差复励发电机 A 和 B 并联运行。两台发电机电压调整率分别为 2% 和 3%。两台发电机均在额定负载和 250V 母线电压下运行。试确定：（a）新的母线电压；（b）当母线负载降至 2800A 时，发电机间的负载分配。

12-13/14　两台直流发电机并联运行，在母线电压为 555V 时平分 900kW 负载。发电机 A 的额定参数为 500kW、600V，电压调整率为 3%。发电机 B 的额定参数为 750kW、600V，电压调整率为 5%。如果母线负载降至 1000A，则确定：（a）新的母线电压；

（b）每台发电机的输出电流。

12-14/14 两台相同的 1000kW、600V 直流发电机并联运行，电压调整率均为 4%，平分母线负载。母线电压为 620V 时，负载为 900kW。如果一台发电机跳闸，试确定：（a）剩下的电机的电压；（b）跳闸电机的电压。

12-15/14 三台 240V 直流发电机并联运行，平均分配 3000A、240V 的母线负载。发电机的额定值如下：

	A	B	C
电压调节率（%）	2	4	6
额定功率 /kW	400	300	200

如果总母线负载降至 2000A，则确定：（a）母线电压；（b）每台发电机的输出电流。

第 13 章

电动机的控制技术

13.1 概述

本章介绍了电磁控制器、电力电子控制器和可编程序控制器。首先介绍电磁控制器；它们是最直观、且普遍使用的控制器，与之相关的梯形图为其未来在可编程序控制器中的应用奠定了基础。关于电力电子控制器的章节只涉及了功率电路，而未讨论其触发电路。可编程序控制器的章节简要提出了一些对于这个不断发展壮大领域的粗略见解。

13.2 控制元件

电磁控制器利用基于电磁感应原理的继电器和接触器来控制电动机的起动和停止，并通过合适的控制装置来实现电流限制、转矩限制、转速限制、调速和改变旋转方向、匀加速、动态制动，以及防止因过载而造成的损坏等等。这些控制模式可以使用电动定时装置、联锁装置和程控开关，通过编程系统来自动执行。在按下按钮或闭合总控开关时，电磁控制器会自动起动电机，限制其电流，并提供适当的加速度，帮助电动机顺利起动。

电磁接触器

电磁接触器是一种利用电磁机构的动作来接通或断开电路的开关。图 13.1a 为一个直流电磁接触器的剖视图。当操作线圈通电时，电枢动作，并带动触头闭合。磁吹线圈串联在静触头回路中，在磁吹线圈产生的磁场作用下，电弧被 "吹" 到灭弧室内。当触头断开时，电弧被拉长并冷却熄灭。为了减小静触头和动触头的磨损，需要设置引弧角来承受电弧烧蚀的影响。磁吹线圈将电弧通过引弧角和静触头向上弯曲的部分引入灭弧室进行熄弧。图 13.1b 阐明了磁吹灭弧的过程。如图所示，线圈中的电流产生了从磁场北极到磁场南极的磁通。当触头断开时，会产生垂直于磁场方向的电弧。根据电动机工作原理（$f=Blv$）可以推得，电弧会向上弯曲、延展，直至断开。电弧向上弯曲、延展的过程也可以利用 "磁通聚束" 规则来进行解释和验证，如图 13.1b 所示。

交流电磁接触器和继电器也配置了引弧角和磁吹线圈。同时，为了减少涡流损耗，其铁心采用硅钢片叠成。为了防止每次线圈中电流过零时磁通也下降到零，还设置了铁心短路环，如图 13.2 所示，其实就是在铁心表面安装的单匝短路线圈。这个短路线圈类似于变压器的短路二次侧。根据楞次定律，可以看出，短路线圈的存在使短路环罩住的铁心部分的磁通滞后于其他部分的铁心磁通。这样，当主磁通为零时，铁心净磁通不为零，从而减少电枢振动的现象。

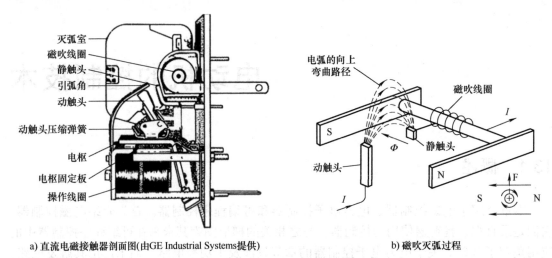

a) 直流电磁接触器剖面图(由GE Industrial Systems提供)   b) 磁吹灭弧过程

图 13.1   电磁接触器

继电器

继电器是一种用于控制电磁接触器或其他装置动作的设备。继电器可以根据输入量（电流、电压、热量或压力）的变化进行"智能"动作，这对于实现自动加速和防止过载、欠电压、超速、转矩过大等场合是非常必要的。

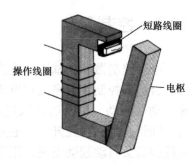

图 13.2   交流电磁接触器的磁路，包含短路线圈

13.3   电动机过载保护

如果电动机过载工况持续的时间过长，其过电流将导致电动机和控制系统过热，这是非常危险的。为电动机过载继电器设计合适的时间—电流特性，可防止持续过载，同时可容许电动机起动所需的短时、大堵转电流。这也可以防止由于转子失速、低压、低频、不对称电压和其他一些类型的电机故障引起的过电流而导致的过热问题。尽管与短路相比，这种过电流的幅值相对较小，但如果持续时间过长，也会缩短电机绝缘的寿命。

过载继电器不能防止短路或接地。短路和接地保护必须由分支电路保护装置提供，如熔断器或断路器⊖。

热过载继电器

图 13.3a 所示的热过载继电器由双金属片、加热元件、常闭触头、常开触头和复位按

⊖　正确选择电机运行过载保护、支路保护和支路导线的方法可参见美国国家电气规范（NEC）第 430 章 [4]，[5]。

钮构成[⊖]。双金属片是由两条具有不同的热膨胀系数的金属片构成的单一元件。加热元件与电机串联，并按照焦耳定律（I^2R）模拟电机绕组发热。如果发生过载，大于正常值的电机电流会引起加热元件的温度升高，这将导致双金属片弯曲，从而使常闭触头断开，电机断电，同时常开触头闭合，使报警电路导通。复位推杆用于在双金属片冷却后对继电器触头进行手动复位。

图 13.3b 给出了一种热继电器的加热元件和常闭触头在控制电路中的联结方式。大电机的控制器利用电流互感器（CT）给额定电流较小的加热元件提供和实际电流成比例缩小的电流，如图 13.3b 中的虚线所示。当过电流持续时间过长，会导致继电器 OL 的常闭触头断开，使接触器 M 的操作线圈失去励磁电源，从而使接触器 M 的三个常开触头回到闭合位置。

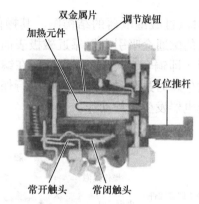

a) 剖视图

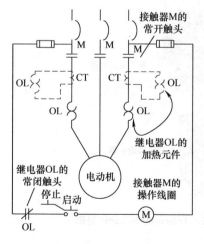

b) 电路图

c) 保护动作和复位操作的电流—时间特性曲线

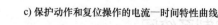

图 13.3　热过载继电器（由 GE Industrial Systems 提供）

双金属片式热过载继电器保护动作和复位操作的近似电流—时间特性曲线如图 13.3c 所示。值得注意的是，继电器的保护动作时间随着通过电流的增加而减少（反时限特性），

⊖　有关其他类型的电机过载继电器（如熔焊机、加热器、电磁阀和阻尼器，以及固态器件）可参见相关参考文献［3］。

而复位时间随着电流的增加而增加。对于图中所示的特性，当过载电流达到 400% 额定电流时，继电器会在 20 ～ 30s 间发生过载保护动作（跳闸）。而大多数系列的继电器，复位时间大约在 75 ～ 140s 之间，在这段时间内电机处于断电和冷却状态。图 13.3a 所示的热过载继电器具有调节旋钮，可以设置在通过电流超过加热元件额定电流的 15% 或低于加热元件额定电流的 15% 时发生保护动作。

过载保护装置的选择取决于设备可能发生的过载工况。风机、泵类和大多数机床电动机需要防止持续过载，因为这可能会导致绝缘过热损坏。这类电动机一般采用延时热过载继电器进行保护，其保护动作时间随过载程度的增加而减小。在诸如电动机驱动的电梯、绞车、牵引电机和其他易卡滞的负载应用中，则使用瞬时磁过载继电器。因为电动机的卡滞可能会导致电流上升并维持在堵转电流水平，如果不立刻断开回路，可能会导致绝缘过热损坏。

如图 13.4 为一种瞬时磁过载继电器的结构图。其操作线圈串联在被保护的电机回路中。当发生过载时，较大的磁通会吸引电枢靠近磁极表面，导致常闭触头断开。操作线圈绕制在一根铜制的线圈架（即铜套）上，而铜套安装在继电器的铁心上。铜套作为电感式延时装置，可以防止在发生瞬时过载时继电器立即进行保护动作。而正常的电动机电流不会产生足够大的磁通使继电器发生保护动作。

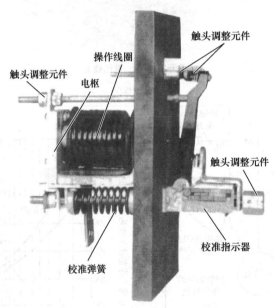

图 13.4 瞬时磁过载继电器（由 GE Industrial Systems 提供）

13.4 控制系统图

控制系统图大致可以分为两类：元件接线图和原理图[⊖]。元件接线图如图 13.5 所示，描述了各控制元件的实际物理布局以及每根线缆的位置和接线方式。通过接线图可以方便

⊖ 控制系统图中使用的图形符号请参见附录 D。

地定位需要维修、更换或调整的元件。其中, 粗线绘制的电路是流通电动机电流的强电回路, 也表示采用的铜导线具有更大的截面积, 而细线绘制的电路为控制的弱电回路。其中, 面板加热器是用来防止潮湿环境中湿气凝结的。

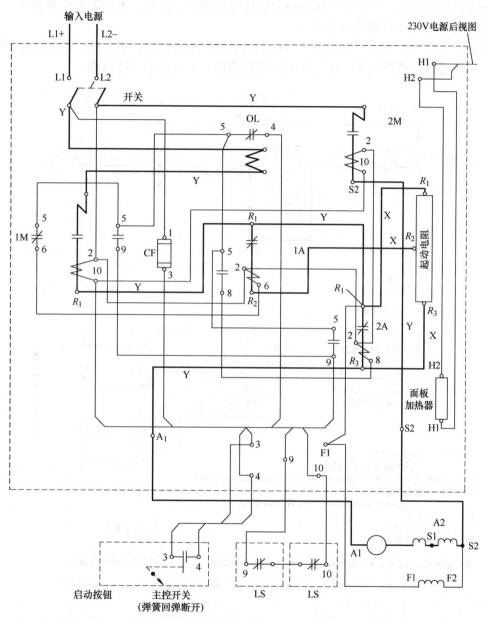

图 13.5　电动机控制器典型接线图 (由 GE Industrial Systems 提供)

　　图 13.6 为原理图, 是用来表明控制系统工作原理的简图。原理图通常被称为梯形图, 因为其中的水平线像梯子的横杆, 两端的母线像梯子的边。原理图由功率主电路和控制电路构成。功率主电路包括电动机、起动电阻和电源触头。控制电路, 也称为逻辑电路, 包括按钮、操作线圈、过载触头[⊖]、继电器触头和限位开关, 可以为电动机的运行提供逻辑和

⊖　有时在控制回路中, 触头也称为触点——译者注。

指令。需要注意的是，图 13.5 接线图中的一个电气元件的各控制部分以分开的形式绘制在梯形图中。例如，图 13.5 中的接触器 2A 在图 13.6 中分成了三个部分[⊖]。为了避免混淆，梯形图中各元件的字母标识符号和端子编号都必须与接线图保持一致。端子编号可以用来指导等电位点的确定，在故障排除时可以提供很大帮助。此外，无论触头位置如何，具有相同编号的端子应具有相同的电位[⊖]。

梯形图中的元件是按照从左到右、从上到下的顺序布置的，也反映了控制操作的逻辑顺序。梯形图是一种简化图，比接线图更容易阅读，也更便于故障诊断。

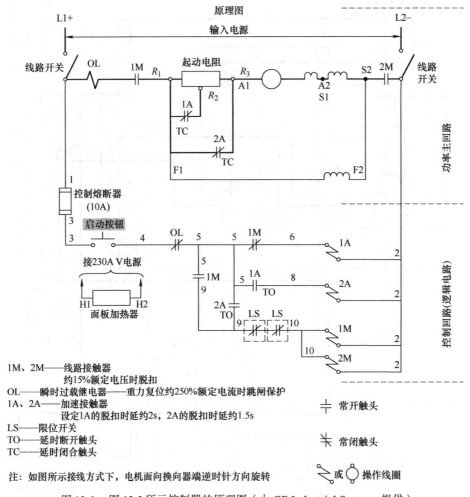

图 13.6　图 13.5 所示控制器的原理图（由 GE Industrial Systems 提供）

13.5　电源故障自动停机

所有的电机控制电路都具有电源故障时自动停机的功能，或者在电源恢复时自动重新

启动（欠电压释放），或者保持停机状态直到手动重新启动（欠电压保护）的功能。

欠电压释放

　　图 13.7a 所示的欠电压释放控制电路能够实现两种功能：当电压跌落时，电机自动断开和线路的连接；当电压恢复时，电机自动重新连接至电源。这种控制电路通常应用于要求能够自动操作的重要机械设备，比如污水泵和消防泵的应用场合。在欠电压释放电路中，使用非弹簧复位式按钮。这样，当启动按钮被按下时，它始终保持被按下的状态，使控制电路保持闭合状态，直到按下停止按钮。因此，如果电压跌落导致接触器 M 断开，则电压恢复后将自动重合闸。

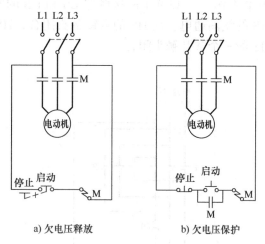

a) 欠电压释放　　　　　b) 欠电压保护

图 13.7　电源故障自动停机电路

欠电压保护

　　图 13.7b 为欠电压保护的基本控制电路。当电压跌落时，这种控制电路可以将电机从线路上断开，并防止电压恢复后自动重新起动。停止和启动按钮是弹簧复位式结构，未设置机械互锁。当启动按钮被按下时，接触器 M 的线圈获得励磁电流，接触器 M 连接在电机回路中的触头和连接在启动按钮两端的辅助触头闭合。辅助触头，也称为自锁触头，通过将启动按钮短路来实现启动电路自锁。这样，启动按钮被按下并松开后，接触器 M 的线圈仍处于通电状态。当发生电压跌落时，接触器 M 的线圈失去励磁电流，触头回到常开位置。当电压恢复时，除非再次按下启动按钮，否则电机不会起动。这种控制方式通常应用于不太重要的机械设备，特别适合于电锯、刨床、机床等意外起动会对操作人员构成严重危险的驱动场合。

　　需要注意，标准的欠电压保护和欠电压释放装置并不是为某个特定的电压跌落值而设计的，它们的功能是保护设备免受电压跌落损害。

13.6　交流电动机换向起动器

　　图 13.8 为交流电动机换向直接起动器的控制电路，它具有过载保护和欠电压保护的功能。两个正转按钮设置了机械互锁，两个反转按钮也设置了机械互锁。当正转按钮被按下时，其常开触头闭合，而常闭触头断开。如果在电机正向运行时按下反转按钮，则常闭的反转按钮断开，正转线圈失去励磁电流。

　　正转接触器 F 的线圈和反转接触器 R 的线圈负责控制电动机主电路中正反两个方向的接触器触头以及控制电路中相应的自锁触头。

13.7 交流电动机双速起动器

图 13.9 为一台双速、双绕组、三相感应电动机的电磁起动器电路。每个绕组都有自己的过载保护装置，这也表明电动机在两种转速下的额定功率和额定电流是不同的。在每个电磁接触器上附加一个电气互锁装置（即联锁），保证同一时间两个接触器只允许一个通电工作。图 13.9 中的接触器 LS 和 HS 的常闭触头都是联锁触头。当高速按钮被按下，HS 的线圈通电，使 HS 的自锁触头闭合，HS 的常闭触头（联锁触头）断开，电源电路中 HS 的三个常开触头闭合。

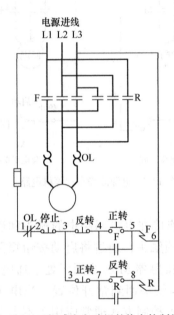

图 13.8 三相感应电动机的换向控制器

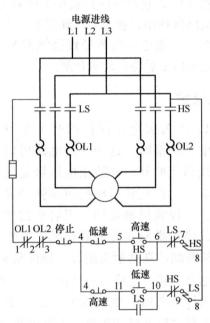

图 13.9 双速双绕组三相感应电机的控制器

13.8 交流电动机降压起动器

图 13.10 为一个典型的三相降压起动器控制电路。电压抽头可以根据起动要求进行选择，采用操作人员无法改变的固定连接方式。时间继电器 TR 用于预设降压起动的时间，起动后在全电压下运行。时间继电器包括一个常开触头、两个常闭延时断开触头、一个常开延时闭合触头、一个计时电动机和一个操作螺线管线圈⊖。当启动按钮被按下时，控制电路中的电流有三条流通路径：流过接触器 S 的线圈，使自耦变压器和电源接通；流过计时电动机，起动过程开始计时；流过继电器 TR 的线圈，使启动电路自锁。接触器 S 的触头闭合使电机在较低的电压下起动。经过 1 ~ 10s 的可调延时后，计时电动机触发时间继电器触头动作。S 的线圈失电，R 的线圈获电，计时电动机回路断开。R 的线圈获电使其常开触头闭合，电机在全电压下运行。

⊖ 计时功能可以通过阻尼器、固态继电器、使用晶振的机械结构、热控、驱动电机或气动的方式来实现。

13.9　直流电动机控制器

3/4hp 以上的直流电动机常采用降压起动的方式。起动器可分为两大类：定时起动器和负载敏感型起动器。定时起动器在预设时间到达后，将起动电阻从电枢电路中切除。在这种方式下，不管电机轴上是否带载，也不管电机是否正在运行，当预设时间到达时，电枢回路上的电压都是全电压。而负载敏感型起动器可以根据负载情况调整电机的加速过程，重载起动时间较长，而轻载起动时间较短。如果电机没有起动，起动电阻不会被切除。

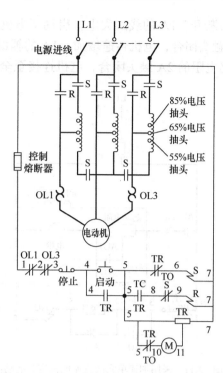

图 13.10　三相感应电机的降压起动器控制电路

13.10　直流电动机定时起动器

图 13.11 为采用加速单元（AU）控制起动逻辑的定时起动器。当启动按钮被按下时，AU 的线圈获得励磁电流，使主电路中 AU 的触头和启动按钮的自锁触头闭合。同时，接在节点 4 和节点 5 之间电阻两端的常闭触头断开，这降低了流过 AU 线圈中的电流，使其对电压降低更加敏感。电动机主电路中的 AU 触头闭合时，电枢回路中串联限流电阻进行电动机起动。经过一定的时延后，和起动电阻相连的 AU2 触头闭合，使电枢直接连在电源两端。需要注意的是，当启动按钮被按下时，并励绕组直接连在电源两端，没有时延，这保证了励磁电流最大，从而获得较高的起动转矩。

磁通衰减延时接触器

图 13.12 为使用磁通衰减延时接触器的控制电路。在铁心上套一个铜制圆筒（即铜套），再在铜套上绕制操作线圈，可以实现时间延迟。延时接触器为常闭触头，线圈获电时断开。然而，当线圈失电时，铜套可以延缓磁通衰减。这样，其触头可以在一段时间延迟后回到关闭位置。

当线圈失电时，它的磁场不会瞬间降为零。因为当磁场开始衰减时，铜套内会产生感应电动势。根据楞次定律，铜套内的感应电动势和净电流会阻碍磁通的衰减。这样，磁通的逐渐衰减就会导致接触器延迟关闭几秒钟。延迟的时间可以通过改变磁路磁阻、更换铜套和/或调整弹簧弹力来调整。

由图 13.12 可知，当启动按钮被按下时，接触器 1A 的线圈获电，1A 的辅助触头立刻闭合，同时短路电阻的 1A 触头断开。1A 的辅助触头闭合使 2A 的线圈获电，短路电阻的 2A 触头立刻断开，同时 2A 的辅助触头闭合。2A 的辅助触头闭合使 M 的线圈获电，主电路中接触器 M 的触头闭合，电枢回路串联最大的起动电阻进行电机起动。同时，节点 3 和节点 8 之间 M 的辅助触头闭合对启动按钮进行自锁，节点 4 和节点 5 之间 M 的辅助触头断开。1A 的线圈失电，启动了电机起动的计时器。经过几秒的延时后，短路电阻的 1A 触头闭合，电机转速增加，1A 的辅助触头断开，2A 的线圈失电。再经过一段延时后，短路电阻的 2A 触头闭合，电机连接至全电压电源。

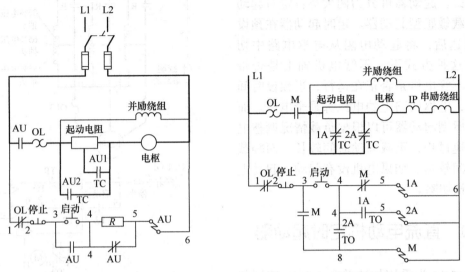

图 13.11　采用加速单元的直流电机定时起动器　　图 13.12　使用磁通衰减延时接触器实现直流电动机加速的定时起动器

13.11　直流电动机反电动势起动器

图 13.13 为反电动势起动器的电路，这也是一个负载敏感型起动器的案例。接触器 1A 和 2A 的线圈都和电枢相连，这样它们的磁场强度就会与反电动势成正比。当启动按钮被按下，接触器 M 的线圈获电，主电路中 M 的触头闭合，电机起动。同时，和 1A 及 2A 的线圈串联的 M 辅助触头闭合。随着电枢转子加速，其反电动势增加，当 1A 的线圈两端的电压足够高使 1A 触头闭合时，起动电阻部分短路。电机持续加速，使反电势进一步增加。当 2A 线圈两端的电压足够高使 2A 触头闭合时，起动电阻被全部短接，电枢和电源直接相连。这种类型的起动器对于轻载电机会加快起动过程，对于重载电机则会减缓起动过程。

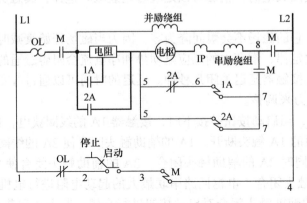

图 13.13　反电动势起动器

13.12 具有动态制动和并励磁场控制功能的直流电动机换向起动器

图 13.14 为具有动态制动和换向功能的换向定时起动器电路。定时时间由带铜套的时间继电器 1A 和 2A 决定，换向功能由电枢回路中的接触器 1R、2R、1F 和 2F 实现。1F 和 1R 的制动线圈是连接在电枢两端的电气互锁线圈。这两个制动线圈由电枢反电势励磁，用于防止反接制动。反接制动是指通过电源反接实现电机转速降低甚至停转的方式。图 13.15 为操作线圈和制动线圈的物理结构图。

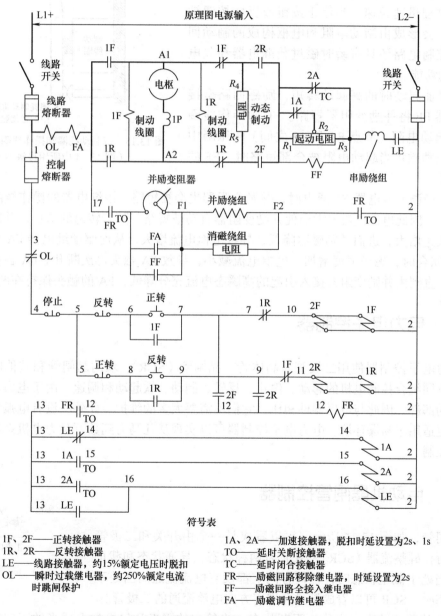

图 13.14 具有动态制动功能的换向控制器（由 GE Industrial Systems 提供）

如图 13.14 所示，当电机正方向旋转时，按下反转按钮，正转接触器 1F 和 2F 的触头会断开，但 1R 的操作线圈直到 1R 的制动线圈失电后才能获电吸合触头。当电机反方向旋转时，按下正转按钮，也会出现类似的情况。制动线圈也用于在动态制动过程中让 1F、1R 的常闭触头保持在闭合位置。励磁回路移除继电器 FR 是一个延时关断继电器，它可以在停止按钮被按下后的几秒钟内维持并励磁场的存在。这有助于电机在动态制动过程迅速减速。当停止按钮或反转按钮被按下时，会形成由制动电阻和电枢构成的制动回路。该控制电路还具有瞬时磁过载继电器和欠电压保护的功能。

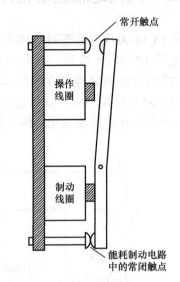

图 13.15　带制动线圈和操作线圈的接触器（图 13.14 中所用接触器）

为保证起动时的高起动转矩，励磁回路全接入继电器 FF 将并励变阻器短路。FF 的操作线圈从部分起动电阻（节点 R1 和 R3 之间）的压降中获得电压励磁。当起动电阻被全部短路时，FF 的触头断开。

当磁场调节继电器 FA 通电时，并励变阻器也会被短路。该继电器的操作线圈串联在主电路中，因此电枢电流增大会使并励变阻器自动被短路。随着转速的增加，并励变阻器的阻值快速增大，进而并励磁通降低，导致电枢电流增大，从而驱动继电器 FA 动作。当 FA 触头闭合时，磁场强度增加，电枢电流减小，导致 FA 触头再次断开。FA 触头反复闭合断开，直到由并励变阻器接入引起的高瞬态电流充分降低，FA 的触头保持在断开位置。

13.13　电力电子控制器

电力电子控制器使用二极管、晶体管、晶闸管（SCR）、双向晶闸管和其他电力电子器件的不同组合控制电机的起动、停止、反转、制动、软起动和调速。由于电力电子器件没有运动部件，因此与电磁器件相比，它们不需要太多的维护。此外，没有电弧和火花也使它们更适用于易爆环境。电力电子控制器可以实现从几马力到数万马力电机系统的有效和高效控制。

13.14　电动机晶闸管控制器

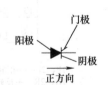

图 13.16　晶闸管（SCR）

晶闸管，如图 13.16 所示，可以看成是一个由开关和二极管组成的可控硅整流器（SCR）。SCR 有两种状态，导通状态和截止状态。当处于截止状态时，任何方向上都没有电流流通。当处于导通状态时，SCR 可以看成是只允许正方向电流流通的二极管。

SCR 的截止状态，也称为阻断状态。当给它的阳极和门极加上适当的正向电压（相对于阴极电压）时，SCR 导通，电流开始流通。

图 13.17a 为一个基本的 SCR 电路，其门极触发电路包含了复杂的电路来决定正向门极电压的施加时间和维持时间。

如图 13.17b 所示，当门极触发电路给 SCR 施加触发信号时，SCR 导通；触发信号为一个持续时间只有几微秒的脉冲。SCR 一旦导通，门极就失去了作用，即使门极回路断开，负载电流仍会使 SCR 维持在正向导通状态。实际上，SCR 的特性类似于自锁接触器或自锁继电器。为了使门极电路重新获得控制权，必须断开阳极电流。这可以通过断开阳极电路中的开关，或在阳极电路中使用交流电，或在阳极电路中使用反向电压脉冲进行强制电流换向来实现。晶闸管的关断过程称为换向。当阳极电路使用交流电源供电时，SCR 会发生自然换向。这种情况下，每次阳极电压变为负时，SCR 就会变成截止状态，门极电路重新获得控制权。

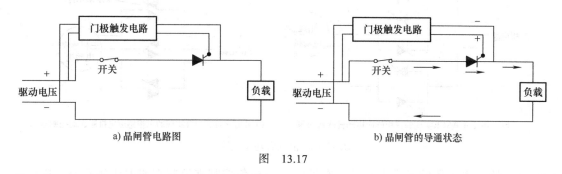

a) 晶闸管电路图　　　　　　　　　　　b) 晶闸管的导通状态

图　　13.17

13.15　电力电子调速驱动器

大功率的电力电子调速驱动器可以提供准确的转速控制和高运行效率。其触发电路由微处理器控制，该微处理器可以按照编写好的开关顺序逻辑控制 SCR 的导通和截止，且开关顺序可以很容易地由操作人员编程更改。

触发电路的复杂性取决于对控制功能的需求。诸如软起动、速度控制、换向、转矩限制和限电流等功能，都会增加系统的复杂性和成本。

图 13.18a 为三相电源供电的直流电机可逆调速系统的功率电路。其励磁磁场可以由如图所示的永磁体产生，也可以通过整流器单独给励磁绕组供电产生。触发电路因为很复杂，并未在图中显示，通常也不会包含在制造商提供的电力电子电机控制图中[⊖]。触发电路通过触发正向整流器或反向整流器来控制电机旋转的方向，并通过控制施加到电枢上的电压来控制电机旋转的速度。

图 13.18b 为交流电机软起动器的功率电路。在起动和加速时，可以通过控制反并联 SCR 的触发电路限制电流的大小。具有与反并联 SCR 特性相似的单一元器件称为双向晶闸管，如图 13.18c 所示。

图 13.19 为一种三相电动机的变频调速驱动系统电路图。整流器将恒定频率、恒定电压的三相交流电转换为直流电，而逆变器再将直流电转换成频率由逆变器触发电路控制的三相交流电。在整流器和逆变器之间的直流环节中，加入电抗器可以减少整流过程中产生

⊖　关于不同类型的电力电子控制器和相应触发电路的进一步讨论，请参见参考文献 [6] 和 [7]。

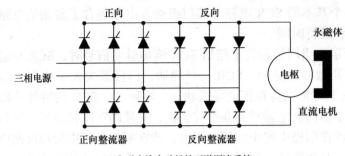

a) 永磁直流电动机的可逆调速系统

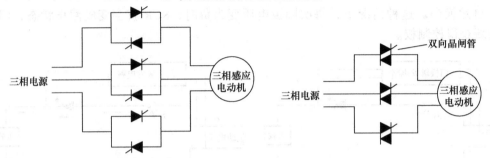

b) 采用反并联SCR实现的三相感应电动机软起动器　　c) 采用双向晶闸管实现的三相感应电机软起动控制器

图 13.18　晶闸管功率电路

的谐波电流。整流器的触发电路通过在触发点的相角控制来控制直流电压的幅值。逆变器的触发电路则通过控制每个 SCR 的导通周期来控制三相输出电压的频率。控制触发电路的逻辑电路来保持电压频率比恒定对于感应电动机和同步电动机的正常运行至关重要（参见第 5.8 节）。逆变器 SCR 的关断是由单独的电路控制的，并未在图中显示，该电路会给阳极施加一个负电压脉冲，该电压脉冲可由 LC 电路的程控放电获得。

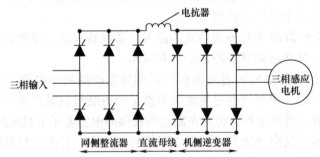

图 13.19　三相感应电动机变频调速系统

13.16　变流器驱动

　　变流器是一种频率转换装置，可以将输入频率的电源转换为其他较低频率的电源。图 13.20 为一个变流器的基本电路。它采用 3 个双向整流器将输入频率的三相电转换成更低频率但频率可调的近似正弦电。恒定频率、恒定电压的交流输入，无需经过直流环节，被转换成频率可调、电压可调的交流输出。电动机的每一相都有单独的双向整流器，并从三相交流电源获得功率输入。电流的正半周期由正向整流器提供，电流的负半周期由反向整流器提供。正向整流器和反向整流器在图 13.20 中分别表示为 P 和 N。

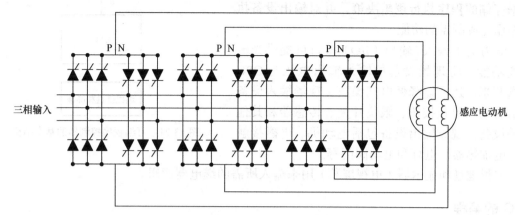

图 13.20 由变流器供电的三相感应电动机

变流器的输出频率可以平滑地从正相序下 1/2 的输入频率降至零，然后再恢复到负相序下 1/2 的输入频率。因此，对于一个 60Hz 的输入，输出频率可以平滑地从正相序的 30Hz 调整到 0Hz 再到负相序的 30Hz。由变流器供电的三相感应电动机或同步电动机具有再生制动和可逆调速的功能。控制每个电力电子开关的触发角可以改变电动机每一相的电压和频率。

变流器可以设计成适用于几乎任意功率和功率因数负载的设备。大功率变流器应用的一个典型案例是 QE2 号游轮的驱动系统，采用变流器对两台 59000hp 具有调速和改变转向功能的三相同步电动机推进系统进行控制。

13.17 可编程序控制器

可编程序控制器，也被称为可编程逻辑控制器，缩写为 PC 或 PLC，被 NEMA 标准定义为"数字操作电子设备，使用可编程序存储器进行指令的内部存储，实现诸如逻辑、排序、定时、计数和算术的特定功能，并通过数字或模拟输入和输出模块控制电气设备或电气过程。"

可编程序控制器开发于 20 世纪 70 年代，用于取代汽车工业中有导线硬连接的继电器控制系统。该项技术的成功研发使所有具有大型、复杂控制系统的行业都逐渐开始使用可编程序控制器，因为这些行业为适应生产需求必须频繁地对控制系统进行修改。与有导线硬连接的继电器控制系统相比，PLC 的主要优势是能够通过计算机终端对继电器逻辑进行编程和重新编程，而不需要手动接线、重新接线或更换接线板。

可编程序控制器可以根据高温、潮湿、振动、电气噪声等工业环境中常遇到的电力中断问题的要求进行设计，并且已经有了各种不同规格的商业化产品，小型 PLC 控制 I/O 点数有 50 ~ 150，大型 PLC 控制 I/O 点数有 500 ~ 3000。

PLC 的基本结构

可编程序控制器的主要部件如图 13.21 所示。

中央处理器（CPU）由逻辑内存、存储内存、电源和处理器组成。CPU 从输入设备接收数据，根据存储的程序执行逻辑决策，并对输出设备执行操作完成所需的功能。

电力电子输入 / 输出（I/O）接口可提供光电隔离功能，将现场设备的输入输出电压与 CPU 隔离开来，还可以降低电气噪声。现场输入设备包括启动和停止按钮、限位开关、传感器和其他开关设备。现场输出设备包括电动机、电磁接触器、电加热器、电灯和电动阀门等。

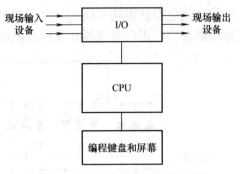

图 13.21　可编程序控制器的基本结构

编程键盘和显示器（电视屏幕）用来输入所需的继电器逻辑。

PLC 的编程

PLC 编程不需要任何计算机或计算机语言的相关知识，也不需要任何编程技能。特定应用所需的控制系统，先由设计工程师绘制成梯形图，再由技术人员或工厂工程师使用特殊键盘将梯形图输入 CPU 即可。

所需的继电器触头数量及其配置，如常开、常闭、串联或并联的相关信息，都输入到计算机存储器中。当需要更改时，可以很容易地从键盘重新配置 PLC 逻辑，可以进行触头的添加、删除或重新连接等修改。与特定的继电器线圈相关联的触头数量仅受可用内存的限制。

当系统运行时，PLC 执行编好的程序逻辑，从梯形图的左顶部开始，到右底部结束。当执行到最后一行程序时，这个过程会持续重复进行，直到关机。

有关 PLC 的详细描述、图表、照片、操作模式、编程技术，请参见参考文献 [1]、[8]、[9]。

正文引用的参考文献

1. Cox，R. A. Technician's Guide to Programmable Comtrollers. Delmar Publishers，Albany，NY，1989.

2. Hubert，Charles I. Prevenutive Maintenance of Electrical Equipment. Prentice Hall，Upper Saddle River，NJ，2002.

3. Kosow，I L. Control of Electric Machines. Prentice Hall，Upper Saddle River. NJ，1973.

4. Mc Partland，J. F.National Electrical Code Handbook MeGraw-Hill，New York，1984.

5. National Fire Protection Association. National Electrical Code，1999.

6. Pearman，R，C.Power Electronics : Solid State Motor Control，Reston Publishing，Reston，VA，1980.

7. Pelly，B.R.Thyristor Phase-Controlled Conveners and Cyclocomverters. Wiley，New York，1971.

8. Petruzella，F.D.Programmable Logic Controllers. McGraw-Hill，New York，1989.

9. Webb，J.W.Programmable Comrollers，Principles and Applications. Prentice Hall，Upper Saddie River，NJ，1988.

一般参考文献

Institute of Electrical and Electronic Engineers. Graphic Symbols Used for Electrical and Electronic Diagrans. IEEE Std. 315.IEEE，New York，1993.

Institute of Electrical and Electronic Engineers. Guide for AC Motor Protection. IEEE Std.588–1976，ANSI C37，96–1976，IEEE，New York，1976.

Millermaster，R. A.Harwood's Control of Electric Motors. Wiley，New York，1970.

National Electrical Manufacturers Association. General Standards for Industrial Control and Systems. Pub. No.ICS I，NEMA，Rosslyn，VA，1988.

Smeaton，R. W. Switchgear and Control Handbook 2nd ed. McGraw-Hill，New York，1987.

思 考 题

1. 试解释当接触器触头断开时，磁吹线圈如何帮助熄灭电弧的。

2. 试解释交流接触器中的短路线圈是如何减少电枢振动的。

3. 试解释双金属片式电动机过载继电器的工作原理，并说明它在控制电路中的连接方式。

4. 除了电动机过载保护外，热过载继电器还提供什么保护？

5. 参考图 13.3c 中的曲线，如果电动机负载使电流达到加热器额定电流的 200%，试确定：（a）继电器发生保护动作所需的最长时间；（b）继电器复位前冷却所需的最小时间。

6. 用什么装置来保护电动机分支电路不发生短路或接地故障？

7. 用什么类型的过载继电器来保护易卡滞的电动机？请解释该继电器是如何工作的。

8. 试描述电动机控制系统图的两种分类，并说明每一种的意义。

9. 请画出一个具有欠电压释放功能的简单控制电路。这种类型的电路特性是什么？应用场合呢？

10. 请画出一个具有欠电压保护功能的简单控制电路。这种类型的电路特性是什么？应用场合呢？

11. 假设需要欠电压保护功能，请画出一个三相电动机的全电压换向起动器电路。

12. 试解释磁通衰减延时接触器是如何实现延时的。

13. 请描述反电势起动器的工作原理。和定时起动器相比，它有什么优势？

14. 设置磁场调节继电器的目的是什么？请解释它的工作原理。

15. 试解释在动态制动电路中为什么使用励磁回路移除继电器。

16. 电力电子起动器比电磁起动器有哪些优点？

17. 将晶闸管切换到导通状态的必要条件是什么？

18. 哪两种方法可用于将导通的 SCR 切换到截止状态？

19. 根据晶闸管的工作过程定义"换向"。什么是自然换向？

20. 什么是变流器？请陈述一个应用场景并解释它是如何工作的。

21. 什么是可编程序控制器，它与电磁控制器在哪些方面有显著区别？

22. 列出可编程序控制器的主要组成部分并说明它们的功能。

附录

Institute of Electrical and Electronics Engineers. Graphic Symbols Used for Electrical and Electronic Diagrams (IEEE Std 315). New York, 1993.

Institute of Electrical and Electronics Engineers. Guide for AC Motor Protection (IEEE C37.96-1988). New York, 1988; IEEE. New York, 1988.

Kusko, Alexander, Emergency/Standby Power Systems. McGraw-Hill, New York, 1989.

Smeaton, R.W., Switchgear and Control Handbook. 3rd ed. McGraw-Hill, New York, 1997.

附录 A　三相对称系统

A.1　简介

本附录旨在简要回顾三相系统中的电压、电流和功率关系。读者应具备相量和复数的相应知识。关于相量、复数、谐振、单相和三相、对称和不对称三相电路以及功率测量的详细介绍，可参见参考文献列出的电路相关参考书目。

A.2　电压和电流的字母表示

电压和电流是时间的函数，可以用下列公式表示，式中 $\omega = 2\pi f$。

$$\begin{aligned} e &= E_{max} \sin(\omega t + \theta_e) \\ v &= V_{max} \sin(\omega t + \theta_v) \\ i &= I_{max} \sin(\omega t + \theta_i) \end{aligned} \tag{A-1}$$

相应的均方根值，也称为有效值，可以表示为

$$\begin{aligned} E &= \frac{E_{max}}{\sqrt{2}} \\ V &= \frac{V_{max}}{\sqrt{2}} \\ I &= \frac{I_{max}}{\sqrt{2}} \end{aligned} \tag{A-2}$$

式（A-1）中具有正弦函数表达式的相量可以表示为复数形式：

$$\begin{aligned} \boldsymbol{E} &= E \,\underline{/\theta_e} \\ \boldsymbol{V} &= V \,\underline{/\theta_v} \\ \boldsymbol{I} &= I \,\underline{/\theta_i} \end{aligned} \tag{A-3}$$

字母 e、E 和 $\boldsymbol{E}$ 通常用来表示电压源，字母 v、V 和 $\boldsymbol{V}$ 通常用来表示两点之间的电压降或电位差。

A.3　电路元件串联的形式

一般情况下，电路元件串联的电路图、相量图和阻抗图如图 A.1 所示。相应的电压、电流和阻抗之间的关系可以表示为

$$\boldsymbol{Z}_S = R + jX_L - jX_C = Z_S \,\underline{/\theta_Z} \tag{A-4}$$

其中，$X_L = 2\pi f L$，$X_C = 1/(2\pi f C)$

$$Z_{\mathrm{S}} = \sqrt{R^2 + (X_L - X_C)^2} \qquad \text{（A-5）}$$

$$\theta_Z = \arctan\left(\frac{X_L - X_C}{R}\right) \qquad \text{（A-6）}$$

$$\boldsymbol{V}_{\mathrm{T}} = \boldsymbol{V}_R + \boldsymbol{V}_L + \boldsymbol{V}_C$$

$$\boldsymbol{V}_{\mathrm{T}} = \boldsymbol{I}_{\mathrm{T}}\boldsymbol{Z}_{\mathrm{S}} = \boldsymbol{I}_{\mathrm{T}}(R + \mathrm{j}X_L - \mathrm{j}X_C)$$

$$\boldsymbol{I}_{\mathrm{T}} = \frac{\boldsymbol{V}_{\mathrm{T}}}{\boldsymbol{Z}_{\mathrm{S}}} = I_{\mathrm{T}}\ \underline{/\theta} \qquad \text{（A-7）}$$

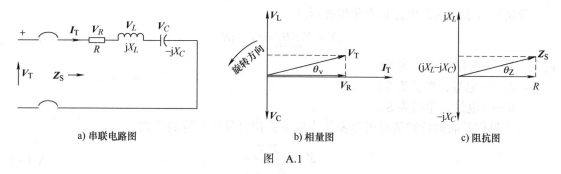

a) 串联电路图   b) 相量图   c) 阻抗图

图 A.1

两个或多个串联阻抗中，在任意一个阻抗上的电压降可以通过分压公式来计算。根据图 A.2，有

$$\boldsymbol{V}_{\mathrm{k}} = \boldsymbol{V}_{\mathrm{T}}\frac{\boldsymbol{Z}_{\mathrm{k}}}{\boldsymbol{Z}_{\mathrm{S}}} \qquad \text{（A-8）}$$

其中，$\boldsymbol{Z}_{\mathrm{S}} = \boldsymbol{Z}_1 + \boldsymbol{Z}_2 + \cdots + \boldsymbol{Z}_{\mathrm{k}} + \cdots + \boldsymbol{Z}_n$

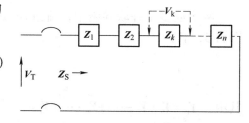

图 A.2 描述分压公式的电路

A.4 电路元件并联的形式

电路元件并联的电路图和相量图如图 A.3 所示。相应的电压、电流和阻抗之间的关系可以表示为

$$\frac{1}{\boldsymbol{Z}_{\mathrm{P}}} = \frac{1}{R} + \frac{1}{\mathrm{j}X_L} + \frac{1}{-\mathrm{j}X_C}$$

$$\boldsymbol{I}_{\mathrm{T}} = \boldsymbol{I}_R + \boldsymbol{I}_L + \boldsymbol{I}_C \qquad \text{（A-9）}$$

$$\boldsymbol{I}_{\mathrm{T}} = \frac{\boldsymbol{V}_{\mathrm{T}}}{\boldsymbol{Z}_{\mathrm{P}}}$$

涉及三个或三个以上并联支路的问题，一般采用导纳法进行求解，如图 A.4 所示。

$$\boldsymbol{Y}_1 = \frac{1}{\boldsymbol{Z}_1}\ \boldsymbol{Y}_2 = \frac{1}{\boldsymbol{Z}_2}\ \boldsymbol{Y}_n = \frac{1}{\boldsymbol{Z}_n} \qquad \text{（A-10）}$$

$$\boldsymbol{Y}_{\mathrm{P}} = \boldsymbol{Y}_1 + \boldsymbol{Y}_2 + \cdots + \boldsymbol{Y}_n \qquad \text{（A-11）}$$

$$\boldsymbol{I}_{\mathrm{T}} = \boldsymbol{V}_{\mathrm{T}}\boldsymbol{Y}_{\mathrm{P}} = \frac{\boldsymbol{V}_{\mathrm{T}}}{\boldsymbol{Z}_{\mathrm{P}}} \qquad \text{（A-12）}$$

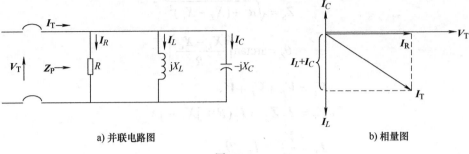

a) 并联电路图   b) 相量图

图 A.3

导纳可以表示为极坐标和直角坐标形式

$$Y = Y\underline{/\theta_y} = G + jB \tag{A-13}$$

式中　Y——导纳，单位为 S；

　　　G——电导，单位为 S；

　　　B——电纳，单位为 S。

两个阻抗并联的特殊情况可以简化为以下常用且易于计算的公式：

$$Z_P = \frac{Z_1 Z_2}{Z_1 + Z_2} \tag{A-14}$$

两个或多个并联导纳中，流过任意一个导纳的电流可以通过分流公式来确定。根据图 A.5，有：

$$I_k = I_T \frac{Y_k}{Y_P} \tag{A-15}$$

其中，$Y_P = Y_1 + Y_2 + \cdots\cdots + Y_k + \cdots + Y_n$

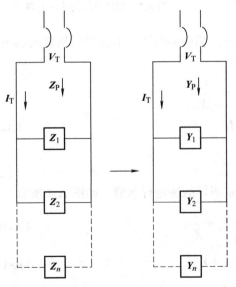

图 A.4　阻抗和导纳的对应关系

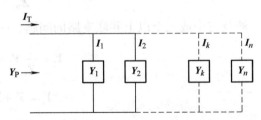

图 A.5　描述分流公式的电路

A.5 单相系统中的功率关系

对于图 A.6a 所示的单相系统，电路中的元件可能存在串联、并联或串并联等任意组合方式。然而，无论电路内部结构如何组合，只要线电压、线电流和相应的相位角已知，就可以通过电压相量与电流相量的共轭乘积来确定有功功率 P、无功功率 Q、视在功率 S 和功率因数 F_P，该乘积被称为复功率或相量功率。因此，根据图 A.6a，该电路的复功率为

$$S_T = V_T I_T^*$$（A-16）

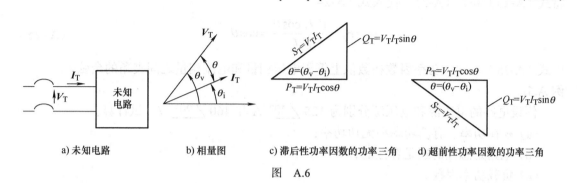

a) 未知电路   b) 相量图   c) 滞后性功率因数的功率三角   d) 超前性功率因数的功率三角

图   A.6

根据图 A.6b，有：

$$V_T = V_T \underline{/\theta_v}$$（A-17）

$$I_T = I_T \underline{/\theta_i}$$（A-18）

电流相量的共轭为

$$I_T^* = I_T \underline{/-\theta_i}$$（A-19）

将式（A-17）、式（A-19）代入式（A-16），有：

$$S_T = V_T \underline{/\theta_v} \times I_T \underline{/-\theta_i} = V_T I_T \underline{/(\theta_v - \theta_i)}$$

定义角度 $\theta = (\theta_v - \theta_i)$ 为功率因数角，则有

$$S_T = V_T I_T \underline{/\theta}$$（A-20）

也可以表示为

$$S_T = V_T I_T \cos\theta + j V_T I_T \sin\theta$$

其中：

有功功率（W）

$$P_T = V_T I_T \cos\theta$$（A-21）

无功功率（var）

$$Q_T = V_T I_T \sin\theta$$（A-22）

功率三角

式（A-21）和式（A-22）表示图 A.6c 中功率三角的两条边。斜边 $V_T I_T$ 表示视在功率的大小，斜边 $V_T I_T$ 与零度线之间的夹角为 θ。因此，视在功率可以方便地用其分量的大小表示：

$$S_T = \sqrt{P_T^2 + Q_T^2}$$（A-23）

如果未知电路为感性，则 I_T 滞后于 V_T，如图 A.6b 所示，θ 为正，功率三角如图 A.6c 所示。如果电路为容性，则 I_T 超前 V_T，θ 为负，功率三角如图 A.6d 所示。

功率因数

电路的功率因数定义为有功功率与视在功率的比值：

$$F_P = \frac{P}{S} \tag{A-24}$$

将式（A-20）和式（A-21）代入式（A-24）

$$F_P = \frac{V_T I_T \cos\theta}{V_T I_T} = \cos\theta \tag{A-25}$$

由式（A-25）可知，功率因数在数值上等于电压相量和电流相量之间夹角的余弦。

例 A.1

假设电路的电流源和电压源分别为 $125\,\underline{/30°}$ A 和 $460\,\underline{/20°}$ V。试计算：

（a）视在功率、有功功率和无功功率；

（b）电路是感性的还是容性的；

（c）负载功率因数。

解：

（a）　　　　$S = VI^* = (460\,\underline{/20°}) \times (125\,\underline{/30°})^* = 460\,\underline{/20°} \times 125\,\underline{/-30°}$

$$S = 57500\,\underline{/-10°} = 56626.4 - j9984.8\text{VA}$$

故有：

$S = 57.5\text{kVA}$

$P = 56.6\text{kW}$

$Q = -9.98\text{kvar}$

（b）无功功率为负值表明负载为容性。这也可以通过给定的电流相角和电压相角来确定，电流超前电压 10°。

（c）$F_P = \cos(-10°) = 0.985$ 或 98.5%（超前性）

A.6　双下标符号

双下标符号表示法与指定的电压字母一起使用，可以辅助电路分析和问题求解。下标表示测量电压的两个节点，下标的顺序表示测量电压的方向。

因此，图 A.7 中 V_{bc} 表示节点 b 到节点 c 之间的电压差。如果节点 b 的电位高于节点 c，则 V_{bc} 为正，如果节点 b 的电位低于节点 c，则 V_{bc} 为负。

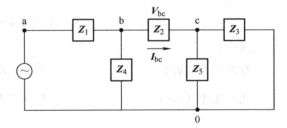

图 A.7　双下标符号的示例

由欧姆定律可计算指定方向的电流大小，有

$$I_{bc} = \frac{V_{bc}}{Z_2}$$

需要注意的是，从节点 c 到节点 b 的电压差可写作 V_{cb}，方向与 V_{bc} 相反，有：

$$V_{cb} = -V_{bc}$$

A.7　丫联结的电源电压

丫联结的三相电压系统由三个交流电压源构成，每个电压源幅值相等，但彼此相差 120° 电角度，且连接在一个公共点上，如图 A.8a 所示。这个公共点也被称为中性点。三相电压的波形如图 A.8b 所示，相量图如图 A.8c 所示。

输出端子 a 与端子 b 之间的电压，可以通过对 a 相电压和 b 相电压进行相量求和来计算，故有：

$$E_{a\,to\,b} = E_{a\,to\,a'} + E_{b'\,to\,b}$$

或者简单记为

$$E_{ab} = E_{aa'} + E_{b'b} \tag{A-26}$$

同样地

$$E_{bc} = E_{bb'} + E_{c'c} \tag{A-27}$$

$$E_{ca} = E_{cc'} + E_{a'a} \tag{A-28}$$

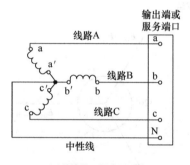

a) 丫联结的三相电压系统

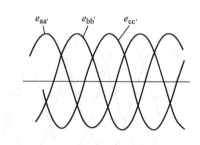

b) 电压波形

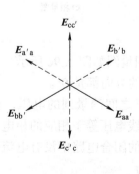

c) 电压各分量相量图

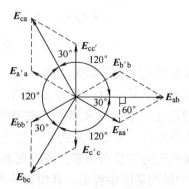

d) 电压相量叠加图

图　A.8

任意两个线路端子（a、b 或 c）之间的电压称为线对线电压或线电压，任何线路端子和中性点之间的电压称为分支电压或相电压。

图 A.8d 所示为丫联结电源系统中电压相量的叠加图。根据相量图的几何关系，有：

$$E_{line} = \sqrt{3}E_{phase} \tag{A-29}$$

A.8　采用△联结的电源电压

△联结的三相电压系统由三个交流电压源 $E_{aa'}$、$E_{bb'}$ 和 $E_{cc'}$ 构成，每个电压源幅值相等，但彼此相差 120° 电角度，如图 A.9a 所示。这三个电压源，称为相电压，它们串联起来形成一个闭合回路，三个节点的引出线作为输出端子。

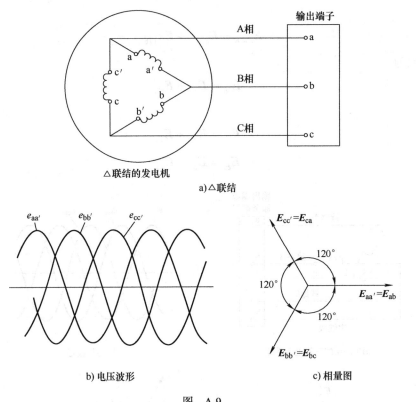

a)△联结

b) 电压波形　　　　　　　c) 相量图

图　A.9

三相电压源的电压波形如图 A.9b 所示，对应的相量图如图 A.9c 所示。为了方便问题求解，统一规定无论是丫联结还是△联结，相量 E_{ab} 的方向都是 0°。

发电机的输出端子之间或者工厂服务端口的端子之间测量到的电压，称为线对线电压，或简称为线电压。需要注意的是，对于△联结，线电压等于相应的相电压。

因为三相电压的相量和为零，所以在△联结构成的闭合电路中没有电流环流。这也可以从图 A.9c 中的相量图中看出，其相量和可以表示为

$$E_{aa'} + E_{bb'} + E_{cc'} = 0$$

虽然△联结构成的闭合回路中净电压在任何时候都等于零，并且不存在环流，但这三相中的每一相仍然能够为外部负载提供电流。图 A.9a 所示的△联结发电机，任意一相绕组反接都会导致非常大的环流，从而使发电机绕组迅速升温，损坏绝缘。

A.9 丫联结三相对称电源带△联结三相对称负载时的电流

根据图 A.8a，可以看出，对于 丫 联结的三相对称负载，其线电流和相电流完全相同[⊖]。可以表示为 $I_{a'a}=I_A$；$I_{b'b}=I_B$；$I_{c'c}=I_C$。

对于△联结的三相对称负载，其线电流和相电流之间的关系不能通过观察图形来确定，因此这里通过一个例子来说明。

例 A.2

如图 A.10a 所示三相电源系统，460V、60Hz，连接 △ 联结的三相对称负载，20.0 $\angle 40°$ Ω/ 相。相应的线电压相量图如图 A.10b 所示。请计算线电流与相电流的比值。

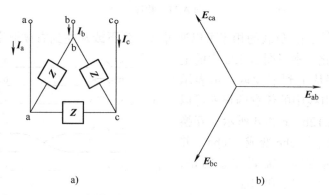

a)   b)

图 A.10　例 A.2 的电路图和相量图

解：

$$I_A = \frac{E_{ab}}{Z} + \frac{E_{ac}}{Z} = \frac{460\angle 10°}{20.0\angle 40°} + \frac{-460\angle 120°}{20.0\angle 40°}$$

$$I_A = 23\angle -40° - 23\angle 80° = 17.62 - j14.78 - (3.99 + j22.65)$$

$$I_A = 13.63 - j37.43 = 39.83\angle -70.0° \text{ A}$$

线电流与相电流的幅值之比为：

$$\frac{I_{line}}{I_{phase}} = \frac{39.83}{23} = 1.732 = \sqrt{3}$$

对于图 A.10a 中的所有线电流，此结论都成立。因此，△联结的三相对称负载有

$$I_{line} = \sqrt{3} I_{phase} \tag{A-30}$$

A.10　相序

相序是指三相电源的三个线电压到达正最大值时的顺序。

相序可以由电压波形或相应的相量图确定，如图 A.11a 和 b 所示，其所示的相序为

$$E_{ab}, \ E_{bc}, \ E_{ca}, \ E_{ab}, \ E_{bc}, \ E_{ca}, \ \cdots$$

然而，为了简便起见，相序通常只用第一个下标或第二个下标来表示：

如果用第一个下标表示，相序可以表示为 ［abc］abcabc…，或简单地表示为 abc；

  ⊖ 三相对称负载的每一相具有相同的阻抗。

如果用第二个下标表示，相序可以表示为 bc [abc] abca…，也是 abc。

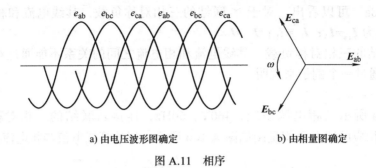

a) 由电压波形图确定　　　　　　　　　　b) 由相量图确定

图 A.11　相序

根据参考文献 [1]，负载的相序可以通过从上到下或从左到右读取字母标记（或数字标记）来表示。因此，参考图 A.12a 中的电路图，电机的相序从上到下读取，可表示为 abc。互换三根引线中的任意两根就可以改变相序。如图 A.12b、c 和 d 所示，互换任意两根引线使相序从 abc 变成了 cba，并改变了电机的旋转方向。需要注意的是，只有两种可能的相序，abc 和 cba。

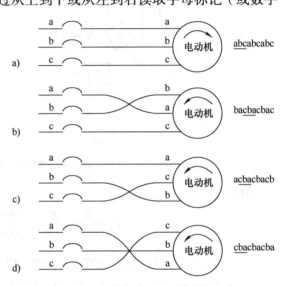

如果三相负载阻抗不对称，相序的改变会导致三相线电流的幅值和相角发生显著变化（参见参考文献 [2] 中 21.7 节）。如果一台三相发电机与另一台相序相反的发电机并联，两台发电机都可能发生严重的损坏。因此，在连接三相负载或并联三相发电机时，必须考虑相序（参见参考文献 [3] 中 14.7 节）。

图 A.12　互换任意两根引线改变相序

A.11　三相电路中的线电流和相电流的计算

三相电路中，无论电路是丫联结还是△联结，其线电流和相电流的计算方法是一样的。根据电路的复杂性，可以使用欧姆定律、基尔霍夫定律和/或电网络理论来计算电流。

求解三相电路问题的指南

1) 除非另有说明，电气设备铭牌上的电压和电流以及涉及到电动机、发电机和其他设备的专业文献中的电压和电流均为线有效值。

2) 求解三相电路问题时，通用的相量图和负载电压列表如图 A.13 所示。相电压只适用于丫联结负载，线电压既适用于丫联结负载也适用于△联结负载。还需要注意的是，丫联结对称负载中任一线路和负载中性点之间的电压为对应的相电压，即使该点没有和电源中性点相连。

3）如果一个丫联结三相对称负载（每相阻抗相同）和三相对称电压源相连，负载中性点和电源中性点连接的中性线上没有电流。因此，通常不需要用导线连接电源中性线和负载中性点。除故障情况（如开路、短路、接地等）外，三相电动机是平衡负载，因此不需要中性线，也不需要为丫联结电机提供中性线。

4）在求解涉及多个负载的问题之前，应在图上为每个线电流和相电流标出电流的参考正方向。为了方便计算，统一将每条线路上电流的参考正方向规定为从电源到负载的方向。一旦指定，在求解过程中不能改变。

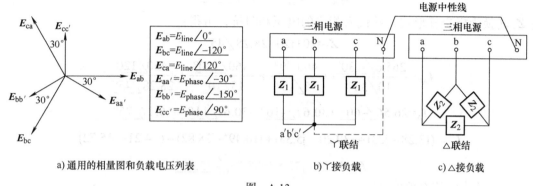

a) 通用的相量图和负载电压列表　　　b) 丫接负载　　　c) △接负载

图　A.13

例 A.3

根据如图 A.14 所示的电路图，计算电流表的读数。

$$Z_1=10\,\underline{/30°}\ \Omega \qquad Z_2=15\,\underline{/10°}\ \Omega \qquad Z_3=20+j20\Omega$$

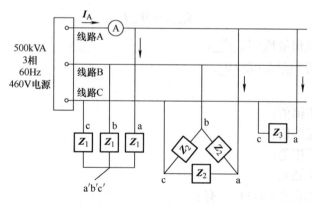

图 A.14　例 A.3 的电路图

解：

在线路 A 上应用欧姆定律和基尔霍夫电流定律，故有

$$I_A=\frac{E_{aa'}}{Z_1}+\frac{E_{ab}}{Z_2}+\frac{E_{ac}}{Z_2}+\frac{E_{ac}}{Z_3}$$

需要注意，丫联结负载是对称的。因此，丫接中性点在电位 a′b′c′ 处是有效。根据电源数据，接入丫联结负载后线电压和相电压的幅值为

$$E_{line} = 460V$$

$$E_{phase} = \frac{460}{\sqrt{3}} = 265.6V$$

根据图 A.13a 所示的电压列表，有：

$$E_{aa'} = 265.6 \underline{/-30°}V$$

$$E_{ab} = 460 \underline{/0°}V$$

$$E_{ac} = -E_{ca} = -460 \underline{/120°}V$$

将 Z_3 转换为极坐标形式，并代入相应的电压和阻抗，可得：

$$Z_3 = 20 + j20 = 28.28 \underline{/45°}$$

$$I_A = \frac{265.6 \underline{/-30°}}{10 \underline{/30°}} + \frac{460 \underline{/0°}}{15 \underline{/10°}} + \frac{-460 \underline{/120°}}{15 \underline{/10°}} + \frac{-460 \underline{/120°}}{28.28 \underline{/45°}}$$

$$I_A = 26.56 \underline{/-60°} + 30.67 \underline{/-10°} - 30.67 \underline{/110°} - 16.27 \underline{/75°}$$

$$I_A = (13.28 - j23) + (30.20 - j5.33) + (10.49 - j28.82) + (-4.21 - j15.72)$$

$$I_A = 49.76 - j72.87 = 88.23 \underline{/-55.67°}$$

电流表读数为电流有效值 88.2A。

A.12   三相对称负载的有功功率、无功功率和视在功率

三相对称负载（丫联结或△联结）的功率是相功率的三倍。可以表示为复功率的形式：

$$S_{3\phi,bal} = 3V_{br}I_{br}^* \tag{A-31}$$

式中 V_{br}——相电压相量 $V_{br} = V_{br} \underline{/\theta_v}$；

$\quad\quad I_{br}$——相电流相量 $I_{br} = I_{br} \underline{/\theta_i}$；

$\quad\quad I_{br}^* = I_{br} \underline{/-\theta_i}$；

$\quad\quad V_{br}$——相电压幅值；

$\quad\quad I_{br}$——相电流幅值；

$\quad\quad \theta_v$——相电压相角；

$\quad\quad \theta_i$——相电流相角。

用极坐标形式表示式（A-31），有：

$$S_{3\phi,bal} = 3(V_{br} \underline{/\theta_v}) \times (I_{br} \underline{/\theta_i})^* = 3V_{br}I_{br} \underline{/(\theta_v - \theta_i)} \tag{A-32}$$

定义 $\theta = (\theta_v - \theta_i)$ 为功率因数角，可以将式（A-32）表示为直角坐标形式：

$$S_{3\phi,bal} = 3V_{br}I_{br}\cos\theta + j3V_{br}I_{br}\sin\theta \tag{A-33}$$

式中 $P_{3\phi,bar}$——有功功率（W），$P_{3\phi,bal} = 3V_{br}I_{br}\cos\theta$；   (A-34)

$\quad\quad Q_{3\phi,bal}$——无功功率（vars），$Q_{3\phi,bal} = 3V_{br}I_{br}\sin\theta$；   (A-35)

$\quad\quad S_{3\phi,bal}$——视在功率，$S_{3\phi,bal} = 3V_{br}I_{br}$。   (A-36)

三相功率也可以用线电压和线电流来表示，将△联结关系或丫联结关系代入式（A-34）、式（A-35）和式（A-36）即可。如前所述：

对于 △ 联结：$E_{br}=E_{line}$, $I_{br}=\dfrac{I_{line}}{\sqrt{3}}$

对于 丫 联结：$I_{br}=I_{line}$, $E_{br}=\dfrac{E_{line}}{\sqrt{3}}$

进行替换和简化，有：

$$P_{3\phi,bal} = \sqrt{3}V_{line}I_{line}\cos\theta \qquad\qquad (\text{A-37})$$

$$Q_{3\phi,bal} = \sqrt{3}V_{line}I_{line}\sin\theta \qquad\qquad (\text{A-38})$$

$$S_{3\phi,bal} = \sqrt{3}V_{line}I_{line} \qquad\qquad (\text{A-39})$$

功率三角

由式（A-37）、式（A-38）、式（A-39）可知，有功功率和无功功率分别代表直角三角形的两条边，视在功率为斜边。故有：

$$S_{3\phi,bal} = \sqrt{P_{3\phi,bal}^2 + Q_{3\phi,bal}^2} \qquad\qquad (\text{A-40})$$

功率因数为

$$F_p = \frac{P_{3\phi,bal}}{S_{3\phi,bal}} = \cos\theta \qquad\qquad (\text{A-41})$$

需要注意的是，θ 是功率因数角，它是相电压和相电流之间的夹角，而不是线电压和线电流之间的夹角！还需要注意，三相对称负载的功率因数是指一相的功率因数。

将式（A-41）代入式（A-37），有：

$$P_{3\phi,bal} = \sqrt{3}V_{line}I_{line}F_P \qquad\qquad (\text{A-42})$$

式（A-42）为计算三相功率的常用表达式。

例 A.4

△ 联结对称负载的一条支路，其相电压和相电流分别为 $460 \underline{/-120°}$ V 和 $10 \underline{/-160°}$ A，

（a）利用复功率方程，计算三相视在功率、有功功率、无功功率和功率因数。

（b）负载是感性的还是容性的？

解：

（a）
$$S_{br} = V_{br}I_{br}^* = 460\underline{/-120°} \times 10\underline{/160°} = 4600\underline{/40°}$$

$$S_{br} = 3523.80 + \text{j}2956.82$$

$$P_{3\phi} = 3P_{br} = 3 \times 3523.80 = 10571.4\text{W} \text{ 或 } 10.6\text{kW}$$

$$Q_{3\phi} = 3Q_{br} = 3 \times 2956.82 = 8870.46\text{var} \text{ 或 } 8.87\text{kvar}$$

$$S_{3\phi} = 3S_{br} = 3 \times 4600 = 13800\text{VA} \text{ 或 } 13.8\text{kVA}$$

$$F_P = \frac{P_{3\phi,bal}}{S_{3\phi,bal}} = \frac{10571.4}{13800} = 0.766 \text{ 或 } 76.6\%$$

（b）无功功率为正，表示感性负载引起了滞后性的电流。

A.13　三相对称负载并联情况下的功率分析和功率因数校正

当三相对称负载的数据都统一用千伏安、千瓦、千乏、功率因数、马力和 η（效率）表示时，通常可以更方便地以功率为基础进行系统分析，如下例所示。

例 A.5

一个三相电源、400V、60Hz，给包含以下三相负载的配电系统供电：

电机 1：△联结感应电动机，额定参数为 60hp，1775r/min，带 3/4 额定负载运行时，效率 90%，功率因数 94%。

电机 2：丫联结感应电动机，额定参数为 75hp，890r/min，带 1/2 额定负载运行时，效率 88%，功率因数 74%。

电阻加热器：△接法，20kW。

试计算：

（a）系统的有功功率、无功功率、视在功率、功率因数；

（b）线电流；

（c）为了将系统功率因数修正到 1.0（单位功率因数），需要的丫联结电容器组中各电容器的电容和电压额定值。

解： 该问题将通过构建一个包含所有负载功率三角的功率图来求解。此外，由于所有感应电动机的功率因数都是滞后性的，因此感应电动机的功率因数角 $\theta=(\theta_v-\theta_i)$ 总是正的。

电机 1：

$$P_{in} = \frac{P_{out}}{\eta} = \frac{60\times 3/4}{0.90} = 50\text{hp}$$

$$P_1 = 50\times 746 = 37300\text{W}$$

$$\theta_1 = \arccos 0.94 = 19.95$$

电机 2：

$$P_{in} = \frac{P_{out}}{\eta} = \frac{75\times 1/2}{0.88} = 42.614\text{hp}$$

$$P_2 = 42.614\times 746 = 31790\text{W}$$

$$\theta_2 = \arccos 0.74 = 42.27°$$

电阻加热器：

$$P_3 = 20000\text{W} \quad \theta_3 = 0°$$

电阻的相电流与相电压同相，因此相位角 $\theta_r=(\theta_v-\theta_i)=0°$，无功功率为零。每一个负载的功率三角都可以绘制在如图 A.15 所示的功率图中，每个功率三角的几何形状可以用来确定每个三相负载所产生的无功功率。根据图 A.15，有：

$$\tan 19.95° = \frac{Q_1}{37300} \quad \tan 42.27° = \frac{Q_2}{31790}$$

$$Q_1 = 13539\text{var} \quad Q_2 = 28895\text{var}$$

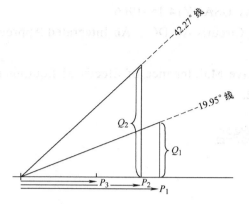

图 A.15 例 A.5 的功率图

（a）系统的总有功功率、总无功功率和总视在功率分别为

$$P_{\text{sys}} = P_1 + P_2 + P_3 = 37300 + 31790 + 20000$$
$$= 89090\text{W} \quad \Rightarrow \quad 89.1\text{kW}$$

$$Q_{\text{sys}} = Q_1 + Q_2 = 13539 + 28895 = 42434\text{ var} \quad \Rightarrow \quad 42.4\text{kvar}$$

$$S_{\text{sys}} = \sqrt{P_{\text{sys}}^2 + Q_{\text{sys}}^2} = \sqrt{89090^2 + 42434^2} = 98679\text{VA} \quad \Rightarrow \quad 98.7\text{kVA}$$

$$F_{\text{P}} = \frac{P_{\text{sys}}}{S_{\text{sys}}} = \frac{89090}{98679} = 0.903$$

（b） $$P_{\text{sys}} = \sqrt{3}V_{\text{line}}I_{\text{line}}F_{\text{P}} \quad \Rightarrow \quad 89090 = \sqrt{3} \times 440 \times I_{\text{line}} \times 0.903$$

$$I_{\text{line}} = 129.5\text{A}$$

（c）为了将系统功率因数校正为 1，需要一个三相电容器组，其额定容量与系统滞后性的容量相等。因此，电容器组所需的额定值为

$$Q_{3\varnothing} = 42434\text{ var}$$

$$Q_{\text{br}} = \frac{42434}{3} = 14145\text{ var}$$

丫联结电容器组中每个电容器的额定电压为 $440/\sqrt{3} = 254\text{V}$。

$$Q_{\text{br}} = \frac{V_{\text{br}}^2}{X_C} \quad \Rightarrow \quad 14145 = \frac{254^2}{X_C}$$

$$X_C = 4.56\Omega$$

$$X_C = \frac{1}{2\pi fC} = \quad \Rightarrow \quad 4.56 = \frac{1}{2\pi 60 C}$$

$$C = 581\mu\text{F}$$

正文引用的参考文献

1. American Society of Mechanical Engineers，USA Standard Drafting Practices，Electrical

and Electronic Diagrams. USAS Y14.15–1966.

2. Hubert，C. L Electric Circuits AC/DC：An Integrated Approach. McGraw-Hill，New York，1982.

3. Hubert，C. L Preventive Maintenance of Electrical Equipment. Prentice Hall. Upper Saddle River，NJ 2002.

附录 B   三相定子绕组

B.1   两极绕组

三相电动机有 3 个独立但参数相同的定子绕组，每一个都可以形成一对 N-S 磁极。图 B.1a 为典型的两极三相感应电动机的绕组分布图。这三对 N-S 磁极（A 和 A'），（B 和 B'），和（C 和 C'）彼此相差 120° 电角度。机械角度和电角度之间的关系可以写为[一]

$$机械角度 = \frac{2 \times 电角度}{P}$$

因此，对于两极电机，机械角度等于电角度；对于 4 极电机，机械角度等于电角度的一半等等。

图 B.1a 所示的两极电动机，其定子绕组的每极每相线圈数为 1。线圈 A、B、C 依次形成一个磁极，而线圈 A'、B'、C' 依次形成相反的磁极。所有线圈的绕制方向相同，每个线圈为一匝或多匝，线圈跨度为 1/2 个周长（整距）。整距为 180° 电角度，对于两极定子来说等于 180° 机械角度。

双极定子绕组的连接图如图 B.1b 所示。某一相的所有线圈串联在一起，使 N 极和 S 极交替出现。端子标记 b 和 e 分别表示每个线圈的开始和结束位置。因此，当流经线圈 A 的电流方向从 b 指向 e 时，流经线圈 A' 的电流方向将从 e 指向 b，导致线圈 A' 的极性反向。

对于图 B.1a 所示的线圈，当上标不带 " ' " 的线圈通正电流时，形成 N 极性的磁极；当上标不带 " ' " 的线圈通负电流时，形成 S 极性的磁极。相应地，与上标不带 " ' " 的线圈相比，上标带 " ' " 的线圈具有相反的极性。因此，当 A 相通正电流时，线圈 A 为 N 极，线圈 A' 为 S 极，依次类推。

这个定子的线圈跨度（节距）为三个槽：线圈 A 从 1 号槽到 4 号槽，线圈 B 从 3 号槽到 6 号槽，等等。4 号槽的上层边为线圈 A 的一个线圈边，4 号槽的下层边为线圈 A' 的一个线圈边，5 号槽的上层边为线圈 C' 的一个线圈边，5 号槽的下层边为线圈 C 的一个线圈边等。需要注意的是，每个线圈有两个线圈边，每个槽包含两个线圈边。因此，实际上线圈的数量与槽的数量相同。

图 B.1a 所示为两极三相定子重绘为线圈展开图，如图 B.1d 所示。假设将图 B.1a 中的线圈从定子铁心上拆下来，同时保持它们的相对位置和槽号，然后以 4 号槽为 "展开轴" 将线圈平展开来，就可以得到线圈展开图[二]。需要注意的是，每相只有两个线圈，位于

[一] 有关电角度和机械角度之间关系的更多讨论，请参见第 1 章 1.15 节。

[二] 定子线圈的这种平面展开图可用于理解直线电动机（参见第 7 章 7.8 节）。

最右边的阴影部分是相同线圈的重复。图 B.1d 所附的表格显示了在图 B.1c 所示的三相电流波形相角关系下，每个线圈产生磁通幅值的相对大小和方向；磁通幅值的相对大小用字母的大小（N，S，N，S）来表示。图 B.1d 中的虚线将每个线圈的中心线连接到相应的列上。从上往下垂直观察，可以发现，每一列都显示了三相电流从 0° ～ 360° 电角度，在一个周期内每个线圈发生的磁极性变化。

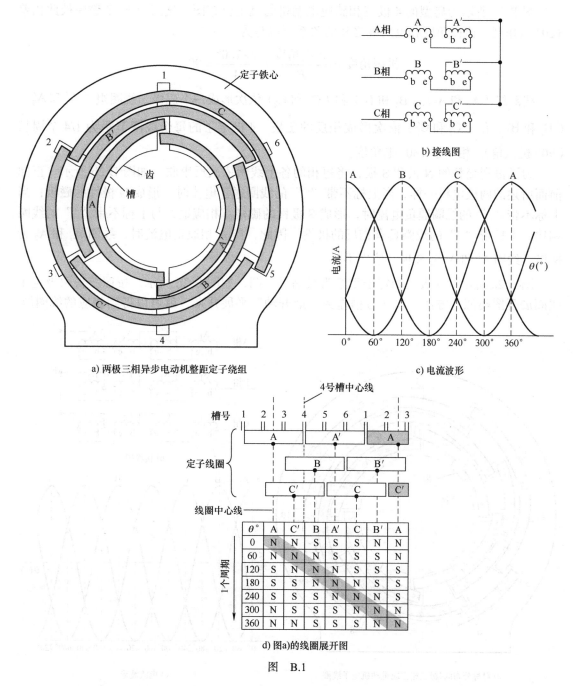

图　B.1

如表中阴影区域所示，磁极会随电流的变化偏移。可以看出，N 极的"起始"位置位于 2 号槽和 3 号槽之间的中心线（零电角度位置），电流经过 360° 电角度后 N 极又回到初始位置。因此，对于图 B.1a 所示的两极电机，施加三相定子电压产生的旋转磁通每转一圈对应 360° 电角度。

B.2 4 极绕组

图 B.2a 所示为典型的 4 极三相感应电动机的绕组分布图。这三对 N-S 磁极彼此相差 120° 电角度。机械角度和电角度之间的关系可以写为

$$机械角度 = \frac{2 \times 电角度}{P} = \frac{2 \times 180°}{4} = 90°$$

线圈组（A_1 和 A_2）、（B_1 和 B_2）和（C_1 和 C_2）依次形成一个磁极，线圈组（A_1' 和 A_2'）、（B_1' 和 B_2'）和（C_1' 和 C_1'）依次形成相反的磁极。4 极定子的每个线圈节距为 1/4 个周长（90° 机械角），相当于 180° 电角度。

为了得到交替的 N 极和 S 极，将每相的各个线圈依次反串联，如图 B.2b 所示。正如前面所述的两极电机一样，当上标不带 " ' " 的线圈通正电流时，形成 N 极性的磁极；当上标不带 " ' " 的线圈通负电流时，形成 S 极性的磁极。相应地，与上标不带 " ' " 的线圈相比，上标带 " ' " 的线圈具有相反的极性。因此，当 A 相通正电流时，线圈 A_1 和 A_2 为 N 极，线圈 A_1' 和 A_2' 为 S 极，依次类推。

图 B.2a 所示的 4 极三相定子重绘为线圈展开图，如图 B.2d 所示。按照获得两极定子线圈展开图类似的方法，以 7 号槽作为"展开轴"平展开来，就可以得到相应的线圈展

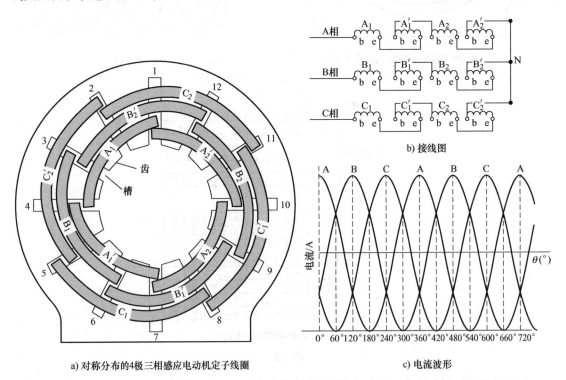

a) 对称分布的4极三相感应电动机定子线圈

b) 接线图

c) 电流波形

图   B.2

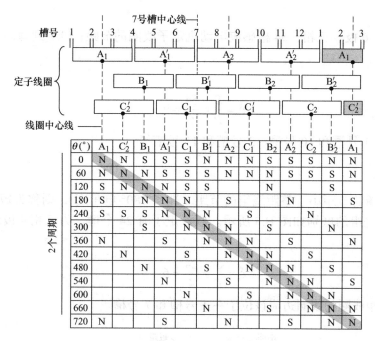

d) 图a)的线圈展开图

图 B.2（续）

θ(°)	A₁	C'₂	B₁	A'₁	C₁	B'₁	A₂	C'₁	B₂	A'₂	C₂	B'₂	A₁
0	N	N	S	S	S	N	N	N	S	S	S	N	N
60	N	N	N	S	S	S	N	N	N	S	S	S	N
120	S	N	N	N	S	S	S		N		S		
180	S		N	N	N		S		N		S		S
240	S	S	S	N	N	N		S		N		S	
300		S		N	N	N		S		N		S	
360	N		S		N	N	N		S		N		N
420		N		S		N	N	N		S			
480			N		S		N	N	N		S		
540				N		S		N	N	N		S	
600					N		S		N	N	N		
660						N		S		N	N	N	
720	N					S			N			N	N

开图。需要注意的是，每相只有 4 个线圈，位于最右边的阴影部分是相同线圈的重复。图 B.2d 所附的表格显示了图 B.2c 所示的三相电流波形相角关系下，每个线圈产生磁通幅值的相对大小和方向；磁通幅值的相对大小用字母的大小（N，S，N，S）来表示。图 B.2d 中的虚线将每个线圈的中心线连接到相应的列上。从上往下垂直观察，可以发现，每一列都显示了三相电流从 0° ~ 720° 电角度，在两个周期内每个线圈发生的磁极性变化。表格的空白部分作为练习，供读者填写。

如表中阴影区域所示，磁极会随电流的变化偏移。可以看出，N 极的"起始"位置位于 2 号槽和 3 号槽之间的中心线（零电角度位置），经过 360° 电角度后 N 极来到了 8 号槽和 9 号槽之间的中心线位置，这时只转过 1/2 机械周期。直到电流经过了 720° 电角度，N 极才又回到位于 2 号槽和 3 号槽之间中心线的初始位置。这是两倍的电角度周期，因此，磁通旋转一圈的时间是电角度周期的 2 倍。这样，与前面讨论的两极电动机相比，4 极电动机的磁通旋转速度为两极电动机磁通旋转速度的一半。

B.3 整距绕组

整距绕组的线圈节距为

$$\delta = \frac{S}{P} \tag{B-1}$$

式中　S——定子槽数；

　　　P——极数；

　　　δ——整距绕组的每极槽数。

整距线圈的线圈边分别位于 1 号槽和 $1+\delta$ 号槽、2 号槽和 $2+\delta$ 号槽，依此类推。

例 B.1

请计算：（a）6 极、三相、54 槽感应电动机定子线圈的节距；（b）列写出几个线圈对应的槽位置。

解：

（a）
$$\delta = \frac{S}{P} = \frac{54}{6} = 9$$

（b）槽位置：1 号槽和 10 号槽、2 号槽和 11 号槽等

B.4   短距绕组

如果定子线圈的节距小于整距绕组的节距（即 < 180° 电角度），则称为短距线圈[1]。整距绕组和短距绕组的区别如图 B.3 所示。假设定子有 24 个槽，为三相 4 极绕组，则整距线圈节距为

$$\delta = \frac{S}{P} = \frac{24}{4} = 6$$

因此，典型的整距线圈的线圈边应该位于在 1 号槽和 7 号槽。

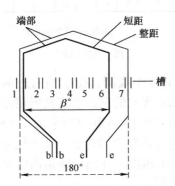

图 B.3   整距绕组和短距绕组的线圈区别

短接两个线圈边的导线部分称为线圈端部。与整距绕组相比，等效的短距绕组的线圈端部更短，可以节省铜的用量，降低电阻，减少绕组热损失，并提高效率。此外，短距绕组更低的漏抗可以提高电机的转矩最大值，从而全面提高电机的运行性能。

B.5   分布式绕组

图 B.1 和图 B.2 所示的绕组称为集中式绕组，因为每个极下的每相绕组都集中在一个线圈里面。将绕组分成两个或多个串联的线圈分别放在相邻的槽里面，称之为分布式绕组[1]，如图 B.4 所示。这些线圈被称为每极每相线圈组。为了容纳这些多出来的线圈，分布式绕组的定子铁心槽数是集中式绕组的两倍或更多倍。每极每相槽数可由下式确定：

$$S' = \frac{S}{P \times 相数} \tag{B-2}$$

式中 S'——每极每相槽数；

S——槽数；

P——极数。

　　与集中式绕组相比，虽然分布式绕组上增加了许多又窄又浅的槽，使它每转一圈会产生更多的磁通脉动，但脉动的幅值要小得多，因此分布式绕组的磁通分布更平滑。这使其转矩更稳定，振动幅度更小，也使得铁心中的热损耗分布更均匀。绕组匝数相同下，分布式绕组产生的电压略小于集中式绕组产生的电压，其比值称为分布系数，可由下式求得：

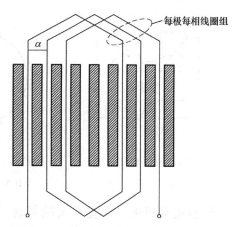

图 B.4　分布式绕组

$$k_{\mathrm{d}} = \frac{\sin(S' \times (\alpha/2))}{S' \times \sin(\alpha/2)}$$

$$\alpha = \frac{P \times 180°}{S}$$

（B-3）

式中　　k_{d}——分布系数；

　　　　α——相邻槽中心线之间的电角度，也称为槽距角；

　　　　S'——每极每相槽数。

例 B.2

　　一个 4 极三相电动机、48 槽、整距绕组、460V、100hp。请计算：（a）线圈节距和一个线圈的槽位置；（b）每极每相槽数；（c）槽距角；（d）分布系数。

　　解：

（a）
$$\delta = \frac{S}{P} = \frac{48}{4} = 12 槽$$

一个线圈的线圈边分别位于 1 号槽和 13 号槽。

（b）
$$S' = \frac{S}{P \times 相数} = \frac{48}{4 \times 3} = 4$$

（c）
$$\alpha = \frac{P \times 180}{S} = \frac{4 \times 180°}{48} = 15°$$

（d）
$$k_{\mathrm{d}} = \frac{\sin(S' \times \alpha/2)}{S' \times \sin(\alpha/2)} = \frac{\sin(4 \times 15/2)}{4 \times \sin(15/2)} = 0.958$$

B.6　变极电动机

　　具有变速比为 2∶1 的双速电机可以通过采用专门为变极运行而设计的单个绕组来实现。变极绕组的线圈节距为 90° 电角度，是常规电机的 1/2。高转速和低速转速的运行方式可以通过绕组断开重新联结的方式进行切换，也可以直接利用单刀双掷开关实现，如图 B.5a 所示。简单起见，图 B.5 中只给出了三相绕组中的一相。当开关处于上闭合位置时，线圈 2 和 4 相对于线圈 1 和 3 极性相反，定子将呈现 4 极，如图 B.5b 所示。当开关处于下闭合位置时，所有 4 个线圈将具有相同的极性，定子将呈现 8 极，如图 B.5c 所示。图 B.5c 中，4 个线圈通电形成的 N 极迫使它们之间形成 S 极，这 4 个 S 极被称为变极，因为它们是由绕组接法改变而形成的。需要注意的是，图 B.5c 中的 8 极的联结方式采用整距线圈；而对于 4 极的联结方式，相同的线圈则变为 1/2 节距。

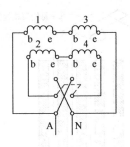
a) 绕组与双向开关的联结

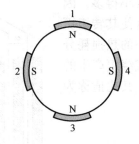
b) 4 极的联结方式对应的线圈极性

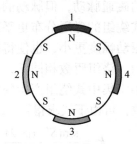
c) 8 极的联结方式对应的线圈极性

图 B.5   变极式电动机绕组

变极电动机的一个更广义的概念是极幅值调制（PAM，Pole Amplitude Modulation）电动机[1,2]。PAM 电动机是一种笼型异步电动机，其单绕组定子通过改变接法可以提供 2∶1 之外的变速比。使用类似于变极式电动机的开关来进行线圈接法切换，可以获得所需的极数。极具代表性的磁极排列如图 B.6 所示。将图 B.6a 中 6 极绕组的线圈 2、3 和 4 换向，可以形成 4 极绕组；将图 B.6b 中 8 极绕组的线圈 2、3、4 和 5 换向，可形成 6 极绕组；将图 B.6c 中 10 极绕组的线圈 2、5、6、8 和 9 换向，可形成 4 极绕组。

不用于传统的定子，PAM 电动机的定子采用在旋转磁场中产生空间谐波的不规则线圈组。由于空间谐波会导致电机起动转矩低、噪声过大和加速过程中转矩急剧下降的问题，因此必须更多地考虑选择合适的绕组分布方式。尽管如此，PAM 电机的效率比双速双绕组电机略高，而且与传统的双速双绕组电机相比，其体积更小，重量更轻，而且通常价格更便宜。

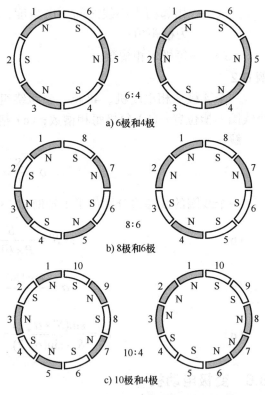
图 B.6   3 种典型 PAM 电机的代表性磁极排列

正文引用的参考文献

1. McPherson，G.An Introduction to Electrical Machines and Transformers. Wiley，New York，1981.

2.Ratcliffe，R.The change-speed PAM motor and its application in the rubber and plastics industries. IEEE Trans. Indusrry General Applications，Vol. IGA-6，No.2，Mar/Apr.1970.

附录 C　恒功率、恒转矩和变转矩感应电动机

多速笼型感应电动机一般可分为 3 类，每一类都是为特定的应用场景而设计的。分别是恒功率、恒转矩和变转矩感应电动机[1, 2]。

C.1　恒功率电动机

恒功率的多速电机为每一个同步速都会设计相同的额定功率。因此，不同转速对应的额定转矩必须与同步速成反比，并满足功率表达式 $P = Tn/5252$。因此，对于恒功率的多速感应电动机，有：

$$\frac{T_{LO}n_{LO}}{5252} = \frac{T_{HI}n_{HI}}{5252} \quad \Rightarrow \quad \frac{T_{LO}}{T_{HI}} = \frac{n_{HI}}{n_{LO}} \tag{C-1}$$

例如，900r/min 时，其转矩是 1800r/min 时的两倍。这种类型的多速电机用于车床和其他恒功率负载的机床。然而，需要特别注意的是，除非负载需要，否则电机一般不会在所有速度下提供相同的功率。

C.2　恒转矩电机

恒转矩的多速电机为每一个同步速都会设计几乎相同的转矩。因此，不同转速对应的额度功率必须与同步速成正比，并满足功率表达式 $P = Tn/5252$。故有：

$$\frac{5252P_{LO}}{n_{LO}} = \frac{5252P_{HI}}{n_{HI}} \quad \Rightarrow \quad \frac{P_{LO}}{P_{HI}} = \frac{n_{LO}}{n_{HI}} \tag{C-2}$$

例如，900r/min 时，其功率是 1800r/min 时的一半。这种类型的多速电机用于输送机、压缩机、往复泵、印刷机等类似的负载。然而，应该注意的是，除非负载需要，否则恒转矩电机一般不会在所有速度线提供相同转矩。

C.3　变转矩电动机

变转矩的多速电动机为每一个转速都会设计和其同步速成正比的额定转矩。因此，不同转速下其额定功率将与同步速的二次方成正比。数学表示为

$$\frac{T_{LO}}{T_{HI}} = \frac{n_{LO}}{n_{HI}} \tag{C-3}$$

$$\frac{P_{LO}}{P_{HI}} = \frac{n_{LO}^2}{n_{HI}^2} \tag{C-4}$$

例如，900r/min 时，其转矩是 1800r/min 时的一半。因此，900r/min 时的额定功率是 1800r/min 时额定功率的 1/4。这种类型的多速电机用于风机、离心泵或其他具有类似特性的负载。风机和鼓风机的功率要求与转速的立方成正比。因此，较低的转速需要的功率显著降低。

例 C.1

变转矩电动机，额定参数为 20hp，460V，60Hz，额定转速为 1750r/min 和 1150r/min。请计算每一个转速下对应的额定功率是多少？

解:

铭牌上标注的额定功率一般对应较高的额定转速。因此，在本例中，1750r/min 对应的额定功率是 20hp。同步速分别为 1800r/min 和 1200r/min。1150r/min 对应的额定功率为

$$\frac{P_{LO}}{20} = \frac{1200^2}{1800^2}$$

$$P_{LO} = 8.89\text{hp}$$

正文引用的参考文献

1. Heredos，F.P.Selection and application of multi-speed motors. IEEE Trans. Industry Applications，Vol.IA-23，No.2，Mar./Apr.1987.
2. National Electrical Manufacturers Association，Motors and Generators. Standards Publication No. MG-1-1998，NEMA，Rosslyn，VA，1999.

附录 D　控制系统图中使用的部分图形符号

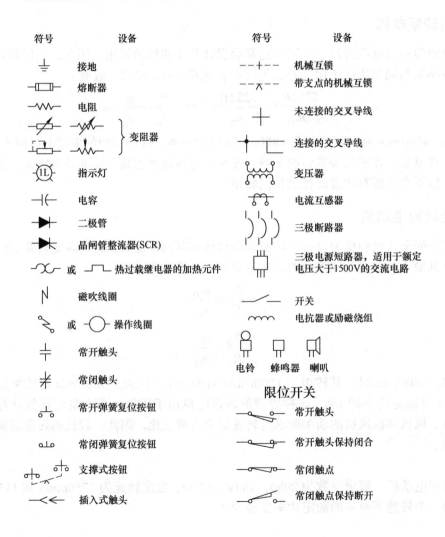

符号	设备
	接地
	熔断器
	电阻
	变阻器
	指示灯
	电容
	二极管
	晶闸管整流器(SCR)
或	热过载继电器的加热元件
	磁吹线圈
或	操作线圈
	常开触头
	常闭触头
	常开弹簧复位按钮
	常闭弹簧复位按钮
	支撑式按钮
	插入式触头

符号	设备
	机械互锁
	带支点的机械互锁
	未连接的交叉导线
	连接的交叉导线
	变压器
	电流互感器
	三极断路器
	三极电源短路器，适用于额定电压大于1500V的交流电路
	开关
	电抗器或励磁绕组
电铃　蜂鸣器　喇叭	

限位开关

符号	设备
	常开触头
	常开触头保持闭合
	常闭触点
	常闭触点保持断开

附录 E　直流电动机满载电流（A）

下面的满载电流值 * 适用于以基速运行的电动机。

hp	电枢额定电压 *					
	90V	120V	180V	240V	500V	550V
$\frac{1}{4}$	4.0	3.1	2.0	1.6		
$\frac{1}{3}$	5.2	4.1	2.6	2.0		
$\frac{1}{2}$	6.8	5.4	3.4	2.7		
$\frac{3}{4}$	9.6	7.6	4.8	3.8		
1	12.2	9.5	6.1	4.7		
$1\frac{1}{2}$		13.2	8.3	6.6		
2		17	10.8	8.5		
3		25	16	12.2		
5		40	27	20		
$7\frac{1}{2}$		58		29	13.6	12.2
10		76		38	18	16
15				55	27	24
20				72	34	31
25				89	43	38
30				106	51	46
40				140	67	61
50				173	83	75
60				206	99	90
75				255	123	111
100				341	164	148
125				425	205	185
150				506	246	222
200				675	330	294

注：1.* 表示直流的平均值。

2. 经美国国家电气规范 NFPA 70 许可转载，版权 ©1999 年美国国家消防协会，昆西，马萨诸塞州 02269。这个转载材料并不代表美国国家消防协会对本书相关内容上的官方立场，它是仅表示相关标准的材料。
国家电气规范 ® 和 NEC® 是位于马萨诸塞州昆西美国国家消防协会的商标。

附录F 单相交流电动机满载电流（A）

下面的满载电流值适用于以正常转速和正常转矩特性运行的电动机。极低速电动机或极高转矩电动机的满载电流可能更高，而多速电机的满载电流将随转速变化，在这些情况下，应使用铭牌上的额定电流。

为了获得208V和200V电动机的满载电流，可以相应地将230V电动机的满载电流分别增加10%和15%。

下表所列电压为电动机额定电压。所列电流分别适用于电压范围在110～120V和220～240V的系统。

hp	115V	230V
$\frac{1}{6}$	4.4	2.2
$\frac{1}{4}$	5.8	2.9
$\frac{1}{3}$	7.2	3.6
$\frac{1}{2}$	9.8	4.9
$\frac{3}{4}$	13.8	6.9
1	16	8
$1\frac{1}{2}$	20	10
2	24	12
3	34	17
5	56	28
$7\frac{1}{2}$	80	40
10	100	50

注：经美国国家电气规范 NFPA 70 许可转载，版权 ©1999 年美国国家消防协会，昆西，马萨诸塞州 02269。这个转载材料并不代表美国国家消防协会对本书相关内容上的官方立场，它是仅表示相关标准的材料。

附录G 两相交流电动机满载电流（四线制）

下面的满载电流值适用于以正常转速运行的履带式电动机和具有正常转矩特性的电动机。极低速电动机或极高转矩电动机的满载电流可能更高，而多速电机的满载电流将随转速变化，在这些情况下，应使用铭牌上的额定电流。两相三线制中，采用相同导线的电流将是给定值的1.41倍。

下表所列电压为电动机额定电压。所列电流分别适用于电压范围在110～120V、220～240V、440～480V和550～600 V的系统。

hp	笼型和绕线转子感应电动机 /A				
	115V	230V	460V	575V	2300V
$\frac{1}{2}$	4	2	1	0.8	
$\frac{3}{4}$	4.8	2.4	1.2	1.0	
1	6.4	3.2	1.6	1.3	
$1\frac{1}{2}$	9	4.5	2.3	1.8	
2	11.8	5.9	3	2.4	
3		8.3	4.2	3.3	
5		13.2	6.6	5.3	
$7\frac{1}{2}$		19	9	8	
10		24	12	10	
15		36	18	14	
20		47	23	19	
25		59	29	24	
30		69	35	28	
40		90	45	36	
50		113	56	45	
60		133	67	53	14
75		166	83	66	18
100		218	109	87	23
125		270	135	108	28
150		312	156	125	32
200		416	208	167	43

注：经美国国家电气规范 NFPA 70 许可转载，版权 ©1999 年美国国家消防协会，昆西，马萨诸塞州 02269。这个转载材料并不代表美国国家消防协会对本书相关内容上的官方立场，它是仅表示相关标准的材料。

附录 H　三相交流电动机满载电流

为了获得 208V 和 200V 电动机的满载电流[⊖]，可以相应地将 230V 电动机的满载电流分别增加 10% 和 15%。

下表所列电压为电动机额定电压。所列电流分别适用于电压范围在 110 ～ 120V、220 ～ 240V、440 ～ 480V 和 550 ～ 660V 的系统。

hp	笼型和绕线转子感应电动机 /A					单位功率因数同步电动机 */A			
	115V	230V	460V	575V	2300V	230V	460V	575V	2300V
$\frac{1}{2}$	4	2	1	0.8					
$\frac{3}{4}$	5.6	2.8	1.4	1.1					
1	7.2	3.6	1.8	1.4					
$1\frac{1}{2}$	10.4	5.2	2.6	2.1					
2	13.6	6.8	3.4	2.7					
3		9.6	4.8	3.9					
5		15.2	7.6	6.1					
$7\frac{1}{2}$		22	11	9					
10		28	14	11					
15		42	21	17					
20		54	27	22					
25		68	34	27		53	26	21	
30		80	40	32		63	32	26	
40		104	52	41		83	41	33	
50		130	65	52		104	52	42	
60		154	77	62	16	123	61	49	12
75		192	96	77	20	155	78	62	15
100		248	124	99	26	202	101	81	20
125		312	156	125	31	253	126	101	25
150		360	180	144	37	302	151	121	30
200		480	240	192	49	400	201	161	40

注：1.* 当实际功率因数为 90% 和 80% 时，表中的数据应分别乘以 1.1 和 1.25。

2. 经美国国家电气规范 NFPA 70 许可转载，版权 ©1999 年美国国家消防协会，昆西，马萨诸塞州 02269。这个转载材料并不代表美国国家消防协会对本书相关内容上的官方立场，它是仅表示相关标准的材料。

⊖ 这些满载电流值适用于以正常转速运行的履带式电动机和具有正常转矩特性的电动机。极低速电动机或极高转矩电动机的满载电流可能更高，而多速电机的满载电流将随转速变化，在这些情况下，应使用铭牌上的额定电流。

附录 I　60Hz 单相变压器的典型阻抗

容量 /kVA	电压			
	2400		7200	
	%R	%X	%R	%X
10	1.51	1.78	1.60	1.62
50	1.30	2.25	1.29	2.10
100	1.20	2.31	1.20	3.53
250	1.01	4.70	1.00	5.16
500	1.00	4.75	1.00	5.24

附录 J　单位换算系数

力：$1 \text{lb} = 4.448 \text{N}$

长度：$1 \text{ft} = 0.3048 \text{m}$

磁场：$1 \text{Oe} = 79.577 \text{A} \cdot \text{t/m}$

$1 \text{Mx} = 10^{-8} \text{Wb}$

$1 \text{Ga} = 10^{-4} \text{T}$

功率：$1 \text{hp} = 746 \text{W}$

转速：$1 \text{r/min} = 0.1047 \text{rad/s}$

转矩：$1 \text{ lb} \cdot \text{ft} = 1.356 \text{N} \cdot \text{m}$

奇数习题答案

第 1 章

1. (a) 0.40Wb, (b) 8Ω
3. 64.18V
5. 1.013T
7. (a) 1499.1A·t/m, (b) 1.25T, 0.10Wb, (c) 663.5, (d) 22486A·t/Wb
9. (a) 1499.1A·t/m, (b) 0.48T, 0.0384Wb, (c) 254.8, (d) 58557.2A·t/Wb
11. −47.1%
13. (a) 7.21V, (b) 7.96V
15. 65.89m/s
17. 24Hz, 89.5V
19. (a) 474.87V, (b) 672cos (28t) V
21. 48.98W

第 2 章

1. (a) 121t, (b) 0.0862Wb
3. (a) 126t, 630t, (b) 3.0A
5. (a) 2.60A, (b) 0.460A, (c) 2.56A, (d) 220.8W
7. (a) 15.87A, (b) 0.173, (c) 1875var
9. (a) 6600V, (b) 45.83A, (c) 1375A, (d) 0.160 $\underline{/46°}$ Ω, (e) 210.1kW,
　 217.6kvar, 302.5kVA
11. (a) 124.8V, (b) 624V, (c) 3.12A, (d) 1651.05W, 1031.69var, 1946.88VA
13. (a) 8.97 $\underline{/61.63°}$ Ω, (b) 0.56 $\underline{/61.63°}$ Ω
15. (a) 13.78 $\underline{/63.21°}$ Ω, (b) 531.11 $\underline{/41.95°}$ Ω, (c) 13.89A, (d) 7377V, (e) 0.427A,
　 (f) 17276.4 $\underline{/−75.5°}$ Ω
17. (a) 0.0435 $\underline{/83.5°}$ Ω, (b) 495.27V, (c) 3.18%
19. (a) 2387.8V, (b) −0.51%, (c) 51.68 $\underline{/−15.21°}$ Ω
21. (a) 243V, (b) 5.68%, (c) 1341.1 $\underline{/48.82°}$ Ω, (d) 42321 $\underline{/75.99°}$ Ω
23. (a) 0.194Ω, (b) 0.012Ω
25. (a) 94696A, (b) 3.47%
27. 2.84%

29. 2.61%

31. (a) 3.26%, (b) 237.5V, (c) 464.7V

33. 略

35. (a) 345W, (b) 97.05%

37. 略

39. (a) R_{eq}= 1.743Ω, X_{eq}=3.233Ω, R_{fe}=11901Ω, X_M=2961.9Ω, (b) 2.51%, (c) 97.4%

41. (a) 6572.6Ω, (b) R_{pu}=0.0121, X_{pu}=0.0384, (c) 98.8%, (d) 2.44%, (e) 235.6V, (f) 4712V

第 3 章

1. (a) 225A, (b) I_{HS}=44.03A, I_{tr}=181.1A, (c) 略

3. (a) 800V, (b) 6A, (c) 2A, (d) 1600VA, (e) 3200VA, (f) 0.015Wb

5. (a) 1.176, (b) 1.200, (c) 122.4V

7. (a) 1.100, (b) 略, (c) 750A, 681.8A

9. 10.07

11. (a) 416.67 $\angle$−43.95° A, (b) I_A=234.1 $\angle$−44.14° A, I_B=182.5 $\angle$−43.70° A

13. I_A=38.17%, I_B=34.99%, I_C=26.94%

15. 否，B 将过热

17. $I_{LS,phase}$=$I_{LS,line}$=479.2A, $I_{HS,phase}$=69.45A, $I_{HS,line}$=120.3A

19. 69.28kVA

21. 10249A

第 4 章

1. (a) 1800r/min, (b) 50r/min, (c) 0.278

3. (a) 1800r/min, (b) 0.01388, (c) 25r/min, (d) 0.833Hz

5. (a) 20r/min, (b) 1.0Hz, 3.6V

7. (a) 50r/min, (b) 2.78% (c) 180r/min

9. (a) 500r/min, (b) 0.040, (c) 63.10A, (d) 218.83lb·ft, (e) 2.0Hz

11. (a) 22030W, (b) 26.58hp, (c) 2203W, (d) 586r/min, (e) 238.2lb·ft, (f) 506W

13. (a) 706.9r/min, (b) 945.4lb·ft, (c) 928.7lb·ft, (d) 0.805, (e) 1683.8W

15. (a) 1746.2r/min, (b) 18.8lb·ft, (c) 1.23lb·ft

17. 22.0hp, 3150.5r/min, 84.3%

第 5 章

1. (a) 47.89lb·ft, (b) 73.68lb·ft, (c) 36.84lb·ft

3. (a) 37.7lb·ft, (b) 29.57lb·ft, (c) 26.61lb·ft

5. (a) 11.96 $\angle$37.58° Ω, (b) 27.77 $\angle$−37.58° A, (c) 21916.6W, 16866.9var, 27655.6VA, 0.793 滞后, (d) 22.8A, (e) 861.2W, (f) 608.7W, (g) 764.2W,

(h) 20291.2W，(i) 19682.5W，(j) 119.04lb • ft，(k) 25.92hp，(l) 116.95lb • ft，
(m) 88.23%，(n) 略

7. (a) 7.89 $\underline{/40.31°}$ Ω，(b) 33.68 $\underline{/-40.31°}$ A，(c) 20461.9W，17356.4var，
26831.6VA，76.26% 滞后，(d) 27.11A，(e) 643.38W，(f) 421.38W，(g) 865.3W，
(h) 18963.8W，(i) 18542.8W，(j) 148.47lb • ft，(k) 2280.1W，(l) 24.37hp，
(m) 88.66%，(n) 略，(o) LR=360.54lb • ft，BD=342.52lb • ft，PU=252.38lb • ft

9. (a) 810.5r/min，(b) 392.2lb • ft

11. 否

13. (a) 0.958%，(b) 1782.8r/min，(c) 215.7A，(d) 191.9hp

15. (a) 1169r/min，(b) 20.1A，(c) 17.2hp

17. 26.8hp

19. (a) 479.2V，(b) 104.2hp，(c) 750r/min，(d) 734.25，(e) 745lb • ft

21. 0.135Ω/ 相

23. (a) 71A，(b) 267.3A ≤ I_{lr} < 301.2A

25. (a) 3.17%，(b) 108℃，(c) 5.7 年，(d) 52.8hp

27. R_1=0.2539Ω，X_1=0.6836Ω，R_2=0.1872Ω，X_2=1.0282Ω，X_M=21.42Ω

29. PUR_1=0.0333，PUX_1=0.0562，PUR_2=0.030，PUX_2=0.084，PUX_M=1.227，
PUR_{fe}=42.38

31. R_1=0.1915Ω，R_2=0.1895Ω，X_1=0.5745Ω，X_2=1.3404Ω，X_M=14.92Ω，
fwcor=405.1W/ 相

33. 28.8kW

35. 186.53kW

37. (a) 135.78A，(b) 441.34lb • ft，(c) 168V，(d) 76.38%，(e) 553.7A，
(f) 422.9A

39. (a) 248.2A，(b) 595.46lb • ft，(c) 318.57A，(d) 1.444

41. (a) 2.358Ω，(b) 154.4V，(c) 45.7lb • ft

第 6 章

1. (a) 12.34Ω，(b) 辅 5.53 $\underline{/-16.83°}$ A，主 20.84 $\underline{/-46.26°}$ A，(c) 25.78 $\underline{/-40.67°}$ A

3. (a) 222.7μF，(b) 25.6 $\underline{/-19.7°}$ A

5. (a) 11500μF，(b) 1325μF，(c) 33.33hp

7. (a) I_{line}=22.41A，I_{phase}=12.94A，(b) I_{line}=38.81A，I_A=12.94A，I_B=25.87A

第 7 章

1. 30.54% 增加

3. (a) 170%，(b) 170%

5. (a) 200，(b) 30r/s，(c) 26

7. (a) 1000steps/rev，(b) 210

9. 0.20

第 8 章

1. 150r/min

3. 80 极

5. (a) 5835.6lb·ft, (b) 161A, (c) 13669.5V, (d) −29.2°, (e) 12389.6lb·ft

7. (a) 496.0V, (b) −27.8°, 1332.5lb·ft, (c) 666.2lb·ft

9. 略

11. (a) 略, (b) 略, (c) 额定: 7280V/相, 75% 额定: 5500V/相, 50% 额定: 3680V/相

13. (a) −18°, (b) 189666W, −261053var, (c) 58.8% 超前, (d) 742lb·ft

15. (a) 0.4931 超前, (b) 542.3V, (c) −15.57°

17. (a) 78.1% 滞后, (b) 0.895 滞后

19. (a) 4084.9lb·ft, (b) 3063.7lb·ft, (c) 20424.4lb·ft

第 9 章

1. 1500r/min

3. (a) 314.46V, (b) 64.08Hz

5. (a) 670hp, (b) 859.1V, (c) 580.8A, (d) 499843W, 338348var, (e) 82.8% 滞后

7. (a) 略, (b) 略, (c) 61.29Hz, P_1=75.79kW, P_2=74.21kW

9. (a) 60.15Hz, (b) P_A=313kW, P_B=373kW

11. (a) 24.77Hz, (b) P_A=471.68kW, P_B=601.87kW, P_C=626.45kW

13. (a) 略, (b) F_P=76.6% 超前, δ=−17°

15. (a) 略, (b) 35°, (c) 27°

17. P_A=347.76kW, P_B=115.92kW, Q_A=143.92kvar, Q_B=170.09kvar

19. (a) 略, (b) 59.89Hz, P_A=690.90kW, P_B=595.45kW, P_C=563.63kW, (c) 73.5% 超前

21. 1.449

23. (a) 271.8V, (b) 65.7°, (c) 274V, (d) 1.1%, (e) 208V

25. 7.9%

27. 483V

29. (a) 1.32Ω, (b) 1.07

31. (a) 0.5047Ω, (b) 1.52Ω, (c) 1.60Ω

第 10 章

1. (a) 56.67Hz, (b) 68Hz, 228V

3. (a) 200V, (b) 280V

5. 3.57%

7. 36.1%

9. 3005.1r/min

11. 410.4r/min

13. 270.7V

15. 248.5A

17. 3563.4r/min

19. (a) 466.6A, (b) 1131.29r/min

21. (a) 232.1V, (b) 12314.5W, (c) 24.8lb·ft, (d) 22.5lb·ft

23. (a) 8674.4W, (b) 8082.1W, (c) 17.27lb·ft

25. (a) 1767.2W, (b) 3208.8W, (c) 93.8%

27. (a) 137.0lb·ft, (b) 23655W, (c) 144.8lb·ft, (d) 1.24Ω, (e) 253.4lb·ft

第 11 章

1. (a) 33.2Ω, (b) 119.7A, (c) 365.9W

3. (a) 97.4Ω, (b) 335.0W

5. (a) 49.3%, (b) 969.4r/min

7. (a) 1329.2A, (b) 1318.8A, (c) 323109W, (d) 是

9. (a) 209.6A, (b) 3.35A, (c) 206.2A, (d) 673.3lb·ft, (e) 0.5354Ω, (f) 6 匹,
   (g) 423.3r/min

11. 700r/min, 377r/min

13. (a) 3121r/min, (b) 5963W, (c) 13.4lb·ft

15. (a) 319r/min, (b) 6.4%, (c) 224lb·ft

17. 77.5V

19. 0.442Ω

第 12 章

1. (a) 268V, (b) 7.2%, (c) 7.3Ω

3. 227.8V

5. (a) 265V, (b) 290V, (c) 16.0%, (d) 73.1Ω, (e) 315V

7. (a) 500A, (b) 5.49A, (c) 505.49A, (d) 270V, (e) 257V, (f) 2.8%, (g) 向下,
   (h) 是

9. (a) 0.001951Ω, (b) 377.4W

11. (a) 123.5V, (b) I_A=820A, I_B=980A

13. (a) 562.1V, (b) I_A=483.6A, I_B=516.4A

15. (a) 241.9V, (b) I_A=351.35A, I_B=756.76A, I_C=891.89A